機械学習スタートアップシリーズ

これならわかる深層学習入門

Introduction to Deep Learning

瀧 雅人

講談社

■ 刊行にあたって

人工知能が大きな話題になっている．これは，社会と文明に大きな変革を及ぼす第 4 次産業革命をもたらすかもしれない．このとき，人工知能の仕組みをよく理解した万全の心構えが我々の側に必要である．

人工知能はコンピュータと共に歩んだ 60 年を超す歴史を持っている．しかし，社会を揺るがすほどにその性能が上がったのは，ここ 10 年ほどのことである．その中心になった技術が深層学習である．これは，脳の神経回路にヒントを得たもので，さまざまなデータを与えれば，その中の隠れた仕組みや構造を自動的に学習してシステムを築き上げるという，まさに人間の名人がやってのける技を目指している．

ただ，これはまだ限られた範囲の問題にしか適用できず，人間のような自由自在の汎用性はない．しかし，人間ではとても扱えないほどの超多量のデータから規則を抜き出すとなれば，決して侮ることのできない新しい技術である．これを可能にしたのは，コンピュータやインターネットを始めとする情報技術の驚くべき進歩である．

人工知能は，人間の知能の領域に進出し，そのもとになる心にまで踏み込もうとしている．人間が今日あるのは永年の進化によるものであり，心や知能はその結果生まれた．これが今日の文明と社会を生み，我々の生活の基盤となっている．人工知能は社会や文明を変えようとしているのであろうか．技術的特異点が 2045 年に訪れ，人工知能は人類の知能を完全に凌駕し，人間はその保護のもとに生活するという恐ろしい話まである．

私はこの話にくみしないが，人工知能が社会と文明に与える影響は甚大であることは間違いない．こうした事態を論じるときに，人工知能技術，特に今その中核にある深層学習についてのしっかりとした理解が必要である．

人工知能は人間が作ったものである．だから，我々はその隅々までも熟知している．とはいえ，何故そんなにうまいことができるのか，その根本はまだ理解できていない．学習の結果うまくいき，囲碁では人間の名人をも凌駕するといわれてもそれだけでは困る．これは脳についても同じである．進化の結果，こんな素晴らしい脳が出来上がった．それがうまく働く原理はどこにあるのか，我々はまだ理解できていない．脳の仕組みと人工知能は，共通する情報の基本原理を使い，これを別々の仕方で実現したのかもしれない．

人工知能は便利である．ツールとして多くのソフトやライブラリが利用できるし，これをうまく使えば役に立つだろう．しかし，それでは人工知能を理解したことにはならない．その本質に迫る理解が必要である．世の中に人工知能の解説書は多いが，基礎から始め，その仕組みを理論的に明快に説明したのは本書が初めてといってよい．

深層学習にしても永い歴史を持っている．学習の基本的な仕組みを初学者にもわかるように数理的に明らかにするとともに，最新の入り組んだ工夫に至るまでを懇切丁寧に説明してある．また，アルファ碁などの仕組みについても詳しい説明がみられるのも嬉しい．ところどころに挟んであるエピソードも楽しい．

深層学習を学びこれを理解したいという学生，これをさらに発展させようと意気込んでいる研究者，またこれを使ってさらに有用な技術を作り出そうとしている技術者にとって，必読の文献と言える．基礎のしっかりした理解があれば，今後の発展にも十分に対応ができるからである．

本書が上梓されたことを喜びたい．

2017 年 3 月

理化学研究所脳科学総合研究センター 特別顧問
甘利俊一

まえがき

紛れもなく深層学習は今世紀の科学技術における革新ですし，今後もその評価は変わらないでしょう．同時代において科学技術のエキサイティングな進展と遭遇できることはとても幸運なことです．それだけを理由にしても，深層学習をじっくり学んでみる価値があるのではないでしょうか．

深層学習はしばしば，「理論的な仕組みはまったく分かっていないにもかかわらず，発見法的な手法を積み上げるだけでうまくいっている」といわれます．このようなイメージはある面では実状を反映していますが，実際には研究開発の現状を正しく捉えていません．深層学習の研究開発はまぐれ当たりなわけではなく，慎重な数理的解析に基づいてデザインされています．つまり相応の根拠があるのです．最先端のレベルで深層学習のデザインを行おうとするならば，このような理論的背景を押さえておく必要があるでしょう．そこで本書ではできる限りこれまでの研究の理論的な側面を紹介していきます．その一方で深層学習がなぜ極めて高い性能を実現できるのかに関しては，いまだに多くのことが分かっていません．特に訓練可能性，表現能力，汎化可能性という 3 つの理論上の大きな謎があります．入門書としての性格上，今現在も世界中で進行中の理論研究に関しては解説できませんが，いくつかの重要な問題意識については繰り返し紹介します．ぜひさらなる理解への端緒としてください．

深層学習や機械学習の分野では数多くの素晴らしいフレームワークとチュートリアルが無料で提供されており，その解説や実装結果もすでにたくさん公開されています．したがって，本書では実装に関する内容は一切省きました．しかし理論的な詳細を理解するうえでも，TensorFlow や Chainer などで実装・実験をすることは有用です．読者の皆様は，フレームワークでの実験をしながら学ばれるのもよいと思います．

著者の専門は素粒子理論・超弦理論ですが，所属する理論科学連携研究推進グループ (iTHES) 主催の講演会などで深層学習の面白さに触発されて以来，個人的に勉強を続けてきました．勉強ノートを蓄えているのを知った周囲から，書籍にしたほうがよいと後押しされ，講談社サイエンティフィクを紹介していただきました．このような経緯から，本書は著者のこれまでの勉強の記録をもとに，特に基礎的で重要であろう話題を選んで執筆したものです．そのため，これまでの碩学らの論文や素晴らしい教科書の数々に多くを負っています．しかしそのうえであえて1冊を加えるのは，著者が勉強し始めたときに「もしこんな教科書があったらよかったのに」と空想する内容をまとめることにも価値があろうと思ったからです．そこで，予備知識がない状態から研究の最前線を垣間みれるレベルまで読者を引き上げるような教科書を目指しました．その試みが成功したか否かは，真摯に読者の皆様の判断を仰ぎます．

ニューラルネットワーク研究の立役者である甘利俊一先生には，本書の素稿すべてに目を通して詳細なコメントをいただいたのみならず，身にあまる素晴らしい巻頭言まで書いていただきました．感謝の言葉もありません．また同僚である小川軌明博士，田中章詞博士，日高義将博士および本郷優博士には原稿に対し多くの有益なコメントをいただいたほか，普段から刺激的な議論を通じて著者の理解を鍛えていただいています．本書に他書より優れたところがあるならば，それは各氏のおかげです．もちろん本書における無理解は著者の責任であることはいうまでもありません．また講談社サイエンティフィクの横山真吾氏には，不慣れな著者の執筆を辛抱強く鼓舞していただきました．そして理化学研究所の理論科学連携研究推進グループ (iTHES)，および数理創造プログラム (iTHEMS) には，「科学者の自由な楽園」を地でいく理想的な研究環境を提供していただいています．改めて，これまでの継続的な支援を感謝します．

最後に，本書が，本邦からたくさんの若い深層学習の研究開発者が誕生することの一助となれば幸いです．

2017年4月

瀧 雅人

目 次

■ 刊行にあたって …… iii

■ まえがき …… v

第1章 はじめに …… 1

Chapter 2
第2章 機械学習と深層学習 …… 4

2.1 なぜ深層学習か？ …… 4
2.2 機械学習とは何か …… 6
2.2.1 代表的なタスク …… 7
2.2.2 さまざまなデータセット …… 8
2.3 統計入門 …… 10
2.3.1 標本と推定 …… 10
2.3.2 点推定 …… 12
2.3.3 最尤推定 …… 17
2.4 機械学習の基礎 …… 19
2.4.1 教師あり学習 …… 20
2.4.2 最小二乗法による線形回帰 …… 21
2.4.3 線形回帰の確率的アプローチ …… 24
2.4.4 最小二乗法と最尤法 …… 26
2.4.5 過適合と汎化 …… 26
2.4.6 正則化 …… 28
2.4.7 クラス分類 …… 29
2.4.8 クラス分類へのアプローチ …… 31
2.4.9 ロジスティック回帰 …… 32
2.4.10 ソフトマックス回帰 …… 34
2.5 表現学習と深層学習の進展 …… 36
2.5.1 表現学習 …… 36
2.5.2 深層学習の登場 …… 37

Chapter 3
第3章 ニューラルネット …… 41

3.1 神経細胞のネットワーク …… 41
3.2 形式ニューロン …… 44
3.3 パーセプトロン …… 47
3.3.1 形式ニューロンによるパーセプトロン …… 47
3.3.2 パーセプトロンとミンスキー …… 48
3.4 順伝播型ニューラルネットワークの構造 …… 50

3.4.1 ユニットと順伝播型ニューラルネットワーク 50
3.4.2 入力層 52
3.4.3 中間層 52
3.4.4 出力層 54
3.4.5 関数 55
3.5 ニューラルネットによる機械学習 55
3.5.1 回帰 56
3.5.2 2 値分類 57
3.5.3 多クラス分類 58
3.6 活性化関数 59
3.6.1 シグモイド関数とその仲間 60
3.6.2 正規化線形関数 60
3.6.3 マックスアウト 62
3.7 なぜ深層とすることが重要なのか 63

Chapter 4

第 4 章 勾配降下法による学習 65

4.1 勾配降下法 65
4.1.1 勾配降下法 67
4.1.2 局所的最小値の問題 68
4.1.3 確率的勾配降下法 69
4.1.4 ミニバッチの作り方 71
4.1.5 収束と学習率のスケジューリング 72
4.2 改良された勾配降下法 73
4.2.1 勾配降下法の課題 73
4.2.2 モーメンタム法 75
4.2.3 ネステロフの加速勾配法 77
4.2.4 AdaGrad 77
4.2.5 RMSprop 78
4.2.6 AdaDelta 80
4.2.7 Adam 81
4.2.8 自然勾配法 83
4.3 重みパラメータの初期値の取り方 84
4.3.1 LeCun の初期化 84
4.3.2 Glorot の初期化 85
4.3.3 He の初期化 85
4.4 訓練サンプルの前処理 87
4.4.1 データの正規化 87
4.4.2 データの白色化 88
4.4.3 画像データの局所コントラスト正規化* 91

Chapter 5

第 5 章 深層学習の正則化 93

5.1 汎化性能と正則化 93
5.1.1 汎化誤差と過学習 93

5.1.2 正則化 …… 96
5.2 重み減衰 …… 97
5.2.1 重み減衰の効果 …… 97
5.2.2 スパース正則化と不良条件問題 …… 98
5.3 早期終了 …… 99
5.3.1 早期終了とは …… 99
5.3.2 早期終了と重み減衰の関係 …… 100
5.4 重み共有 …… 101
5.5 データ拡張とノイズの付加 …… 101
5.5.1 データ拡張と汎化 …… 101
5.5.2 ノイズの付加とペナルティ項 …… 102
5.6 バギング …… 103
5.7 ドロップアウト …… 104
5.7.1 ドロップアウトにおける学習 …… 105
5.7.2 ドロップアウトにおける推論 …… 107
5.7.3 ドロップアウトの理論的正当化 …… 108
5.8 深層表現のスパース化 …… 111
5.9 バッチ正規化 …… 111
5.9.1 内部共変量シフト …… 112
5.9.2 バッチ正規化 …… 112

Chapter 6
第6章 誤差逆伝播法 …… 114
6.1 パーセプトロンの学習則とデルタ則* …… 114
6.2 誤差逆伝播法 …… 117
6.2.1 パラメータ微分の複雑さとトイモデル …… 118
6.2.2 誤差関数の勾配計算 …… 120
6.2.3 逆伝播計算の初期値 …… 123
6.2.4 勾配計算 …… 124
6.2.5 デルタの意味 …… 125
6.3 誤差逆伝播法はなぜ早いのか …… 126
6.4 勾配消失問題，パラメータ爆発とその対応策 …… 128
6.4.1 事前学習 …… 129
6.4.2 ReLU 関数 …… 130

Chapter 7
第7章 自己符号化器 …… 132
7.1 データ圧縮と主成分分析 …… 132
7.2 自己符号化器 …… 136
7.2.1 砂時計型ニューラルネット …… 137
7.2.2 再構成誤差による学習 …… 139
7.2.3 符号化器の役割 …… 140
7.2.4 自己符号化器と主成分分析 …… 141
7.3 スパース自己符号化器 …… 142
7.3.1 自己符号化器のスパース化 …… 142

7.3.2 スパース自己符号化器の誤差逆伝播法 143
7.4 積層自己符号化器と事前学習 146
7.4.1 積層自己符号化器 146
7.4.2 事前学習 148
7.5 デノイジング自己符号化器 149
7.6 収縮自己符号化器* 150
7.6.1 収縮自己符号化器と多様体学習 150
7.6.2 他の自己符号化器との関係 151

Chapter 8
第8章 畳み込みニューラルネット 153
8.1 一次視覚野と畳み込み 153
8.1.1 ヒューベル・ウィーゼルの階層仮説 153
8.1.2 ニューラルネットと畳み込み 156
8.2 畳み込みニューラルネット 157
8.2.1 画像データとチャネル 157
8.2.2 畳み込み層 158
8.2.3 1×1 畳み込み* 162
8.2.4 因子化した畳み込み* 162
8.2.5 ストライド 163
8.2.6 パディング 165
8.2.7 プーリング層 166
8.2.8 局所コントラスト正規化層* 168
8.2.9 局所応答正規化層* 168
8.2.10 ネットワーク構造 169
8.3 CNN の誤差逆伝播法 170
8.3.1 畳み込み層 170
8.3.2 プーリング層 172
8.4 学習済みモデルと転移学習 172
8.5 CNN はどのようなパターンを捉えているのか 173
8.6 脱畳み込みネットワーク* 174
8.7 インセプションモジュール* 175

Chapter 9
第9章 再帰型ニューラルネット 177
9.1 時系列データ 177
9.2 再帰型ニューラルネット 178
9.2.1 ループと再帰 178
9.2.2 実時間リカレント学習法 181
9.2.3 ネットワークの展開 183
9.2.4 通時的誤差逆伝播法 184
9.3 機械翻訳への応用 186
9.4 RNN の問題点 186
9.5 長・短期記憶 187
9.5.1 メモリー・セル 188

9.5.2 ゲート …… 189
9.5.3 LSTM …… 189
9.5.4 LSTM の順伝播 …… 190
9.5.5 LSTM の逆伝播 …… 192
9.5.6 ゲート付き再帰的ユニット* …… 195
9.6 再帰型ニューラルネットと自然言語処理* …… 196
9.6.1 Seq2Seq 学習 …… 198
9.6.2 ニューラル会話モデル …… 199

Chapter 10

第 10 章 ボルツマンマシン …… 200

10.1 グラフィカルモデルと確率推論 …… 200
10.1.1 有向グラフィカルモデル* …… 201
10.1.2 無向グラフィカルモデル* …… 205
10.2 ボルツマンマシン …… 211
10.2.1 隠れ変数なしのボルツマンマシン …… 211
10.2.2 隠れ変数ありのボルツマンマシン …… 213
10.3 ボルツマンマシンの学習と計算量爆発 …… 215
10.3.1 隠れ変数のない場合 …… 216
10.3.2 対数尤度関数の凸性 …… 219
10.3.3 勾配上昇法と計算量 …… 221
10.3.4 ダイバージェンスによる学習 …… 222
10.3.5 隠れ変数のある場合 …… 223
10.4 ギブスサンプリングとボルツマンマシン …… 227
10.4.1 マルコフ連鎖 …… 228
10.4.2 Google とマルコフ連鎖 …… 229
10.4.3 定常分布 …… 231
10.4.4 マルコフ連鎖モンテカルロ法 …… 233
10.4.5 ギブスサンプリングとボルツマンマシン …… 234
10.5 平均場近似 …… 240
10.6 制限付きボルツマンマシン …… 246
10.6.1 制限付きボルツマンマシンの学習 …… 248
10.6.2 ブロック化ギブスサンプリング …… 250
10.7 コントラスティブダイバージェンス法とその理論 …… 252
10.7.1 コントラスティブダイバージェンス法はなぜうまくいくのか* …… 256
10.7.2 コントラスティブダイバージェンスの最小化* …… 261
10.7.3 持続的コントラスティブダイバージェンス法（PCD 法） …… 263
10.8 ディープビリーフネットワーク …… 265
10.8.1 DBN の事前学習 …… 267
10.8.2 DBN の微調整 …… 271
10.8.3 DBN からのサンプリング …… 273
10.8.4 DBN での推論 …… 273
10.9 ディープボルツマンマシン …… 274
10.9.1 DBM の事前学習 …… 275
10.9.2 DBM の微調整 …… 278

10.9.3 順伝播型ニューラルネットへの変換 281

Chapter 11

第 11 章 深層強化学習 283

11.1 強化学習 283
11.1.1 マルコフ決定過程 284
11.1.2 ベルマン方程式と最適方策 287
11.1.3 TD 誤差学習 293
11.1.4 Q 学習 295
11.2 関数近似と深層 Q ネット 297
11.2.1 Q 学習と関数近似 297
11.2.2 深層 Q 学習 301
11.3 アタリゲームと DQN 304
11.4 方策学習 308
11.4.1 勾配上昇法による方策学習 308
11.4.2 方策勾配定理の証明 310
11.5 アルファ碁 311
11.5.1 モンテカルロ木探索の考え方 311
11.5.2 SL 方策ネットワーク P_σ 312
11.5.3 ロールアウト方策 P_π 313
11.5.4 LR 方策ネットワーク P_ρ 313
11.5.5 価値ネットワーク v 314
11.5.6 方策と価値ネットワークによるモンテカルロ木探索 315

付録 A 確率の基礎 318

A.1 確率変数と確率分布 318
A.2 連続確率変数と確率質量関数 321
A.3 期待値と分散 324
A.4 情報量とダイバージェンス 326

付録 B 変分法 328

B.1 汎関数 328
B.2 オイラー・ラグランジュ方程式 329

参考文献 331

索 引 337

Chapter 1

はじめに

本書は大学 1 年程度の線形代数と微分積分の知識だけを仮定し，機械学習の初歩から最新のいくつかの話題までを解説します．本書の知識だけで最新の論文をある程度読んだり，さまざまな実装例が一体何を計算しているのかをきちんと理解できるように構成してあります．本書を読破すれば，深層学習の基礎を一通り把握できます．本書の構成を**図 1.1** に示します．

著者が深層学習を勉強する際に大いに参考にした文献が 2 冊あります．簡にして要を得た素晴らしい解説である前者 [1] は，手っ取り早く深層学習の全貌を知りたい方にお勧めです．また，より広い話題を知りたい方は，深層学習研究を世界的にリードしている研究者らによる後者 [2] を参考にしてください．本書は，両者の本で扱われた話題の多くをカバーするとともに，最近の話題を補いつつ，理論的な内容を解きほぐす解説を試みました．初学者のみならず，深層学習用のフレームワークでいろいろな実験はしてみたもの

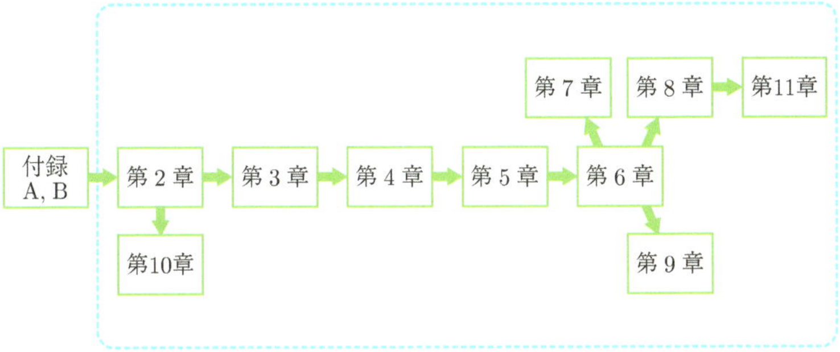

図 1.1　本書の構成.

の，実際に何を計算しているのかをいまいち理解していないという方も読者層に想定しています．したがって，理論的な側面をしっかりと理解したい方に，あるいはさまざまな計算の不明な点を調べるのに本書を活用していただければと思います．本書の記法は互換性のため，できる限り文献 [1] に合わせました．また $*$ の付いた節は若干アドバンスな内容ですので，最初は読み飛ばしてもかまいません．

本書での数学的記法の注意点をまとめます．まず本書において太文字の小文字アルファベットは縦ベクトルを表します*1．またその転置は $^\top$ をつけることで表記してあります．したがって 3 次元ベクトルの例では

$$\boldsymbol{v} = \begin{pmatrix} v_1 \\ v_2 \\ v_3 \end{pmatrix}, \qquad \boldsymbol{v}^\top = \begin{pmatrix} v_1 & v_2 & v_3 \end{pmatrix} \tag{1.1}$$

です．ベクトルの i 番目の成分が v_i です．本書では，ベクトルの長さの 2 乗は

$$(\boldsymbol{v})^2 = \boldsymbol{v}^\top \boldsymbol{v} = \left(v_1\right)^2 + \left(v_2\right)^2 + \left(v_3\right)^2 \tag{1.2}$$

と書き表します．他の本ではしばしば $\|\boldsymbol{v}\|^2$ や $\|\boldsymbol{v}\|_2^2$ とも表記されます．また，太文字で書かれた大文字のアルファベットは行列です．

その一方，確率について議論する場合は，ローマン体のアルファベットは確率変数で，同じアルファベットがイタリック体で書かれていたら，その変数が実際の試行で実現した数値（実現値）です．サイコロの出た目を表す変数が x なら，その実現値の一例は $x = 3$ です．ちなみに本書では離散変数と連続変数を区別しません．これらの変数が従う確率分布を $P(\mathrm{x})$ と書きます．この変数の実現値を生成する実際の試行を一度行い x の具体的な数値 x を 1 つ決める作業を「x をサンプリングする」と呼んで，次のように表記します．

$$x \sim P(\mathrm{x}) \tag{1.3}$$

本書での記号 $\sim$ はこの意味です．「近似的に値が等しい」ということを表す

*1 計算機科学におけるベクトルやテンソルは単に数を並べた多次元配列であり，線形性を本質とする数学的なベクトルやテンソルとは関係はありません．

場合には記号 $\approx$ を用います．また確率分布 P に関する期待値は $\mathrm{E}_P[\cdots]$ と書きます．誤差関数 $E(\cdots)$ と混同しないように注意してください．

Chapter 2

機械学習と深層学習

深層学習は現在，機械学習を代表する手法となりつつあります．そしてこの機械学習は，現代社会を生きる我々の身の回りに溢れる巨大なデータを調べるための，現代的な統計学的手法です．そこで本章では，統計学の復習から始めて，機械学習とはどのようなコンセプトに基づく方法論なのかを概説します．

2.1 なぜ深層学習か？

この数年で飛躍的な進歩をみせた**深層学習** (**deep learning**) は，人工知能研究のためのアプローチの 1 つです．より正確には人工知能のうち，近年発展が著しい機械学習と呼ばれる分野に属するのが深層学習です．深層学習は，動物の神経回路にヒントを得て提唱された**ニューラルネットワーク** (**neural network**, 人工神経回路，以降ニューラルネットと記します）計算により，大量のデータからその背後に潜む知識を自発的に獲得していく強力な手法です．ニューラルネットの研究自体は長い歴史をもっており，その起源は 1940 年代まで遡ることができます．これまで幾度も過大な期待を寄せられては失望のうちに終わってきたニューラルネット研究のブームですが，今回の深層学習は過去のものとは一線を画しています．というのも近年，利用可能な計算機の能力が飛躍的に向上するとともにそのコストも下がってきたことで，本格的なニューラルネットを計算機上に実装することが可能になってきました．実際に計算機実験をしてみると予想に反して極めて高い性能が得られ，長らく支配的だった「ニューラルネットはうまくいかないはずだ」という思い込みが次々と覆され始めました．研究者たちの世界観に劇的な変革があったわけです．その結果，優秀な人材と多額の研究資源が投じられ，これまでまったく手薄であったニューラルネット研究が驚異的に発展しました．

では数多あるアプローチのうち，何が深層学習をこれほどまでに注目の的にさせているのでしょうか？ 単に一時的な流行りだけで注目を集めている訳ではありません．深層学習に代表される機械学習の特徴は，**コンピュータプログラムに知的な作業をさせたいときに，作業のこなし方を明示的に指示するプログラムは必要がない**ということです．例えば手書きの数字をコンピュータに認識させるパターン認識の問題を考えましょう．よほど字が汚くなければ，書かれている数字を読むことは子供でもできるわけですが，これをコンピュータに行わせようとするとそう簡単にはいきません．画像に写っている対象物を抽出し判別するために，これまで画像認識分野はさまざまなアプローチを考えてきました．例えば画像から数字の構成要素である丸や線分を抽出して，さらにそれらの位置関係や角度を分析するプログラムを手作業で作れば，確かに数字を認識できるでしょう．しかしこのような手法ではアルゴリズムが数字に特化しすぎ，漢数字や写真中のパターンを認識させたいときは，まったく新たなアルゴリズムを考え直さなくてはなりませんでした．しかし深層学習では，大量の手書き数字の画像データをニューラルネットで処理するだけで，コンピュータが数字を判別するためのルールを自発的に獲得します．つまりさまざまな手書き数字の例をニューラルネットに「みせる」ことで，人間と同じように「経験」を通じてその読み方を学んでいくのです．これは対象が手書き漢数字でも，写真に写ったさまざまな物体でも基本的に同じです．つまり深層学習は，タスクの種類にあまり依存しない汎用的なアルゴリズムを提供してくれるのです．

さらに深層学習には，極めて高い汎化性能があります．画像データから画像認識能力を構築したいときには，すでにコンピュータプログラムに「みせた」画像だけを認識できても仕方がありません．これではただ丸暗記をしただけです．本当に実現したい状況は汎化と呼ばれるものです．つまり一定人数による手書き文字をコンピュータに学習させるだけで，どんな人の手書き文字であったとしてもきちんとコンピュータが認識できる状況です．いわば汎化とは，手持ちのデータだけの中から，すべての状況に通用する本質的な知識を獲得することです．機械学習において，汎化の実現は達成が容易でない大目標です．しかし，驚くべきことに深層学習は，数多くのタスクにおいて高い汎化性能を達成しています．これはニューラルネットが他の手法とはかなり異質な性能をもっていることを実証しているといえます．

参考 2.1 ノーフリーランチ定理

機械学習の分野にはノーフリーランチ定理というものがあります [3]．この定理の主張は大雑把にいうと，「コンピュータによる認識のためのアルゴリズムをいくら工夫したとしても，認識対象の異なる無数のタスクすべてについて性能を平均してしまうと，結局どのアルゴリズムの能力も変わらない」というものです．つまりアルゴリズムをいくら工夫したところで，問題全般に対して他より飛び抜けた性能を発揮する認識アルゴリズムは作れないということです．これを額面通り受け取ると，機械学習研究者があれこれ努力する意味を無に帰すだけではなく，深層学習が特別である理由もなくなってしまいます．

しかし定理における「すべてのタスクについて平均すると」という部分がとても重要で，実際のところ我々がアルゴリズムにさせたいことは我々自身がしていることを真似させて肩代わりさせることです．つまり，我々自身が認識可能な対象（概念）だけに関心を絞っているのです．その意味で機械学習に課せられたタスクはとても限られたものです．深層学習の成功が示唆していることは，「我々と似た作業をさせたいならば，動物にヒントを得たニューラルネットが向いている」ということなのでしょうか．

2.2 機械学習とは何か

深層学習は機械学習 [4] の一種ですので，まずは機械学習について理解しなくてはなりません．実は3章以降は本章の内容を知らなくてもある程度読めるように書かれていますが，何事も基礎が重要です．先を急がない読者は本章から議論にお付き合いください．

機械学習 (machine learning) とは，人間がこなすようなさまざまな学習や知的作業を計算機に実行させるためのアプローチの研究，あるいはその手法そのもののことを意味します．機械学習では，知識を人間が直接アルゴリズムに具体的に書き込んだり教え込んだりせず，データという具体例の集まりから計算機に自動的に学ばせる方法をとります．

T. M. ミッチェル (Tom Michael Mitchell) による有名な定式化によると [5]，機械学習の基本的な構成要素は**経験** $\boldsymbol{E}$，**タスク** $\boldsymbol{T}$，**パフォーマンス評価尺度** $\boldsymbol{P}$ の 3 つからなります．経験 $\boldsymbol{E}$ を通じてコンピュータプログラムに学習をさせるのが機械学習です．ここで**学習 (learning)** とは，「あるタスク $\boldsymbol{T}$ について，$\boldsymbol{P}$ で測られたタスクの実行能力が $\boldsymbol{E}$ を通じて向上していくこと」を意味します．タスク $\boldsymbol{T}$ が画像認識である場合，経験 $\boldsymbol{E}$ は画像データにあたります．コンピュータプログラムと $\boldsymbol{P}$（どれだけプログラムがうまく働いているかを定量的に測るための尺度）に相当する部分は今後詳しく解説しますが，一言だけコメントしておきます．前節で説明した汎化の概念を思い出すと，パフォーマンス評価尺度とは，「$\boldsymbol{E}$ には現れなかった未知のデータに対して，経験後にどれだけよくタスクをこなせるようになったか」を測るものでなくてはなりません．つまり経験した例を丸暗記するのではなく，「普遍的な経験知」の獲得をコンピュータプログラムに推奨するのが機械学習です．

2.2.1 代表的なタスク

(1) クラス分類

分類 (classification) とは，データをいくつかのカテゴリ（クラス）に仕分ける作業です．例えば送られてきた電子メールをみて，それがスパムメールか否かを判別するような作業は，2 クラス分類と呼ばれます．「スパムじゃない/スパムだ」といった分類先のことを**クラス (class)** と呼びます．通常のメールとスパムメールのクラスをそれぞれ $\mathcal{C}_0, \mathcal{C}_1$ と書きましょう．このようなクラスを表す記号を**ラベル**と呼びます．画像の各ピクセルにおける画素を数値として扱い，それらを並べて作った数値データを $\boldsymbol{x}$ と書きましょう．太文字で書いたのは，数値の配列をベクトルとみなすからです．**クラス分類**とは，与えられた $\boldsymbol{x}$ が $\mathcal{C}_0$ と $\mathcal{C}_1$ のいずれに属するのかを決定する作業をすることです．このとき，各クラスを表現するラベルとして数値的な変数 $y = 0, 1$ を導入すると便利です．すると，$\boldsymbol{x}$ をクラス $\mathcal{C}_y$ へ分類するということは，$\boldsymbol{x}$ の所属クラスを表す離散値ラベル $y(\boldsymbol{x})$ の値を決めることであると言い換えられます.

$$\boldsymbol{x} \longrightarrow y(\boldsymbol{x}) \in \{0,1\} \tag{2.1}$$

分類先のクラスが多数にわたる**多クラス分類**の場合, 分類先が$\mathcal{C}_1, \mathcal{C}_2, \ldots, \mathcal{C}_K$とたくさんあることに対応して, ラベル $y(\boldsymbol{x})$ も 1 から K の整数値をとります. これは, 電子メールを「仕事」「家族」「友人」「スパム」と複数のフォルダへ仕分ける作業に対応しています.

じつは分類には, ここで紹介した決定論的なアプローチと確率論的なアプローチがあります. 確率論的アプローチでは, データ $\boldsymbol{x}$ が各クラス y に所属する確率 $P(y|\boldsymbol{x})$ を決定します. 先ほどの例でいえば, $P(y=1|\boldsymbol{x})$ はメール $\boldsymbol{x}$ の「スパムメールっぽさ」を表しているといえます. これらの分類のアプローチについては 2.4.8 節でもう一度論じます.

(2) 回帰

データに対応するクラス y が 1 個 2 個と数えられる離散的な場合のみとは限りません. 過去数日の気象データ $\boldsymbol{x}$ から明日の気温を予測したいとき, y は温度の数値に相当しますからこれは連続な実数値をもつ変数です. このようにデータから, それに対応する実数値 (を並べたベクトル) $\boldsymbol{y}$ を予測する作業が**回帰 (regression)** です. 実数値でラベルされる無数のクラスがある場合の巨大な分類問題であるともいえます. いずれにせよ, 回帰とは, 与えられた $\boldsymbol{x}$ を, 対応する値 $\boldsymbol{y}$ に変換するための関数 $\boldsymbol{y}(\boldsymbol{x})$ を決定する作業です.

$$\boldsymbol{x} \longrightarrow \boldsymbol{y}(\boldsymbol{x}) \in \mathbb{R} \tag{2.2}$$

応用的なタスクとしては, 例えば Google 翻訳でおなじみの**機械翻訳**があります. また音声を文字に起こすのに使える**音声認識**や, 状況が通常と異なることを自動的に検知させる**異常検知**, あるいはさまざまなデジタルデータのサイズを圧縮させる**データ次元削減**など, 身近な生活の中でもいろいろなタスクで機械学習が活躍しています.

2.2.2 さまざまなデータセット

機械学習に用いられるデータはタスクに応じてさまざまですが, ここでは深層学習の実験によく用いられる標準的な学習用データセットについて紹介しましょう．

(1) MNIST

MNIST データベース (Mixed National Institute of Standards and Technology database) はアメリカの国立標準技術研究所 (NIST)，昔の国立標準局が提供した手書き数字のデータベースをシャッフルして作られたデータ集合です（図 2.1）．国勢調査局職員と高校生から集められた手書き数字の画像データが訓練用に 6 万枚，テスト用に 1 万枚用意されています．それぞれのサンプルは，グレースケールの 28×28 ピクセル画像に整えられています．

図 2.1 ランダムに抜き出した MNIST データセットの一部（白地に黒文字として画像化）．

(2) ImageNet

MNIST のような手書き数字を識別させる画像認識タスクは，比較的簡単な部類の機械学習です．より本格的なタスクには，写真に写っている特定の物体を分類させる**物体カテゴリ認識 (object category recognition)** や，一般の画像に写っている物体を検出させて，さらにそれらを分類させる**物体検出 (object detection)** があります．そのような機械学習モデルを開発するための「実験台」として，これまでさまざまな画像データが用意されてきました．**ImageNet** はその中でも代表的な，約 1400 万枚の自然画像からなる巨大データベースです．しかもその画像のそれぞれに，写っている物体 1 つのカテゴリの正解ラベル（**アノテーション，annotation**）が付けられています．クラスの数は 2 万にも及びます．その作業は，クラウドソーシングを利用することで人手で行われました．

ImageNet はデータサイズもカテゴリの数もとても本格的なデータベースですが，もう少しこぢんまりとした実験が行いたい場合に重宝されている画像データもさまざま用意されています．**CIFAR-10** は 10 のカテゴリに分けられた 32×32 ピクセルの画像のデータセットです．訓練用画像 60000 枚，

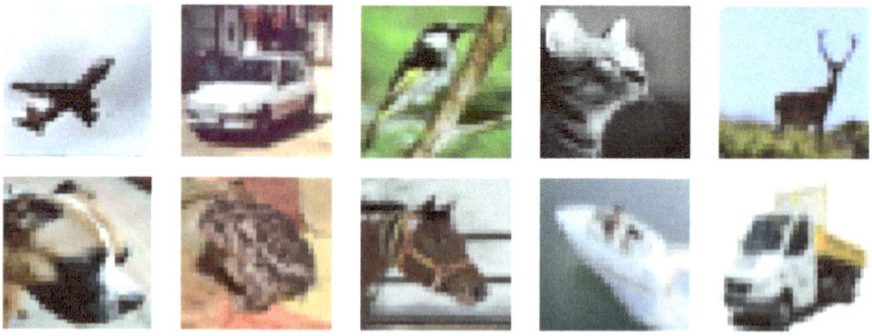

図 2.2 各カテゴリからランダムに抜き出した CIFAR-10 データセットの一部.

テスト用画像 10000 枚からなり，さながら MNIST の自然画像バージョンといった感じです．図 2.2 は訓練データから 10 枚を抜き出したものです．また，カリフォルニア工科大学のグループが提供する **Caltech101** もしばしば用いられます．このデータベースは 300 × 200 ピクセルの画像約 9000 枚からなり，それらが 101 のカテゴリに分けられています．個人での実験規模としては，これらのデータセットがちょうどいいのではないでしょうか．

2.3 統計入門

機械学習とは，データ（経験）をもとにしてプログラムがいろいろなタスクをこなせるようにさせることでした．次に議論しなくてはならないことは，どのようにしたらプログラムはデータからタスクをこなすための知識を学びとれるのかということです．データを科学的に分析する際の数理的手法といえば，言わずもがな統計学です [6]．機械学習の手法もまた統計を基礎として構築され，そのような観点から特に**統計的機械学習**と呼ばれています．そこで本節ではまず統計の基礎を復習し，いかにして学習アルゴリズムやパフォーマンス評価尺度を設計できるのかについて解説します．本書で使用する確率論の知識や記法は付録にまとめてありますので，必要に応じて参照してください．

2.3.1 標本と推定

これまで漠然とした意味でサンプルやデータという言葉を使ってきましたが，きちんとした用法を定めておきましょう．**データ（集合）(data(set))** や

サンプル，**標本** (**sample**) と呼ばれるものは，**データ点** (**data point**) の集まりからなります．手書き文字画像認識の例でいうと，データは統計分析に用いるために用意した画像の集合のことで，1 枚 1 枚の画像がそれぞれデータ点と呼ばれるものです．ただしデータ点も略してデータとも呼ばれます．さらにはサンプルをサンプルの要素であるデータ点の意味でも用います．これらは用語の乱用であり，まったく正しくない用法ですが，しばしば用いられているのが現状のため，文脈に応じて本書でもこのような使い方に準じます．

このようなデータ点（サンプル）の集まりからなるデータを分析するのが統計です．ここでは推定というものを考えます．まず統計解析に用いるデータは，**母集団**から**抽出** (**sampling**) されたものとみなします[*1]．データの要素を 1 つ取り出すことは，正確にはサンプリングとは区別して**抜き取り** (**draw**) といいます．そしてデータの分析から，データ自身ではなくその背後にある母集団についての知識を獲得することを目標とします．これは例えば疫学者が飲酒量と健康の関係を調べたいとき，地球上の人類すべて（= 母集団）を調査することはないということと同じです．その代わりにランダムに選び取った（= 抽出した）少人数に対する調査結果（データ）を分析することで，人類すべてに通用する飲酒量と健康の相関関係を読み取ろうとします．

母集団の性質は**データ生成分布** (**generative distribution**) $P_{data}(\mathrm{x})$ により特徴付けられているものとします．つまり，不確実性を伴う現象を確率的にモデル化するのです．これは我々の手にするデータは，自然界におけるさまざまな物理学的プロセスの結果，この宇宙に存在することになったわけですが，人間がそのプロセスすべてやそこに寄与する因子のすべてを知ることはできません．したがって我々にとっては，データは何か確率論的なプロセスに従ってランダムに生じているとみなせるのです．「サイコロを振ってどの目が出るか」という古典的な試行の例でも，もしサイコロやその周囲のすべての物理学的情報が把握できるのであれば，原理的には出る目は力学で計算できるはずです[*2]．しかし人間には有限の認識・計算能力しかないので，どの目も 1/6 の確率で出るようにしか見えません．そこで今後はどの場合で

---

*1 本書では母集団は無限に大きいとして，抽出後もデータ生成分布は影響を受けないと仮定します．したがって復元抽出と非復元抽出の区別には注意を払いません．

*2 カオスのような，有限の計算能力では理論的に追跡できない現象も存在します．また量子力学では本質的に確率論的にしか把握できない現象ばかりです．しかしここでは，この議論に深入りしません．

も，$\boldsymbol{x}$ という具体的なサンプルはデータ生成分布から抽出されたものであると仮定します．

$$\boldsymbol{x} \sim P_{data}(\mathbf{x}) \tag{2.3}$$

このようにモデル化することでさまざまな現象を確率論的に予測することができます．ここで $x \sim P(\mathrm{x})$ は，ある変数 x の実現値 x が分布 $P(\mathrm{x})$ から生じている（抽出された）ことを表します．

ここで抽出について１つ注意が必要です．我々は母集団について知りたいのですから，サンプルの抽出法に未知の偏向があり，それが解析を混乱させては困ります．そこで基本的には**無作為抽出**されたデータのみを考えていくことにします．より正確には，すべてのサンプルは**同一分布から独立に**(**i.i.d., independent and identically distributed**) 抽出されたものとします．

したがって母集団についての知識を得るということは，データ生成分布を知ることを意味します．データを特徴付けるのに十分な統計量を**パラメータ**（**母数**，**parameter**）と呼びます．後で具体例として調べるガウス分布の場合には，平均値と分散の値がわかれば分布が具体的に決定されますので，この２つがパラメータにあたります．実際にはデータ生成のプロセスは極めて複雑ですので，本当の $P_{data}(\mathrm{x})$ は無数のパラメータをもっており，分布を完全に知ることは望み薄です．そこで通常は $P_{data}(\mathrm{x})$ をよく近似できると期待できるモデル分布 $P(\mathrm{x};\boldsymbol{\theta})$ を仮定し，そのモデルのパラメータ $\boldsymbol{\theta}$ の最適値 $\boldsymbol{\theta}^*$ をデータから**推定** (estimate) することにします[*3]．これはパラメトリックなアプローチと呼ばれるものです．パラメトリックなモデルを仮定したことで，分布を特徴付ける少数のパラメータの値を推定すればよいことになります．このようにデータ生成のプロセスについて**推論** (**inference**) ができれば，その結果を使うことで新規のデータに関してもいろいろと予測をすることができます．

2.3.2 点推定

データがある未知の分布から生成していると考え，この確率分布のパラメータを決定しようとするのが**統計的推定** (**statistical estimation**) です．

*3 本書では，パラメータには決まった真の値 $\boldsymbol{\theta}^*$ があり，我々はその値を統計によって推定しているのだと考えます．これはパラメータも確率変数とみなすベイジアンの観点からは大きく異なりますが，本書ではベイズ統計は紹介しません．

我々は母集団に直接アクセスすることはできないので，手持ちの有限要素のデータ集合 $\mathcal{D} = \{x_1, x_2, \ldots, x_N\}$ からパラメータの尤もらしい値を計算するしかありません．これを**点推定**といいます．点推定のためには，データを決める確率変数 $\{\mathrm{x}_1, \mathrm{x}_2, \ldots, \mathrm{x}_N\}$ の関数である**推定量** (**estimator**)

$$\hat{\boldsymbol{\theta}}(\mathrm{x}_1, \mathrm{x}_2, \ldots, \mathrm{x}_N) \tag{2.4}$$

を作ります．推定量もまた確率変数ですので，データが具体的に与えられて(確率変数が具体的な数値をとって)，はじめて数値としてのパラメータの**推定値** (**estimate**)

$$\hat{\boldsymbol{\theta}}^*(x_1, x_2, \ldots, x_N) = \hat{\boldsymbol{\theta}}(x_1, x_2, \ldots, x_N) \tag{2.5}$$

を与えることになります．いずれにせよこの推定値は，いま考えているパラメータをよく近似するように作ります．それによってデータの数値から，背後にある分布について知ることができるのです．

よい推定量の作り方にはいくつもの指針があります．そこで，ここでは推定量に推奨される性質をいくつか紹介します．

1. バイアスが小さい

推定量のバイアス (**bias**) とは，推定量の期待値 $\mathrm{E}\left[\hat{\boldsymbol{\theta}}\right]$ と真の値 $\boldsymbol{\theta}^*$ の差のことです．

$$b(\hat{\boldsymbol{\theta}}) = \mathrm{E}\left[\hat{\boldsymbol{\theta}}\right] - \boldsymbol{\theta}^* \tag{2.6}$$

ここでの期待値は，データ生成分布での期待値ですので，たくさんのデータ集合を用意して計算した平均値です．バイアスが小さいとは，推定量の偏りが小さく真の値から不要にズレていないということです．特にバイアスがゼロのものを**不偏推定量** (**unbiased estimator**) と呼び，典型的な望ましい推定量です[*4]．一方でバイアスがあるものの，データの数が増えるにつれゼロへ漸近する状況 $\lim_{N\to\infty} b(\hat{\boldsymbol{\theta}}) = 0$ を**漸近不偏推定量** (**asymptotically unbiased estimator**) と呼びます．これらの概念は機械学習の理論を勉強する際に重要となりますので，頭の片隅においてください．

*4 実用の面では，必ずしも不偏推定量が最適とも限りません．近似の精度が悪くなく計算量も軽いため，バイアスをもつものが好まれる状況も存在します．

2. 分散が小さい

分散 (**variance**) は，真の値に対してどれだけ推定値がばらつくかを測っています．したがって，これが小さいことが望ましいのは明らかでしょう．

$$Var(\hat{\boldsymbol{\theta}}) = \mathrm{E}\left[\left(\hat{\boldsymbol{\theta}} - \boldsymbol{\theta}^*\right)^2\right] \tag{2.7}$$

3. 一致性

一致性 (**consistency**) とは，データ点の数が増えるにつれて統計量が真のパラメータに近づいていくという性質です．つまり $N \to \infty$ に従い

$$\hat{\boldsymbol{\theta}} \to \boldsymbol{\theta}^* \tag{2.8}$$

となるということです．この性質を満たす推定量を**一致推定量** (**consistent estimator**) と呼びます[*5]．

抽象的な議論が続きましたので，さまざまな生成分布の具体例を使って学んだ概念を実際に使ってみましょう．

(1) ガウス分布

ガウス分布 (**Gauss distribution**) は実数値をとる確率変数 x 上の次のような分布です．

$$P(x) = \mathcal{N}\left(x;\, \mu, \sigma^2\right) = \frac{1}{\sqrt{2\pi\sigma^2}} e^{-\frac{(x-\mu)^2}{2\sigma^2}} \tag{2.9}$$

μ と σ^2 の 2 つの値を決めればこの分布は定まります．したがってこの 2 つがパラメータです．では，ガウス分布から無作為に取り出した N 個のデータからパラメータを推定するにはどうしたらよいでしょうか．いまどのサンプルも無作為に抽出されているとしたので，任意のデータ点 x_n はガウス分布に従う独立な確率変数です．したがってその期待値は分布のパラメータ μ に一致しています．

$$\mathrm{E}_{\mathcal{N}}\left[\mathrm{x}_n\right] = \int_{-\infty}^{\infty} x_n P(x_n) \mathrm{d}x_n = \mu \tag{2.10}$$

*5 確率変数の収束ですので，この収束が確率収束か概収束かなどにより意味が異なります．正確なことが気になる方は確率論や統計学の成書を参考にしてください．

これはもちろん分布に関する期待値ですが，それを与えられたデータ $\mathcal{D} = \{x_1, x_2, \ldots, x_N\}$ に関する平均値で近似してみましょう．つまり本当の期待値であるガウス分布の期待値をサンプル平均で置き換えたものを μ の推定量 $\hat{\mu}$ とするのです．

$$\hat{\mu} = \frac{1}{N}\sum_{n=1}^{N} \mathrm{x}_n \tag{2.11}$$

すると，これは見事に不偏推定量となっています．

$$\mathrm{E}_{\mathcal{N}}[\hat{\mu}] = \frac{1}{N}\sum_{n=1}^{N} \mathrm{E}_{\mathcal{N}}[\mathrm{x}_n] = \mu \tag{2.12}$$

では，σ^2 はどうなっているでしょうか．簡単なガウス積分の演習問題として

$$\mathrm{E}_{\mathcal{N}}\left[(\mathrm{x}_n - \mu)^2\right] = \int_{-\infty}^{\infty} (x_n - \mu)^2 P(x_n)\mathrm{d}x_n = \sigma^2 \tag{2.13}$$

が示せます．したがって安直には，再びこの期待値をサンプル平均で近似すれば推定量 $\hat{\sigma}^2$ が得られると思われます．

$$\hat{\sigma}^2 = \frac{1}{N}\sum_{n=1}^{N} (x_n - \hat{\mu})^2 \tag{2.14}$$

これは不偏でしょうか．それを見るためには期待値を計算すればよいのですが，そのために

$$\begin{aligned}\mathrm{E}_{\mathcal{N}}\left[(\mathrm{x}_n - \hat{\mu})^2\right] &= \mathrm{E}_{\mathcal{N}}\left[(\mathrm{x}_n - \mu)^2 - 2(\mathrm{x}_n - \mu)(\hat{\mu} - \mu) + (\hat{\mu} - \mu)^2\right] \\ &= \sigma^2 - 2\frac{\sigma^2}{N} + \frac{\sigma^2}{N}\end{aligned} \tag{2.15}$$

と計算します．x_n と $\hat{\mu}$ が確率変数であったことに注意しましょう．すると

$$\mathrm{E}_{\mathcal{N}}\left[\hat{\sigma}^2\right] = \left(1 - \frac{1}{N}\right)\sigma^2 \tag{2.16}$$

となり，不偏ではありません．ただし $N \to \infty$ の極限でこの期待値は σ^2 に一致しますので，漸近的不偏推定量になっています．またバイアスのない推定量は余分な係数を除いたものですので，

$$\hat{\hat{\sigma}}^2 = \frac{N}{1-N}\hat{\sigma}^2 = \frac{1}{N-1}\sum_{n=1}^{N}(x_n - \hat{\mu})^2 \tag{2.17}$$

と与えられます．

(2) ベルヌーイ分布

コイン投げの結果が裏表どちらかなど，2つのランダムな値をとる現象を記述するのが**ベルヌーイ分布 (Bernoulli distribution)** です．確率変数 x は0か1の離散値をとるものとします．x が1をとる確率を p とすると，この分布は

$$P(x) = p^x(1-p)^{1-x} \tag{2.18}$$

と書けます．パラメータは p だけです．またベルヌーイ分布の期待値と分散は

$$\mathrm{E}_P[x] = \sum_{x=0,1} xP(x) = p$$

$$\mathrm{E}_P\left[(x-p)^2\right] = \sum_{x=0,1}(x - 2px + p^2)P(x) = p(1-p)$$

とパラメータで書くことができます．すると，パラメータの推定量は再びサンプル平均

$$\hat{p} = \frac{1}{N}\sum_{n=1}^{N} x_n \tag{2.19}$$

とするのがよさそうです．実際 $\mathrm{E}_P[\hat{p}] = \sum_{n=1}^{N}\mathrm{E}_P[x_n]/N = p$ ですから，不偏推定量になっています．では，分散の大きさはどうでしょうか．実際に計算してみると

$$\mathrm{E}_P\left[(\hat{p}-p)^2\right] = \frac{1}{N^2}\sum_{n=1}^{N}\mathrm{E}_P\left[(x_n-p)^2\right] = \frac{1}{N}p(1-p) \tag{2.20}$$

であり，データサイズが大きくなればなるほど推定値のばらつきがゼロに近づいていきます．したがって，大きなデータに対しては分散が小さくなるような推定量です．

2.3.3 最尤推定

これまでは発見法的な方法で推定量を探しましたが，これでは複雑な分布の場合にはどうしようもありません．ところがパラメトリックな場合には，実は広く使える強力な手法があります．それがここで紹介する**最尤推定法** (**maximal likelihood method**) です．

データ生成分布のパラメトリックモデル $P_{model}(\mathrm{x};\boldsymbol{\theta})$ が与えられているとします．与えられたサンプル $\mathcal{D}=\{x_1,x_2,\ldots,x_N\}$ は，この分布から無作為に抽出されていると近似します．すると，これらは独立に同じモデル分布から (i.i.d. に) 生成された実現値ですので，このデータ集合が得られる同時確率密度は

$$P\left(x_1,x_2,\ldots,x_N;\boldsymbol{\theta}\right)=\prod_{n=1}^{N}P_{model}(x_n;\boldsymbol{\theta}) \tag{2.21}$$

です．これを変数 $\boldsymbol{\theta}$ に対する量とみなして $L(\boldsymbol{\theta})=P\left(x_1,x_2,\ldots,x_N;\boldsymbol{\theta}\right)$ と書き，**尤度関数** (**likelihood**) と呼びます．データ値が $\{x_1,x_2,\ldots,x_N\}$ という観測値をとったのは，パラメータ $\boldsymbol{\theta}$ の値が確率 $P\left(x_1,x_2,\ldots,x_N;\boldsymbol{\theta}\right)$ を大きくするようなものであったからだと考えてみます．つまり $L(\boldsymbol{\theta})$ を最大にするようなパラメータ値であるためにデータ $\{x_1,x_2,\ldots,x_N\}$ が実現されやすかったと解釈するわけです．すると与えられたデータに対して尤もらしいパラメータの値は尤度を最大化したものということになります．

（最尤推定法）

尤もらしいパラメータの値 $\boldsymbol{\theta}_{ML}$ は，尤度を最大化するものである．

$$\boldsymbol{\theta}_{ML}=\operatorname*{argmax}_{\boldsymbol{\theta}} L(\boldsymbol{\theta}) \tag{2.22}$$

ただし尤度は確率密度の積ですので，1 以下の数値を何回も掛け合わせた結果得られます．したがって一般にはとても小さな値であり，計算機上では容易にアンダーフローを起こしえます．そこで実用上は尤度の対数をとった**対数尤度関数**を最大化します．

$$\boldsymbol{\theta}_{ML} = \underset{\boldsymbol{\theta}}{\operatorname{argmax}}\ \log L(\boldsymbol{\theta}) \tag{2.23}$$

結果が変わらないことは明らかです．対数をとることで理論計算上も式がきれいになります．

このように何らかの**目的関数**を最大化，あるいは最小化することで推定に用いる最適なパラメータ値を決定するのが機械学習における常套（じょうとう）手段です．実際，多くの機械学習アルゴリズムは最尤法を基礎に構築されています．ただし機械学習では，最大化より最小化として問題を書くことが多いですので，**負の対数尤度**を目的関数とした最小化問題として表現します．

$$\boldsymbol{\theta}_{ML} = \underset{\boldsymbol{\theta}}{\operatorname{argmin}}\,(-\log L(\boldsymbol{\theta})) \tag{2.24}$$

単に慣習上の問題ですが，機械学習を勉強する際に初学者のうちは混乱するかもしれません．

それでは，最尤法を具体的な分布に応用してみましょう．

(1) ガウス分布

再びガウス分布の例を考えましょう．N 個のデータに対する尤度関数は

$$L(\boldsymbol{\theta}) = \prod_{n=1}^{N} \frac{1}{\sqrt{2\pi\sigma^2}} e^{-\frac{(x_n-\mu)^2}{2\sigma^2}} \tag{2.25}$$

です．ただし $\boldsymbol{\theta} = (\mu, \sigma^2)$ として 2 つのパラメータをまとめて表記しました．対数尤度関数はもう少しシンプルで $\log L(\boldsymbol{\theta}) = -\frac{N}{2}\log\sigma^2 - \sum_n (x_n-\mu)^2/2\sigma^2 + \text{const.}$ です．ここで const. は定数項を意味します．この関数の最大値を探すには，微分係数がゼロの場所を求めればよいでしょう．

$$0 = \left.\frac{\partial \log L(\boldsymbol{\theta})}{\partial \mu}\right|_{\boldsymbol{\theta}_{ML}} = \frac{1}{\sigma^2_{ML}} \sum_n (x_n - \mu_{ML}) \tag{2.26}$$

$$0 = \left.\frac{\partial \log L(\boldsymbol{\theta})}{\partial \sigma^2}\right|_{\boldsymbol{\theta}_{ML}} = -\frac{N}{2}\frac{1}{\sigma^2_{ML}} + \frac{1}{2(\sigma^2_{ML})^2} \sum_n (x_n - \mu_{ML})^2 \tag{2.27}$$

これらはすぐに解け，得られる最尤推定量 $(\mu_{ML}, \sigma^2_{ML})$ は先ほど見つけた推定量 $(\hat{\mu}, \hat{\sigma}^2)$ と一致します．最尤法の与える σ^2 の推定量は不偏でないことは注目に値します．

(2) ベルヌーイ分布

ベルヌーイ分布に対しては

$$L(p) = \prod_{n=1}^{N} p^{x_n}(1-p)^{1-x_n} \tag{2.28}$$

が尤度関数ですので，対数尤度関数は $\log L(p) = \sum_n (x_n \log p + (1-x_n)\log(1-p))$ です．これを最大化すると

$$0 = \left.\frac{\partial \log L(p)}{\partial p}\right|_{p_{ML}} = \frac{\sum_n x_n}{p_{ML}} - \frac{\sum_n (1-x_n)}{1-p_{ML}} = \frac{\sum_n x_n - Np_{ML}}{p_{ML}(1-p_{ML})}$$

となります．これを解いて得られる最尤推定量 p_{ML} もまた，先ほど求めた推定量 $\hat{p} = \sum_n x_n/N$ に一致しています．このように最尤法は推定量を求めるための汎用性のある方法です．

2.4 機械学習の基礎

統計学の基礎を学びましたので，それを使って機械学習の基礎について勉強していきましょう．機械学習では，データ集合を学習アルゴリズムで処理することでコンピュータプログラムに学習をさせます．それによって，プログラムが与えられたタスクをよりうまくこなせるようにすることを目標にします．データ（集合）は機械学習の文脈では**訓練データ (training data)** や**訓練サンプル (training samples)**，**観測 (observations)** などと呼ばれます．データやサンプルという言葉が標本自体をさすのか標本の各要素をさすのかは，文献によって混乱が見られます．本書では標本であることを強調したいときには，訓練データ集合や**訓練集合 (training set)** というようにあらわに「集合」という言葉を語尾につけることにします．

学習を担うのは，人間がデザインする**学習機械 (learning machine)** です．これは**アーキテクチャ (architecture)** とも呼ばれます．機械というとロボットをイメージしてしまいそうですが，実際の学習機械は人の設計した数学的なモデル関数（推定量）や，それを実装したプログラムにすぎません．自然科学のデータ解析でおなじみのフィッティング関数も，データの背後から自然現象のメカニズムを学習するアーキテクチャの一例です．

アーキテクチャの学習プロセスを決めているのが**学習アルゴリズム**で，これもまた人間が設計します．アルゴリズムの詳細は学習させたいタスクやデータの種類により変わります．ただし一般的な設計思想は，まず与えられたタスクに対するパフォーマンスのよさを測る尺度を導入し，その値を改善するようなアルゴリズムを実現するというものです．この評価尺度は**コスト関数** (**cost function**) や**損失関数** (**loss function**)，**目的関数** (**objective function**)，あるいは**誤差関数** (**error function**) と呼ばれます．その具体形はこれからの議論を通じて紹介します．

2.4.1 教師あり学習

機械学習には教師あり学習や教師なし学習，強化学習など，いくつもの枠組みが知られていますが，深層学習の基礎になるものは教師あり学習です．**教師あり学習** (**supervised learning**) の特徴は，用意すべき訓練データが必ず**入力** (**input**)$\boldsymbol{x}$ と**出力** (**output**)$\boldsymbol{y}$ のペアの形をとることです．つまり訓練データは $\mathcal{D} = \{(\boldsymbol{x}_1, \boldsymbol{y}_1), \ldots, (\boldsymbol{x}_N, \boldsymbol{y}_N)\}$ という形をしています．機械学習の目標はこの入出力間の関係を推定することで，新しい未知の入力 $\boldsymbol{x}$ が与えられたときに対応する出力 $\boldsymbol{y}$ を適切に予測できるようになることです．

$$\boldsymbol{x} \longrightarrow \boldsymbol{y} \tag{2.29}$$

訓練データにおける入力と出力は，いわば練習問題とその模範解答のようなものです．これら練習問題の解答を参考にして，アーキテクチャは問題の解き方を学んでいき，見たこともない問題を解かされる本試験にも対応できるように備えるのです．出力 $\boldsymbol{y}$ は**標的** (**target**) とも呼ばれます．

統計学的な用語でいうと，**説明変数** (**explanation variable**) $\mathbf{x}$ と**目標変数** (**target variable**) $\mathbf{y}$ の間の関係を知り，常に目標変数を予測できるモデルを作ろうというわけです．そのために目標変数の適切な推定量 $\hat{\boldsymbol{y}}$ を探すのが学習です．実際には推定量の関数モデル（**関数近似**）を仮定して，そのパラメータを訓練データから最適化する学習アルゴリズムを実装します．

2.2.1 節で説明したように，目標変数には次の 2 種類がありました．

(1) 質的変数 (qualitative variable)

これは分類カテゴリのような，物の種類を表す確率変数で，離散変数を用いて数値としても実現することができます．例えばコインの裏と表を実現値とする質的変数を考えたいとき，表は0，裏は1というように数字を割り振っておけば，0か1をとる離散変数によって現象を記述できるからです．

(2) 量的変数 (quantitative variable)

一方，量的変数は回帰などに用いられる連続値をとる確率変数です．

2.4.2 最小二乗法による線形回帰

入力 $\boldsymbol{x}$ から出力値 y を予想しようとするのが回帰でした．出力がベクトルではなくスカラー [*6] の場合を考えましょう．ここではパラメトリックなモデルを考えます．つまり常に y はある関数 $\hat{y} = f(\boldsymbol{x}; \boldsymbol{w})$ で表される規則で $\boldsymbol{x}$ から決まっているとします．ただしこの関数のパラメータ $\boldsymbol{w}$ はまだ未知であり，与えられたデータから最適なパラメータ値を決める作業が学習に相当します．また，データの観測には常にランダムなプロセスに起因する不確実な要素が介在しますので，その効果をノイズ ϵ として

$$y = f(\boldsymbol{x}; \boldsymbol{w}) + \epsilon \tag{2.30}$$

のようにモデル化します．ここで ϵ は確率変数で，ランダムなノイズによる規則性のかき乱しを表します．その一方で我々が知りたいのは $\boldsymbol{x}$ と y の間の対応規則を捉える項 $f(\boldsymbol{x}; \boldsymbol{w})$ です．

ここで考えるのは，特に規則性の部分がパラメータの1次関数であることを仮定した回帰モデルです．

$$f(\boldsymbol{x}; \boldsymbol{w}) = \boldsymbol{w}^\top \boldsymbol{h}(\boldsymbol{x}) = \sum_j w_j h_j(\boldsymbol{x}) \tag{2.31}$$

これはパラメータに関して線形ですので**線形回帰 (linear regression)** と呼ばれます．一方で $h_j(\boldsymbol{x})$ は必ずしも入力の線形関数である必要はありません．例えば入力 x がベクトルではなくてスカラーの場合，$h_j(x) = x^j$ という単項式に選んだ場合がいわゆる多項式回帰です．

$$f(x; \boldsymbol{w}) = \boldsymbol{w}^\top \boldsymbol{h}(x) = \sum_{j=0}^{M} w_j x^j \tag{2.32}$$

*6 本書では，ベクトルをなしていないただの1成分の数をスカラーと呼びます．

この多項式回帰も線形回帰の一種であることに注意しましょう．

回帰分析ではモデル $f(\boldsymbol{x};\boldsymbol{w})$ が与えられたデータ $\mathcal{D}$ の入出力が満たす対応関係によく当てはまるように，モデルのパラメータ $\boldsymbol{w}$ を調整します．そのためにはモデルがどの程度データに当てはまっているのかを測る尺度が必要です．機械学習では特に，モデル $f(\boldsymbol{x};\boldsymbol{w})$ のパフォーマンスの悪さを測る尺度である**誤差関数 (error function)**[*7] を最小化することにより最適パラメータ $\boldsymbol{w}^*$ を決定します．もっとも有名で理解しやすい誤差関数として，**平均二乗誤差 (mean squared error)** があります．

$$E_{\mathcal{D}}(\boldsymbol{w}) = \frac{1}{N}\sum_{n=1}^{N}\left(\hat{y}\left(\boldsymbol{x}_n;\boldsymbol{w}\right) - y_n\right)^2 \tag{2.33}$$

$\hat{y}\left(\boldsymbol{x}_n;\boldsymbol{w}\right)$ はモデルに n 番目の入力データを入れて得られるモデル予測であり，y_n が実際にデータに対応した正しい出力の標的値です．したがって $\left(\hat{y}\left(\boldsymbol{x}_n;\boldsymbol{w}\right) - y_n\right)^2$ は予測と正解の差を 2 乗したものです[*8]．これはまさに予測と正解のズレを測っており，それを全サンプルについて平均したものがこの誤差関数です．平均二乗誤差を最小化するこの方法は，よく知られた**最小二乗法 (least squares method)** です．

探したいモデルは，できるだけデータへ当てはまりがよいものですから，この誤差関数を最小化するようなパラメータ値

$$\boldsymbol{w}^* = \underset{\boldsymbol{w}}{\operatorname{argmin}}\, E_{\mathcal{D}}(\boldsymbol{w}) \tag{2.34}$$

を $\hat{y}$ のパラメータ値に選んだものが探していたモデルということになります．

ここで 1 つ概念的な注意を述べておきます．機械学習の本来の目的は，手持ちの訓練データだけではなく，ありとあらゆるデータに対してよい性能を示すモデルを作ることです．訓練データをもとにして学習機械を訓練し，未知のデータに対してまでよく働く状況が実現されることを**汎化 (generalization)** といいます．したがって汎化を達成するために本来最小化すべき誤差関数は，訓練データだけではなく任意の可能なデータに対して測られた誤差である**汎化誤差 (generalization error)** ということになります．

---

*7　損失関数，コスト関数，目的関数という言葉も同じ意味で用いられます．

*8　出力がベクトル $\hat{\boldsymbol{y}}$ のときは，ベクトル $\hat{\boldsymbol{y}} - \boldsymbol{y}_n$ の絶対値の 2 乗を計算します．

$$E_{gen.}(\boldsymbol{w}) = \mathrm{E}_{(\mathbf{x},\mathrm{y})\sim P_{data}}\left[\left(\hat{\mathrm{y}}\left(\mathbf{x};\boldsymbol{w}\right)-\mathrm{y}\right)^2\right] \tag{2.35}$$

しかしながら，有限の能力しかない我々には，可能なすべてのデータを集めてくることなど到底できません．したがって，この「本物の」誤差を最小化することは不可能です．そこで機械学習では「窮余の一策」として，手持ちのデータのサンプル平均で汎化誤差を近似的に見積もり，それを最小化しているのです．式 (2.33) のようなサンプル平均で作った誤差を**訓練誤差 (training error)** といいます．訓練誤差を小さくしただけでは，汎化がそう易々と実現するとはなかなか思えません．しかし驚くべきことに，機械学習の提供するさまざまな技術と組み合わせることで，訓練誤差の最小化によって汎化に近づくことができることを本書では解説していきます．

参考 2.2 正規方程式

ちょっとした線形代数の応用として，最適パラメータを与える式をきれいに書き直してみます．誤差関数の最小値では 1 次の微分係数がゼロになっていますので，次の式を解くことで最適パラメータ $\boldsymbol{w}^*$ が決まります．

$$\frac{\partial E(\boldsymbol{w})}{\partial w_i} = \frac{1}{N}\sum_n x_{ni}\left(\boldsymbol{w}^\top\boldsymbol{x}_n - y_n\right) = 0 \tag{2.36}$$

ここで訓練データのベクトルをすべて横一列に並べて**デザイン行列 (design matrix)**

$$\boldsymbol{X} = \begin{pmatrix}\boldsymbol{x}_1 & \boldsymbol{x}_2 & \cdots & \boldsymbol{x}_N\end{pmatrix} \tag{2.37}$$

を導入しましょう．同様にベクトル $\boldsymbol{y}^\top = \begin{pmatrix}y_1 & y_2 & \cdots & y_N\end{pmatrix}$ も用意します．当然 $\sum_n x_{ni}\boldsymbol{w}^\top\boldsymbol{x}_n = \sum_n x_{ni}(\boldsymbol{x}_n{}^\top\boldsymbol{w})$ と書き換えてもかまいませんので，すべての i に対して式 (2.36) を $\boldsymbol{X}\boldsymbol{X}^\top\boldsymbol{w}^* - \boldsymbol{X}\boldsymbol{y} = \boldsymbol{0}$ と 1 つにまとめて書くことができます．これより，$\boldsymbol{w}^*$ を決定する**正規方程式 (normal equation)**

$$\boldsymbol{w}^* = \left(\boldsymbol{X}\boldsymbol{X}^\top\right)^{-1}\boldsymbol{X}\boldsymbol{y} \tag{2.38}$$

が得られました．$\left(\boldsymbol{X}\boldsymbol{X}^\top\right)^{-1}\boldsymbol{X}$ は $\boldsymbol{X}$ に対するムーア・ペンローズの擬似逆行列と呼ばれるものであり，正則正方行列の場合は通常の逆行列に一致します．この方程式はとてもきれいにまとまっています．20世紀の統計学では正規方程式を解くためにさまざまな手法が開発されてきました．しかし巨大なデータを扱う場合は，数値的な最適化には向かないことが多いため，現在では実用的な場面で用いられることはまれです．

2.4.3 線形回帰の確率的アプローチ

これまでは回帰に対する関数的なアプローチを紹介しましたが，統計とのつながりが見えにくいので，確率的なアプローチで同じ回帰分析を定式化し直してみましょう．そのためにまずは，説明変数 $\mathbf{x}$ も目標変数 y も確率変数であると考え，条件付き分布 $P(\mathrm{y}|\mathbf{x})$ をモデル化することで推定量 $\hat{\mathrm{y}}$ を作るアプローチを考えます．この条件付き分布は，説明変数が与えられたときに，目標変数がどのような値をとりやすいかを表します．すると誤差関数も

$$E\big(\hat{\mathrm{y}}(\mathbf{x}),\mathrm{y}\big)=(\hat{\mathrm{y}}(\mathbf{x})-\mathrm{y})^2 \tag{2.39}$$

というように，確率変数の関数で与えられる確率変数となります．そこでパフォーマンスを測る数値として，これの期待値を用いることを考えましょう．

$$\mathrm{E}_{P_{data}}\left[E\big(\hat{\mathrm{y}}(\mathbf{x}),\mathrm{y}\big)\right]=\sum_{\boldsymbol{x}}\sum_{y}\big(\hat{y}(\boldsymbol{x})-y\big)^2P_{data}(\boldsymbol{x},y) \tag{2.40}$$

$P_{data}(\boldsymbol{x},y)$ は $(\boldsymbol{x},y)$ というデータ点が生成される確率です．ここでの和は，確率変数 $\mathbf{x},\mathrm{y}$ がとり得る離散的な数値すべてにわたりとられます．このような誤差関数を，期待誤差や期待損失と呼びます．

では期待誤差を最小化するような推定量 $\hat{y}$ はどのようなものでしょうか．最小値 $\hat{y}^*$ では，とある説明変数の実現値 $\boldsymbol{x}$ に対してだけ $\hat{y}(\boldsymbol{x})\to\hat{y}(\boldsymbol{x})+\delta\hat{y}$ と推定量を微小変化させても期待誤差は変化しませんので

$$0=\delta\mathrm{E}_{P_{data}}\left[E\big(\hat{\mathrm{y}}(\mathbf{x}),\mathrm{y}\big)\right]|_{\hat{y}^*}=2\delta\hat{y}\mathrm{E}_{P_{data}(y|\boldsymbol{x})}[(\hat{\mathrm{y}}(\mathbf{x})-\mathrm{y})]|_{\hat{\mathbf{y}}^*} \tag{2.41}$$

を満たしている必要があります．この式から

$$0=\hat{y}^*(\boldsymbol{x})P_{data}(\boldsymbol{x})-\sum_{y}yP_{data}(y|\boldsymbol{x})P_{data}(\boldsymbol{x}) \tag{2.42}$$

が得られますので，最適な $\hat{y}^*$ とは $P_{data}(\mathrm{y}|\boldsymbol{x})$ に関する条件付き期待値です．

$$\hat{y}^*(\boldsymbol{x}) = \mathrm{E}_{P_{data}(\mathrm{y}|\boldsymbol{x})}\big[\,\mathrm{y}\,|\,\boldsymbol{x}\,\big] \tag{2.43}$$

つまり，平均二乗誤差をパフォーマンス評価測度とした場合，y の予測値としてもっともよいものは生成分布に関する期待値であるということです．もちろん実際にはデータ生成分布はわかりませんので，確率的アプローチでは $P_{data}(y|\boldsymbol{x})$ の部分をデータから予測します．このアプローチはさらに2つに分けられます．

(1) 生成モデル (generative model)

1つ目のアプローチは，データの背後にある生成メカニズムを直接，同時分布 $P(\mathbf{x}, \mathrm{y})$ としてモデル化する方法です．つまりモデル化した分布 $P(\mathbf{x}, \mathrm{y})$ をデータから推定したのち，事前確率 $P(\boldsymbol{x}) = \sum_y P(\boldsymbol{x}, y)$ とベイズの公式

$$P(y|\boldsymbol{x}) = \frac{P(\boldsymbol{x}, y)}{P(\boldsymbol{x})} \tag{2.44}$$

を用いることで条件付き分布 $P(y|\boldsymbol{x})$ を計算します．その結果を用いて，期待値 (2.43) を計算することで回帰分析をするアプローチです．

(2) 識別モデル (discriminative model)

生成モデルのアプローチは間接的に答えを求めるものです．$P(\mathbf{x}, \mathrm{y})$ をいったん計算することによってデータ生成メカニズムの一端を捉えられる一方，間接的に $P(\mathrm{y}|\mathbf{x})$ を評価するために計算精度が悪くなる可能性があります．そこでもう1つのアプローチでは条件付き分布 $P(\mathrm{y}|\mathbf{x})$ を直接モデル化し，データからこの値を推定することで期待値 (2.43) を計算します．クラス分類における呼び方を流用して，このアプローチを識別モデルと呼びましょう．

一方で前節で扱っていたアプローチは**関数モデル**や**関数近似**と呼ばれるものです．そこでは確率モデルを介在せず，直接的に期待値 (2.43) を特定の関数としてモデル化し，データからその最適なパラメータを推定していました．

2.4.4 最小二乗法と最尤法

さて最小二乗法に対するいろいろな見方を紹介しましたので，次に平均二乗誤差の確率論的な由来について解説しましょう．すでに説明したように，出発点となる見方は，「データが関数的な規則性 f とノイズの寄与により式 (2.30) で与えられている」という仮定でした．ここでは ϵ が平均 0，分散 σ^2 のガウス分布に従っているとしましょう．すなわち，y 自体が推定値 $\hat{y}(\boldsymbol{x};\boldsymbol{w})$ を平均とするガウス分布からサンプルされているということです．

$$\epsilon \sim \mathcal{N}\left(\epsilon; 0, \sigma^2\right) \quad \longrightarrow \quad y \sim P(\mathrm{y}|\mathbf{x}=\boldsymbol{x};\boldsymbol{w}) = \mathcal{N}\left(\mathrm{y}; \hat{y}(\boldsymbol{x};\boldsymbol{w}), \sigma^2\right) \tag{2.45}$$

このモデルをデータを生成する分布に近づけるには最尤法を用いることができます．尤度関数は $L(\boldsymbol{w}) = \prod_n P(y_n|\boldsymbol{x}_n;\boldsymbol{w})$ ですので，これの対数を最大化します．このモデルではデータ $(\boldsymbol{x}_n, y_n)$ は単にガウス分布 $P(\mathrm{y}|\boldsymbol{x};\boldsymbol{w})$ からサンプリングされていますので，ガウス分布の定義から対数尤度は

$$\log \prod_n P(y_n|\boldsymbol{x}_n;\boldsymbol{w}) = -\frac{1}{2\sigma^2}\sum_n \left(\hat{y}(\boldsymbol{x}_n;\boldsymbol{w}) - y_n\right)^2 + \text{const.} \tag{2.46}$$

となります．この最大化は $\sum_n \left(\hat{y}(\boldsymbol{x}_n;\boldsymbol{w}) - y_n\right)^2$ の最小化，つまり平均二乗誤差の最小化にほかなりません．このように最小二乗法は，推定量の関数モデルからのばらつきがガウス分布に従うと仮定した際の最尤法にほかならないのです．そして回帰に用いた関数モデル f は，ガウス分布でモデル化したデータ生成分布の，平均値に相当する部分 (2.43) と理解することができます．このように，最尤法は推定のための普遍的な枠組みを与えています．

2.4.5 過適合と汎化

これまでは機械学習におけるもっとも基本的なモデルである回帰について見てきました．ここで思い起こしてほしいことは，我々は与えられたデータだけをもとにして回帰をすることで，他のどんなデータに対してもできる限り通用する予測モデルを手に入れたいということでした．ここでは，この汎化の実現がそう簡単ではないことを説明しましょう．

簡単のために 1 次元データの多項式回帰を考えます．つまり得られた入力 x から出力 y を予測する規則性を推定するために，多項式モデル

$$\hat{y} = \sum_{j=0}^{M} w_j x^j \tag{2.47}$$

をデータに当てはめて（フィッティングして）みましょう．その際，多項式の次数 M は我々が選ばなくてはなりません．このようにモデルの選択時に決めねばならないパラメータを**ハイパーパラメータ (hyperparameter)** と呼んで，学習されるパラメータと区別します．ハイパーパラメータ自体は学習アルゴリズムでは一切修正されません．この場合，M は重みパラメータの個数も決定していますので，まさにモデルの自由度を与えています．**図 2.3** はフィッティング結果です．$M = 1$ に対応する図 2.3(a) のように，データの豊かさに対してモデルの自由度が小さすぎると，データの構造を捉えることはまったくできません．つまり訓練誤差の値が大きすぎて，これでは何の予測能力も得られないでしょう．このような状況は**アンダーフィッティング (underfitting)** や**未学習 (underlearning)** と呼ばれます．

そこで M をどんどん大きくしていくことで，データの複雑な構造をよりよく捉えられるようになるのではないかと考えられます．しかし不必要に大きな自由度をもったモデルは，異なる問題を引き起こします．というのも，モデルの自由度が大きすぎると，学習データのもつノイズ（統計的なゆらぎ）までをも多項式モデルが正確にフィッティングしてしまいます．これが図 2.3(c) の状況です．すると，与えられた訓練データに関する訓練誤差の値は確かにどんどん小さくすることができます．しかし訓練データに適合しすぎることで，訓練データではない未知のデータに対してはどんどん予測能力を失っていきます．これはいわば「丸暗記で勉強しすぎたせいで融通が利かなくなり，見たことがない問題にはまったく手が出なくなっている受験生」

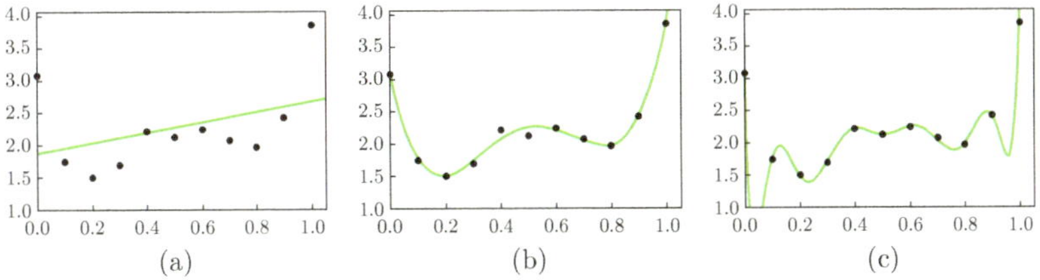

図 2.3　データの線形回帰の一例．

のような状況です．この状況は機械学習では**過適合** (**overfitting**) や過剰適合，**過学習** (**overlearning**) と呼ばれているものです．

このようにモデルの自由度を減らしていくと過学習は避けられるがどんどん訓練誤差が大きくなり，逆に自由度を大きくしていくと訓練誤差をいくらでも小さくできる一方で過適合が起こって汎化誤差が増え始めてしまうトレードオフの状況になっています．すると，我々が見つけたい汎化の状況は，図 2.3 の両極端の望ましくない 2 状態の中間にあると考えられます．これはモデルの自由度と学習すべきデータが含む情報の豊かさがつり合う状況です．したがって機械学習をうまくいかせるためには，まずちょうどよいモデルパラメータの数, つまりモデルの自由度を見積もらなくてはなりません．自由度の見積もりにはいろいろな基準があるのですが，残念なことに深層学習のような複雑なモデルではどれもあまり役立たないのが現状です．そこで実務の場面では，学習に用いるデータとは別に検証用のデータを用意して，検証用データに関する誤差を目安に，仮定したモデルがよいものかどうかを見極めることになります．

2.4.6 正則化

過学習を避けるための一番わかりやすい方法は，自由度の数が多すぎないモデルをはじめから選んでおくことです．自由度を実質的に減らしてしまうさまざまな手法は**正則化** (**regularization**) と呼ばれます．実はモデル自体を修正することなく，学習アルゴリズムを少し変更するだけでも実質的な自由度を減らすことができます．一般的にこのような正則化は，最適化すべき誤差関数の変更として表現することができます．

$$E_{new}(\boldsymbol{w}) = E(\boldsymbol{w}) + \lambda R(\boldsymbol{w}) \tag{2.48}$$

λ は正則化の効果の大きさを調節するための正則化パラメータです．

重み減衰 (**weight decay**) はこのような正則化の代表例です．多項式回帰の例からわかるように，もし強制的に多くのパラメータの値を 0 に制限することができれば，はじめから調節できるパラメータが少ないので自由度を減らしたことと同じことになります．そこで最小化する誤差関数に，次のような項を加えてみましょう．

$$E_{wd}(\boldsymbol{w}) = E(\boldsymbol{w}) + \lambda \boldsymbol{w}^\top \boldsymbol{w} \tag{2.49}$$

新たに項の加わった右辺全体を最小化するということは，重みベクトルのノルム $\boldsymbol{w}^\top \boldsymbol{w}$ をできる限り小さくする解 $\boldsymbol{w}^*$ がより好まれるようになるということです．そのためこのように修正された後の最適解では，可能な限りの $\boldsymbol{w}$ の成分がほぼゼロになっています．したがって重み減衰はモデル自体を変えずに，最小化する誤差関数へパラメータ数を減らすペナルティ項を加える正則化です．回帰に重み減衰を適用したものは **Ridge 回帰**と呼ばれます．例えば重み減衰により正規方程式 (2.38) は $\boldsymbol{w}^* = (\boldsymbol{X}\boldsymbol{X}^\top + 2N\lambda \boldsymbol{I})^{-1}\boldsymbol{X}\boldsymbol{y}$ と修正されます．

Ridge 回帰以外にも，さまざまな回帰の正則化が存在します．その一例は

$$E_{\mathrm{LASSO}}(\boldsymbol{w}) = E(\boldsymbol{w}) + \lambda \sum_i |w_i| \tag{2.50}$$

という誤差関数を用いる **LASSO(least absolute shrinkage and selection operator) 回帰**です．この手法もまた，不要な重みをできるだけゼロへ近づける効果があります．

与えられたタスクのパフォーマンス向上という目標は維持しつつも，モデルの自由度を減らして過学習を避ける正則化の手法は，汎化性能の実現を目指す機械学習では極めて重要な位置を占めています．5 章で見るように，深層学習においてもさまざまな正則化のアイデアが登場することになります．

2.4.7 クラス分類

これまでは回帰分析に絞って機械学習を学んできましたが，次にもう 1 つの重要なトピックスである，クラス分類の教師あり学習について議論しましょう．クラス分類は与えられた入力 $\boldsymbol{x}$ を K 個の種類（クラス，カテゴリ）$\mathcal{C}_1, \ldots, \mathcal{C}_K$ へ分類する作業です．これらクラスは互いに排他的であり，1 つの入力が複数のクラスにまたがって所属することはないとします．また入力には，必ず 1 つの所属先があるものとしましょう．回帰のようにクラスを数値的に扱うために，離散的な目標変数を導入しましょう．そのためによく用いられる次の 2 つの方法があります．

(1)　2値分類

一番簡単な状況は，分類先が2つしかない状況です．この場合は1つ目のクラスに属していることを $y=1$，2つ目のクラスに属している場合は $y=0$ として表現する **2値変数 (binary variable)** y を用いればよいでしょう．0か1かを判別するので，これは2値分類と呼ばれます．

(2)　多クラス分類

手書き数字が0〜9のどれかを判定する場合など，分類先クラスが複数ある場合はいろいろなアプローチがあります．もっともシンプルなものは，K 個のクラスそれぞれに対応して $y=1,2,\ldots,K$ という K 個の値をとる離散変数を用いる方法です．手書き数字の例では $K=10$ です．この変数を，ベクトルを用いた別の表現法である **1-of-K 符号化 (1-of-K encoding)** に写像できます．y の値によって決まる K 成分ベクトル

$$\boldsymbol{t}(y) = \begin{pmatrix} t(y)_1 & t(y)_2 & \cdots & t(y)_K \end{pmatrix}^\top \tag{2.51}$$

が1-of-K 符号化です．この手法では入力が k 番目のクラスに属している，つまり $y=k$ であることを，第 k 成分が $t(y=k)_k=1$ でそれ以外の成分 $t(y=k)_{\ell(\neq k)}$ はすべて0であることで表現しています．このような表現法を **one-hot 表現**と呼びます．例えば一番目のクラスに属しているのであれば

$$\boldsymbol{t}(y=1) = \begin{pmatrix} 1 & 0 & \cdots & 0 \end{pmatrix}^\top \tag{2.52}$$

ということです．ここで次の便利な記号を導入しましょう．

定義 2.1（クロネッカーのデルタ記号）

$$\delta_{i,j} = \begin{cases} 1 & (i=j) \\ 0 & (i\neq j) \end{cases} \tag{2.53}$$

このクロネッカーのデルタ記号を使うと，one-hot 表現ベクトルの成分は

$$t(y)_k = \delta_{y,k} \tag{2.54}$$

と書くことができます．

2.4.8 クラス分類へのアプローチ

クラス分類では与えられた入力に対し，離散的な目標変数を予測したいわけですが，そのためには複数のアプローチが考えられます．

(1) 関数モデル

関数モデルは，入力と出力の間の関係を関数としてモデル化する方法です．

$$\hat{y} = y(\boldsymbol{x}; \boldsymbol{w}) \tag{2.55}$$

例えば 0,1 の 2 値をとる目標変数に対し

$$y(\boldsymbol{x}; \boldsymbol{w}) = f(\boldsymbol{w}^\top \boldsymbol{x} + b) \tag{2.56}$$

というモデルを仮定すると，これはまさに 3 章で紹介するもっとも単純な 1 層ニューラルネットになっています．

(2) 生成モデル

関数モデルによるアプローチ以外の手法では，データを確率的に取り扱います．生成モデルではデータに潜むランダム性を同時分布 $P(\boldsymbol{x}, \boldsymbol{y})$ のモデル化により表現し，このモデルをデータにフィットさせます．k 成分だけが 1 の $\boldsymbol{t}(\boldsymbol{y})^\top = (0 \quad \cdots \quad 0 \quad 1 \quad 0 \quad \cdots \quad 0)$ に対する $P(\boldsymbol{x}, \boldsymbol{y})$ は，入力が $\boldsymbol{x}$ で所属クラスが $\mathcal{C}_k$ である確率を意味します．この代わりに $P(\boldsymbol{x}, \mathcal{C}_k)$ をモデル化しても同じことです．

この確率をすべてのクラスについて求めたあと，$\boldsymbol{x}$ について周辺化して $P(\boldsymbol{x})$ を求めてベイズの公式 (2.44) を使うことで条件付き分布 $P(\mathcal{C}_k|\boldsymbol{x})$ を求めます．$P(\mathcal{C}_k|\boldsymbol{x})$ がわかれば任意のデータ $\boldsymbol{x}$ が各クラスに属している確率が評価でき，得られた確率の値がもっとも大きくなるクラス $\mathcal{C}_k$ を $\boldsymbol{x}$ の所属先と予測することになります．

(3) 識別モデル

生成モデルではまず同時分布を得て，そこから条件付き確率分布 $P(\mathcal{C}_k|\boldsymbol{x})$ を計算していました．このような回りくどいことをせずに $P(\mathcal{C}_k|\boldsymbol{x})$ をモデル化してデータで学習させるのが識別モデルです．予測をする方法は生成モデルと同様です．

2.4.9 ロジスティック回帰

ここではクラス分類を例にとって，識別モデルをもう少し詳しく議論しましょう．まずは2クラス分類から考えます．この場合はクラスが2つしかないので，確率分布は $P(\mathcal{C}_1|\boldsymbol{x}) + P(\mathcal{C}_2|\boldsymbol{x}) = 1$ を満たします．ここで**ロジスティックシグモイド関数** (**logistic sigmoid function**)，あるいは単に**シグモイド関数**と呼ばれる関数を導入します．

定義 2.2（ロジスティックシグモイド関数）

$$\sigma(u) = \frac{1}{1+e^{-u}} = \frac{e^u}{1+e^u} \tag{2.57}$$

すると，いま考えていた条件付き分布は

$$P(\mathcal{C}_1|\boldsymbol{x}) = \sigma(u) \tag{2.58}$$

とシグモイド関数で書くことができます（シグモイドの定義から $u = \pm\infty$ まで含めれば $0 \leq \sigma(u) \leq 1$ であり，確率としてふさわしい数値の範囲に収まっています）．ここで u は**対数オッズ**と呼ばれる因子です．

$$u = \log \frac{P(\mathcal{C}_1|\boldsymbol{x})}{1-P(\mathcal{C}_1|\boldsymbol{x})} = \log \frac{P(\mathcal{C}_1|\boldsymbol{x})}{P(\mathcal{C}_2|\boldsymbol{x})} \tag{2.59}$$

$e^u = P(\mathcal{C}_1|\boldsymbol{x})/P(\mathcal{C}_2|\boldsymbol{x})$ がオッズ比と呼ばれ，$\mathcal{C}_1$ である確率とそうではない確率の比率を表します．この名前の理由は，競馬におけるオッズを思い起こすと自然と理解できるのではないでしょうか．その定義から，対数オッズが1を越えると $\mathcal{C}_1$ である可能性が $\mathcal{C}_2$ である可能性を上回ることになります．したがって対数オッズも明快な意味をもつので，確率モデルを設計する際に基本的な道具となります．

実際多くのクラス分類では，対数オッズ u が入力に関する線形関数であることを仮定した単純な確率モデルが用いられます．

（ロジスティック回帰）

$$u = \boldsymbol{w}^\top \boldsymbol{x} + b \tag{2.60}$$

$\boldsymbol{w}$ はモデルのパラメータをまとめて表したベクトルです．このモデルは統計分析において**ロジスティック回帰** (**logistic regression**) と呼ばれ，ベルヌーイ分布の統計分析法として広く用いられているものです．またロジスティック回帰は，**一般化線形モデル**という重要な統計モデルの典型例です．

訓練データとのフィッティングには最尤法を用います．これもまた一般化線形モデル全般に通じる方法です．まず離散数値をとる目標変数 y は，$y=1$ が 1 つ目のクラス $\mathcal{C}_1$ に入っている場合，$y=0$ が $\mathcal{C}_2$ に入っている場合を表していました．つまり

$$P(y=1|\,\boldsymbol{x}) = P(\mathcal{C}_1|\,\boldsymbol{x}), \quad P(y=0|\,\boldsymbol{x}) = 1 - P(\mathcal{C}_1|\,\boldsymbol{x}) \tag{2.61}$$

です． $P(y|\,\boldsymbol{x})$ はベルヌーイ分布ですので，一般的に次のように書けます．

$$P(y|\,\boldsymbol{x}) = \left(P(\mathcal{C}_1|\boldsymbol{x})\right)^y \left(1 - P(\mathcal{C}_1|\boldsymbol{x})\right)^{1-y} \tag{2.62}$$

これは右辺に $y=1$ と $y=0$ を実際に代入してみればすぐに理解できます．したがって，これをデータ $\{(\boldsymbol{x}_1, y_1), \ldots, (\boldsymbol{x}_N, y_N)\}$ によって学習させるには，最尤法に従って，次の尤度関数

$$L(\boldsymbol{w}) = \prod_{n=1}^{N} \left(P(\mathcal{C}_1|\boldsymbol{x}_n)\right)^{y_n} \left(1 - P(\mathcal{C}_1|\boldsymbol{x}_n)\right)^{1-y_n} \tag{2.63}$$

を最大化すればよいのでした．ここでロジスティック回帰のパラメータ $\boldsymbol{w}$ は，対数オッズの部分を線形関数でモデル化した際に式 (2.60) で導入されたパラメータであったことを思い出しておきましょう．機械学習の実装で用いられるのは対数尤度でしたので，負の対数尤度で誤差関数を定義します．

定義 2.3（交差エントロピー）

$$E(\boldsymbol{w}) = -\sum_{n=1}^{N} \left(y_n \log P(\mathcal{C}_1|\boldsymbol{x}_n) + (1-y_n) \log\left(1 - P(\mathcal{C}_1|\boldsymbol{x}_n)\right) \right) \tag{2.64}$$

これはデータの経験分布とモデル分布の間の**交差エントロピー** (**cross en-**

tropy) と呼ばれ[*9]，深層学習でもよく登場する重要な誤差関数の 1 つです．

2.4.10 ソフトマックス回帰

次に多クラス分類の識別モデルを議論しましょう．この場合もロジスティック回帰の一般化で取り扱うことができます．まず次式に注目します．

$$P(y|\boldsymbol{x}) = \prod_{k=1}^{K} \left(P(\mathcal{C}_k|\boldsymbol{x})\right)^{t(y)_k} \tag{2.65}$$

これが正しい式であることは，one-hot 表現の定義 (2.54) からわかります．例えばこれは $\boldsymbol{t}(y) = (1 \quad 0 \quad 0 \quad \ldots)^\top$ に対応した y を考えたならば，式 (2.65) の右辺は $P(\mathcal{C}_1|\boldsymbol{x})$ となるからです．この分布はベルヌーイ分布の多値変数への自然な拡張であり，**マルチヌーイ分布** (**Multinoulli distribution**) と呼ばれることもあります．**カテゴリカル分布** (**categorical distribution**) という名前のほうが一般的かもしれません．この分布を少し書き換えてみると，$\sum_{k=1}^{K} t(y)_k = 1$ が常に成り立っていますので，

$$\begin{aligned} P(y|\boldsymbol{x}) &= \prod_{k=1}^{K-1} \left(P(\mathcal{C}_k|\boldsymbol{x})\right)^{t(y)_k} \left(P(\mathcal{C}_K|\boldsymbol{x})\right)^{1-\sum_{k=1}^{K-1} t(y)_k} \\ &= P(\mathcal{C}_K|\boldsymbol{x}) e^{\sum_{k=1}^{K} t(y)_k u_k} \end{aligned} \tag{2.66}$$

が得られます．最後の行では，対数オッズを多クラス問題に一般化した

$$u_k = \log \frac{P(\mathcal{C}_k|\boldsymbol{x})}{P(\mathcal{C}_K|\boldsymbol{x})} \tag{2.67}$$

というものを使っています．

このように多クラス分類でも，対数オッズは分布を記述するためのよいパラメータです．対数オッズの定義からただちに $P(\mathcal{C}_K|\boldsymbol{x})e^{u_k} = P(\mathcal{C}_k|\boldsymbol{x})$ が得られますが，右辺の和をとると全確率の法則から $\sum_k P(\mathcal{C}_k|\boldsymbol{x}) = 1$ ですので

$$P(\mathcal{C}_K|\boldsymbol{x}) = \frac{1}{\sum_{k=1}^{K} e^{u_k}} \tag{2.68}$$

*9 文献 [2] でも強く注意されていますが，これを単に交差エントロピーと呼ぶのは本来間違いです．交差エントロピーは代入する 2 つの分布を指定してはじめて具体的に決まります．詳しくは付録 A を参照してください．

という関係式が得られます．これを元の式 $P(\mathcal{C}_K|\boldsymbol{x})e^{u_k} = P(\mathcal{C}_k|\boldsymbol{x})$ に入れ直すことで，各クラスの分布を**ソフトマックス関数 (softmax function)** で書き表せることがわかりました．

$$P(\mathcal{C}_k|\boldsymbol{x}) = \mathrm{softmax}_k\,(u_1, u_2, \ldots, u_K) \tag{2.69}$$

ここで用いたソフトマックス関数とは，次のような多変数関数です．

定義 2.4（ソフトマックス関数）

$$\mathrm{softmax}_k\,(u_1, u_2, \ldots, u_K) = \frac{e^{u_k}}{\sum_{k'=1}^{K} e^{u_{k'}}} \tag{2.70}$$

この関数は $\mathrm{softmax}_k = 1/\sum_{k'=1}^{K} e^{-(u_k - u_{k'})}$ とも書き換えられるので，変数のうち ℓ 番目が他よりもはるかに大きな値をとる場合 $(u_\ell \gg u_k)$，

$$\mathrm{softmax}_k\,(u_1, u_2, \ldots, u_K) \approx \begin{cases} 1 & (k = \ell) \\ 0 & (k \neq \ell) \end{cases} \tag{2.71}$$

となることが簡単な計算からわかります．

このように，カテゴリカル分布は対数オッズを引数とするソフトマックス関数 (2.69) で書き表すことができました．そこでロジスティック回帰に倣い，この対数オッズを線形関数でモデル化しましょう．

（ソフトマックス回帰）

$$u_k = \boldsymbol{w}_k^\top \boldsymbol{x} + b_k, \quad (k = 1, 2, \ldots, K-1) \tag{2.72}$$

この線形の対数オッズを用いた識別モデルを**ソフトマックス回帰 (softmax regression)** と呼びます．ソフトマックス回帰を最尤法で取り扱う方法も，ロジスティック回帰の場合とまったく同じです．つまり負の対数尤度関数

定義 2.5（交差エントロピー）

$$E(\boldsymbol{w}_1, \ldots, \boldsymbol{w}_{K-1}) = -\sum_{n=1}^{N}\sum_{k=1}^{K} t\left(y_n\right)_k \log P\left(\mathcal{C}_k | \boldsymbol{x}_n\right) \qquad (2.73)$$

を最小化することでパラメータを最適化します．ただし $\sum_k P\left(\mathcal{C}_k|\boldsymbol{x}_n\right) = 1$, $\sum_k t\left(y_n\right)_k = 1$ という条件が付いていることに注意しましょう．そのため余分な 1 自由度が消去されて，式 (2.67) により $u_K = 0$ となっています．したがって K 番目のクラスにはパラメータ $\boldsymbol{w}_K$ が付与されていません．

2.5 表現学習と深層学習の進展

2.5.1 表現学習

これまで数種類の回帰に基づく機械学習を見てきました．これらは何らかの入力 $\boldsymbol{x}$ からパターンを抽出するための確立された手法です．しかし現在のインターネット上に蓄積されているような巨大で複雑なデータになってくると，必ずしもこのようなシンプルな分析手法をそのまま適用するだけではうまく情報を取り出すことはできません．

機械学習のこのような側面をよりよく理解するには，**表現 (representation)** や**特徴量 (feature)** と呼ばれる概念を導入するとよいでしょう．これらは機械学習に用いるデータの表現形態のことです．我々がデータというときは一般に，詳しく知りたい現象の観測結果や画像データなどを数値として記録しているわけですが，一般にはこの数値データは元の対象そのものではありません．例えばパターン認識の例では，分析したい対象は物体を写した写真であり，さらには機械学習で扱いやすいように写真のピクセル値などを数値配列としてまとめてデータ化したものを用います．このように機械学習のために下ごしらえされたデータを表現や特徴量と呼びます．もちろんこの例の場合は，写真とピクセル値配列は情報としてはまったく同じものです．しかし一般には，人が手を加えて分析に不要な情報を落としてデータのよりよい特徴量に整え直し，分析の精度を上げるための努力をします．このようにデータの本質をうまく取り出してくれるような特徴量をデザインすることを**表現工学** (**representation engineering**) や**特徴量工学** (**feature engineering**) と呼び，統計分析や機械学習では大きな位置を占めてきました．事実，機械学習の性能のかなりの部分は，問題に適したデータの表現を作れるのか否かで決まってしまいます．

しかしこのような方法は，複雑なデータを扱う場合には必ずしもうまくいくとは限りません．なぜなら膨大なデータの中に潜む複雑なパターンは，人間の手で設計できるような簡単な特徴量ではうまくモデル化できないからです．またタスクごとに毎回人の手で特徴量を設計していたのでは，普遍的な方法論にたどり着くことは難しいでしょう．

そこで現代の機械学習で活躍し始めた考え方が**表現学習** (**representation learning**) です．表現学習は目的に適した特徴量を，学習を通じて自発的に獲得しようというアプローチです．したがってデータは特徴量の推定と実際の回帰という 2 つの目的のために同時に利用されます．いままで議論してきた回帰では入力 $\boldsymbol{x}$ をそのまま回帰にかけていました．表現学習に基づく機械学習とは，入力をタスクに最適な表現 $\boldsymbol{h}(\boldsymbol{x})$ に変換する方法を学習しつつ，その表現を回帰分析するような方法です．

$$\boldsymbol{x} \longrightarrow \boldsymbol{h}(\boldsymbol{x}) \longrightarrow \hat{\boldsymbol{y}}\left(\boldsymbol{h}(\boldsymbol{x})\right) \tag{2.74}$$

深層学習がとても重要視されているのは，さまざまなシチュエーションでこのような非自明なデータの表現 $\boldsymbol{h}(\boldsymbol{x})$ を構築・学習するのに，汎用的で強力な手法を提供してくれるからです．深層学習から得られる表現を特に**深層表現** (**deep representation**) と呼びます．深層表現については，3 章から詳しく学ぶことになります．本章では先を急がずに，全体像を把握するためのヒントとして深層学習の急激な進展の歴史を簡単に振り返っておしまいにします．

2.5.2 深層学習の登場

現代的な意味での深層学習の起源は，2006 年頃に G. ヒントン (Geoffrey Everest Hinton) が発展させた深層ボルツマンマシンの研究までさかのぼります．実際には，ニューラルネットが冬の時代を迎えていた 1990 年代を通じて，ヒントンら少数の研究者が地道に積み重ねてきた基礎研究が花開いたのが，この 2006 年であるといってもいいでしょう．

彼らはボルツマンマシンの深層化*10 の困難を解消するためのさまざまなアイデアの開発を推し進めました．さらには計算機の性能向上にも後押しされ，一昔前では不可能であったであろう深層ボルツマンマシンの実装*11 を成功させます．その結果として，アーキテクチャの深層化がよりよい表現を獲得するための際立って優秀な手法であることを実証しました．まさに深層学習に基づく表現学習の誕生です．

この発見が深層学習の研究を加速させたのですが，歴史は真っ直ぐには進みません．本来のモデルであったボルツマンマシンでの成功からしばらく経つと，より取り扱いやすいニューラルネットでも深層化ができることがわかりました．さらにはボルツマンマシンで培われたさまざまな技術がニューラルネットでも流用できるため，その後の深層学習はニューラルネットを中心として発展していまに至ります．そこで本書の構成は発展の歴史的順序とは逆行しますが，9 章まではニューラルネットのみに焦点を絞り，その後にボルツマンマシンについて紹介する流れにしてあります．

深層学習の威力を広く知らしめたエポックメイキングな研究は，2012 年のヒントンのグループによる AlexNet[8] での ILSVRC 優勝と，同年の Q.V. ルらによる「Google の猫」[9] の報告ではないでしょうか．そこでこの 2 つの研究による深層学習の華々しいデビューを紹介しましょう．

The ImageNet Large Scale Visual Recognition Challenge (ILSVRC) は 2010 年から始まった*12ImageNet データセットの一部を用いた画像認識のコンペティションです．毎年さまざまな大学や企業が機械学習の先端技術を競う，業界ではとても有名な世界的イベントです．100 万枚ほどの訓練用自然画像により，画像を 1000 カテゴリほどに分類する画像認識アーキテクチャを訓練してその性能を互いに競い合います．ILSVRC を始めて 2 年間にあたる 2010 年と 2011 年は，物体カテゴリ認識に参加したアーキテクチャは従来型のパターン認識手法に基づいていました．2010 年の優勝チーム NEC-UIUC はトップ 5 エラー率 28%*13 を達成しています．これが当時

---

*10 深層学習のキーワードである**深層** (**deep**) の意味は本書でおいおい明らかとなります．

*11 本書での実装は，プログラムとしてコンピュータ上で実現して実際に走らせることという程度の意味です．

*12 2017 年をもって ILSVRC は終了することが発表されています．短いながらも重要な役割を任った 8 年の歴史でした．

*13 モデルが予測した上位 5 カテゴリに正解が入っていない場合を誤認識とした際のエラー率．

の一般画像認識技術の世界的な到達点でしょう．彼らはSIFT特徴量やサポートベクトルマシン(SVM)などを用いました．翌年の優勝チームXerox Research Centre Europeの結果も約26%で，さほどの改善は見られません．人間のエラー率といわれている5%と比べると，はるかに及ばない性能です．ところが2012年，16%という当時の水準からは驚くべき低さのエラー率を叩き出したチームが圧倒的な勝利を収めます．これこそがヒントンのグループであり，彼らが用いたモデルこそが深層学習だったのです．同時期にさまざまな深層学習の成果が出てはいたのですが，一般的にはILSVRC2012での優勝が深層学習の本格的なデビューであると記憶されています．翌年以降はILSVRCで上位に食い込むモデルの大半が深層学習へ置き換わり，深層化の一途を辿りました．2015年には人間のエラー率を下回る4.8%という数字も叩き出されています．深層学習が研究現場の風景を一変させた象徴的な出来事です．

ILSVRC2012が話題になった同じ年の6月，ルらのスタンフォード大学・Googleのチームが国際会議International Conference on Machine Learning(ICML)でいわゆる「Googleの猫」を発表します．彼らはYoutube動画からランダムに切り出した1000万枚の画像を用いて，9層構造をもつ人工ニューラルネットを教師なし学習させました．その結果は驚くべきものでした．ニューラルネットの層構造の内部に，さまざまな「概念」に特異的に反応する「細胞」が自発的に生まれたのです*14．例えば人の画像を見せた際によく反応する細胞がある一方，猫の画像を見せた際には別の細胞が特異的に反応するという具合です．神経科学では，脳にはさまざまな概念に反応する個別の細胞があるという「おばあさん細胞」仮説があります．おばあさんを見たときに，それがおばあさんであるということを認識するのを専門に担当する細胞があるという考え方です．生物学においては，おばあさん細胞が重要な機能をになっているという仮説は必ずしも広く支持されていませんが，同じアイデアが脳を模した深層学習で自動的に実現されたことは，いろいろな観点から興味深いものです．**図2.4**は猫細胞の反応を入力画像に引き戻して再現した，深層学習が学びとった「一般的な猫」の顔です．

2012年以降の深層学習研究の発展は目を見張るものがあり，いまでは深層

---

*14　この「細胞」は次章で紹介する人工ニューロン（ユニット）のことです．

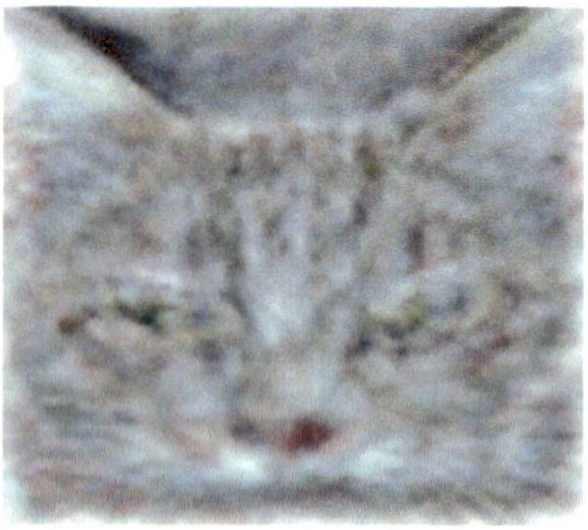

図 2.4 ニューラルネットが獲得した「猫の概念」を画像化した「グーグルの猫」[10]．
[文献 [10] より引用]

学習は機械翻訳や対話プログラム，文章からの画像生成，コンピュータ囲碁など予想もしなかったほど広範なタスクに応用され，極めて高い性能を示しています．このままいくと，「やがて人工知能分野の大半が深層学習で置き換えられるのではないか」と考える専門家も少なくないのではないでしょうか．このような深層学習の威力の秘密を垣間見るには，まずはしっかりと理論的な基礎を押さえなくてはなりません．では3章から，「ニューラルネットとはそもそも何か」を理解することから深層学習への入門を始めましょう．

Chapter 3

ニューラルネット

現在の深層学習のさまざまなモデルも，基本的にはニューラルネットを用いて作られています．本章では実際の神経細胞をモデル化する作業からスタートして，最終的に一般的な順伝播型ニューラルネットを定義します．

3.1 神経細胞のネットワーク

人間の脳は，1000 億個以上もの神経細胞が寄り集まって構成されています [11]．神経細胞は**ニューロン (neuron)** とも呼ばれ，本章での議論の主役です．実際の神経系にはグリア（神経膠(こう)細胞）というものがニューロンの数十倍ほど存在していて，ニューロンの活動をサポートしていることが知られています．しかし話をシンプルにするために，ここではニューロンだけに注目しましょう．

ニューロンは，馴染みのある普通の細胞とは大きく異なる形状をしています．そのようなニューロンの形状を明らかにしたのは C. ゴルジです．1873 年に銀とクロムを用いた細胞の染色法を編み出したゴルジは，ニューロンの形状を観察することに成功します．実際に観察してみると，ニューロンは図 3.1 のような形をした細胞であることがわかりました．中央の膨らみは**細胞体 (cell body)** と呼ばれ，細胞核を担う中核となる部分です．典型的には 10 μm ほどの大きさです．ここから 2 種類の突起が伸びています．

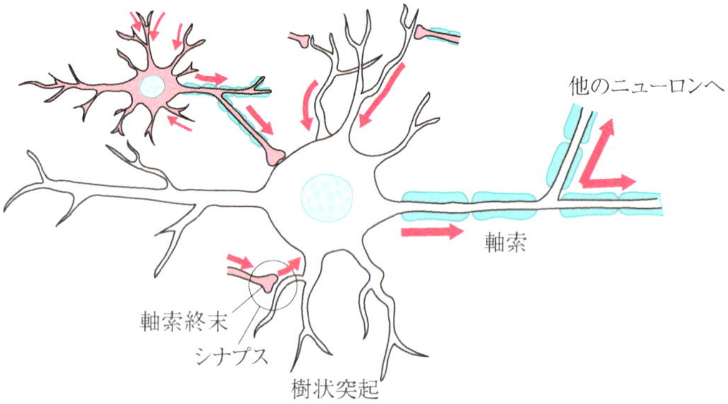

図 3.1 ニューロンとシナプス.

その 1 つは**軸索** (**axon**) と呼ばれる，1 本の細長くまっすぐな突起です．ヒトの軸索の場合，その全長は短くて 1 mm，長いものだと 1 m を越えることもあります．長い軸索からはいくつもの分岐が出ています．これらを**軸索側枝**と呼びます．側枝はせいぜい数十 μm ほどの長さにしかなりません．側枝の終端を**軸索終末**といい，後の議論で重要な役割を果たします．

もう 1 つの突起が**樹状突起** (**dendrite**) です．樹状突起はまさに木の枝のように，幹である細胞体からたくさん伸びています．樹状突起はさらにいくつもに枝分かれをし，枝というよりは植物の根のようにも見えます．それらの全長はせいぜい数 mm であり，軸索と比べるとはるかに短いものです．

このように突起がたくさん飛び出したニューロンがたくさん集まり，ある規則的な接合を繰り返して脳はできています．図 3.1 の丸で囲まれた部分に注目しましょう．この**シナプス** (**synapse**) と呼ばれる部位は，軸索から分岐した側枝の終端（**軸索終末**）が，他のシナプスと接合する部分です．軸索終末は主に他のニューロンの樹状突起や細胞体とシナプスを形成します．

では軸索，樹状突起，そしてシナプスはどんな働きをしているのでしょうか．現代ではその基本的な振る舞いについてはよくわかっています．

まず軸索も樹状突起も，電気信号（パルス）を伝える電線のような役割を果たします．神経回路上の電気信号は，**図 3.2** のように極めて短い時間だけ立ち上がるパルスとして伝播します．このパルスの振幅は決まっており，し

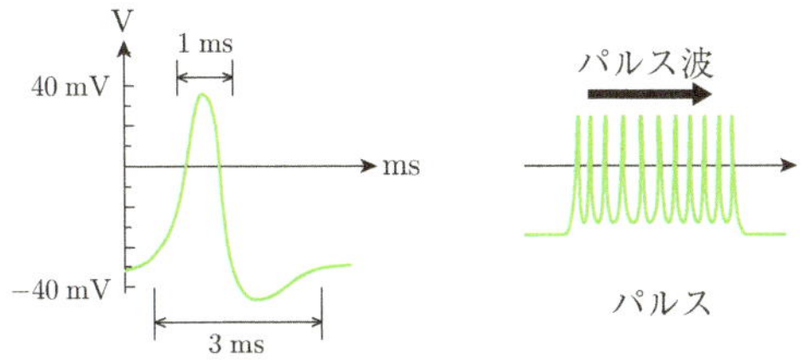

図 3.2　活動電位と電気パルスの伝播.

たがってパルスの波の高さが信号の大きさを決めるわけではありません．パルスは短い時間に細かく密集して伝わるのですが，信号強度に対応するのはそのパルスの密度です．

シナプス部ではまず，軸索を伝わって来た電気信号を合図に，軸索終末がシナプス小胞というカプセルに詰め込まれた化学物質を外にばら撒きます．この化学物質は神経伝達物質と呼ばれ，放出後はシナプスの樹状突起側で受け止められます．この場所には多数のレセプターがあり，そこに神経伝達物質が結合すると，その刺激から新たな電気信号が生み出される仕組みになっています．シナプスは樹状突起上にたくさんあり，各シナプスで樹状突起は他のさまざまなニューロンから電気信号の入力を受け入れます．この電気信号は細胞体へと向かって伝播します．そして数多くの樹状突起から伝わってきた電気信号は，細胞体に到達しすべて合算されます．

細胞体は，ある一定以上の大きさ，つまり**閾値**（しきいち）**(threshould)** を越える電気信号を受けると，軸索に向かって電気信号を出力します．このパルスは軸索側枝にも分岐しながら，それぞれの軸索終末まで伝わります．電気信号は各軸索終末にあるシナプスにおいて他のニューロンの樹状突起に入力し，同じ伝播のパターンを繰り返していきます．このような相互作用を複雑に繰り返すことで，神経細胞のネットワークはできています．

参考 3.1 ゴルジとカハール

光学顕微鏡ではシナプスにおいてニューロン同士が本当にくっついているのか，それとも隙間が空いているのかは判断できません．ゴルジ自身はシナプスにおいてニューロンたちが完全に融着していると考えました．ところがゴルジの染色法をマスターしたスペインの若手神経科学者S. R. カハールは，丹念な観察からゴルジの説に異議を唱えます．カハールはシナプスで2つの細胞がくっついているのではなく，実際には狭い隙間があり両者は隔たっているのだと主張しました．この2説の対立は長く続きます．1906年にゴルジとカハールがノーベル賞を共同受賞した際でさえ，両者の受賞記念講演は相手の意見をけっして受け入れない対立的なものであったといいます．

ゴルジとカハール，両者のどちらの説が正しいのかに最終的な決着がつくには，電子顕微鏡が発達する1950年代まで待たねばなりませんでした．実際に正しいのはカハールの説でした．ニューロンはシナプスで他のニューロンと連結するのですが，完全には結合しておらず，接近しているだけなのです．この隔たり部分がニューロンの電気信号処理のカギを握る部分であるというカハールの説が，現代的な神経科学のスタート地点として確固としたものになっています．

3.2 形式ニューロン

深層学習はその起源を辿ると，1943年のW. マカロックとW. ピッツの論文を源流としています．そこで少し歴史のお話をしつつ，脳の数理モデルがいかに生まれたのかを振り返ります．

神経生理学者で外科医のマカロックは，若い頃より心理学や哲学に深い興味を抱いていました．チューリングの影響を受けたマカロックは人間の精神もコンピュータと同じで論理計算の集積によって実現しているとの確信を深め，我々の思考の計算モデルを作ろうと思い立ちます．しかし，すぐに数学的な問題に直面し，研究が行き詰ってしまいます．そんなときに神童のピッツを共同研究者に得ることで，一気に研究が進むことになります．

マカロックとピッツが発見したことは，ニューロンの活動も数理論理学的な手法でモデル化できるということです．それにより神経活動の数理モデルと論理回路との対応が明らかになりました．彼らはまず**形式ニューロン (formal neuron)** や**人工ニューロン (artificial neuron)** と呼ばれる素子を定義しました．**図3.3** (左) にその構造を示します．形式ニューロンは実際のニューロンの活動をモデル化したものです．実際のニューロンのように，形式ニューロンも他の多数の形式ニューロン $i = 1, 2, \ldots$ から入力信号 x_i を受け入れます．図では入り込んでくる複数の矢印として入力を表しています．ただしニューロンの出す信号はオンとオフの情報しかないものとして，x_i の値は 0 か 1 しかとらないものとします．しかしシナプスごとに，ニューロン同士の結合の強さの度合いが違うことが知られています．そこでシナプス結合の強さを表す重み w_i を導入して，層への総入力を

$$u = \sum_i w_i x_i \tag{3.1}$$

と定義します．u は細胞体に実際に入ってくる電気信号の総量に相当します．

この総入力 u を受けて，ニューロンは「軸索」方向へ出力を出すのですが，そこには閾値があるはずです．そこでこの状況をヘビサイドの階段関数

$$\theta(x+b) = \begin{cases} 1 & (x \geq -b) \\ 0 & (x < -b) \end{cases} \tag{3.2}$$

でモデル化します．b は閾値を与えるパラメータです．すると，この形式ニューロンの出力は結局

$$z = \theta(u+b) = \theta\left(\sum_i w_i x_i + b\right) \tag{3.3}$$

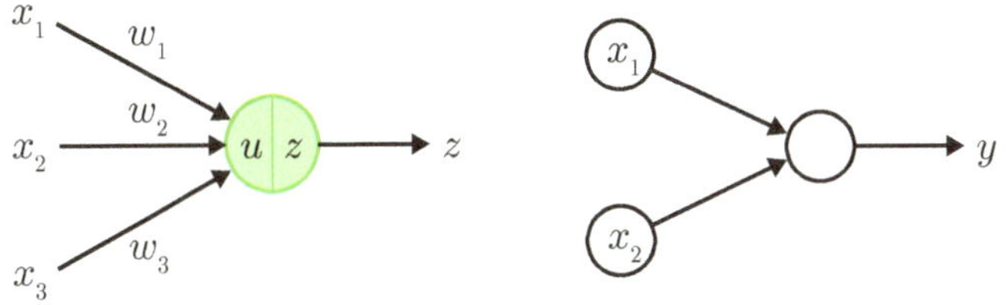

図 3.3 形式ニューロン（左）と簡単なニューロン回路の例（右）.

となります．ここで用いた階段関数のように，総入力 u を出力 z へ変換する関数を一般に**活性化関数 (activation function)** と呼びます．z の値もまた 0 か 1 の 2 値で，それを再び他のニューロンへの入力とすることができます．

マカロックとピッツの形式ニューロンを多数組み合わせることで，計算機と同じようにどんな論理計算でも実現することができます．任意の論理回路が NAND ゲートの組み合わせで実現できることは，計算機科学でよく知られています．NAND ゲートとは，2 つの 2 値入力 x_1, x_2 に対する出力値の関係が次のような論理回路です．

(x_1, x_2)	(0,0)	(1,0)	(0,1)	(1,1)
y	1	1	1	0

NAND ゲートの出力を実現する形式ニューロンの回路を考えましょう．回路には，まず 2 つの入力値 x_1, x_2 を放出するだけの形式ニューロンが 2 つあります．これらを入力ユニットと呼んでおきましょう．入力ユニットからの入力を受けて NAND と同じ出力値 $y(x_1, x_2)$ を出すニューロンを出力ユニットと呼びましょう．このような回路全体を書いたのが図 3.3（右）です．このような簡単なニューロン回路で NAND を再現するには，例えば

$$y = \theta\left(-x_1 - x_2 + 1.5\right) \tag{3.4}$$

とすればいいでしょう．つまり，2 つの入力ユニットと出力ユニット間の重みが 2 つとも -1 で，閾値が 1.5 というものです．x_1, x_2 に 4 通りの値を入れてみれば，すぐに NAND となっていることが確認できます．

このようなニューロン回路を複雑に組み合わせることで，形式ニューロンを使ってどんな論理演算も実現できます．印象的ではある結論ですが，当時はそこまでの注目は集めなかったようです．現代へ直接つながるニューラルネットの発展に至るには，もう一段階の脱皮が必要でした．それを成し遂げたのがローゼンブラットです．

参考 3.2 マカロックとピッツ

ピッツはデトロイトの労働者の家庭に生まれます．彼は家庭環境に恵まれず，図書館に逃げ込んでは古典ギリシア語やラテン語，数学を自分で学んでいたようです．彼にとって学問の崇高な世界に1人浸ることは，不快な現実世界から逃れる唯一の方法だったのでしょう．12歳のときには，たったの3日でラッセルとホワイトヘッドの『プリンキピア・マテマティカ』を読破し多くの間違いを見つけます．それらの間違いを指摘したピッツからの手紙を受け取ったラッセルはピッツをケンブリッジに招こうとしますが，当時のピッツにとってはケンブリッジまで行く手立てがありませんでした．ところが3年後，ラッセルがシカゴ大学にやってきます．そこでついに永遠に家族のもとを離れる決意をして家出したピッツはシカゴへ向かいます．日銭を稼ぎながらシカゴ大学でラッセルの講義で学び，また名高い数理論理学者のカルナップ相手に多くの示唆を与えさえしています．そんなある日，若い医学生の紹介で，17歳の彼はついにマカロックと運命的な出会いをします．するとマカロックは生活状況のよくなかったピッツを家に迎え入れ，マカロックの家族もまたピッツを温かく招き入れたのだそうです．そんな共同研究環境の中から生まれたのが，形式ニューロンを導入した歴史的論文『神経活動に内在する観念の論理計算』です．

3.3 パーセプトロン

3.3.1 形式ニューロンによるパーセプトロン

形式ニューロンによってどんな論理回路でも作れることはわかりましたが，これではいまいちありがたみがわかりません．いったいどのようにニューロン回路を設計すれば，解きたい問題を計算してくれる効率的な回路が設計できるのかがわからないからです．

そこでローゼンブラットは1つの重要なアイデアを付け加えました．それは形式ニューロンのネットワークの重み w とバイアス b を固定された数とは考えず，「解きたい問題をよく処理できるように訓練させる」という学習の導入です．つまり，用意したネットワークを教師あり学習させるのです．その

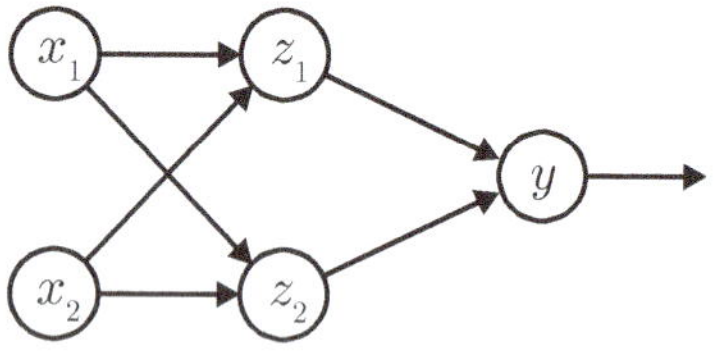

図 3.4 2 層からなるパーセプトロンの例.

詳細については 4 章で説明します.

ローゼンブラットは形式ニューロンを複数組み合わせることで作ったニューロン回路を**パーセプトロン** (**perceptron**) と呼びました. パーセプトロンは層状の構造をなします. **図 3.4** は 2 層構造をもつパーセプトロンの一例です. ただし入力層は層数には数えません. 丸の中には, その形式ニューロンの出力値が書いてあります.

一般には, 複数の形式ニューロンの集まりである層の出力は, 隣接する次層の形式ニューロンへ入力します. 各層からの出力が, また次層へと入力する構造を繰り返します. ただしはじめの層は**入力層**と呼ばれ, 入力値のベクトル $\boldsymbol{x}^\top = (x_1 \quad x_2 \quad \cdots)$ の各成分 x_i を出力値としてもつ, 入力用の形式ニューロンの集まりです. つまり入力層の形式ニューロン数は, 入力ベクトルの次元の数だけあります. ローゼンブラットは入力層を感覚層と呼びました. 網膜や皮膚のように, 神経回路の端が外部からの刺激を受け入れる部分と考えるとイメージしやすいかもしれません.

その一方, 最後の層は**出力層**と呼ばれます. 推定したい最終結果 $\boldsymbol{y}^\top = (y_1 \quad y_2 \quad \cdots)$ の各成分 y_j を出力値とします. それ以外の入出力間にある層は**中間層**や**隠れ層**と呼ばれます. 各層のニューロン数については特に制限はありません. 図 3.4 の例では 2 つのニューロンからなる入力層と中間層, そして 1 つのニューロンからなる出力層をもっています. 重みパラメータを使って学習ができるパーセプトロンは大きな注目を集め, 1960 年代の第 1 次ニューラルネットのブームを巻き起こしました.

3.3.2 パーセプトロンとミンスキー

ローゼンブラットはブロンクス科学高校の卒業生で, 人工知能という研究分野を立ち上げた M. ミンスキーは彼の同級生でした. この高校は, 超電導のBCS理論で有名なL.クーパーや，素粒子理論研究者のS.グラショウ，S.ワインバーグ，H.ポリツァなど多数のノーベル賞受賞者を輩出しています．ミンスキーは，入力層と出力層しかもたない単純なパーセプトロンが線形分離不可能*1と呼ばれるクラスの問題を有限回数の計算では解けないことを証明しました．影響力の強いミンスキーがこの結果を著書で紹介したことも一因となり，パーセプトロンへの大きな期待が急速にしぼみ，60年代の終わりには第1次ニューラルネットブームが終焉します．しかしミンスキーのこの指摘は，現代ではさほど意味をもちません．というのも，パーセプトロンを2層以上にした瞬間，線形分離不可能でも解くことができるからです．

演習 3.1 線形分離不可能な問題の一番簡単な例であるXOR

(x_1, x_2)	(0,0)	(1,0)	(0,1)	(1,1)
y	0	1	1	0

を考えましょう．これが1層のパーセプトロンで解けないことはいろいろ試すとその理屈がわかると思いますので，皆さんの宿題としておきます．ここでは，図3.4のような2層パーセプトロンを考えます．さらに活性化関数としてここでは階段関数の代わりに，後で改めて紹介するReLU関数

$$f_{ReLU}(u) = \begin{cases} u & (u \geq 0) \\ 0 & (u \leq 0) \end{cases} \tag{3.5}$$

を使います．重みとバイアスをどう調整すればXORを実現するかはちょっとしたパズルですが，ここでは先を急いで答えの一例だけを紹介します．

$$y = f_{ReLU}(z_1 + z_2), \quad z_1 = f_{ReLU}(x_1 - 2x_2), \quad z_2 = f_{ReLU}(-2x_1 + x_2)$$

これが解になっていることを確認したい場合は，4通りの入力を実際に代入してみてください．さらに，活性化関数としてReLUではなく階段関数を選んだ場合に，XORを実現する2層パーセプトロンを作ってみましょう．

*1 線形分離可能とは，2つのクラスに対応した2集合を，超平面1枚で分離できることを意味します．

3.4 順伝播型ニューラルネットワークの構造

これまでパーセプトロンについて歴史的な発展を辿ってみてきました．その知識をもとに，一気に現代型のニューラルネットを定義しましょう．

3.4.1 ユニットと順伝播型ニューラルネットワーク

ニューラルネットは**ユニット (unit)** と呼ばれる素子からなります*2．図 3.5（左）に示したユニットは，パーセプトロンにおける形式ニューロンにほかなりません．ただし各ユニットは実数値の入出力をもちます．つまり各ユニットの出力値として，どんな実数値を考えてもよいということです．これが離散値しか許さなかった形式ニューロンの場合との違いです．もう 1 つの大きな違いは，活性化関数として微分可能な増加関数も採用するということです．例えばシグモイド関数がよく用いられてきました．まず，ユニットにさまざまな入力 x_i が入ってきているとしましょう．各ユニットによって結

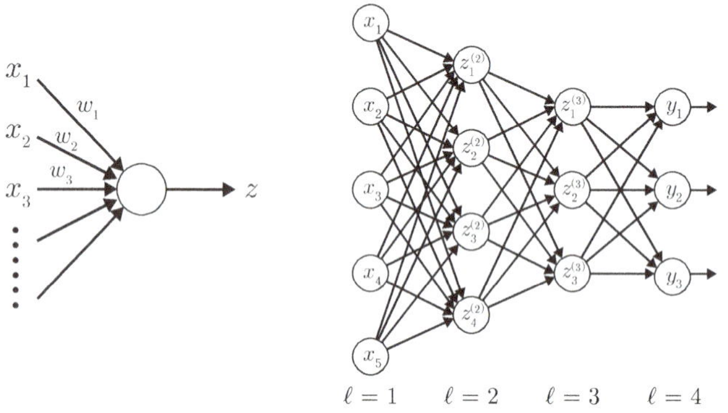

図 3.5 左はユニットの構造．$x_1, x_2, \ldots$ の入力を受け，z を出力する．右はこのようなユニットから組み立てた，入力層と 3 層からなる順伝播型ニューラルネットワークの例．ユニットを表す丸の中に書かれた変数は，各ユニットの出力値を意味する．

*2 本書でニューラルネットという場合は，生物の神経回路ではなく，人工ニューロンの回路のことを意味します．

合強度が違うため，実際にはこれらの重み付き和

$$u = \sum_i w_i x_i \tag{3.6}$$

がユニットへの総入力です．u は**活性 (activation)** とも呼ばれます．この活性に**バイアス (bias)** b を加えたうえに，さらに**活性化関数 (activation function)** f での変換を施したものが，このユニットからの出力 z です．

$$z = f(u+b) = f\left(\sum_i w_i x_i + b\right) \tag{3.7}$$

活性化関数は閾値 $-b$ を越えるとニューロンが信号を発することをモデル化する部分ですので，昔の研究では階段関数に似た連続関数がよく用いられました．その一例がシグモイド関数 $\sigma(u+b) = 1/(1+e^{-u-b})$ です．**図 3.6** をみると，閾値付近で信号が立ち上がる様子がよくわかります．現在の研究現場でよく用いられている活性化関数については，3.6 節で改めて紹介します．

順伝播型ニューラルネット (feedforward neural network) は，このようなユニットを層状につなぎ合わせたアーキテクチャです．略してニューラルネットとも呼びます．図 3.5（右）はその典型的な一例です．ℓ が層数で，$\ell = 1$ が**入力層 (input layer)**，$\ell = 4$ が**出力層 (output layer)** です．$\ell = 2, 3$ は**中間層 (internal layer)** や**隠れ層 (hidden layer)** と呼ばれます．信号の伝達は矢印で示されているように $\ell = 1, 2, 3, 4$ の順に進みます．そのために順伝播型と呼ばれます．順伝播ではないもっと複雑なネットワークについては，9 章で改めて議論しましょう．

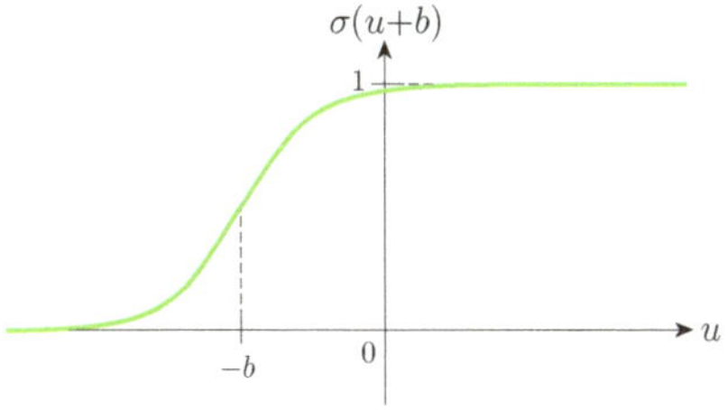

図 3.6 シグモイド関数．

3.4.2 入力層

図 3.5 の例においては，入力層は 5 つのユニットからなっています．各入力ユニットはニューラルネット全体への入力ベクトル $\boldsymbol{x}^\top = (x_1 \quad x_2 \quad x_3 \quad x_4 \quad x_5)$ の各成分を出力します．したがって入力ユニットは活性化関数をもたず，単に値 x_i を出すだけです*3．入力層はニューラルネットの層数には数えません．

入力層は入力ベクトル $\boldsymbol{x}$ の次元数だけユニットをもちます．また「第 1 層からの出力である」という意味を込めて次のようなラベル付けをしましょう．右側はベクトル表示です．

$$z_i^{(1)} = x_i, \quad \boldsymbol{z}^{(1)} = \boldsymbol{x} \tag{3.8}$$

3.4.3 中間層

第 ℓ 層中の j 番目のユニットを考えましょう．このユニットは第 $\ell-1$ 層の各ユニットからの入力 $z_i^{(\ell-1)}$ を入力として受け入れますので，活性は

$$u_j^{(\ell)} = \sum_i w_{ji}^{(\ell)} z_i^{(\ell-1)} \tag{3.9}$$

となります．ただし $w_{ji}^{(\ell)}$ は，第 $\ell-1$ 層のユニット i と第 ℓ 層のユニット j の間の結合の重みです．例えば図 3.5 では，この重み和は

$$u_1^{(3)} = w_{11}^{(3)} z_1^{(2)} + w_{12}^{(3)} z_2^{(2)} + w_{13}^{(3)} z_3^{(2)} + w_{14}^{(3)} z_4^{(2)} \tag{3.10}$$

となります．

ユニットの出力は，活性 $u_j^{(\ell)}$ にユニット固有のバイアス $b_j^{(\ell)}$ を加え，さらに活性化関数 $f^{(\ell)}$ を作用させたもの

$$z_j^{(\ell)} = f^{(\ell)}\left(u_j^{(\ell)} + b_j^{(\ell)}\right) = f^{(\ell)}\left(\sum_i w_{ji}^{(\ell)} z_i^{(\ell-1)} + b_j^{(\ell)}\right) \tag{3.11}$$

---

*3 したがって，「ユニットとは呼ばない」という流儀もありますが [12]，本書では入力ユニットと呼ぶことにします．

で与えられます．活性化関数 $f^{(\ell)}$ はユニットごとに変えてもかまいませんが，一般的には層ごとに共通の関数を用います．

これらの式を行列表示しましょう．まず第 ℓ 層の全ユニットの活性をまとめてベクトル $\boldsymbol{u}^{(\ell)} = \left(u_j^{(\ell)}\right)$ で，出力値をまとめて $\boldsymbol{z}^{(\ell)} = \left(z_j^{(\ell)}\right)$ で表しましょう．また，第 $\ell-1$ 層のユニット i と第 ℓ 層のユニット j の間の結合の重み $w_{ji}^{(\ell)}$ を (j,i) 成分とする重み行列

$$\boldsymbol{W}^{(\ell)} = \begin{pmatrix} w_{11}^{(\ell)} & w_{12}^{(\ell)} & \cdots \\ w_{21}^{(\ell)} & w_{22}^{(\ell)} & \\ \vdots & & \ddots \end{pmatrix} \tag{3.12}$$

も導入します．さらにバイアスもまとめて縦ベクトル $\boldsymbol{b}^{(\ell)} = \left(b_j^{(\ell)}\right)$ で表記することにすると，中間層が行う演算処理は

$$\boldsymbol{u}^{(\ell)} = \boldsymbol{W}^{(\ell)}\boldsymbol{z}^{(\ell-1)}, \quad \boldsymbol{z}^{(\ell)} = f^{(\ell)}\left(\boldsymbol{u}^{(\ell)} + \boldsymbol{b}^{(\ell)}\right) \tag{3.13}$$

とまとめることができます．ただし本書において，一般のベクトル $\boldsymbol{v}^\top = (v_1 \quad v_2 \quad v_3 \quad \cdots)$ に対する関数 f の作用は，次のように各成分にそれぞれ作用するものとして定義しておきます．

$$f(\boldsymbol{v}) = f\begin{pmatrix} v_1 \\ v_2 \\ v_3 \\ \vdots \end{pmatrix} = \begin{pmatrix} (f(\boldsymbol{v}))_1 \\ (f(\boldsymbol{v}))_2 \\ (f(\boldsymbol{v}))_3 \\ \vdots \end{pmatrix} \equiv \begin{pmatrix} f(v_1) \\ f(v_2) \\ f(v_3) \\ \vdots \end{pmatrix} \tag{3.14}$$

これまでは重みとバイアスを区別して書いてきました．しかしバイアスも重みに含めてしまうことができます．それを理解するために，すべての中間層（と入力層）に，常に 1 という出力を出すユニットを 1 つ加えましょう．それを $i=0$ というラベルで呼ぶことにします．

$$z_0^{(\ell)} = 1 \tag{3.15}$$

第 $\ell-1$ 層の $i=0$ と第 ℓ 層の $j \neq 0$ の間に重み w_{j0}^{ℓ} を導入します．するとこれはバイアスそのものです．というのも $w_{j0}^{\ell} = b_j^{\ell}$ とおくと

$$\sum_{i=0} w_{ji}^{\ell} z_i^{\ell-1} = \sum_{i=1} w_{ji}^{\ell} z_i^{\ell-1} + w_{j0}^{\ell} = \sum_{i=1} w_{ji}^{\ell} z_i^{\ell-1} + b_j^{\ell} \tag{3.16}$$

だからです．ですので本書では，必要のない場合は重みの中にバイアスも含めてしまい，バイアスをあらわに書くことはしません．したがって活性の中にすでにバイアスが入っているものと考えて，次のように表示しましょう．

$$\boldsymbol{u}^{(\ell)} = \boldsymbol{W}^{(\ell)} \boldsymbol{z}^{(\ell-1)}, \quad \boldsymbol{z}^{(\ell)} = f^{(\ell)}\left(\boldsymbol{u}^{(\ell)}\right) \tag{3.17}$$

もちろん $\boldsymbol{W}^{(\ell)}$ の第 0 列にバイアスが含まれています．

3.4.4 出力層

いま，$L-1$ 層からなる順伝播型ニューラルネットを考えます．すると最後の第 L 層が出力層に相当します．出力層は，手前の第 $L-1$ 層から $\boldsymbol{z}^{(L-1)}$ を入力され，それを変換することでニューラルネットの最終出力 $\boldsymbol{y} = \boldsymbol{z}^{(L)}$ を出力します．出力層の役割は，回帰など機械学習で実行したいタスクを処理することです．つまり $\boldsymbol{h} = \boldsymbol{z}^{(L-1)}$ が入力 $\boldsymbol{x}$ の表現であり，この表現 $\boldsymbol{h}$ の回帰分析を通じて $\boldsymbol{x}$ と $\boldsymbol{y}$ の関係を推定するのが出力層の役割です．

$$\hat{\boldsymbol{y}} = \boldsymbol{z}^{(L)} = f^{(L)}\left(\boldsymbol{u}^{(L)}\right), \quad \boldsymbol{u}^{(L)} = \boldsymbol{W}^{(L)} \boldsymbol{h} \tag{3.18}$$

出力層が推定量を与えていることを表す $\boldsymbol{y}$ の上につけたハット記号は，混乱のない多くの場合は以下では省略します．

出力層においては，活性化関数の値域が目標変数の値域に一致するように $f^{(L)}$ を選びます．出力層の構造の詳細とニューラルネットによる学習につい

ては 3.5 節でさらに詳しく見ます.

3.4.5 関数

入力層から出力層へ至る一連の情報処理の仕組みを説明し終えましたので, 結果をまとめましょう. 結局のところ順伝播型ニューラルネットは, 各層での処理を順次入力ベクトル $\boldsymbol{x}$ に施していくことで, $\boldsymbol{x}$ から次の出力値を与える関数モデルということになります.

$$\hat{\boldsymbol{y}} = f^{(L)}\left(\boldsymbol{W}^{(L)} f^{(L-1)}\left(\boldsymbol{W}^{(L-1)} f^{(L-2)}\left(\cdots \boldsymbol{W}^{(2)} f^{(1)}\left(\boldsymbol{x}\right)\right)\right)\right) \tag{3.19}$$

この関数近似モデルを用いてデータをフィッティングするのが, ニューラルネットによる機械学習にほかなりません.

3.5 ニューラルネットによる機械学習

順伝播型ニューラルネットは入力 $\boldsymbol{x}$ を受けとると出力

$$\boldsymbol{y}(\boldsymbol{x}; \boldsymbol{W}^{(2)}, \ldots, \boldsymbol{W}^{(L)}, \boldsymbol{b}^{(2)}, \ldots, \boldsymbol{b}^{(L)}) \tag{3.20}$$

を出します. 出力値は重み $\boldsymbol{W}^{(\ell)}$ やバイアス $\boldsymbol{b}^{(\ell)}$ の値を変えることで変化します. これらパラメータをまとめて $\boldsymbol{w}$ と書きましょう. この出力を機械学習における識別関数とみなすと, データを用いてパラメータ $\boldsymbol{w}$ に関してフィッティングすることができます. その手順は通常の教師あり学習と同じであり, まず訓練データ集合 $\mathcal{D} = \{(\boldsymbol{x}_n, \boldsymbol{y}_n)\}_{n=1,\ldots,N}$ を用意します. そのうえで訓練データ $\boldsymbol{x}_n$ を入れた際のニューラルネットの出力値 $\boldsymbol{y}(\boldsymbol{x}_n; \boldsymbol{w})$ と, 目標値 $\boldsymbol{y}_n$ のズレができるだけ小さくなるように, 重みとバイアスを調整して学習します. ズレを測る誤差関数 $E(\boldsymbol{w})$ の選び方は, 考えるタスクと出力層の構造に依存します. そして誤差関数の最小化

$$\boldsymbol{w}^* = \underset{\boldsymbol{w}}{\operatorname{argmin}}\, E(\boldsymbol{w}) \tag{3.21}$$

が学習に対応します．

式 (3.20) のように考えると，入力から一気に $\boldsymbol{y}$ が得られているように見えますが，実際は層状の構造に従って信号が処理されていました．特に，第 $L-1$ 層までの情報処理と，最後の出力層を切り分けて考えてみましょう．というのも第 $L-1$ 層の部分までは，入力 $\boldsymbol{x}$ から層ごとに順次高次な表現を構成する役割を果たしているとみなせるからです．するともっとも最後の第 $L-1$ 層からの出力は，入力 $\boldsymbol{x}$ に対する深層表現 $\boldsymbol{h}$ です．

$$\boldsymbol{h}(\boldsymbol{x}; \boldsymbol{W}^{(2)}, \ldots, \boldsymbol{W}^{(L-1)}) = \boldsymbol{z}^{(L-1)}(\boldsymbol{x}; \boldsymbol{W}^{(2)}, \ldots, \boldsymbol{W}^{(L-1)}) \tag{3.22}$$

すると出力層は，この表現を使って回帰のような通常の機械学習を行う役割を担っているとみなせます．では次に，ニューラルネットにさせたいタスクごとに分けて，出力層の構造を見ていきましょう．

3.5.1 回帰

もし表現 $\boldsymbol{h}$ について線形回帰をしたいならば，自明な活性化関数，つまり単なる恒等写像を用いた出力層を用意すればいいでしょう．

定義 3.1（線形ユニット）

$$\boldsymbol{y} = \boldsymbol{W}^{(L)}\boldsymbol{h} \tag{3.23}$$

このようなユニットは**線形ユニット (linear unit)** と呼ばれます．ただし多くの場合は線形ではない一般的な回帰を行いたいので，何らかの非自明な活性化関数を考えます．

$$\boldsymbol{y}(\boldsymbol{x}; \boldsymbol{w}) = f^{(L)}\big(\boldsymbol{W}^{(L)}\boldsymbol{h}\big) \tag{3.24}$$

具体的にどのような $f^{(L)}$ を選ぶのかは，問題の性質に応じて我々が設定しなくてはなりません．

出力をデータでフィッティングするには，$\boldsymbol{y}(\boldsymbol{x};\boldsymbol{w})$ を用いたモデルの予測値と実際のデータができるだけ近くなるように，平均二乗誤差を最小化します．

$$E(\boldsymbol{w}) = \frac{1}{2}\sum_{n=1}^{N}\left(\boldsymbol{y}(\boldsymbol{x}_n;\boldsymbol{w}) - \boldsymbol{y}_n\right)^2, \qquad \boldsymbol{w}^* = \underset{\boldsymbol{w}}{\operatorname{argmin}}\, E(\boldsymbol{w}) \tag{3.25}$$

学習により得られた最適パラメータ $\boldsymbol{w}^*$ を代入したモデル $\boldsymbol{y}(\boldsymbol{x};\boldsymbol{w}^*)$ は，入力 $\boldsymbol{x}$ の値に応じて $\boldsymbol{y}$ をよく予測できるようになるでしょう．これが通常の回帰と違うのは，**回帰関数のパラメータだけではなく，表現を決める中間層の重みパラメータも同時に学習している**ことです．これがニューラルネットによる表現学習です．

3.5.2 2値分類

回帰と並んで代表的なタスクは，データを2つのクラスに分類する2値分類でした．ただし2つのクラスに対応するラベル y の値は0か1の2値であるとします．ニューラルネットで2値分類を実現するには，出力層が表現 $\boldsymbol{h} = \boldsymbol{z}^{(L-1)}$ のロジスティック回帰を与えるようにデザインすればよいでしょう．

訓練データ $\mathcal{D} = \{(\boldsymbol{x}_n, y_n)\}_{n=1,\ldots,N}$ の標的値 y_n は0か1ですが，**ロジスティック回帰では，この2値変数そのものではなく，y が1である確率 $\hat{y} = P(y = 1|\boldsymbol{x})$ を推定します．言い換えれば y の期待値を推定します**[*4]．なぜならば，2値変数 y の従うベルヌーイ分布のもとで期待値は $\mathrm{E}_{P(\mathrm{y}|\boldsymbol{x})}[\mathrm{y}|\boldsymbol{x}] = \sum_{y=0,1} y\, P(y|\boldsymbol{x}) = P(y = 1|\boldsymbol{x})$ となるからです．したがってロジスティック回帰を行うには，出力層のユニットが1つでその出力値が $P(y = 1|\boldsymbol{x})$ を推定するようなニューラルネットを考えるのが自然です．つまり出力層の構造は式 (2.58) に合わせて，次のようにすればよいでしょう．

定義 3.2（シグモイドユニット）

$$y(\boldsymbol{x};\boldsymbol{w}) = P(y = 1|\boldsymbol{x};\boldsymbol{w}) = \sigma\left(\sum_i w_i^{(L)} h_i\right) \tag{3.26}$$

---

*4 与えられたデータ $\boldsymbol{x}$ がクラス $y = 1$ に属する確率を推定している．

このようなユニットは**シグモイドユニット**(**sigmoid unit**)と呼ばれます．シグモイドユニットの活性化関数はまさにロジスティック回帰におけるシグモイド関数であり，ユニットへの総入力が対数オッズです．

$$f^{(L)} = \sigma, \quad u^{(L)}(\boldsymbol{x};\boldsymbol{w}) = \log \frac{P(y=1|\boldsymbol{x};\boldsymbol{w})}{1-P(y=1|\boldsymbol{x};\boldsymbol{w})} \tag{3.27}$$

このニューラルネットが訓練できれば，学習済みモデルに分析したいデータ $\boldsymbol{x}$ を入力した際の出力値から，$\boldsymbol{x}$ がどちらのクラスに属するかを判定できます．なぜならば $P(y=1|\boldsymbol{x})$ が $1/2$ を越えれば $y=1$ のクラス，下回れば $y=0$ のクラスに属するのが尤もらしいと判断できるからです．

ではこのようなニューラルネットはどのように学習させればよいでしょうか．出力層はロジスティック回帰の構造をもっているので，ロジスティック回帰同様，最尤法を用いればよいことがわかります．つまりニューラルネットが $P(y=1|\boldsymbol{x};\boldsymbol{w})$ を推定することはベルヌーイ分布

$$P(y|\boldsymbol{x};\boldsymbol{w}) = P(y=1|\boldsymbol{x};\boldsymbol{w})^{y}\left(1-P(y=1|\boldsymbol{x};\boldsymbol{w})\right)^{1-y} \tag{3.28}$$

を推定することと同じなので，この分布の負の対数尤度を誤差関数にすればよいのです．したがって出力 $y(\boldsymbol{x}_n;\boldsymbol{w}) = P(y=1|\boldsymbol{x}_n;\boldsymbol{w})$ に対し

$$E(\boldsymbol{w}) = -\sum_{n=1}^{N}\Big(y_n \log y(\boldsymbol{x}_n;\boldsymbol{w}) + (1-y_n)\log\left(1-y(\boldsymbol{x}_n;\boldsymbol{w})\right)\Big) \tag{3.29}$$

が誤差関数であり，これを最小化するパラメータを見つけることが学習です．このようにニューラルネットによって，ロジスティック回帰に向いた深層表現を表現学習できることになります．

3.5.3 多クラス分類

最後に，多クラス分類について考えましょう．例えば手書き文字認識や画像認識は典型的な多クラス分類です．いまクラスが K 個だけあるとしましょう．K が 3 以上の場合は，表現 $\boldsymbol{h} = \boldsymbol{z}^{(L-1)}$ をソフトマックス回帰する出力層を作ればよいでしょう．

各クラスに対応して目標変数が $y = 1, 2, \ldots, K$ という値をとるものとします．そして出力層には K 個のユニットを用意し，それら各ユニットは出力値として，入力 $\boldsymbol{x}$ が $y=k$ 番目のクラスに属する確率 $P(y=k|\boldsymbol{x})$ を推定

するものとします．この出力層でソフトマックス回帰 (2.69) を実現するためには，出力層の k 番目のユニットは次の出力値をもてばよいでしょう．

定義 3.3（ソフトマックスユニット）

$$y_k(\boldsymbol{x};\boldsymbol{w}) = P(y=k|\boldsymbol{x};\boldsymbol{w}) = \mathrm{softmax}_k\left(u_1^{(L)},\ldots,u_K^{(L)}\right) \tag{3.30}$$

$$\boldsymbol{u}^{(L)} = \boldsymbol{W}^{(L)}\boldsymbol{h} \tag{3.31}$$

ここでの出力層の活性化関数はソフトマックス関数です [*5]．学習済みのニューラルネットへ分析したいデータ $\boldsymbol{x}$ を入力し，出力値 y_k が最大になる k を所属クラスと判定します．

ソフトマックスの学習には，目標変数をベクトル表示するのが便利でした．

$$y \quad \longleftrightarrow \quad \boldsymbol{t}(y) = (t(y)_j) = (0 \quad \cdots \quad 0 \quad 1 \quad 0 \quad \cdots \quad 0)^\top \tag{3.32}$$

右辺は $y=k$ のとき，第 k 成分のみが 1 で他の成分は 0 のベクトルです．訓練データも，この t に関して与えることにしましょう．

$$\mathcal{D} = \{(\boldsymbol{x}_n, \boldsymbol{t}_n)\}_{n=1,\ldots,N} \tag{3.33}$$

このベクトル $\boldsymbol{t}_n$ の第 k 成分を $t_{n,k}$ と書くと，ニューラルネットのソフトマックス出力に対する交差エントロピーは

$$E(\boldsymbol{\theta}) = -\sum_{n=1}^{N}\sum_{k=1}^{K} t_{n,k}\log y_k(\boldsymbol{x}_n;\boldsymbol{\theta}) \tag{3.34}$$

であり，これが誤差関数にほかなりません．

3.6 活性化関数

これまでは中間層の活性化関数について詳しい説明はしてきませんでした．マカロックとピッツが導入した階段関数は，いまではほとんど用いられることがありません．では現在ではどのような関数が用いられているので

*5 ソフトマックス関数は通常の活性化関数とは異なります．というのも，y_k がユニット k への総入力 $u_k^{(L)}$ だけではなく，すべての出力層のユニットの総入力に依存しているからです．

しょうか．

実は残念なことに，隠れ層の活性化関数をタスクに応じて一意に決める一般的な判断基準はいまだ存在しません．開発現場では経験則やトライアルアンドエラーに頼っています．それでも，多くの場合に役に立つよい活性化関数の選び方がいくつも知られています．ここでは，代表的な活性化関数についてまとめます．

3.6.1 シグモイド関数とその仲間

1980 年代以降は，活性化関数として微分可能な関数が用いられるようになりました．その理由は 6 章で解説しますので，ここでは具体的な関数の一例を紹介しましょう．よく知られている例は，出力層にも用いられた**シグモイド関数**です．これはちょうど階段関数を滑らかにしたような微分可能関数です．この関数には有名な次のよい性質があります．

$$\sigma'(u) = \sigma(u)\,(1 - \sigma(u)) \tag{3.35}$$

この性質のため，微分係数は改めて計算せずとも $\sigma(u)$ の値からわかります．

シグモイド関数の値域は $0 \leq \sigma(u) \leq 1$ でしたが，負の値もほしい場合には**双曲線正接関数**

$$f(u) = \frac{e^u - e^{-u}}{e^u + e^{-u}} \tag{3.36}$$

も用いられます．実用の場面では，中間層に関してはシグモイドよりもこちらのほうが好まれました [13]．これを区分線形近似した**ハード双曲線正接関数 (hard tanh)**

$$f(u) = \begin{cases} 1 & (x \geq 1) \\ u & (-1 < x < 1) \\ -1 & (x \leq -1) \end{cases} \tag{3.37}$$

も用いられることがあります．

3.6.2 正規化線形関数

実は現在では，階段関数ばかりかシグモイドや双曲線正接関数などもそれほど用いられません．後でその理由は明らかにしますが，学習をスムーズに進行させるには活性化関数として**正規化線形関数 (rectified linear func-**

tion) を用いるとよいことがわかっています.

定義 3.4（正規化線形関数）

$$f(u) = \max\{0, u\} = \begin{cases} u & (x > 0) \\ 0 & (x \leq 0) \end{cases} \tag{3.38}$$

この活性化関数をもつユニットを **ReLU(rectified linear unit)** と呼びますが，活性化関数自体も略して ReLU と呼ぶことにします（図 3.7）．これを滑らかな関数で近似した**ソフトプラス関数 (soft plus function)**

$$f(u) = \log(1 + e^u) \tag{3.39}$$

という活性化関数もありますが，こちらはあまり用いられません．

総入力が負のとき，ReLU は出力を出しません．そのため，ReLU を採用したユニットのバイアスは，初期値を小さな正の数にとるのが一般的です．こうすることで学習のはじめからユニットが出力値を出しやすい状況が生まれ，後で説明する誤差逆伝播法での学習がうまく進行します．

正規化線形関数にはさまざまな一般化が存在します．その一例が次のものです．

定義 3.5（リーキィ ReLU/パラメトリック ReLU）

$$f(u) = \alpha \min\{0, u\} + \max\{0, u\} \tag{3.40}$$

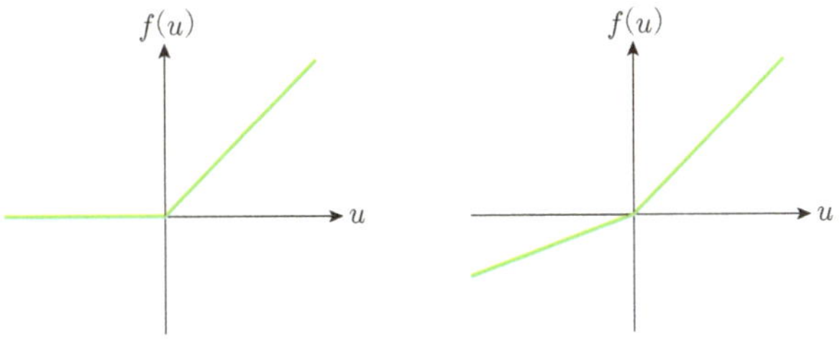

図 3.7 左が ReLU，右が PReLU．

リーキィ **ReLU(leaky ReLU)**[22] の場合，α はハイパーパラメータで，1以下の小さな正の数にとります．α を我々が選ばずに，これも重みのように学習するパラメータとすることもできます．このような場合は**パラメトリック ReLU(parametric ReLU, PReLU)** と呼ばれています [23]．その他さまざまな手の込んだ活性化関数がこれまで提唱されてきましたが，多くの場面では ReLU で十分のようです．

3.6.3 マックスアウト

PReLU では，タスクに適した傾き α が学習を通じて決まるため，**活性化関数も学習するアプローチ**ということができます．そこでこれをさらに推し進め，もっと一般的な関数形を学習できる区分線形関数を導入しましょう．

このような活性化関数のうち，最近よく用いられているのが**マックスアウト (maxout)** です [14]．マックスアウトを活性化関数にもつ層は，我々が選ぶある正の整数 k に応じて定められます．またマックスアウトではソフトマックスを活性化関数とするユニットと同様に，いま注目している 1 つのユニットへの総入力 u_j だけでは出力が決まりません．同じマックスアウト層に属する k 個のユニット $i \in \mathcal{I}_{k,j}$ の総入力すべてを使って 1 つの出力 $f(\boldsymbol{u})_j$ を出します．天下りですが，まずはマックスアウトの定義を書き下します．

定義 3.6（マックスアウト）

$$f(\boldsymbol{u})_j = \max_{i \in \mathcal{I}_{k,j}} u_i, \quad \mathcal{I}_{k,j} = \{(j-1)k+1, (j-1)k+2, \ldots, jk\} \tag{3.41}$$

これは一般的な式 (3.14) の場合とは違い，マックスアウト活性化関数が要素ごとには作用しないということを意味していることに注意しましょう．

では一体，この複雑な活性化関数は何の役割を果たしているのでしょうか．それを見るために $j=2$ のユニットに対し，$k=3$ の例を考えてみましょう．ただしマックスアウト層は 6 個以上のユニットをもっているものとします．すると $j=2$ の出力は

$$f(\boldsymbol{u})_2 = \max_{i=4,5,6} u_i \tag{3.42}$$

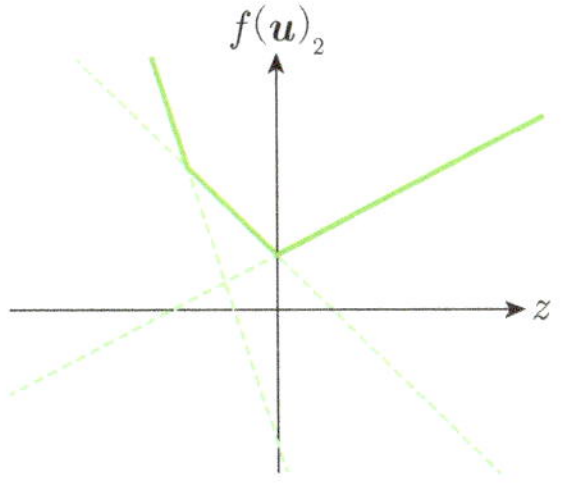

図 3.8 マックスアウトの例.

です．簡単のためにマックスアウト層の1つ手前の層は1個のユニットだけからなっているとして，その出力を z としましょう．一例として，この z がマックスアウト層への総入力を

$$u_4 = -3z - 2, \quad u_5 = -z + 1, \quad u_6 = 0.5x + 1 \tag{3.43}$$

と与えている場合，式 (3.42) のプロットは**図 3.8** のように与えられます．これはまさに凸関数を3本の直線で区分線形近似して与えたものにほかなりません．k の値を増やすことで，いくらでも細かく任意の凸活性化関数を近似して表現できるのがマックスアウトです．この区分線形関数の形は重みとバイアスで決まっていますので，適切な関数の形が学習を通じて決定されます．

3.7 なぜ深層とすることが重要なのか

複雑な現象を学習するためにパラメータをたくさん用意するだけであれば，必ずしも多層化する必要はないように思われます．各層のユニットを増やすことでもパラメータは増やせるからです．では，何が深層ニューラルネットを特別なものにしているのでしょうか．

実は何が深層学習を特別にしているのかについては，現在でもまだよくはわかっていません．ただしいくつかの重要な知見がすでに得られていますのでそれを紹介します．まずは d_0 次元ベクトルを入力とする L 層ニューラルネットを考えましょう．中間層がだいたい d 個の ReLU ユニットからなる場合は，出力が表現できる関数の複雑さがだいたい $(d/d_0)^{L\,d_0}\,(d)^{d_0}$ でスケー

ルすることが示されています[15]．したがって出力を複雑化したい場合，層を広げても多項式的な効果しかないのに対し，層数を増やす効果は指数関数的です．つまりニューラルネットの表現能力を上げたいのならば，多層化する方がはるかに効率的だということです．

表現能力の向上に加えて，どんどん多層にすることで学習が成功しやすくなる可能性も指摘されています．文献 [16] によると，層数が増えるにつれて誤差関数の大半の局所的最小値がほぼ大域的最小値の位置へと降下し，その他の臨界点と大きなギャップが開くと予想されています．ここで用いた用語の詳しい意味は次章で説明します．

表現学習の観点からも深層化は重要です．層を積み重ねたニューラルネットを学習させると，層を追って低次から高次までの表現が階層的に学習されると期待されています．つまりネットワークへデータを入力した際の中間層の出力は，その層に応じた階層レベルでのデータの表現を与えます．これが次層で処理されることでより高次の表現になり，最終的には出力層付近でかなり高度なレベルの概念が表現できることになるのです．したがって深層化することにより，低次の概念から高次の概念まで抽象度を高めながら順に構成することができます．この仕組みが，表現工学を超えた高度な表現学習が実現できている理由だと考えられています．

さらに汎化性能と深層学習の関係なども議論され始めています．しかしながら，ここで述べたシナリオの大半は，現在でも予想の段階にとどまっています．深層化の謎を本当に解き明かすには，今後の理論的進展を待たねばなりません．

Chapter 4

勾配降下法による学習

ニューラルネットによる機械学習も，他の機械学習と同様に誤差関数の最小化問題を解くことで実行されます．しかしこのような最小化問題は厳密に解けるものではなく，計算機を用いた数値的な方法に頼るほかありません．そこで本章では，深層学習においても標準的な手法となっている勾配降下法を紹介します．

4.1 勾配降下法

ニューラルネットの学習は損失関数の最小化として定式化されました．つまり，ネットワークパラメータの空間上でスカラー関数 $L(\boldsymbol{w})$ の最小値を探すという最適化問題を解くことになります．

$$\boldsymbol{w}^* = \operatorname*{argmin}_{\boldsymbol{w}} L(\boldsymbol{w}) \tag{4.1}$$

もちろん実用的な場面では損失関数は非常に複雑ですので，このような問題を厳密に解くことは到底できません．そこで計算機上において数値的に近似解を求めることになります．

最小値の数値的な求解法として有名な手法は**ニュートン・ラフソン法 (Newton-Raphson method)** です．本書ではニュートン法を一切用いませんが，最適化の解法として常識的な知識となっていますので，まずこれを駆け足で解説しましょう．最小値においてはすべての方向で微分係数が消えていますので，いま我々が解きたいのは

$$\frac{\partial L(\boldsymbol{w})}{\partial w_i} = 0 \tag{4.2}$$

という方程式です．ニュートン法では，この方程式をテイラー展開によって近似します．ある点 $\boldsymbol{w}_0 = \{(w_0)_j\}$ 周りで左辺のテイラー展開をすると，

$$\frac{\partial L(\boldsymbol{w})}{\partial w_i} = \frac{\partial L(\boldsymbol{w}_0)}{\partial w_i} + \sum_j \frac{\partial^2 L(\boldsymbol{w}_0)}{\partial w_j \partial w_i} \Big(w_j - (w_0)_j \Big) + \cdots \tag{4.3}$$

となりますが，高次の項を無視して，さらに行列表示すると，

$$\frac{\partial L(\boldsymbol{w})}{\partial \boldsymbol{w}} \approx \left. \frac{\partial L(\boldsymbol{w})}{\partial \boldsymbol{w}} \right|_{\boldsymbol{w}_0} + \boldsymbol{H}(\boldsymbol{w}_0)(\boldsymbol{w} - \boldsymbol{w}_0) \tag{4.4}$$

が得られます．左辺は $\partial L(\boldsymbol{w})/\partial w_i$ を成分とするベクトルを意味しています．$\boldsymbol{H}_0$ はヘッシアン行列で，

$$\Big(\boldsymbol{H}(\boldsymbol{w}_0)\Big)_{ij} = \frac{\partial^2 L(\boldsymbol{w})}{\partial w_i \partial w_j} \tag{4.5}$$

です．ここで式 (4.4) の左辺が 0 のとき，ヘッシアン行列が正則だとすると，

$$\boldsymbol{w} = \boldsymbol{w}_0 - (\boldsymbol{H}(\boldsymbol{w}_0))^{-1} \left. \frac{\partial L(\boldsymbol{w})}{\partial \boldsymbol{w}} \right|_{\boldsymbol{w}_0} \tag{4.6}$$

式が得られます．そこで

$$\boldsymbol{w}^{(t+1)} = \boldsymbol{w}^{(t)} - \Big(\boldsymbol{H}(\boldsymbol{w}^{(t)}) \Big)^{-1} \left. \frac{\partial L(\boldsymbol{w})}{\partial \boldsymbol{w}} \right|_{\boldsymbol{w}^{(t)}} \tag{4.7}$$

を t の順に順次用いて $\boldsymbol{w}^{(t)}$ を決めていく更新操作を考えましょう．すると，うまくいく場合は，大きな T に対して $\boldsymbol{w}^{(T)}$ の値が 1 つの固定値に収束していきます．

$$\boldsymbol{w}^{(T)} \approx \boldsymbol{w}^{(T+1)} \approx \boldsymbol{w}^{(T+2)} \approx \cdots$$

この収束値こそが求めたかった最小値を実現する点です．なぜならば式 (4.7) より，この固定点では 1 次の微分係数 $\partial L(\boldsymbol{w})/\partial \boldsymbol{w}|_{\boldsymbol{w}^{(T)}}$ がほぼ 0 になっているからです．

さまざまな場面で用いられるニュートン法ですが，深層学習ではほとんど用いられません．というのもヘッシアン逆行列の評価は，とても計算コストがかさむからです．深層学習においては膨大な数のパラメータを導入しま

す．したがって巨大なヘッシアン逆行列の計算が必要になることになり，さらにそれを更新式 (4.7) のたびに繰り返さなくてはなりません．また損失関数の 2 階微分の計算も大変です．このような手法は現実的ではありません．

実際にはさまざまなニュートン法の改良も存在するのですが，深層学習では損失関数の 1 階微分の情報だけを用いる別の手法を多用します．これが**勾配降下法 (gradient descent method)** です．本章では，深層学習における勾配法のさまざまな側面を紹介します．

4.1.1 勾配降下法

誤差関数 $E(\boldsymbol{w})$ の最小点を見つける手法はいくつもあります．その中でも直感的で単純なアイデアは**図 4.1** のように，誤差関数のグラフの形状をした凹みにおいて，上のほうからボールを転がり落としてボールが一番低いところにたどり着くまで待つ方法です．これがまさに勾配降下法の考え方です．

ボールを転がり始めさせる位置に対応して，勾配降下法ではパラメータの**初期値 (initial value)** $\boldsymbol{w}^{(0)}$ を用意します*1．この初期値から始めて，坂道でボールを転がすような操作を，離散的な時間 $t = 0, 1, 2, \ldots$ を用いて定式化しましょう．坂を転がすということは，現在位置におけるグラフの勾配

$$\nabla E(\boldsymbol{w}) = \frac{\partial E(\boldsymbol{w})}{\partial \boldsymbol{w}} \equiv \left(\frac{\partial E(\boldsymbol{w})}{\partial w_1}, \ldots, \frac{\partial E(\boldsymbol{w})}{\partial w_D} \right)^\top \tag{4.8}$$

の逆方向に位置を動かすことを意味します．ここでは表記を単純にするため，ニューラルネットの重みパラメータを下付き添え字 $w_1, w_2, \ldots, w_D$ で

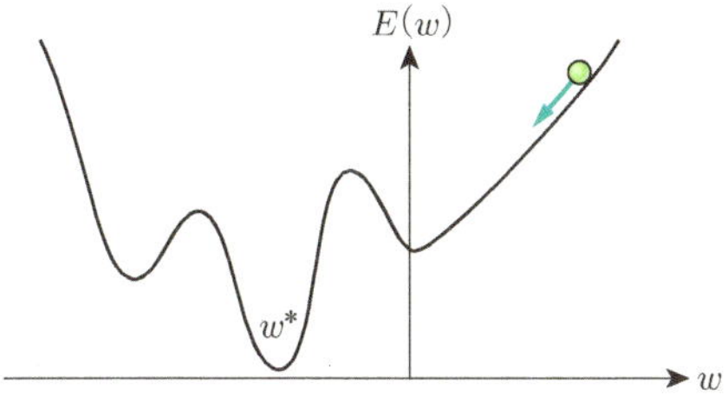

図 4.1 勾配降下法による極小値の見つけ方．

*1 初期値をどう選ぶかもまた学習の成否に直結します．この話題については本章の後半で紹介します．

ラベル付けしました．D はニューラルネットの全パラメータ数です．すると時刻 t で位置 $\boldsymbol{w}^{(t)}$ にあったボールを勾配の逆方向に動かす際のルールは次のようなものです．

$$\boldsymbol{w}^{(t+1)} = \boldsymbol{w}^{(t)} + \Delta\boldsymbol{w}^{(t)}, \quad \Delta\boldsymbol{w}^{(t)} = -\eta\nabla E\left(\boldsymbol{w}^{(t)}\right) \tag{4.9}$$

右辺で次時刻の $\boldsymbol{w}^{(t+1)}$ を定義する操作を $t=0,1,2,\ldots$ と順次繰り返していくことで，どんどんと誤差関数のグラフの底のほうに降りていくことができます．1 ステップでの移動距離 $\Delta\boldsymbol{w}^{(t)}$ の大きさを決めるハイパーパラメータ η は**学習率** (**learning rate**) と呼ばれます．この操作が収束し，もはや動けなくなった点が勾配が消える極小値です．ここでいう収束とは，計算機の数値精度の範囲内ではもはや $\boldsymbol{w}^{(t)}$ の変化が見られなくなる状況です．そこまで待たずとも我々がある小さな値を設定して，パラメータの時間変化がその小さな範囲に収まった時点で収束したと判定することも可能です．

学習率の取り方には一般論は存在せず，残念ながら現状ではトライアルアンドエラーに基づかざるを得ません．しかし学習率をあまり大きくすると 1 ステップの刻みが荒すぎて誤差関数の形状をうまく捉えられずに，収束に問題を引き起こします．その一方であまり小さくしすぎると学習が一向に進みません．したがって，ほどよい大きさの学習率を見つけることが，学習をうまく進めるために重要となります．

4.1.2 局所的最小値の問題

いままでは最小値と極小値の区別に注意を払ってきませんでした．誤差関数が下に凸な関数である簡単な状況では任意の極小値は必ず最小値に一致しますので，区別は必要ありません．しかしながら深層学習における誤差関数は一般にとても複雑な非凸関数ですので，本当の最小値である**大域的極小値** (**global minimum**) 以外にも，膨大な数の**局所的極小値** (**local minima**) をもちます．図 4.1 の簡単なグラフにも，1 つの大域的極小値以外に 2 つの局所的極小値があります．

さらにニューラルネットには高い対称性と極小値の重複があります．例え

ば第 ℓ 層の 2 つのユニット $j=1,2$ に注目すると，この 2 つのユニットを入れ替えても最終出力は変わりません．なぜなら $w_{1i}^{(\ell)}, w_{k1}^{(\ell+1)}$ と $w_{2i}^{(\ell)}, w_{k2}^{(\ell+1)}$ をすべて同時に入れ替えれば何もしていないことと同じだからです．各層でこのような入れ替えは ${}_{d_\ell}C_2$ 通りだけあります．したがってニューラルネット全体では $\prod_\ell {}_{d_\ell}C_2$ 通りだけの入れ替え対称性があります．つまり局所的極小値が 1 つあれば，自動的に $\prod_\ell {}_{d_\ell}C_2$ 個の極小値が重複して存在することになります．このように，深層モデルでは極小値の数は膨大です．

このような場合，勾配降下法で大域的極小値を探すのは，干草の中から針を探すようなものです．したがって深層学習では極小値にはたどり着けても，真の最小値にはまずたどり着けません．通常の機械学習の文脈ではこれは深刻な問題であり，**局所的最小値の問題**や**局所的最適解の問題**と呼ばれます．局所的最適解，つまり局所的極小値は誤差関数を大域的に最小化するわけではないので，これは我々が見つけたかった最適なパラメータ値を与えないからです．

ところが不思議なことに，深層学習では真の最小値を見つけずとも，誤差関数のよい極小値さえ見つけられれば十分であると予想されています*2．これは深層学習を他の機械学習とは一線を画す画期的な手法にしていると同時に，深層学習における大きな謎の 1 つです*3．この点に関しては現在でもさまざまな研究がなされているのですが，詳細な議論は本書の範囲を超えてしまうので，ここでは多くの場合**極小値さえ見つければ十分**であるとだけ理解しておいてください．

4.1.3 確率的勾配降下法

深層学習が真の最小値は必要としないとはいっても，誤差関数の値があまりに大きい臨界点*4 にはまり込んでしまってはまったく使い物になりません．そこで臨界点にトラップされることをできるだけ回避するためにランダムな要素を取り入れて，はまり込んだ場所から弾き出す効果を生み出すことで勾配降下法を改良しましょう．

---

*2 正則化を課すため，一般には極小値にさえ収束させていません．

*3 深層ニューラルネットを球面的スピングラス模型で大胆に近似したモデルでは，ほぼすべての局所的極小値において，誤差値が極めて小さな値になることが明らかになっています [16]．そのため，どの局所的極小値を選んだとしても，誤差が小さくよい性能を示すのだと予想されています．

*4 臨界点は，微分係数がすべて 0 になる点です．図 4.1 では 2 つの極大点に対応しています．

ランダムな効果を入れるためには，学習の仕組みを復習する必要があります．訓練データ $\mathcal{D} = \{(\boldsymbol{x}_n, \boldsymbol{y}_n)\}_{n=1,\ldots,N}$ が与えられたとき，誤差関数は各訓練サンプル要素 $(\boldsymbol{x}_n, \boldsymbol{y}_n)$ で計算した誤差の和として表現できました．

$$E(\boldsymbol{w}) = \frac{1}{N}\sum_{n=1}^{N} E_n(\boldsymbol{w}) \tag{4.10}$$

例えば平均二乗誤差を用いるならば

$$E_n(\boldsymbol{w}) = \frac{1}{2}\Big(\boldsymbol{y}(\boldsymbol{x}_n; \boldsymbol{w}) - \boldsymbol{y}_n\Big)^2 \tag{4.11}$$

であり，K クラス分類ならば交差エントロピー

$$E_n(\boldsymbol{w}) = -\sum_{k=1}^{K} t_{nk} \log y_k\left(\boldsymbol{x}_n; \boldsymbol{w}\right) \tag{4.12}$$

を用いました．先ほどの勾配降下法では式 (4.10) のように毎回の更新ですべての訓練サンプルを用いていました．このような方法は**バッチ学習** (**batch learning**) と呼ばれます．

しかし勾配によるパラメータ更新は何回も繰り返すことになるので，1 回の更新で毎回すべてのサンプルを用いる必要はありません．各時間ステップで，一部の訓練サンプルだけを用いる方法を**ミニバッチ学習** (**minibatch learning**) といいます．ミニバッチ学習ではまず，各時間 t で用いる訓練サンプルの部分集合 $\mathcal{B}^{(t)}$ を用意します．この $\mathcal{B}^{(t)}$ のことを**ミニバッチ** (**mini-batch**) と呼び，通常は学習前にランダムに作成しておきます．そして時刻 t における更新ではミニバッチ上で平均した誤差関数

$$E^{(t)}(\boldsymbol{w}) = \frac{1}{|\mathcal{B}^{(t)}|}\sum_{n\in\mathcal{B}^{(t)}} E_n(\boldsymbol{w}) \tag{4.13}$$

を用います．ここで $n \in \mathcal{B}^{(t)}$ はミニバッチに含まれる訓練サンプルのラベルを表し，$|\mathcal{B}^{(t)}|$ はミニバッチの中のサンプル要素の総数です．これを用いてバッチ学習同様，パラメータを更新します．

$$\boldsymbol{w}^{(t+1)} = \boldsymbol{w}^{(t)} + \Delta\boldsymbol{w}^{(t)}, \quad \Delta\boldsymbol{w}^{(t)} = -\eta\,\nabla E^{(t)}\left(\boldsymbol{w}^{(t)}\right) \tag{4.14}$$

特に各時刻のミニバッチに 1 つの訓練サンプルしか含まない $|\mathcal{B}^{(t)}| = 1$ という場合を**オンライン学習** (**online learning**) や**確率的勾配降下法** (**stochastic gradient descent method, SGD**) と呼びます．

ミニバッチ学習ではランダムにミニバッチを選んだことにより，時刻ごとに誤差関数 $E^{(t)}(\boldsymbol{w})$ の形もランダムに変化します．したがって，ずっと同じ関数 $E(\boldsymbol{w})$ を使い続けるバッチ学習とは違い，望ましくない臨界点にはまり込む可能性がぐっと小さくなります．これがミニバッチ学習が重宝される大きな理由の 1 つです．

さらにサンプルを効率的に使う観点からもミニバッチは好まれます．訓練データのサイズが大きくなると，似たようなサンプルが含まれている可能性が高くなります．そこで訓練データ集合全体ではなくミニバッチを使用することで，1 回の更新ステップにおいて似たデータを重複して使用する無駄が省けるのです．

またミニバッチでの勾配降下法では，各勾配 $\nabla E_n(\boldsymbol{w})$ の計算が独立で容易に並列化ができます．したがって，コアのたくさんある GPGPU などの並列計算環境がある場合には，ある程度のサイズのミニバッチを利用する方が理にかなっています．

4.1.4 ミニバッチの作り方

（ミニ）バッチ学習では，学習時間を**エポック** (**epoch**) という単位ごとに分けて考えます．1 エポックという単位は，訓練データ全体を 1 回まるまる使い切る時間単位を意味します．

まずはじめのエポックでは，データを適当なサイズのミニバッチたちへランダムに分割します．そして，これらのミニバッチを用いて勾配を更新していきます．すべてのミニバッチを使い切ったら，このエポックは終了です．しかし通常は，1 エポックでは不十分ですので，次のエポックに進み，改めてランダムにミニバッチを作り，同じプロセスを繰り返していきます．誤差が十分小さくなるまでエポックを繰り返したら，学習は終了です．

また，バッチ学習では毎回データを使い切るので，エポックと更新時間は一致します．

4.1.5 収束と学習率のスケジューリング

これまでは学習率 η が時間を通じて一定であると仮定してきました．しかし，いつまでも 1 ステップごとの更新サイズが一定のままでは，収束したい点になかなか近づけずに収束を遅くしてしまいます．特に SGD やミニバッチ法では，本当の誤差関数 $E(\boldsymbol{w})$ の推定値をミニバッチ上での期待値として近似的に与えていました．ミニバッチによる推定値を用いている限りはいつまでたってもランダムな効果が消えないため，$E(\boldsymbol{w})$ の極小値へは落ち着きません．したがって極小値に近づくにつれ学習率も小さくして，勾配の統計的ゆらぎを小さくしていく必要があります．そこで時間依存する学習率を導入することにします．

$$\Delta\boldsymbol{w}^{(t)} = -\eta^{(t)}\nabla E^{(t)}\left(\boldsymbol{w}^{(t)}\right) \tag{4.15}$$

凸誤差関数上の SGD に対しては収束を保証する $\eta^{(t)}$ の条件が知られています．

$$\sum_{t=1}^{\infty}\eta^{(t)} = \infty, \qquad \sum_{t=1}^{\infty}(\eta^{(t)})^2 < \infty \tag{4.16}$$

しかし実装では数値的な収束しか気にしませんので，必ずしもこの条件を厳密に満たす必要はありません．そこでよく用いられる学習率の取り方として

$$\eta^{(t)} = \begin{cases} \frac{t}{T}\eta^{(T)} + \left(1 - \frac{t}{T}\eta^{(0)}\right) & (t \le T) \\ \eta^{(T)} & (t \ge T) \end{cases} \tag{4.17}$$

というものがあります．つまりはじめの T ステップの間は線形に学習率を減衰させます．ある大きな時刻の値 T を選んでおき，それ以降は学習率を小さな正の一定値 $\eta^{(T)}$ に固定します．これ以外にもさまざまな $\eta^{(t)}$ の選び方があります．例えば時刻 t に従い，学習率を $1/t$ あるいは $1/\sqrt{t}$ で減衰させる方法

$$\eta^{(t)} = \frac{\eta^{(1)}}{t}, \qquad \eta^{(t)} = \frac{\eta^{(1)}}{\sqrt{t}} \tag{4.18}$$

などもよく用いられます.

4.2 改良された勾配降下法

4.2.1 勾配降下法の課題

勾配法には，局所的最適解の問題があることはすでに説明しました．勾配法にはそれ以外も多くの課題があります．

その1つが振動です．図4.2(a)のように誤差関数が深い谷を作っている状況を考えましょう．この切り立った絶壁に対して谷底は緩やかに傾いているだけだとします．このような谷にボールを落とすように勾配降下法を考えましょう．すると，勾配の方向にパラメータを更新するだけでは谷に沿って激しく振動するばかりで，いつまでたっても止まりません．その一方，谷底の緩やかな傾斜方向に関しては進み幅が小さすぎて，いっこうに極小値を探索できません．図4.3では楕円形の谷の底へ振動しながら落ちていく様子が見てとれます．深層学習の計算時間の多くが，このような谷を抜け出すために使われてしまう可能性があります．そこで振動を抑えるために，物理における摩擦や慣性のような寄与を加えて運動を穏やかにする改善がなされています．その代表例が4.2.2節で説明するモーメンタム法です．

問題を引き起こすのは谷ばかりではありません．もし図4.2(b)のように，高原の平野のような広く平らな領域があったとします．このような場所は**プラトー**と呼ばれますが，一度プラトーに入り込んでしまうと勾配が消えるため，パラメータの更新も止まります．ミニバッチなどでランダムな要素を入れたとしても，深層学習の誤差関数に現れるプラトーは学習の進みを遅くす

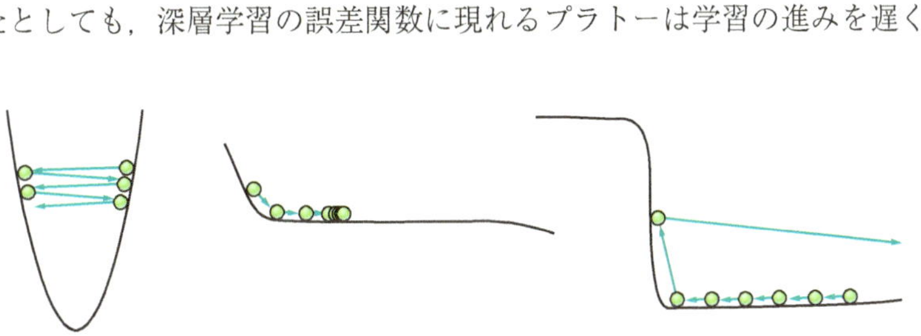

図4.2 (a) 谷での振動．(b) プラトーでの停止．(c) 絶壁での反射．

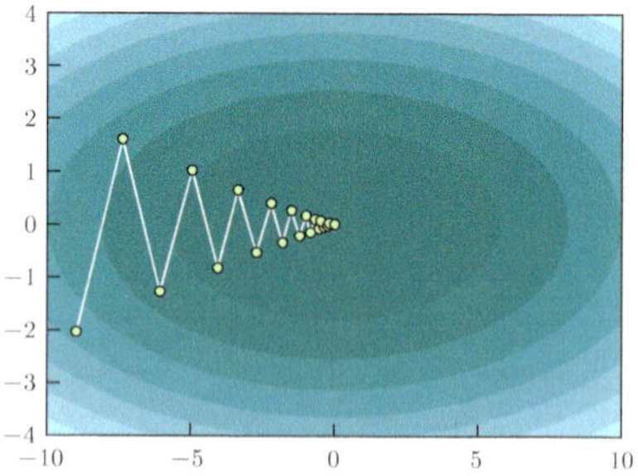

図 4.3　勾配降下法の振動による収束の遅れ．明暗（ヒートマップ）は等高線を表し，明るい色ほど高い位置を示しています．

る原因となりえます．

さらには誤差関数が急に切り立った絶壁（図 4.2(c)）の存在も危険です．緩やかな坂を転がってきても，壁に当たった瞬間に極めて大きな勾配によって吹き飛ばされてしまいます．壁に吹き飛ばされてはまた壁にゆっくり近づいていくことを繰り返していては，いつまでたっても学習が進行しません．そこで学習中は勾配の大きさ $|\nabla E|$ に閾値 g_0 を設定して，$|\nabla E| \geq g_0$ と閾値を超えた場合には，勾配によるパラメータ更新の大きさを次式で調整します．

$$\Delta \boldsymbol{w}^{(t)} = -\eta \frac{g_0}{|\nabla E|} \nabla E\left(\boldsymbol{w}^{(t)}\right) \tag{4.19}$$

この方法は**勾配クリップ (gradient clipping)** と呼ばれます．

勾配にまつわる問題に対処するためには，誤差関数の値だけではなく勾配の大きさも学習中にプロットすることが推奨されます．勾配の消失や爆発を確認した段階で，個別の対策を打てるからです．

さらに問題であるのが**鞍点 (saddle point)** の存在です．鞍点は勾配が 0 になる臨界点の一種ですが，**図 4.4** のようにある方向に少しずれると斜面が下に降り始める一方で，別の方向にずれると傾斜が上を向き始めるような点です．ランダムに臨界点を選んだときには，すべての傾きの正負がたまたまそろって極小点や極大点になるよりも，このような鞍点になる確率のほうが高いと考えられます．実際，深層学習の臨界点の大半は，誤差値の大きな鞍点であるといわれています．しかも鞍点の周囲には比較的平坦な領域が広

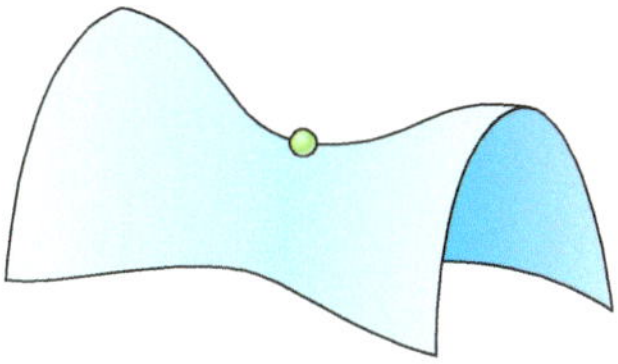

図 4.4 2 次元局面上の鞍点.

がっており，そこにとらわれる危険性が高いのです．したがって深いニューラルネットの学習を成功させるカギは，鞍点にはまり込んでも抜け出せるように学習アルゴリズムを工夫することです．以下で紹介する改善された勾配降下法のいくつかは，鞍点からの脱出を促進してくれます．

4.2.2 モーメンタム法

モーメンタム (momentum) は勾配法の振動を抑制し，極小値への収束性を改善する手法です．モーメンタムは「慣性」とも訳され，前時刻での勾配の影響を引きずらせることで振動を防ぎます（図 4.5）.

振動の原因は，深い谷の底周りで急激な勾配が正負交互に発生するためでした．そこで 1 個前のステップでの勾配の影響を，現在の勾配に加えてみることを考えましょう．前回のパラメータ更新量 $\Delta \boldsymbol{w}^{(t-1)}$ が負の値で，いまの勾配 $\nabla E(\boldsymbol{w}^{(t)})$ が正の大きな値であるとします．すると前回の更新量を現在の勾配に少し加えることで，図 4.6 のように今回の更新量 $\Delta \boldsymbol{w}^{(t)}$ を比較的小さな正の値に抑えられます．この手法で勾配が大きく正負に振れることを防ぐのがモーメンタムです．

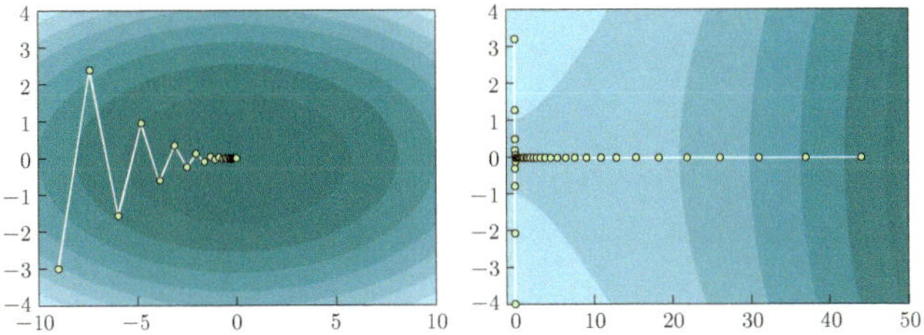

図 4.5 モーメンタム法による振動の改善（左）．右は鞍点からの脱出．脱出後は傾斜面を加速して降りていく．プロットした 49 ステップの大半を鞍点からの脱出に使っている．

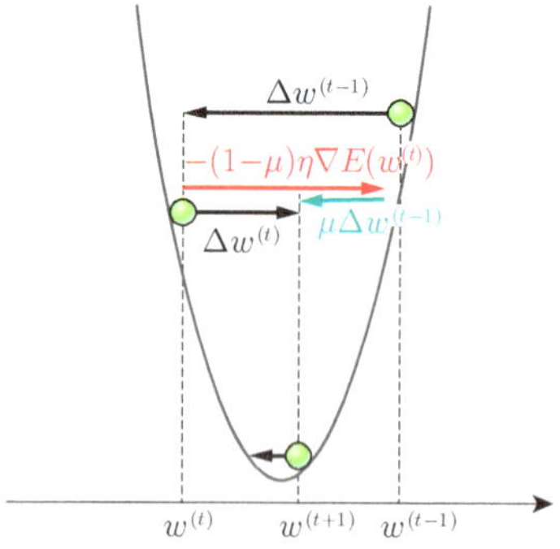

図 4.6 モーメンタムによる谷での振動の抑制.

(モーメンタム法)

$$\boldsymbol{w}^{(t+1)} = \boldsymbol{w}^{(t)} + \Delta\boldsymbol{w}^{(t)} \tag{4.20}$$

$$\Delta\boldsymbol{w}^{(t)} = \mu\,\Delta\boldsymbol{w}^{(t-1)} - (1-\mu)\eta\,\nabla E\big(\boldsymbol{w}^{(t)}\big) \tag{4.21}$$

初期値は $\Delta\boldsymbol{w}^{(0)} = 0$ にとっておきましょう．μ は比較的 1 に近い 0.99〜0.5 程度の値をとります．

モーメンタムは振動を防ぐばかりか，普通の斜面では勾配法でのパラメータ更新を加速してくれます．そこで誤差関数の傾き $\nabla E(\boldsymbol{w})$ が一定の領域を考えてみましょう．この場合，式 (4.21) の「終端速度」は $\Delta\boldsymbol{w}^{(t)} = \Delta\boldsymbol{w}^{(t+1)} = \Delta\boldsymbol{w}$ として更新式を解くことで

$$\Delta\boldsymbol{w} = -\eta\,\nabla E\big(\boldsymbol{w}\big) \tag{4.22}$$

となります．つまり傾きの一定の斜面では，もともと式 (4.21) においては $(1-\mu)\eta$ であった学習率が η にまで増える加速効果を与えます．また $\mu = 0$ にとってしまうとモーメンタムの効果は消え，普通の勾配法に帰着します．

4.2.3 ネステロフの加速勾配法

ネステロフの加速勾配法 (**Nesterov's accelerated gradient method**) [17] はモーメンタムの修正版で，勾配の値を評価する位置だけが違います．

(ネステロフの加速勾配法)

$$\boldsymbol{w}^{(t+1)} = \boldsymbol{w}^{(t)} + \Delta\boldsymbol{w}^{(t)} \tag{4.23}$$

$$\Delta\boldsymbol{w}^{(t)} = \mu\,\Delta\boldsymbol{w}^{(t-1)} - (1-\mu)\eta\,\nabla E\big(\boldsymbol{w}^{(t)} + \mu\boldsymbol{w}^{(t-1)}\big) \tag{4.24}$$

$\boldsymbol{w}^{(t)} + \mu\boldsymbol{w}^{(t-1)}$ によって次の時刻 $t+1$ での位置を大雑把に見積もり，そこでの勾配の大きさを用いています．少し先での位置を用いることで，勾配が変化する前に，あらかじめその変化に対応できるように改良されています．

4.2.4 AdaGrad

これまではモーメンタムによって勾配法の振動を防いだり加速したりする手法について見てきました．次に勾配法の異なる側面に注目することで改善策を講じましょう．

勾配降下法には 1 つの学習率 η しかありませんでした．しかし実際には，パラメータ空間の座標方向によって誤差関数の勾配には大きな違いがありえます．例えば w_1 方向には急激な勾配をもつ一方，w_2 方向には緩やかな傾きしかもたない誤差関数があったとします．すると w_1 方向には大きな勾配に従いどんどんパラメータ値が更新される一方，w_2 方向には一向に更新が進みません．これは勾配法をコントロールする学習率が 1 つしかないからです．

もし各パラメータ方向に応じて複数の学習率を導入できたならば，どの方向にも均等なスピードで学習を進めることができ，勾配降下法の収束性がよくなるはずです．ただしむやみやたらに学習率を増やしてしまっては，我々がトライアルアンドエラーで決めなければならないハイパーパラメータが増えてしまい都合がよくありません．そこでここでは，パラメータはあまり増やさずに，各方向に適切な有効学習率をもたせる手法を議論していきましょう．

このような手法のうち，早くから用いられていたものが **AdaGrad(adap-**

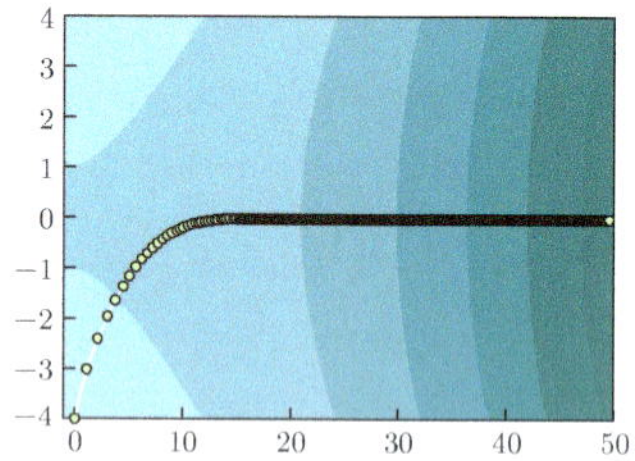

図 4.7 AdaGrad による勾配降下法．鞍点からはすぐ抜け出せる一方，すぐさま学習率が減衰してしまうので，320 ステップをプロットしてもここまでしか進まない．

tive subgradient descent) です [18]．

(AdaGrad)

$$\Delta \boldsymbol{w}_i^{(t)} = -\frac{\eta}{\sqrt{\sum_{s=1}^{t}\left(\nabla E(\boldsymbol{w}^{(s)})_i\right)^2}} \nabla E\left(\boldsymbol{w}^{(t)}\right)_i \tag{4.25}$$

左辺は $\Delta \boldsymbol{w}^{(t)}$ の第 i 成分であり，$\nabla E\left(\boldsymbol{w}^{(t)}\right)_i$ は勾配の第 i 成分です．AdaGrad では，過去の勾配成分の二乗和の平方根で学習率を割っています．それによりすでに大きな勾配値をとってきた方向に対しては学習率を小さく減衰させ，いままで勾配の小さかった方向へは学習率を増大させる効果があります．これにより，学習が一向に進まない方向が生じてしまうことを防ぎます．

AdaGrad の欠点としては，学習の初期に勾配が大きいとすぐさま更新量 $\Delta \boldsymbol{w}_i^{(t)}$ が小さくなってしまうことです．そのままだと学習がストップするので，適切な程度にまで η を大きく選んでやる必要があります（**図 4.7**）．そのためにAdaGrad は学習率の選び方に鋭敏で使いにくい方法です．またはじめから勾配が大きすぎるとすぐさま更新が進まなくなるため，重みの初期値にも鋭敏です．この問題を改善するアイデアを次に紹介します．

4.2.5 RMSprop

RMSprop はヒントンにより講義の中で紹介された手法です [19]．論文として出版していないにもかかわらず，世界中で広く用いられている手法としても有名です．

AdaGrad の問題は，ひとたび更新量が 0 になってしまったら二度と有限の値に戻らないことでした．これは過去のすべての勾配の情報を集積してしまっていたからです．そこで十分過去の勾配の情報を指数的な減衰因子によって消滅させられるように，二乗和ではなく指数的な移動平均 $v_{i,t}$ から決まる **root mean square(RMS)** を用いることにします（図 4.8）．

(RMSprop)

$$v_{i,t} = \rho v_{i,t-1} + (1-\rho)\big(\nabla E(\boldsymbol{w}^{(t)})_i\big)^2 \tag{4.26}$$

$$\Delta \boldsymbol{w}_i^{(t)} = -\frac{\eta}{\sqrt{v_{i,t}+\epsilon}} \nabla E\big(\boldsymbol{w}^{(t)}\big)_i \tag{4.27}$$

初期値は $v_{i,0} = 0$ とします．また ϵ は分母が 0 とならないように導入しました．$\epsilon = 10^{-6}$ などの値が用いられます．また簡単のために

$$\mathrm{RMS}\left[\nabla E_i\right]_t = \sqrt{v_{i,t}+\epsilon} \tag{4.28}$$

という記法も今後用います．

RMSprop では最近の勾配の履歴のみが影響するため，更新量が完全に消えてしまうことはありません．また深層学習では，うまく鞍点を抜け出した後は更新を加速したいので，モーメンタムなどと組み合わせて用いられます．RMSprop の有効性は広く実証されています．

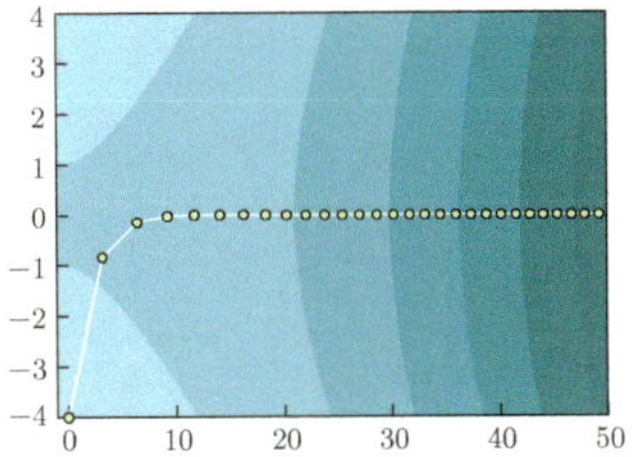

図 4.8 RMSprop による勾配降下法．30 ステップのみをプロット．

4.2.6 AdaDelta

RMSprop は AdaGrad を改善したとてもよい方法でした．しかしながら，全体の学習率 η の値に鋭敏であるという事実にはあまり改善が見られません．その理由の 1 つは，次元性のミスマッチです．物理における次元解析を思い出しましょう．いま誤差関数 E は無次元量であるとします．つまりパラメータ $\boldsymbol{w}$ を測る長さスケールを何倍にしても不変な関数としましょう．その一方 $\Delta\boldsymbol{w}$ は長さの次元をもっており，E の微分は長さの逆数の次元をもちます．

$$\Delta\boldsymbol{w} \sim length, \quad \nabla E(\boldsymbol{w}) \sim \frac{1}{length} \tag{4.29}$$

しかし勾配法では，この次元性の合わない両者を学習率で比例させます．このミスマッチが学習率に押し付けられてしまうために，適切な学習率のスケールが問題に応じてさまざまに変化してしまうのです．

ロバストな学習率を実現するには，このミスマッチを解消しなくてはなりません．そこでニュートン・ラフソン法 (4.7) を思い出しましょう．この手法が多くの分野で用いられているのは，両辺で次元が一致しており不安定性がないためです．実際右辺は

$$\Delta\boldsymbol{w} = \boldsymbol{H}^{-1}\nabla E(\boldsymbol{w}) \sim \frac{1}{\frac{\partial^2 E}{\partial w^2}}\frac{\partial E}{\partial w} \sim length \tag{4.30}$$

であり，左辺と同じ次元をもちます．

このようにヘッシアン行列のような因子を用いることができれば，RMSprop の次元性を改善できます．もちろんヘッシアンを計算するのはコストが高いので，何らかの方法でその値を推定しましょう．まず式 (4.30) に注目します．この式を（対角成分だけが非ゼロであると思って）変形すると，ヘッシアン逆行列はだいたい

$$\Delta\boldsymbol{w}_i = H_{ii}^{-1}\nabla E(\boldsymbol{w})_i \quad \Longrightarrow \quad H_{ii}^{-1} = \frac{\Delta\boldsymbol{w}_i}{\nabla E(\boldsymbol{w})_i} \tag{4.31}$$

と見積もることができます．したがって $\Delta\boldsymbol{w}_i$ の RMS と $\nabla E(\boldsymbol{w})_i$ の RMS の比をとることで，大雑把にヘッシアン逆行列を見積もれることになります．ただし $\Delta\boldsymbol{w}_i^{(t)}$ はいま知りたい量ですので，$\Delta\boldsymbol{w}_i$ に関しては一時刻前の RMS を用いましょう．以上より，ニュートン・ラフソン法 $\Delta\boldsymbol{w} = \boldsymbol{H}^{-1}\nabla E(\boldsymbol{w})$

を勾配降下法として近似することで **AdaDelta**[20] が定式化できました.

(AdaDelta)

$$\Delta \boldsymbol{w}_i^{(t)} = -\frac{\mathrm{RMS}\,[\Delta \boldsymbol{w}_i]_{t-1}}{\mathrm{RMS}\,[\nabla E(\boldsymbol{w})_i]_t} \nabla E\big(\boldsymbol{w}^{(t)}\big)_i \tag{4.32}$$

RMS 部分の計算法は, まず式 (4.26) と同様に

$$u_{i,t} = \rho\, u_{i,t-1} + (1-\rho)\big(\Delta \boldsymbol{w}_i^{(t)}\big)^2 \tag{4.33}$$

$$v_{i,t} = \rho\, v_{i,t-1} + (1-\rho)\big(\nabla E(\boldsymbol{w}^{(t)})_i\big)^2 \tag{4.34}$$

を求めます. ただし $t=0$ での初期値は両方とも 0 とし, 減衰率 ρ は両者で共通の値を用います. この減衰重み付き平均から

$$\mathrm{RMS}\,[\Delta \boldsymbol{w}_i]_t = \sqrt{u_{i,t} + \epsilon} \tag{4.35}$$

$$\mathrm{RMS}\,[\nabla E(\boldsymbol{w})_i]_t = \sqrt{v_{i,t} + \epsilon} \tag{4.36}$$

によって RMS を定義します. 減衰率については, 例えば $\rho = 0.95$ という値が推奨されています.

4.2.7 Adam

最後に, AdaDelta とも異なる RMSprop の改良法を紹介しましょう [21]. **Adam** では, 式 (4.26) の分母にある勾配の RMS のみならず, 勾配自身も指数的な移動平均による推定値で置き換えます. これは RMSprop の勾配部分に, 指数的減衰を含むモーメンタムを適用したようなものですが, 実際は Adam はもっと手が込んでいます.

まず勾配とその 2 乗の指数的な移動平均を定義します.

$$m_{i,t} = \rho_1\, m_{i,t-1} + (1-\rho_1)\nabla E(\boldsymbol{w}^{(t)})_i \tag{4.37}$$

$$v_{i,t} = \rho_2\, v_{i,t-1} + (1-\rho_2)\big(\nabla E(\boldsymbol{w}^{(t)})_i\big)^2 \tag{4.38}$$

ただし初期値は $m_{i,0} = v_{i,0} = 0$ です. これは一見すると勾配の 1 次モーメントと 2 次モーメントのよい推定量のように見えますが, 実はバイアス

をもっています．というのも初期値は 0 にとってしまうので，更新の初期はモーメントの推定値が 0 のほうに偏ってしまいます．

そこでバイアスを補正し，できるだけ不偏推定量に近づくようにしましょう．例として 2 次モーメント $v_{i,t}$ を考えます．初期値のもとで式 (4.38) を解くと

$$v_{i,t} = (1-\rho_2)\sum_{s=1}^{t}(\rho_2)^{t-s}\left(\nabla E(\boldsymbol{w}^{(s)})_i\right)^2 \tag{4.39}$$

です．SGD などでは各ステップで訓練サンプルがランダムにサンプリングされるのに対応して，各時刻の勾配 $\nabla E(\boldsymbol{w}^{(s)})$ も，とある確率分布から毎時刻サンプリングされているものとみなせます．そこで式 (4.39) の期待値をとると

$$\begin{aligned}\mathrm{E}\left[v_{i,t}\right] &= (1-\rho_2)\sum_{s=1}^{t}(\rho_2)^{t-s}\mathrm{E}\left[\left(\nabla E(\boldsymbol{w}^{(s)})_i\right)^2\right]\\ &\approx \mathrm{E}\left[\left(\nabla E(\boldsymbol{w}^{(t)})_i\right)^2\right](1-\rho_2)\sum_{s=1}^{t}(\rho_2)^{t-s}\\ &= \mathrm{E}\left[\left(\nabla E(\boldsymbol{w}^{(t)})_i\right)^2\right]\left(1-(\rho_2)^t\right)\end{aligned} \tag{4.40}$$

が得られます．2 行目の近似は，もし勾配が時間的に一定ならば厳密に成り立ちます．そうでなくても減衰率を適切にとることで，勾配の値が大きく異なってしまうほど十分に過去の寄与は小さく抑えることができますので，よい近似式であると思われます．したがって $v_{i,t}$ は，本当の勾配の 2 次モーメントと因子 $(1-(\rho_2)^t)$ だけずれていることになります．これは t が小さいうちはとても大きなズレを生じさせます．そこでこの因子で割ることでバイアス補正したモーメントの推定値

$$\hat{m}_{i,t} = \frac{m_{i,t}}{(1-(\rho_1)^t)}, \quad \hat{v}_{i,t} = \frac{v_{i,t}}{(1-(\rho_2)^t)} \tag{4.41}$$

を導入しましょう．Adam はこれら推定値を用いた勾配降下法です (図 4.9)．

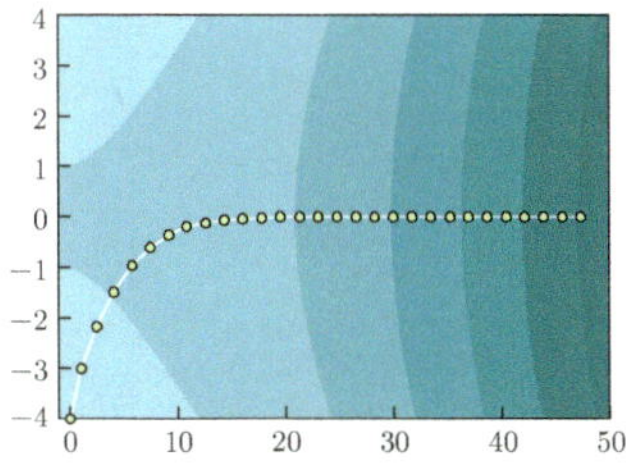

図 4.9 Adam による勾配降下法.

(Adam)

$$\Delta \boldsymbol{w}_i^{(t)} = -\eta \frac{\hat{m}_{i,t}}{\sqrt{\hat{v}_{i,t} + \epsilon}} \tag{4.42}$$

原論文におけるパラメータの推奨値は

$$\eta = 0.001, \quad \rho_1 = 0.9, \quad \rho_2 = 0.999, \quad \epsilon = 10^{-8}$$

です．さまざまな深層学習のフレームワークでも，基本的にはこの推奨値が用いられています．

4.2.8 自然勾配法

自然勾配法 (**natural gradient**) はこれまで紹介した勾配法の改良法とはかなり毛色の違う手法です．これまでは勾配 ∇E が最急降下方向であることを暗に仮定してきました．重みパラメータの空間が正規直交座標系をもつ普通のユークリッド空間ならば確かにその通りです．しかし，もしパラメータ空間が曲がっていたらどうでしょうか．

一般に曲がった**リーマン多様体** (**Riemannian manifold**) における微小距離は，計量テンソル $\boldsymbol{G} = (g_{ij})$ で測られます．したがって微小ベクトル $\Delta \boldsymbol{w}$ の長さは $\Delta \boldsymbol{w}^2 = \sum_{ij} g_{ij} \Delta w_i \Delta w_j$ となります．このとき，$E(\boldsymbol{w} + \Delta \boldsymbol{w}) - E(\boldsymbol{w}) \approx \nabla E^\top \Delta \boldsymbol{w}$ がもっとも急に変化する方向は次式で

与えられます*5 [24].

$$\Delta \boldsymbol{w} \propto \boldsymbol{G}^{-1} \nabla E(\boldsymbol{w}) \tag{4.43}$$

これを勾配として用いる勾配降下法が自然勾配法です [25]. では重み空間における自然な距離はどのように導入すればよいのでしょうか. 実は計量としてはフィッシャー情報量行列を用いればよいことがわかっています. このような自然勾配法ではプラトーなどにはまることがなく, 学習が早くなります. 極めて性能の高い方法ですが, 計量の逆行列を評価しなくてはならないため計算量が格段にかさみます. そのため自然勾配法のさまざまな近似が研究されています.

4.3 重みパラメータの初期値の取り方

重みパラメータの初期値の取り方は, 勾配降下法による学習がうまくいくかどうかを大きく左右します. 実際に初期値をうまく設定することで収束性がよくなる事例が知られています.

初期値はむやみやたらに設定してはいけません. 例えばすべてをはじめ 0 に設定してしまうと, 出力値は常に 0 であり重み依存性をもたず学習が進みません. 実際の研究では, しばしば重みの初期値は平均値が 0 のガウス分布や一様分布からサンプリングします. しかしこの場合も, 分布の分散の大きさ次第で学習の成否はさまざまです. そこで本節では, よく用いられる分散の大きさの選び方を紹介します.

4.3.1 LeCun の初期化

LeCun の初期化 (LeCun's initialization) [13] では, 次のように重みの初期値を分散 $1/d_{\ell-1}$ の一様分布, あるいはガウス分布からサンプリングします.

$$w_{ji}^{(\ell)} \sim \mathcal{U}\left(\mathrm{w}\,; -\sqrt{\frac{3}{d_{\ell-1}}}, \sqrt{\frac{3}{d_{\ell-1}}}\right) \quad \text{or} \quad \mathcal{N}\left(\mathrm{w}\,; 0, \frac{1}{\sqrt{d_{\ell-1}}}\right) \tag{4.44}$$

---

*5 ラグランジュ関数 $L = \nabla E^{\top} \Delta \boldsymbol{w} + \lambda(\sum_{ij} g_{ij} \Delta w_i \Delta w_j - c)$ を最大化すればよいので, これを Δw_i で微分したものを 0 とおいて $\nabla E_i + 2\lambda \sum_j g_{ij} \Delta w_j = 0$ を得ます.

前層と多くの結合をもつユニットに関しては，サンプリング分布の分散 $1/d_{\ell-1}$ が小さくなるので重みの初期値を小さく抑えてくれます．そのため活性の大きさをネットワーク全体で揃えることができます．しかし畳み込みニューラルネットなど結合が疎なモデルでは，前層のユニットのすべてと結合をもつわけではありません．そこで第 ℓ 層のユニットと結合している前層のユニットの総数 **fan-in** を定義します．そして $d_{\ell-1}$ を fan-in で置き換えて初期化のための分布を作ります．

4.3.2 Glorot の初期化

Glorot の初期化 (**Glorot's initialization**)[26] は，Xavier Glorot らによって線形ユニットのみをもつニューラルネットの解析から提唱されました．この手法ではユニット数 d_ℓ の第 ℓ 中間層の重み $w_{ji}^{(\ell)}$ は次の平均 0，分散 $2/(d_{\ell-1}+d_\ell)$ の一様分布，あるいはガウス分布からサンプルします．

$$w_{ji}^{(\ell)} \sim \mathcal{U}\left(\mathrm{w}\,; -\sqrt{\frac{6}{d_{\ell-1}+d_\ell}}, \sqrt{\frac{6}{d_{\ell-1}+d_\ell}}\right) \quad \text{or} \quad \mathcal{N}\left(\mathrm{w}\,; 0, \sqrt{\frac{2}{d_{\ell-1}+d_\ell}}\right) \tag{4.45}$$

この初期化は，左右対称な形をした活性化関数に対しては有用な初期化です．一般のネットワークでは $d_{\ell-1}$ を fan-in で置き換えます．同時に第 ℓ 層のユニットと結合している $\ell+1$ 層のユニットの総数 **fan-out** を定義し，d_ℓ を fan-out で置き換えて用います．

4.3.3 He の初期化

その一方で Kaiming He らによって提唱された **He の初期化** (**He's initialization**)[27] は，ReLU を用いたニューラルネットの解析に由来します．彼らの初期値では分散 $2/d_{\ell-1}$ の分布からサンプリングします．

$$w_{ji}^{(\ell)} \sim \mathcal{U}\left(\mathrm{w}\,; -\sqrt{\frac{6}{d_{\ell-1}}}, \sqrt{\frac{6}{d_{\ell-1}}}\right) \quad \text{or} \quad \mathcal{N}\left(\mathrm{w}\,; 0, \sqrt{\frac{2}{d_{\ell-1}}}\right) \tag{4.46}$$

一般には $d_{\ell-1}$ を fan-in に置き換えます．

ここでは，文献 [27] での導出を紹介しましょう．まず仮定として各層で，重みは i.i.d. にサンプリングされており，同様にさまざまなユニットの活性

$u_i^{(\ell-1)}$ も互いに独立だとします．また重みと $u_i^{(\ell-1)}$ を独立な確率変数として扱いましょう．このとき重みのサンプリング分布のもとで $\mathrm{E}[w_{ji}^{(\ell)}]=0$ とすると，ℓ 層の活性の分散は

$$
\begin{aligned}
Var\left[u_j^{(\ell)}\right] &= \sum_i Var\left[w_{ji}^{(\ell)} z_i^{(\ell-1)}\right] = d_{\ell-1}\, Var\left[w^{(\ell)} z^{(\ell-1)}\right] \\
&= d_{\ell-1}\, Var\left[w^{(\ell)}\right] \mathrm{E}\left[\left(z^{(\ell-1)}\right)^2\right]
\end{aligned}
\tag{4.47}
$$

となります．ここで重みを与えている確率分布は対称的 $P(w^{(\ell-1)}) = P(-w^{(\ell-1)})$ だとしましょう．すると同じ層の活性 $u^{(\ell-1)}$ も平均 0 の対称的な確率分布に従いますから，活性化関数が ReLU ならば

$$
\begin{aligned}
\mathrm{E}\left[\left(z^{(\ell-1)}\right)^2\right] &= \sum_{u^{(\ell-1)}} P(u^{(\ell-1)})\left(\max\left(0, u^{(\ell-1)}\right)\right)^2 \\
&= \sum_{u^{(\ell-1)}\geq 0} P(u^{(\ell-1)})\left(u^{(\ell-1)}\right)^2 = \frac{1}{2} Var\left[u^{(\ell-1)}\right]
\end{aligned}
\tag{4.48}
$$

となります．したがって上記 2 式を組み合わせると，

$$
Var\left[u^{(\ell)}\right] = \frac{d_{\ell-1}}{2} Var\left[w^{(\ell)}\right] Var\left[u^{(\ell-1)}\right]
\tag{4.49}
$$

が得られます．つまりニューラルネットの最終出力の分散は

$$
Var\left[u^{(L)}\right] = Var\left[u^{(1)}\right] \prod_{\ell=2}^{L} \frac{d_{\ell-1}}{2} Var\left[w^{(\ell)}\right]
\tag{4.50}
$$

となります．深いネットワークでは $d_{\ell-1}/2\, Var\left[w^{(\ell)}\right]$ の因子がたくさん分散に掛かっていますから，出力が爆発したり消失したりすることを防ぐには

$$
\frac{d_{\ell-1}}{2} Var\left[w^{(\ell)}\right] \approx 1
\tag{4.51}
$$

を満たしていてほしいことがわかります．したがってそのために，重みの従う確率分布の分散が $2/d_{\ell-1}$ 程度であることが推奨されるわけです．この初期化が，勾配の消失・爆発も同時に防いでいることも示されています [27]．

4.4 訓練サンプルの前処理

ここでは学習を加速して汎化に近づけるための，訓練データの下ごしらえについてまとめます．一般に訓練データには，我々が考えたいタスクとは関係がない情報や，データの統計的な偏りが含まれている可能性があります．その偏りがあらかじめ特定できるならば，学習前にそれを取り除いておくことに越したことはありません．訓練サンプルに含まれる不要な偏りは学習プロセスに無駄な負荷をかけて，学習のスムーズな進行を妨害するからです．

4.4.1 データの正規化

データの正規化 (**normalization of data**) あるいは**標準化** (**standardization**) とは訓練サンプルの成分ごとに行う前処理のことです．具体的には各成分 i に対し，訓練サンプルの成分 $\{x_{ni}\}_{n=1}^{N}$ の平均と分散を一定値に規格化し直します．まず成分の平均値を 0 にするために，成分のサンプル平均を引き去りましょう．

$$\bar{x}_i = \frac{1}{N}\sum_{n=1}^{N} x_{ni} \quad\Longrightarrow\quad x_{ni} - \bar{x}_i \tag{4.52}$$

これで $x_{ni} - \bar{x}_i$ は平均値が 0 になります．

次に分散を 1 に規格化します．そのためにサンプルたちの標準偏差を評価して，それで各成分を割ることにします．

$$\sigma_i^2 = \frac{1}{N}\sum_{n=1}^{N}(x_{ni} - \bar{x}_i)^2 \quad\Longrightarrow\quad x_{ni}^{new} = \frac{x_{ni} - \bar{x}_i}{\sigma_i} \tag{4.53}$$

ただし標準偏差が極めて小さくなりうる場合には注意が必要です．その場合は小さな数 ϵ を導入して，この分母を $\sqrt{\sigma_i^2 + \epsilon}$ や $\max(\sigma_i, \epsilon)$ に置き換えたりします．正規化の操作を図 4.10 に示します．

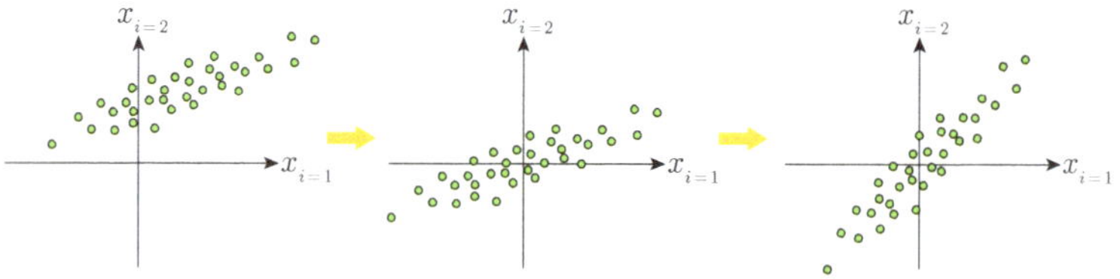

図 4.10 2 次元データの正規化．各点はデータ点に対応．左から元データ，平均値を減算したもの，標準偏差を徐算した最終結果の順に並んでいます．

4.4.2 データの白色化

正規化では，データの成分間の相関については一切考慮しませんでした．というのも正規化は各 i 成分に関して，平均と分散を規格化しただけだからです．しかし実際には，サンプルの違う方向成分同士の相関もまた偏りとなりえます．例えば図 4.10（右）のデータ散布図は正規化後のデータですが，x_1 軸と x_2 軸の間に強い相関があり，データが直線 $x_1 = x_2$ の周囲に偏って分布しています．

このような相関は，各成分方向間の共分散で捉えられます．以下ではすでに平均値に関しては正規化して平均値を 0 としたデータを考えましょう．このとき i 成分と j 成分の共分散は

$$(\boldsymbol{\Phi})_{ij} = \frac{1}{N}\sum_{n=1}^{N} x_{ni}x_{nj} \tag{4.54}$$

です．これをまとめて共分散行列を考えましょう．

$$\boldsymbol{\Phi} = \frac{1}{N}\sum_{n=1}^{N} \boldsymbol{x}_n\boldsymbol{x}_n^\top = \frac{1}{N}\boldsymbol{X}\boldsymbol{X}^\top \tag{4.55}$$

右辺の表記にはデザイン行列を用いました．正規化はこの対角成分しか規格化しません．方向間の相関を消すには，共分散行列の非対角成分を 0 にしなくてはなりません．

共分散行列は定義から対称行列 $\boldsymbol{\Phi} = \boldsymbol{\Phi}^\top$ です．したがって線形代数で学んだことを思い出すと，直行行列を用いて対角化できます．そのためにはまず $\boldsymbol{\Phi}$ の固有ベクトル $\boldsymbol{e}_i$ を求めて，それを正規直交化しておきます．

$$\boldsymbol{\Phi} \boldsymbol{e}_i = \lambda_i \boldsymbol{e}_i, \quad (\boldsymbol{e}_i)^2 = 1, \quad \boldsymbol{e}_i^\top \boldsymbol{e}_j = 0 \text{ for } i \neq j \tag{4.56}$$

これらをまとめて行列 $\boldsymbol{E} = (\boldsymbol{e}_1 \quad \cdots \quad \boldsymbol{e}_d)^\top$ を作ると，この直交行列を用いて $\boldsymbol{E}^\top \boldsymbol{\Phi} \boldsymbol{E} = \mathrm{diag}(\lambda_1, \ldots, \lambda_d)$ と対角化できます．そこでさらに $\boldsymbol{\Lambda}^{-1/2} = \mathrm{diag}\left(1/\sqrt{\lambda_1}, \ldots, 1/\sqrt{\lambda_d}\right)$ という対角行列を定義して，これでスケール変換をすると，$\left(\boldsymbol{\Lambda}^{-1/2}\right)^\top \boldsymbol{E}^\top \boldsymbol{\Phi} \boldsymbol{E} \boldsymbol{\Lambda}^{-1/2} = \boldsymbol{I}$ と単位行列になります．単位行列は任意の直交行列 $\boldsymbol{Q} = \boldsymbol{Q}^\top$ で変換しても不変ですので，結局次のようにすることで，共分散を消しつつ各方向の分散を 1 に規格化できます．

$$\boldsymbol{P}^\top \boldsymbol{\Phi} \boldsymbol{P} = \boldsymbol{I} \text{ for } \boldsymbol{P} = \boldsymbol{E} \boldsymbol{\Lambda}^{-1/2} \boldsymbol{Q} \tag{4.57}$$

このように共分散行列 $\boldsymbol{\Phi} = \sum_{n=1}^{N} \boldsymbol{x}_n \boldsymbol{x}_n^\top / N$ を変換して対角化することは，データベクトルを次のように変換することと同じです．

$$\boldsymbol{x}_n^{white} = \boldsymbol{P}^\top \boldsymbol{x}_n \tag{4.58}$$

この処理を**白色化** (**whitening**) や**球状化** (**sphering**) といいます．**図 4.11** に白色化の作業を示します．共分散行列にはゼロ固有値 $\lambda_i = 0$ や極めて小さい固有値が存在しえますので，実用上は小さな数 ϵ を用いて $\boldsymbol{\Lambda}^{-1/2}$ を $(\boldsymbol{\Lambda} + \epsilon \boldsymbol{I})^{-1/2} = \mathrm{diag}\left(1/\sqrt{\lambda_1 + \epsilon}, \ldots, 1/\sqrt{\lambda_d + \epsilon}\right)$ に置き換えます．x_{ni} の値が -1 から 1 の間にあるときは $\epsilon = 10^{-6}$ 程度の値が用いられます．データの共分散行列が計算でき，その固有値問題が数値的に解ける状況では，この白色化が有効です．画像データの学習では多くの場合，あらかじめ訓練データを白色化しておくことで汎化能力をかなり向上させられます．

白色化には $\boldsymbol{Q}$ の選び方に応じていくつものバリエーションがありえます．$\boldsymbol{Q} = \boldsymbol{I}$ と選ぶシンプルなものは**主成分分析**と同じ操作です．主成分分析については 6 章で改めて議論します．

その一方で $\boldsymbol{P}$ が対角行列になるように $\boldsymbol{Q} = \boldsymbol{E}^\top$ と選ぶ方法は**ゼロ位相白色化** (**zero-phase whitening**) と呼ばれています．図 4.11 における 1 回

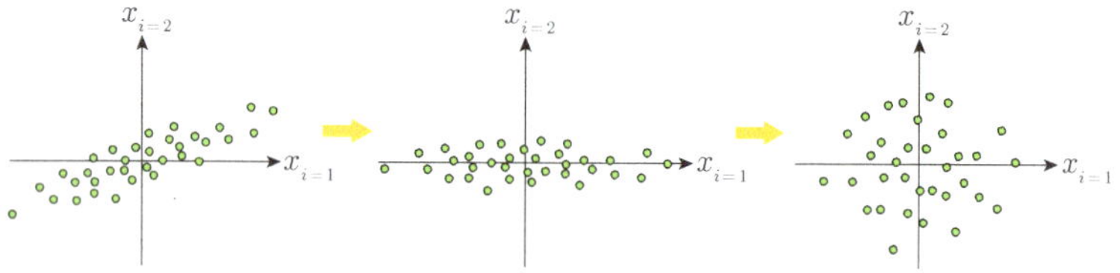

図 4.11　2 次元データの PCA 白色化．各点はデータ点に対応．左から元データ，直交行列での回転，$\boldsymbol{\Lambda}^{-1/2}$ でのスケーリングの順に並んでいます．

図 4.12　画像の PCA 白色化（第 2 段）とゼロ位相白色化（第 3 段）の一例．Lena 画像を 16 分割した一部を第 1 段に示した．それら 16 枚を白色化．画像数が少ないトイモデルのため引き去る平均画像が均一ではないが，ゼロ位相白色化を適用した後も再び画像としてのパターンをなすことが見て取れる．これは $\boldsymbol{Q} = \boldsymbol{E}^{\top}$ による逆回転のおかげである．

目の操作では，座標軸を $\boldsymbol{E}$ によって回転させています．ゼロ位相白色化では，操作の最後に $\boldsymbol{Q} = \boldsymbol{E}^{\top}$ によって逆回転をさせて，各座標方向のもつ意味を元データと揃えてくれます．そのため画像データの場合などでは，白色化後のデータも元画像と同じ意味をもつ画素の集まりとして理解できます（図 4.12）．

4.4.3 画像データの局所コントラスト正規化*

ここでは訓練サンプルが画像の場合の前処理を考えます．画像を 2 次元の面的な対象のまま扱いましょう．そこでグレースケールの白黒画像を考えるとして，ピクセル位置 $(i.j)$ の画素値を x_{ij} と書きます．

パターン認識では，各画像に固有の明るさ加減やコントラストの強さは学習には不要な情報です．したがってこれらを揃える操作を考えます．通常の正規化では，各ピクセルごとにしか平均・分散を揃えられません．また，正規化や白色化はデータ集合全体を用いなければ行うことができません．そこでここでは，1 枚の画像だけに対して適用できる**局所コントラスト正規化 (local contrast normalization)** を導入します．

まず画像の中で，ピクセル位置 (i, j) を中心としたサイズが $H \times H$ の領域 $\mathcal{R}_{ij}$ を考えます．画像の端のほうなどを考えるとこの領域は画像からはみ出てしまいますが，与えられた画像の外側は画素値 0 で埋め尽くされて拡張されていると考えてください．**減算正規化 (subtractive normalization)** とは，画素値 x_{ij} から，周辺領域 $\mathcal{R}_{ij}$ での平均的な画素値を引く操作です．

$$\bar{x}_{ij} = \sum_{(p,q)\in\mathcal{R}_{ij}} w_{pq} x_{i+p,j+q}, \quad z_{ij} = x_{ij} - \bar{x}_{ij} \qquad (4.59)$$

ただし $(p, q) \in \mathcal{R}_{ij}$ は，領域の中心が $(p, q) = (0, 0)$ になるように定めた座標です．また w_{pq} は $\sum_{(p,q)\in\mathcal{R}_{ij}} w_{pq} = 1$ を満たす重みです．$w_{pq} = 1/H^2$ ととることも可能ですし，領域の中心部により大きい重みを付与することもできます．

平均値だけではなく，さらに分散も調整するのが**徐算正規化 (divisive normalization)** です．

$$\sigma_{ij}^2 = \sum_{(p,q)\in\mathcal{R}_{ij}} w_{pq} \left(x_{i+p,j+q} - \bar{x}_{ij}\right)^2 \qquad (4.60)$$

$$z_{ij} = \frac{x_{ij} - \bar{x}_{ij}}{\sigma_{ij}} \qquad (4.61)$$

ただしこのままでは画素値の変化が少なく σ_{ij} の小さな領域の画素値が強められすぎてしまいます．そこで徐算に下限 c を設定して式 (4.61) の右辺の分母の σ_{ij} を $\max(\sigma_{ij}, c)$ で置き換えます．c としては，例えばこれまでの σ_{ij}^2 の値の平均値を用います．この操作は各画像に対して独立に行えるため，中間層による変換として実現でき，このような層は局所コントラスト正規化層と呼ばれます．

Chapter 5

深層学習の正則化

深層学習で用いられる多層ニューラルネットには，他の機械学習のモデルと比べても格段に多い重みパラメータが含まれます．このように膨大なパラメータを安直に学習させると，すぐさま過学習が起こることは想像に難しくありません．しかし実は，ニューラルネットの過学習を防ぐためのさまざまな手法が発見されており，それらが本章で紹介する正則化です．パラメータの多さに由来する自由度の高さと，その多さをほどよく制御する正則化の組み合わせが深層学習の飛び抜けた成功を可能にしています．

5.1 汎化性能と正則化

5.1.1 汎化誤差と過学習

機械学習の目標は，モデルが導き出す予測を，できる限りデータ生成分布の振る舞いと近づけることです．つまり学習とは，データ生成分布上での期待値で得られる誤差関数，**汎化誤差 (generalization error)** を最小化することです．例えば二乗誤差を用いる場合は，汎化誤差は次のようになります．

（汎化誤差）

$$E_{gen}(\boldsymbol{w}) = \mathrm{E}_{P_{data}(\mathbf{x},\mathrm{y})}\left[\frac{1}{2}\left(\hat{y}(\mathbf{x};\boldsymbol{w}) - \mathrm{y}\right)^2\right] \tag{5.1}$$

これが計算できれば，後は最適化問題を解くだけですが，実はそう簡単にはいきません．機械学習が対象にする複雑な現象では，データ生成分布を厳密に知ることも，汎化誤差を求めることも不可能です．

そこで機械学習では，データ生成分布の情報が使えない代わりに，手持ちの訓練データを統計的に利用します．訓練データ $\mathcal{D} = \{(\boldsymbol{x}_n, y_n)\}_{n=1,\ldots,N}$ に現れる各データ点の出現頻度を表す確率分布をデータの**経験分布** (**empirical distribution**) といいます．

定義 5.1（経験分布）

$$q(\boldsymbol{x}, y) = \frac{1}{N}\sum_{n=1}^{N} \delta_{\boldsymbol{x},\boldsymbol{x}_n}\delta_{y,y_n} \tag{5.2}$$

これはデータ生成分布のサンプル近似であると考えられます．データ生成分布の代用として手持ちの経験分布を用い，汎化誤差を近似的に見積もったものが実際の学習に用いる**訓練誤差** (**training error**) です．

（訓練誤差）

$$E(\boldsymbol{w}) = \mathrm{E}_{q(\mathbf{x},\mathrm{y})}\left[\frac{1}{2}\left(\hat{y}(\mathbf{x};\boldsymbol{w}) - \mathrm{y}\right)^2\right] = \frac{1}{N}\sum_{n=1}^{N}\frac{1}{2}\big(\hat{y}(\boldsymbol{x}_n;\boldsymbol{w}) - y_n\big)^2 \tag{5.3}$$

実際の機械学習では，この訓練誤差を用いるわけです．しかし本来最小化したかったものは汎化誤差です．本当に最小化したい誤差関数と，実際に代用として用いる誤差関数のミスマッチが機械学習における普遍的な問題を引き起こします．それが過学習です．

過学習を見るには，学習の過程で汎化誤差もきちんと追跡するのが有効です．訓練誤差が下がる一方で汎化誤差が増加しているならば，それは過学習の兆候だからです．しかし我々はデータ生成分布にはアクセスできないので，厳密には汎化誤差を知ることはできません．では何を目安に学習がうまく進行していることを判断すればいいのでしょうか．実は**テスト誤**

差 (**test error**) というものを考えることで，汎化の目安にすることができます．まず手持ちのデータを訓練用のデータ $\mathcal{D}$ と，テストデータ $\mathcal{D}_{test} = \{(\boldsymbol{x}_m, y_m)\}_{m=1}^{N_{test}}$ というものに分けておきます．そして学習の各段階で，テストデータで測ったテスト誤差を計算することで，実用上は汎化誤差の代用とすることができます．

（テスト誤差）

$$E_{test}(\boldsymbol{w}) = \frac{1}{N_{test}} \sum_{m=1}^{N_{test}} \frac{1}{2}\Big(\hat{y}(\boldsymbol{x}_m; \boldsymbol{w}) - y_m\Big)^2 \qquad (5.4)$$

学習中に各エポックでの訓練誤差とテスト誤差を計算して**学習曲線** (**learning curve**) をプロットすると，過学習が起こることが見てとれます．**図 5.1** が典型的な学習曲線です．学習を続けることで訓練誤差はどんどん 0 に近づき，とてもよい振る舞いのように思えます．しかしここで注意が必要です．同時にテスト誤差をプロットすると，テスト誤差はある時点を境に減少をやめ，やがて増加を始めるのです．訓練誤差が減少し続けるにもかかわらず，モデルがデータ生成分布の振る舞いから乖離し続ける現象は，まさに過学習です．

我々の目的は汎化誤差，あるいはテスト誤差をできるだけ小さくすることでした．したがってこれまでの観察からの教訓は，機械学習では**何も考えずに単に訓練誤差を最小化していればいいというわけではない**ということで

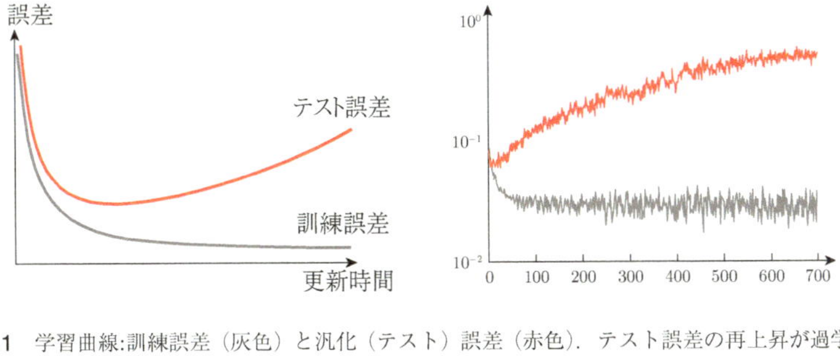

図 5.1 学習曲線:訓練誤差（灰色）と汎化（テスト）誤差（赤色）．テスト誤差の再上昇が過学習に対応している．右はニューラルネットにおける実際の過学習．

す．機械学習や深層学習の本当の難しさはこの部分であり，そのために機械学習は単に最適化問題を解いて済むわけではないのです．

過学習を防止するためにこれまでに膨大な研究と努力がなされており，多くの知識の蓄積が存在しています．次節からは，深層学習を適用対象として正則化のさまざまな側面について紹介します．

5.1.2 正則化

訓練誤差を最小化し続けることで過学習が起こる原因は，訓練データは有限であるために，モデルの大きな自由度がデータに含まれる統計的ばらつきまでどんどん学んでいってしまうからです．したがって学習アルゴリズムを改良し，訓練データの本質的な部分だけを取り込むように推奨する仕組みが必要です．**正則化**はまさにそのような手法の総称です．改めてその定義をまとめておきましょう．

（正則化）

正則化とは，学習アルゴリズムを修正することで，訓練誤差ではなく汎化誤差ができる限り最小化されるようにすること．

安直には，はじめからほどよい自由度のモデルを用意できれば過学習が防げるので，正則化など必要がなさそうに思われます．しかし複雑なタスクに要する自由度を見積もり，それに合致する最適なサイズのニューラルネットを決める術を我々は持ち合わせていません．そのため，本格的なタスクに役に立つ一番よいモデルというのは，**はじめから十分大きな自由度を用意しておきそれに正則化を加えておくこと**です．なぜなら，正則化を通じて，タスクにうまくフィットするように自由度が調整されるからです．深層学習は，まさにこのようなスキームを成功させる機械学習の代表例です．

この目標を達成するためにはさまざまな方法がありますが，一番有名なアプローチは誤差関数にペナルティ項 $R(\boldsymbol{w})$ を加えるものでした[*1]．

$$E_{reg}(\boldsymbol{w}) = E(\boldsymbol{w}) + \alpha\, R(\boldsymbol{w}) \tag{5.5}$$

*1 ちなみにバイアスパラメータのフィッティングはさほど複雑な作業ではないので，正則化項にバイアスは含めません．

α は正則化の大きさを決めるハイパーパラメータで，0 以上の実数から選びます．この値が大きければ大きいほど，正則化の効果が大きくなります．ペナルティ項はパラメータのとりうる値へ制限を与えるので，うまく選ぶと自由度の制約につながります．学習過程を通じてタスクに不要な自由度を適切に減らすことで，過学習をうまく防ぐ効果が期待できます．

5.2 重み減衰

5.2.1 重み減衰の効果

もっともシンプルな正則化は**重み減衰** (2.49) です．直感的には，重み減衰の項は重みパラメータをできるだけ小さくするように要請する効果を発揮するはずです．そこでここではもう少し詳しく解析しましょう．

重み減衰は，実際にはどんな効果を生むのでしょうか．簡単のため誤差関数のある極小値 $\boldsymbol{w}^0$ 近傍だけに注目して，誤差関数を 2 次関数で近似しましょう．重みパラメータの基底をうまくとり，ヘッシアン行列も $\boldsymbol{H} = \mathrm{diag}(h_i)$ というように対角的であると仮定します．

$$E(\boldsymbol{w}) \approx E^0 + \frac{1}{2}\sum_i h_i (w_i - w_i^0)^2 \tag{5.6}$$

もちろんこの関数の極小値は $w_i = w_i^0$ にあります．そこでここに重み減衰を加えてみましょう．$E_{reg.}(\boldsymbol{w}) = E(\boldsymbol{w}) + \alpha \boldsymbol{w}^2/2$ の微分係数が消える点が新たな最小値ですので，$0 = \nabla E_{reg.}(\boldsymbol{w})_i = h_i(w_i - w_i^0) + \alpha w_i$ を解けばいいことになります．したがってこの解である正則化後の最小値の座標は

$$w_i^* = \frac{h_i}{h_i + \alpha} w_i^0 = \frac{1}{1 + \frac{\alpha}{h_i}} w_i^0 \tag{5.7}$$

で与えられます．これより，α と比べてヘッシアン行列の成分が極めて小さなパラメータ方向 $h_j \ll \alpha$ に対しては

$$w_j^* = \frac{1}{1 + \frac{\alpha}{h_j}} w_i^0 \approx 0 \tag{5.8}$$

というようにパラメータの値がほとんど 0 になります．これは以前の議論から期待された結果です．

重みの二乗ノルム以外にもさまざまなノルムが用いられます．例えば L_1

ノルムを用いた正則化

$$R(\boldsymbol{w}) = \sum_i |w_i| \tag{5.9}$$

も機械学習ではよく用いられます．これは**スパース正則化**の一種で，回帰に用いられた場合には **LASSO 回帰**と呼びました．

5.2.2 スパース正則化と不良条件問題

機械学習の設定では普通，データよりもモデルパラメータの自由度のほうが多くなってはなりません．そうでなければ往往にして過学習に陥るからです．数学の問題としてもこのような場合は，真面目にデータからパラメータを決めようとしても，情報が足りずに答えを決めようがありません．いわゆる**不良条件問題**です．例えば $w_1x_1+w_2x_2=y$ という線形モデルのパラメータ $w_{1,2}$ を決めるのに，1 つのデータ $(x_1,x_2,y)=(3,2,5)$ しか使えないとしましょう．真面目にやろうとすると当然

$$3w_1 + 2w_2 = 5 \tag{5.10}$$

を解かねばなりませんが，これは明らかに無数の実数解を許します．そこで機械学習の文脈では何かしらの望ましい性質を要請して解を絞り込まねばならないのですが，まさにスパース化がこのような場合に役に立ちます．スパース化を行うために問題を，L_1 正則化項を加えた誤差関数

$$E(\boldsymbol{w}) = \frac{1}{2}(3w_1 + 2w_2 - 5)^2 + |w_1| + |w_2| \tag{5.11}$$

の最小化に置き換えましょう．w_1-w_2 平面の縦軸・横軸以外の上ではこの誤差関数は滑らかですから，誤差関数の勾配が計算できます．

$$\frac{\partial E(\boldsymbol{w})}{\partial w_1} = 3(3w_1 + 2w_2 - 5) + \mathrm{sgn}(w_1) \tag{5.12}$$

$$\frac{\partial E(\boldsymbol{w})}{\partial w_2} = 2(3w_1 + 2w_2 - 5) + \mathrm{sgn}(w_2) \tag{5.13}$$

ここで $\mathrm{sgn}(w)$ は w の符号です．この 2 式から極値を求めることを考えると，両方の勾配が同時に 0 になることはありませんので，極値は軸上に限られることがわかりました．そこで 2 つの軸上で最小値を探してみま

しょう．すると，少し計算するとわかるのですが，誤差を最小化するのは $(w_1, w_2) = (14/9, 0)$ の 1 点に限られます．つまり L_1 正則化を加えただけで，無限個の実数解からたった 1 個に絞られました．これが L_1 正則化の典型的な役割です．ちなみに正則化を加えた後の解は，もともとの問題 (5.10) の本当の解にはなっていないことに注意しましょう．

5.3 早期終了

5.3.1 早期終了とは

次に，少し毛色の違う正則化を紹介します．過学習の兆候は，図 5.1 のようなテスト誤差の増加現象でした．そこで学習中には，過去のエポックで更新した重みパラメータも計算機上に記憶したままにしてみましょう．そのうえで学習を続け，しばらくテスト誤差が増加し続ける傾向が見られた時点で学習を停止させます．そしてテスト誤差が減少から増加に転じた時点まで遡り，その時点でのパラメータを採用することにします．そうすることでテスト誤差を最小化するパラメータが決定できます．この手法は**早期終了 (early stopping)** と呼ばれ，実装が簡単なうえに性能も高い正則化であり広く用いられてきました [28]．この方法におけるパラメータの保持は演算装置のメモリ容量を消費するように思われますが，学習中に過去のパラメータを読み込むことはしませんので，GPU などの演算装置のメモリに保持する必要はありません．したがってボトルネックを気にせずに外部のドライブなどに記憶しておけばよいので，比較的大きなアーキテクチャでもさほど問題にはなりません．

早期終了のアルゴリズムでは，まず「テスト誤差を評価するのはパラメータ更新の何回に一度か」という周期を決めておきます．また同時に，「どの位のステップ数でテスト誤差が連続して増加し続けたら学習を停止するのか」という期間の長さ (**patience**) も決める必要があります．これらはハイパーパラメータです．そのうえで学習を始め，テスト誤差が patience だけ増加し続けた時点で学習を停止して，減少から増加へ転じた時点でのパラメータを最適値として採用します．

早期終了では，データの一部は検証用に使ってしまうので，すべてのデータは学習に活用されていません．そこで早期終了時点で，終了までにかかっ

たステップ数 T のみを記憶し，一度パラメータを初期化して全データで再学習する方法があります．再学習時にも，T ステップだけ学習を走らせれば，全データを使いつつも早期終了と同じ効果を期待することができます．

5.3.2 早期終了と重み減衰の関係

一見通常の正則化とは大きく異なって見える早期終了ですが，実はペナルティ項による正則化と深い関係があります [2]．ここでは特に，重み減衰と関係していることを説明しましょう．

重み減衰のときに議論したように，誤差関数を極小値周りのテイラー展開の 2 次までを採用して近似しましょう．すると勾配降下法での更新式は

$$\boldsymbol{w}^{(t+1)} \approx \boldsymbol{w}^{(t)} - \eta \boldsymbol{H}(\boldsymbol{w}^{(t)} - \boldsymbol{w}^0) \tag{5.14}$$

で与えられます．この式を成分で書くと

$$w_i^{(t+1)} - w_i^0 \approx (1 - \eta\, h_i)\left(w_i^{(t)} - w_i^0\right) = -(1 - \eta\, h_i)^{t+1} w_i^0 \tag{5.15}$$

です．ただし簡単のため初期値 $w_i^{(0)}$ は 0 としました．したがって時刻 T での早期終了は，次のような重みパラメータを解として与えます．

$$w_i^{(T)} \approx \left(1 - (1 - \eta\, h_i)^T\right) w_i^0 \tag{5.16}$$

これを重み減衰と比べてみましょう．式 (5.7) が重み減衰があるときの最適パラメータ値ですので

$$w_i^{(T)} \approx \left(1 - \frac{\alpha}{h_i + \alpha}\right) w_i^0 \tag{5.17}$$

とも書くことができます．この両者が等しいとすると

$$(1 - \eta\, h_i)^T \approx \frac{1}{\frac{h_i}{\alpha} + 1} \tag{5.18}$$

となっていることになります．実際，もし $\eta\, h_i,\ \frac{h_i}{\alpha} \ll 1$ であるならば，両辺のテイラー展開を 1 次まで考えると，

$$1 - T\,\eta\, h_i + \mathcal{O}\left((\eta\, h_i)^2\right) \approx 1 - \frac{h_i}{\alpha} + \mathcal{O}\left(\left(\frac{h_i}{\alpha}\right)^2\right) \tag{5.19}$$

となるため

$$\alpha = \frac{1}{T\eta} \tag{5.20}$$

という同一視をすればよいことになります．つまり，早期終了は式 (5.20) という正則化パラメータを用いた重み減衰とみなせるのです．あるいは早期終了は，テスト誤差を最小化するような重み減衰のパラメータの最適値を決めているとみなすこともできます．

5.4 重み共有

扱いたいタスクの性質やアーキテクチャの構造の特性から，重みパラメータがとるべき値に関してある程度の前提知識がある場合に使える正則化がいくつかあります．その代表例が**重み共有** (**weight sharing**) です．重み共有では，ニューラルネットの重みをすべて独立とはせず，それらの間に拘束関係を課します．2 箇所の重みの間に $w_{ji}^{(\ell)} = w_{pq}^{(m)}$ という条件を課すのはその一例です．

重み共有は自由に調節できるパラメータの数を減らしますので，モデルの自由度を減らす正則化になっています．8 章で議論する畳み込みニューラルネットは重み共有が活躍する典型例です．

5.5 データ拡張とノイズの付加

5.5.1 データ拡張と汎化

教師あり学習では，アノテーション付きの訓練サンプルを用意しなければなりませんが，そのようなサンプルを多量に用意するにはとてもコストがかかります．そのために一般には学習に用いることができる訓練データのサイズには現実的な限界があります．

しかし過学習を避けたいのならば，データが多いに越したことはありません．そこで手持ちのサンプルをもとに，擬似的なデータを我々の手で作成することを考えましょう．

画像認識においては，画像の回転や並進，歪みを加える操作でも，写っている対象の本質は損なわれないはずです．つまり画像が少し歪んでいたくらいで機械学習で識別できなくなっては困るので，あえて手を加えた画像を訓練データに加えて水増しします．それにより画像の変形に対してロバストな振る舞いを示すであろう汎化に，より近づけると期待できます．このような作業が典型的な**データ拡張 (data augmentation)** です．

ただしデータ拡張を行うときには，考えている学習の特性をよく考えて行わなくてはなりません．例えば手書きのひらがなの認識では，多くの文字を反転させたものはひらがなとしての意味をなしません．したがって反転操作を行ってはならないのです．また手書きの数字認識の例では，9 を 180 度回転させると 6 になってしまいます．したがって大きな角度の回転操作でデータを拡張することは，逆に認識性能の低下につながります．

そのほかのデータ拡張の手法として**ノイズ付加 (noise injection)** があります．汎化が実現した学習機械では，入力がちょっとノイズで乱されたくらいでは推論結果が動かないことが理想的です．深層学習に関しては，このようなノイズに対するロバスト性は自動的に獲得される性質とは限りません*2．したがってロバスト性を与えるために，あえて訓練サンプルにノイズを加えたものも学習に用いることにします．これが入力に対するノイズ付加の方法で，一種の正則化の役割を果たします．

ノイズの付加は重みに対しても行うことができます．この重みに対するノイズ付加では，学習時に訓練データ（ミニバッチ）を入れてパラメータを 1 回更新するたびに，ネットワークの重みをランダムに生成した小さなノイズで乱します．このノイズ環境での学習により，重みパラメータが乱れに対して安定なロバストな振る舞いをすることが期待できます．

5.5.2 ノイズの付加とペナルティ項

実は訓練データにノイズを付加することは，ペナルティ項の導入とも見直すことができます．それを見るために，まずノイズ $\boldsymbol{\epsilon}$ をガウス分布 $\mathcal{N}(0, \epsilon^2)$ から i.i.d. にサンプリングします．このノイズを加えたデータ $\boldsymbol{x} + \boldsymbol{\epsilon}$ に対しては $\hat{y}\big(\boldsymbol{x} + \boldsymbol{\epsilon}\big) = \hat{y}(\boldsymbol{x}) + \boldsymbol{\epsilon}^\top \nabla \hat{y} + 1/2\, \boldsymbol{\epsilon}^\top \nabla^2 \hat{y}\, \boldsymbol{\epsilon} + \cdots$ がモデルの出力です．すると二乗誤差の変化は

*2 極端な場合，画像に特別なノイズを少し加えるだけで学習済みモデルを完全に誤認識させることもできます [29] [30]．このようなものは **adversarial examples** と呼ばれています．

$$\begin{aligned}\big(\hat{y}(\boldsymbol{x}+\boldsymbol{\epsilon})-y\big)^2 &= \big(\hat{y}(\boldsymbol{x})-y\big)^2 \\ &+ 2(\hat{y}(\boldsymbol{x})-y)\left(\boldsymbol{\epsilon}^\top\nabla\hat{y}+\frac{1}{2}\boldsymbol{\epsilon}^\top\nabla^2\hat{y}\,\boldsymbol{\epsilon}\right)+\left(\boldsymbol{\epsilon}^\top\nabla\hat{y}\right)^2+\mathcal{O}(\epsilon^3)\end{aligned} \tag{5.21}$$

です．分布 $P(\mathbf{x},\mathrm{y})\mathcal{N}(\boldsymbol{\epsilon})$ で期待値をとることで，ノイズ付加により誤差関数が

$$\begin{aligned}E_\epsilon =&E+\frac{1}{2}\sum_{\boldsymbol{x}}\int d\boldsymbol{\epsilon}\,P(\boldsymbol{x})\mathcal{N}(\boldsymbol{\epsilon})\left(\big(\hat{y}(\boldsymbol{x})-\mathrm{E}[\mathrm{y}|\boldsymbol{x}]\big)\boldsymbol{\epsilon}^\top\nabla^2\hat{y}\,\boldsymbol{\epsilon}+\big(\boldsymbol{\epsilon}^\top\nabla\hat{y}\big)^2\right) \\ &+\cdots\end{aligned} \tag{5.22}$$

と変化することがわかりました．式 (2.43) より，E_ϵ を最小化する最適解の主要項は $\hat{y}(\boldsymbol{x}) = \mathrm{E}[\mathrm{y}|\boldsymbol{x}] + \mathcal{O}(\epsilon^2)$ ですから，上式の $\boldsymbol{\epsilon}^\top\nabla^2\hat{y}\,\boldsymbol{\epsilon}$ に比例する項は ϵ の高次であるので式から落とせます．またノイズの共分散行列は $\int d\boldsymbol{\epsilon}\,\mathcal{N}(\boldsymbol{\epsilon})\epsilon_i\epsilon_j=\epsilon^2\delta_{i,j}$ と対角的ですから，結局次式が得られます．

$$E_\epsilon = E+\frac{\epsilon^2}{2}\sum_{\boldsymbol{x}}P(\boldsymbol{x})\nabla\hat{y}^\top\nabla\hat{y}+\mathcal{O}(\epsilon^3) \tag{5.23}$$

これはつまり，ノイズ付加はペナルティ項 $\nabla\hat{y}^\top\nabla\hat{y}$ とほぼ同じ効果を与えることを意味します．この正則化は**一般化されたティホノフ正則化** (**generalized Tikhonov regulariation**) と呼ばれるものになっています．$\hat{y}$ がベクトルである場合は同じ計算から，フロベニウスノルム $\|\nabla\hat{\boldsymbol{y}}\|_F^2$ による正則化に帰着することがすぐわかります．

5.6 バギング

機械学習において学習後の機械の動作の安定性を向上させ予測性能を上げるための手法として**アンサンブル法** (**ensemble method**) があります．

その一例である**バギング** (**bagging**) では，訓練サンプル集合から各要素の重複を許してサンプリングを行い（復元抽出），ブートストラップサンプル集合を複数作成します．そのうえでそれぞれのブートストラップサンプルを用いて独立なモデルを複数学習させます．学習後は，すべてのモデルの予測値をもとにして最終的な予測値を決定します．クラス分類の場合はすべて

のモデルの結果の多数決をとり，回帰問題の場合は出力の平均値（モデル平均）を採用します．

多数の予測値の平均を用いると性能が安定する理由は，金融工学におけるポートフォリオの仕組みとまったく同じです [31]．つまり固有の誤差に由来するブレをもつモデルを多数足し合わせることで，それらの固別のゆらぎ（非システマティック誤差）が相殺して，その結果予測動作が安定するのです．例えば $m = 1, \ldots, M$ でラベルされる多数のモデルを考えます．各モデルの出力 $y_{(m)} + \epsilon_m$ には確率変数 ϵ_m で表される誤差があるとします．この変数の期待値と（共）分散は

$$\mathrm{E}[\epsilon_m] = 0, \quad \mathrm{E}[\epsilon_m^2] = \sigma^2, \quad \mathrm{E}[\epsilon_l \epsilon_m] = \sigma_{lm} \tag{5.24}$$

であるとしましょう．すると出力のモデル平均の振る舞いは平均値に関しては単に $y_{(m)}$ の平均値ですが，その誤差は

$$\frac{1}{M} \sum_{m=1}^{M} \epsilon_m \tag{5.25}$$

ですから，予測値のブレ（分散）は次のように与えられます．

$$\mathrm{E}\left[\left(\frac{1}{M} \sum_{m=1}^{M} \epsilon_m\right)^2\right] = \frac{1}{M}\sigma^2 + \frac{2}{M^2} \sum_{l \neq m} \sigma_{lm} \tag{5.26}$$

共分散が小さいときに主要な寄与を与える右辺第 1 項は，モデルの数 M が大きくなればなるほど小さくなります．そのため各モデルの予測値のブレに由来する不安定性が減り，予測性能が安定します．その一方第 2 項は $M \to \infty$ となっても必ずしも 0 までは減りません．これは例えばすべての σ_{lm} が同じ値であると仮定してみるとすぐにわかります．共分散に由来するモデル平均で消すことのできないこの誤差は，システマティック誤差に対応します．このように，モデル平均は非システマティック誤差を消し去ってくれます．

5.7 ドロップアウト

前節ではモデルの性能を向上させるのには，モデル平均が有効であることを見ました．この手法は原理的にはニューラルネットにも適用できます．し

かしそれはとても計算コストがかさみ，現実的ではありません．現代の深層学習ではモデルが 1 つの場合でさえも，学習過程が多くの計算資源を費やします．GoogLeNet [32] では 7 個ほどの畳み込みニューラルネットのアンサンブルが用いられましたが，これはあくまで Google のような資金力のある企業のなせる技であり，「ご家庭で気楽にお試し」にはなれない実験です．

そこでなんとかしてモデル平均を直接は用いずに，アンサンブル法を近似的に実現できないかと考えたいわけです．そのために編み出された手法が**ドロップアウト (dropout)** です [33]．ドロップアウトはここ最近の深層学習の発展を牽引してきた立役者ともいえる，最重要技術の 1 つです．

5.7.1 ドロップアウトにおける学習

ドロップアウトではまず，**部分ネットワーク・アンサンブル**というものを考えます．まず学習させたいニューラルネットの入力層と中間層から，ランダムにユニットを取り除いてできるネットワークを部分ネットワークと呼びましょう．ニューラルネットからユニットを取り除くことは，**そのユニットの出力 $\boldsymbol{z_j^{(\ell)}}$ に外部から 0 をかける操作と同じ**です．ここでは可能な部分ネットワークすべての集合を考えて，これを部分ネットワーク・アンサンブルと呼びます．**図 5.2** は部分ネットワークの一例です．部分ネットワークを適当に 1 つ作る作業は，ベルヌーイ分布からランダムにサンプリングした多数の 2 値数の集合 $\boldsymbol{\mu} = \{\mu_j^{(\ell)}\} \in \{0,1\}^d$ を，ニューラルネットのユニット出力 $\boldsymbol{Z} = \{z_j^{(\ell)}\}$ に掛け合わせる操作

$$\boldsymbol{Z} \quad \longrightarrow \quad \boldsymbol{\mu} \odot \boldsymbol{Z} \tag{5.27}$$

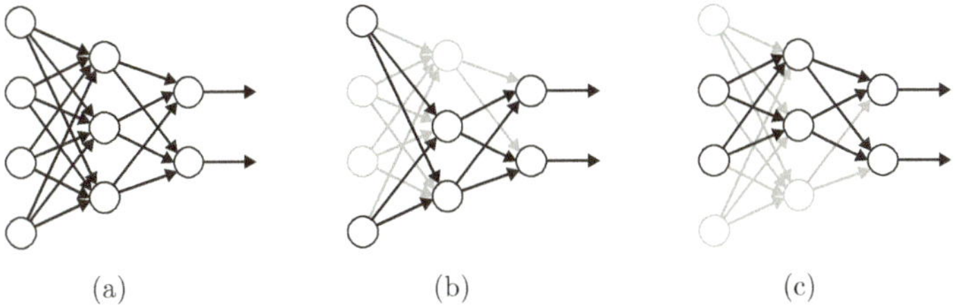

図 5.2 (a) 元のネットワーク（ドロップアウトしたユニット 0 個），(b)，(c) 入力層から 2 個，中間層から 1 個ドロップアウトした部分ネットワークの例．

と同値です*3．このような $\boldsymbol{\mu}$ は，出力の一部を 0 にして隠すため，**マスク**と呼ばれます．ここで $\odot$ はベクトル同士の**アダマール積** (**Hadamard product**) あるいは**シューア積** (**Schur product**)（配列同士の積）です．

定義 5.2（アダマール積）

2 つの任意の d 次元ベクトル $\boldsymbol{v} = (v_i)$, $\boldsymbol{w} = (w_i)$ に対し，次でアダマール積を定義する．

$$\boldsymbol{v} \odot \boldsymbol{w} \equiv (v_1 w_1 \quad v_2 w_2 \quad \cdots \quad v_d w_d)^\top \tag{5.28}$$

演習 5.1 図 5.2 の例において，すべての部分ネットワークを書き下しなさい．ただし取り除くユニットが多くなってくると，ネットワークが非連結な成分に分離することに注意しましょう．

ドロップアウトは**部分ネットワークすべてに対するモデル平均を計算するアンサンブル法**です．ただし本当にモデルをすべて学習するとその計算コストは恐ろしいものになりますので，ドロップアウトではうまい近似的手法を考えます．

（ドロップアウト）

まず，ミニバッチ $\mathcal{B}_{t=1,2,\ldots}$ を作成するのと同時に，マスク $\boldsymbol{\mu}_{t=1,2,\ldots}$ もランダムにサンプリングしておきます．そして学習時にこのマスクを用いてネットワークを縮小します．つまり各時刻 t の学習では，まず元のネットワークをマスク $\boldsymbol{\mu}_t$ で部分ネットワークに変換し，その部分ネットワークをミニバッチ $\mathcal{B}_t$ で更新します．その後マスクで取り除かれたユニットを復活させ，次時刻 $t+1$ に再び同様の操作を繰り返します．ただし t から $t+1$ への移行時にドロップアウトされていたノードを復活させる際には，取り除かれていた部分の重みパラメータは前時刻 $t-1$ のものを用います．

---

*3 d は出力層以外の層にあるユニットの総数です．

この学習は，通常のモデル 1 つのミニバッチ学習で済みます．しかし各時刻にランダムに部分ネットワークに置き換えて学習しているため，多数のモデルを同時に訓練するのと同様の効果が生まれます．1 つのモデルの学習の中に，部分ネットワークすべての学習を近似的に埋め込んでいるのです．

ドロップアウトはバギングと似ているものの，一方で大きな違いもあります．というのもドロップアウトにおいては，すべてのモデルが同じ重みを共有していると同時に，各モデルの訓練を収束させはしないからです．したがって，ドロップアウトは正確にはバギングとは異なる手法であることに注意しましょう．

ドロップアウトを用いる学習において，$\mu_{tj}^{(\ell)}$ をどのような平均値 $p^{(\ell)}$ のベルヌーイ分布からサンプリングするのかを決めることは，ハイパーパラメータの選択に対応します．通常は入力層と中間層の平均除去率 $(1-p^{(\ell)})$ には違う値を選びます．中間層には $p^{(\ell)}=1/2$，入力層にはより 1 に近い $p^{(1)}=4/5$ 程度の値がよく使われているようです．

5.7.2 ドロップアウトにおける推論

アンサンブル法としては，学習後は各モデルの推論結果の多数決や算術平均を予測値に用いるのが定義に従った方法です．しかしこれでは推論時に多数のモデルを走らせなければならず，計算コストがかかります．実は相加平均（算術平均）ではなく相乗平均（幾何平均）を用いるとよいことがわかっています [34]．

$$\tilde{P}_{ens.}(\mathrm{y}=k|\boldsymbol{x})=\left(\prod_{\boldsymbol{\mu}}P(\mathrm{y}=k|\boldsymbol{x};\boldsymbol{\mu})\right)^{\frac{1}{2^d}} \tag{5.29}$$

ここで $P(\mathrm{y}=k|\boldsymbol{x};\boldsymbol{\mu})$ はマスク $\boldsymbol{\mu}$ を適用した部分ニューラルネットの出力が与える確率です．これらはすべて 0 にならないと仮定しておきましょう．これは規格化されていない分布ですので，和が 1 となり確率としての意味をもつように規格化しましょう．

$$P_{ens.}(\mathrm{y}=k|\boldsymbol{x})=\frac{\tilde{P}_{ens.}(\mathrm{y}=k|\boldsymbol{x})}{Z},\ Z=\sum_{k'}\tilde{P}_{ens.}(\mathrm{y}=k'|\boldsymbol{x}) \tag{5.30}$$

これが学習後にクラス分類に対する予測値として近似的に用いられるべきものです．モンテカルロ計算や厳密なモデル平均の計算との比較などから，ドロップアウトにおける幾何平均の性質のよさはすでに検証されています [34].

これでもまだ $y(\boldsymbol{x};\boldsymbol{\mu})$ を得るために，複数のニューラルネットを走らせなければならないことには変わりありません．ところが実は，幾何平均 $P_{ens.}$ はたった 1 つのニューラルネットで近似できるのです．この方法は**重みスケーリング推論則 (weight scaling inference rule)** と呼ばれます [2].

（ドロップアウトにおける推論）

学習後に，ユニットを 1 つも削除していない元のニューラルネットに戻します．そして学習時に割合（確率）$1-p$ で除去されていたユニットは，その出力値を p 倍することにします．このようにすべてのユニット出力が p 倍されたニューラルネットを，**重みスケーリングしたニューラルネット**と呼ぶことにします．すると $P_{ens.}(\mathrm{y}=k|\boldsymbol{x})$ を式 (5.30) に従って計算する代わりに，その近似として重みスケーリングしたニューラルネット 1 個の出力を用いることができます．

先ほど幾何平均の性質がよいと述べましたが，この手法が厳密なモデル平均のよい近似を与えることがモンテカルロ法などで確認されているのです [34].
これが重みスケーリングと呼ばれるのは，ユニットの出力 $z_j^{(\ell)}$ を p 倍することは，このユニットから出ている結合の重み $w_{kj}^{(\ell+1)}$ をすべて p 倍することと同値だからです．

重みスケーリング推論則を用いると，推論時にもたった 1 つのニューラルネットを考えるだけでモデル平均の効果が取り入れられるようになります．これはかなり便利な方法で広く利用されていますが，いまのところ理論的な裏付けはあまりありません．しかし中間層なしの場合は，重みスケーリング推論則を厳密に正当化できますので，それを紹介しましょう．

5.7.3 ドロップアウトの理論的正当化

中間層なしのソフトマックス回帰を考えましょう．つまりニューラルネットは入力 $\boldsymbol{x}$ に対して出力

$$P(\mathrm{y}=k|\boldsymbol{x}) = \mathrm{softmax}_k(\boldsymbol{u}=\boldsymbol{W}\boldsymbol{x}) \tag{5.31}$$

を与えるものです．この入力層を確率 $p = 1/2$ でドロップアウトさせましょう．つまり各マスク μ_i の期待値は $\mathrm{E}_{P(\mu)}[\mu_i] = 1/2$ です．このとき，定義に従って規格化されてない幾何平均推論値 (5.29) を計算してみましょう．

$$\begin{aligned}\tilde{P}_{ens.}(\mathrm{y}=k|\boldsymbol{x}) &= \left(\prod_{\boldsymbol{\mu}} P(\mathrm{y}=k|\boldsymbol{\mu}\odot\boldsymbol{x})\right)^{\frac{1}{2^d}}\\ &= \left(\prod_{\boldsymbol{\mu}} \mathrm{softmax}_k(\boldsymbol{u}=\boldsymbol{W}(\boldsymbol{\mu}\odot\boldsymbol{x}))\right)^{\frac{1}{2^d}}\\ &\propto \left(e^{\sum_{\boldsymbol{\mu}}(\boldsymbol{W}(\boldsymbol{\mu}\odot\boldsymbol{x})))_k}\right)^{\frac{1}{2^d}} \end{aligned} \tag{5.32}$$

最後の行では $\mathrm{y}=k$ に依存しない比例係数を省きました．この係数は規格化で消えますので $P_{ens.}(\mathrm{y}=k|\boldsymbol{x})$ には寄与しません．そこで最後の行の指数の肩を書き換えてみると

$$\begin{aligned}\sum_{\boldsymbol{\mu}}(\boldsymbol{W}(\boldsymbol{\mu}\odot\boldsymbol{x})))_k &= \sum_i \sum_{\mu_i=0}^{1} w_{ki}\mu_i x_i \sum_{\mu_1=0}^{1}\cdots\sum_{\mu_{i-1}=0}^{1}\sum_{\mu_{i+1}=0}^{1}\cdots\sum_{\mu_d=0}^{1}\\ &= 2^{d-1}\sum_i w_{ki}x_i = 2^{d-1}(\boldsymbol{W}\boldsymbol{x})_k \end{aligned} \tag{5.33}$$

ですから，結局

$$P_{ens.}(\mathrm{y}=k|\boldsymbol{x}) = \frac{e^{\frac{1}{2}(\boldsymbol{W}\boldsymbol{x})_k}}{\sum_k e^{\frac{1}{2}(\boldsymbol{W}\boldsymbol{x})_k}} = \mathrm{softmax}_k\left(\boldsymbol{u}=\frac{1}{2}\boldsymbol{W}\boldsymbol{x}\right) \tag{5.34}$$

となります．これは重みを $p = 1/2$ 倍したソフトマックス回帰ニューラルネットですので，まさに重みスケーリング推論則に従っています．

演習 5.2 $p \neq \frac{1}{2}$ の一般の場合も，上の議論が通用するか考察しなさい．

ソフトマックス回帰以外の場合も別の手法でドロップアウト自体を正当化できます．中間層なしの線形回帰を考えましょう．つまり出力層が線形ユニットからなるニューラルネット $y = \boldsymbol{w}^\top\boldsymbol{x}$ を考えるということです．回帰ではサイズ $d \times N$ のデザイン行列 (2.37) を用いると，平均二乗誤差

$$\left(\boldsymbol{y}^\top - \boldsymbol{w}^\top \boldsymbol{X}\right)^2 \tag{5.35}$$

を最小化することで学習を行いました．これをドロップアウトする場合は入力にマスキングをして $\boldsymbol{X} \to \boldsymbol{\mu} \odot \boldsymbol{X}$ とすればよいのでした．ただしマスクとデザイン行列の間のシューア積は $(\boldsymbol{\mu} \odot \boldsymbol{X})_{in} = \mu_i x_{in}$ で定義しておきます．いまこの操作が平均的にどのような効果を及ぼすのかを見るのに，$\boldsymbol{\mu}$ が従うベルヌーイ分布 $P(\boldsymbol{\mu})$ のもとで平均化してみましょう．

$$\begin{aligned}\mathrm{E}\left[\left(\boldsymbol{y}^\top - \boldsymbol{w}^\top(\boldsymbol{\mu} \odot \boldsymbol{X})\right)^2\right] &= (\boldsymbol{y})^2 \sum_{\boldsymbol{\mu}} P(\boldsymbol{\mu}) - 2\sum_{ni} y_n w_i x_{in} \sum_{\boldsymbol{\mu}} P(\boldsymbol{\mu})\mu_i \\ &\quad + \sum_{ii'n} w_i w_{i'} x_{ni} x_{ni'} \sum_{\boldsymbol{\mu}} P(\boldsymbol{\mu})\mu_i \mu_{i'}\end{aligned} \tag{5.36}$$

ここで $P(\boldsymbol{\mu}) = \prod_i P(\mu_i)$ はベルヌーイ分布の積で $P(1) = p$ ですから，

$$\sum_{\boldsymbol{\mu}} P(\boldsymbol{\mu}) = 1, \quad \sum_{\boldsymbol{\mu}} P(\boldsymbol{\mu})\mu_i = \sum_{\mu_i} P(\mu_i)\mu_i = p \tag{5.37}$$

$$\begin{aligned}\sum_{\boldsymbol{\mu}} P(\boldsymbol{\mu})\mu_i\mu_{i'} &= \delta_{i,i'} \sum_{\mu_i} P(\mu_i)(\mu_i)^2 + (1-\delta_{i,i'}) \sum_{\mu_i} P(\mu_i)\mu_i \sum_{\mu_{i'}} P(\mu_{i'})\mu_{i'} \\ &= \delta_{i,i'}\left(p - p^2\right) + p^2\end{aligned} \tag{5.38}$$

となります．これを用いると誤差関数のマスキングのもとでの期待値は

$$\begin{aligned}\mathrm{E}\left[\left(\boldsymbol{y}^\top - \boldsymbol{w}^\top(\boldsymbol{\mu} \odot \boldsymbol{X})\right)^2\right] &= (\boldsymbol{y})^2 - 2p\boldsymbol{y}\boldsymbol{w}^\top\boldsymbol{X} + p(1-p)\sum_{i,n}(w_i x_{in})^2 \\ &\quad + p^2(\boldsymbol{w}^\top\boldsymbol{X})^2\end{aligned} \tag{5.39}$$

となります．$\sum_{i,n}(w_i x_{in})^2 = \sum_i \left(\sqrt{\sum_n x_{in}^2}\, w_i\right)^2$ の部分は $\boldsymbol{\Gamma}_{ii} = \sqrt{\sum_n x_{in}^2}$ という対角行列を導入することできれいに書くことができ，結局

$$\mathrm{E}\left[\left(\boldsymbol{y}^\top - \boldsymbol{w}^\top(\boldsymbol{\mu} \odot \boldsymbol{X})\right)^2\right] = \left(\boldsymbol{y}^\top - p\boldsymbol{w}^\top\boldsymbol{X}\right)^2 + p(1-p)\left(\boldsymbol{\Gamma}\boldsymbol{w}\right)^2 \tag{5.40}$$

にまとまります．したがって線形回帰におけるドロップアウトは，サンプル成分 x_i の標準偏差 $\boldsymbol{\Gamma}_{ii}$ の大きさにより制御される正則化項 $(\boldsymbol{\Gamma}\boldsymbol{w})^2$ と（期待値の意味で）等しいことがわかりました．この項はデータ上での分散が表すばらつきが大きい成分 i に対しては，より大きな重み減衰項 w_i^2 を与える働きをしています．この誤差関数の平均二乗誤差部分に p の因子が入っていて，

見慣れない形であることが嫌なのであれば，重みを $\tilde{\boldsymbol{w}} = p\boldsymbol{w}$ と再定義して $\left(\boldsymbol{y}^\top - \tilde{\boldsymbol{w}}^\top \boldsymbol{X}\right)^2 + (\boldsymbol{\Gamma}\tilde{\boldsymbol{w}})^2 p/(1-p)$ とすればよいでしょう．

5.8 深層表現のスパース化

ここではいままで議論してきたような重みの正則化ではなく，ニューラルネットの誘導する深層表現を正則化することを考えてみます．

深層学習に期待されていることは，入力データの「よい」表現を学習することで，データの裏に隠れた情報を明白にし，それを統計解析できるようにすることです．この目的のもとでの「表現のよさ」とは「行いたいタスクにとって不要な情報や邪魔なノイズが払い落とされ，データに含まれる重要な情報だけをよく表していること」だといえます．そのようなよさを実現する性質の 1 つに**スパース性 (sparsity)** があります．**スパースな表現 (sparse representation)** とは，表現ベクトルの成分のうち，非ゼロの値をもつ成分が少なく，情報が少数のシグナルだけで表現されているものです．例えば

$$\boldsymbol{h} = (0 \quad 0 \quad 0 \quad 0 \quad 0.03 \quad 0 \quad 0 \quad 0.19 \quad 0.76 \quad 0 \quad 0 \quad 0.02 \quad 0 \quad 0)^\top \tag{5.41}$$

というように，どのような入力に対しても，表現の成分の大半が 0 となっている状況です．スパース性を課せば，表現が高次元空間に住んでいるにもかかわらず非常に圧縮されたコンパクトな形でデータの本質を捉えられます．

スパース性を実現するためには，中間層の出力である表現 $\boldsymbol{h}$ に対して拘束条件を課さねばなりません．したがって，一般的にスパース正則化は誤差関数に $\boldsymbol{h}$ に対する正則化項を加える操作で実現されます．

$$E_{reg.}(\boldsymbol{w}) = E(\boldsymbol{w}) + \alpha R(\boldsymbol{h}) \tag{5.42}$$

具体的には，7 章でスパース自己符号化器を例に議論します．

5.9 バッチ正規化

本章の最後に，最近ドロップアウトに取って代わって用いられるようになった強力な正則化手法について紹介しましょう [35]．

5.9.1 内部共変量シフト

機械学習において知られる**共変量シフト (covariate shift)** とは，訓練データをサンプリングしたときの生成分布と，推論時に用いるデータの分布にズレが生じてしまっている状況を指します．このような場合には，学習にも対策が必要なのですが，深層学習では多層構造由来の共変量シフトが起こります．

学習時には訓練サンプルが順次データ生成分布からサンプリングされてネットワークに入力されてきます．その入力を受けて各層は出力を出すのですから，ℓ 層の出力 $\boldsymbol{z}^{(\ell)}$ も，とある分布 $P_\ell(\boldsymbol{z}^{(\ell)})$ からサンプリングされているとみなせます．

したがって学習とは，データ生成分布から決まる中間層の生成分布 $P_\ell(\boldsymbol{z}^{(\ell)})$ を各層がフィッティングするように，重みパラメータを調整する作業です．しかし各層でこの目的を同時に達成しようとしてしまうので，ℓ 層が $P_\ell(\boldsymbol{z}^{(\ell)})$ に近づくように学習できたときには，それより前の層の重みパラメータも更新されてしまっているので，ℓ 層の出力 $\boldsymbol{z}^{(\ell)}$ のパターンもすでに変化してしまっています．つまり学習したときにはもう分布 $P_\ell(\boldsymbol{z}^{(\ell)})$ が違う形に変わってしまっているのです．このいたちごっこが学習中に続いてしまうことが，深層学習の訓練を難しくする本質的な原因の 1 つだといわれています．この現象は**内部共変量シフト (internal covariate shift)** と呼ばれます．

5.9.2 バッチ正規化

内部共変量シフトを防ぐには，各層の出力値が従う分布が学習時に一定になるように調整する必要があります．そこで中間層出力を正規化することで，出力が常に平均 0，分散 1 の分布に従うように強制する正則化が**バッチ正規化 (batch normalization)** です．

バッチ正規化にはミニバッチ学習を用います．中間層の出力分布を調整するには，正規化に用いる平均と分散の推定値が必要になります．いまの設定では，バッチ学習で同じ順伝播計算が並列に走っているので，ミニバッチ平均として推定量を作りましょう．

$$\mu_{\mathcal{B}j}^{(\ell)} = \frac{1}{|\mathcal{B}|}\sum_{n\in\mathcal{B}} z_{nj}^{(\ell)}, \quad \left(\sigma_{\mathcal{B}j}^{(\ell)}\right)^2 = \frac{1}{|\mathcal{B}|}\sum_{n\in\mathcal{B}} \left(z_{nj}^{(\ell)} - \mu_{\mathcal{B}j}^{(\ell)}\right)^2 \tag{5.43}$$

この平均と分散で出力を正規化するのがバッチ正規化です．

$$\hat{z}_j^{(\ell)} = \frac{z_j^{(\ell)} - \mu_{\mathcal{B}j}^{(\ell)}}{\sqrt{\left(\sigma_{\mathcal{B}j}^{(\ell)}\right)^2 + \epsilon}} \tag{5.44}$$

最後にこの正規化された出力を学習可能なパラメータ γ, β で線形変換して，バッチ正規化変換の最終結果としましょう．

$$z_{\mathcal{B}j}^{(\ell)} = \gamma \hat{z}_j^{(\ell)} + \beta \tag{5.45}$$

この自由度をもたせる理由は，完全に分布を制限してしまうことで，中間層が表現できる自由度が減ってしまうことを防ぐためです．

原論文 [35] での実験では，バッチ正規化を用いればドロップアウトをしなくても多層ネットワークの学習が成功することが実証されています．しかし最近の系統的な実験では，バッチ正規化の正則化としての効果は弱く，実際には主に学習を安定させ収束を早める効果を担っていることが明らかになっています [36]．いずれにせよ，**ResNet**(**residual network**) や **GAN**(**generative adversarial network**) などの最近提唱されたアーキテクチャにおいても，バッチ正規化は学習を成功させるカギになっています．

Chapter 6

誤差逆伝播法

ニューラルネットの学習では，誤差関数のグラフの坂を下るように勾配方向へとパラメータを動かしていく勾配降下法を用いました．しかしニューラルネットにおいては，学習に必要となる勾配の計算がそう自明ではありません．そこで本章では微分のチェインルールに基づき勾配を高速に計算するアルゴリズムである誤差逆伝播法を解説します．

6.1 パーセプトロンの学習則とデルタ則*

まずは導入として，誤差逆伝播法が生まれた背景から解説しましょう．すぐに本題に行きたい方は，本節は読み飛ばしてもかまいません．

ニューラルネットの起源はマカロックとピッツによる人工ニューロンでした．実際の神経細胞をモデル化した人工ニューロンのユニットは極めて単純化されており，活性化関数は階段関数 (3.2) です．このユニットに重みを導入して組み上げた回路がローゼンブラットの古典パーセプトロンでした．現代的な視点からは，これは，ユニットの入出力値が 0 か 1 の 2 値であるニューラルネットの一例です．

では，パーセプトロンを学習させ，望みの出力を生成させるのにはどうしたらよいでしょう？　離散的な 2 値信号 $\{0,1\}$ に基づくパーセプトロンでは，勾配という概念がうまく働きません．実はこのような状況のほうが古くから研究され，いくつかのアプローチが提案されています．ここでは代表的なパーセプトロン学習則を紹介しましょう．

中間層なしの古典パーセプトロンの学習から考えましょう．また簡単のため出力ユニットは1個とします．パーセプトロンを訓練させるために訓練サンプル $\{\boldsymbol{x}, y\}$ を1つもってきましょう．学習前のパーセプトロンの重みはランダムに選ばれているものとします．パーセプトロンに訓練サンプル $\boldsymbol{x}$ を入力したときの出力 $\hat{y}(\boldsymbol{x})$ が，サンプルの目標信号 y にできるだけ近づくようにパラメータを調整します．そのためにズレの原因を見積もり，それを補正する必要があります．まず，目標出力が $y = 1$ であるのに実際の出力が $\hat{y}(\boldsymbol{x}) = 0$ である場合は，出力が弱すぎるということです．つまり出力層にやってくるシグナルが足りないので，多くの信号がやってくるように，発火している第1層のユニット $x_i = 1$ との結合パラメータを強めてやればよいということになります．そこで次のようなパラメータの変更を行います．

$$w_i \longleftarrow w_i + \eta x_i \tag{6.1}$$

ここで η は学習率です．式(6.1)では発火していないユニット $x_{i'}$ との結合は変更されません．その一方，もし目標出力が $y = 0$ であるのに実際の出力が $\hat{y}(\boldsymbol{x}) = 1$ である場合は出力が強すぎるので，発火しているユニット $x_i = 1$ との結合を弱めます．

$$w_i \longleftarrow w_i - \eta x_i \tag{6.2}$$

この2つの更新則は，次のように1つの式にまとめて書くことができます．

$$w_i \longleftarrow w_i - \eta(\hat{y}(\boldsymbol{x}; \boldsymbol{w}) - y)x_i \tag{6.3}$$

訓練サンプルが与えられるたびに，このようにパラメータを修正させていけば，やがてパーセプトロンは訓練データを学習して，それらを内挿した推論結果を与えるようになると期待されます．これが1958年にローゼンブラットによって提唱された**パーセプトロンの学習則 (perceptron learning rule)** です．その後，線形分離可能な問題に対しては訓練データを十分与えることで，パーセプトロンのパラメータが有限回で最適値に収束していく一方，分離不可能な問題の場合は必ずしも有限時間で収束しないことが判明しています．その原因の1つは，ユニットの入出力値が0か1の2値しかとりえないという極端な状況だったからです．そこで，より広範な学習を可能とするために連続入出力値をもつ現代パーセプトロン（ニューラルネット）の学習へ拡張しましょう．

連続値を入出力するニューラルネットの場合も，学習法は古典パーセプトロンと変わりません．パーセプトロンの場合とまったく同じ形の更新式

$$w_i \longleftarrow w_i - \eta(\hat{y}(\boldsymbol{x};\boldsymbol{w}) - y)x_i \tag{6.4}$$

です．ただしいまの場合は $\hat{y}(\boldsymbol{x};\boldsymbol{w})$ も y も実数値をとります．訓練サンプルが与えられるたびに，この学習則でパラメータを調整していき，正しい推論を行うニューラルネットに近づけていく方法が**ウィドロウ-ホフ則** (**Widrow-Hoff rule**) と呼ばれる学習法です．訓練信号と出力のズレを表すデルタ $\delta \equiv \hat{y}(\boldsymbol{x}) - y$ という量を用いて重みを更新するため，**デルタ則** (**delta rule**) とも呼ばれます．また，最小二乗平均 (least mean square) の頭文字をとって **LMS 則**の名でも知られています．

デルタ則は多層のニューラルネットにも使えるでしょうか？　式 (6.4) の形のままでは，出力層より以前の層ではパラメータをどう調整してよいかわかりません．すべての層のノードに対してデルタの概念を拡張する必要があるのです．そのためには中間層のパラメータが，どれだけの大きさで出力の誤差に寄与しているのかを特定することが必要です．各中間層の局所的な誤差への寄与（デルタ）がわかれば，似た手法でパラメータ更新ができるという算段です．そこでデルタ則を違う観点から理解してみましょう．実は $(\hat{y}(\boldsymbol{x}) - y)x_i$ という量には，数理的な意味があります．出力層の活性化関数が恒等写像だとすると，出力は $\hat{y}(\boldsymbol{x}) = \sum_i w_i x_i$ です．ただしバイアスは省略しましょう．これと目標出力の間の二乗誤差は $E = (\hat{y}(\boldsymbol{x}) - y)^2/2$ ですので，$(\hat{y}(\boldsymbol{x}) - y)x_i$ はこの誤差のパラメータ w_i による微分にほかならないのです．つまりデルタ則は，出力の二乗誤差を極小になるように最適化する勾配降下法にほかなりません．したがって，パーセプトロンの学習を一般化することで勾配降下法のアイデアに自然とたどり着くのです．多層の場合のパラメータ更新則の詳細は次節で解説しますが，これは一般化デルタ則や誤差逆伝播法という名で知られています．最終的に定式化されるまでは時間を要しましたが，1960 年代にはすでに一部の研究者は誤差逆伝播法の仕組みを発見・理解していました．

参考 6.1 デジタル技術とともに歩むホフの人生

パーセプトロンの学習則をニューラルネットへ拡張した（1960 年）のは，電子工学者のバーナード・ウィドロウとマーシャン“テッド”ホフの2人です．ちなみにホフはスタンフォード大学の大学院生時代に，教員のウィドロウとともにニューラルネットの学習を含む LMS アルゴリズムの開発に成功します．卒業後は最初期のインテルに加わり，マイクロプロセッサの発明者の1人となります*1．その後インテルの重役を務め，やがてビデオゲーム会社アタリへ役員として移籍します．若き日のスティーブ・ジョブズも働いていた，あのアタリです．このようにホフは 20 世紀のデジタル技術史を語るうえでは欠かせない人物です．そして今世紀になって，彼の初期の研究分野であったニューラルネットがやっと実用的な技術になろうとしているのです．

6.2 誤差逆伝播法

デルタ則を多層のニューラルネットに拡張したものが，これから紹介する**誤差逆伝播法 (backpropagation method, backprop)** です．この手法は1986年にラメルハートらによって発表され，ニューラルネットの第2次ブームを巻き起こしました [38]．誤差逆伝播法（バックプロパゲーション）というクールな名前も彼らによるネーミングです．じつは多層ニューラルネットの誤差逆伝播法には，長い前史があります．例えば多層ニューラルネットに対する勾配降下法はすでに 1967 年に甘利俊一によって定式化されていました [37]．さらにチェインルールの実装部分に相当する計算アルゴリズムも，例えば 1960 年に最適化制御理論の分野でヘンリー・ケリーにより定式化されています．その後も多くの人々により，個別に誤差逆伝播法に相当するアルゴリズムが発見されていましたが，その知識は広く共有されていませんでした*2．その意味で，ラメルハートらの発見は正確には「再発見」です．もち

---

*1 ホフがマイクロプロセッサを開発するきっかけとなったのは，「電卓用の回路を数個のチップに集積してほしい」という日本の電卓メーカー，日本計算機販売からの要望だったそうです．そしてホフは日本計算機販売からの出張技術者である嶋正利らと「Intel 4004」チップを開発するのです．

*2 このあたりの歴史的流れは複雑なようです．興味のある方は，例えばスカラペディアで Deep Learning を検索し，Backpropagation の節などを参照してみてください．

ろん彼らは再発見しただけではなく，この手法をニューラルネットのためのアルゴリズムとしてまとめあげ，現在知られている誤差逆伝播法の形を確立したという大きな功績があります．ではなぜ80年代になってようやく，何度も再発見されていたこの考え方が注目されることになったのでしょうか．その1つは，本章で見ていくことになる誤差逆伝播法の反復計算が，実際にうまく働き収束すると考えた研究者がほとんどいなかったのだと思います．また80年代にはそこそこの計算機が利用できるようになってきました．実際に誤差逆伝播法のアイデアをデモンストレーションできた結果，驚くほどよいパフォーマンスが見出されたこともブームとなった理由です．このあたりの事情は，現在の深層学習の盛り上がりの背景とも重なって見えてしまいます．いずれにせよ，研究者の思い込みとその時代の技術的制約は，科学の発展に常に思わぬ足かせを課しているということなのでしょう．

6.2.1 パラメータ微分の複雑さとトイモデル

さて勾配降下法による学習をこれから考えていくのですが，ここで扱う勾配とは誤差関数の微分係数

$$\nabla_{\boldsymbol{w}} E(\boldsymbol{w}) = \frac{\partial E(\boldsymbol{w})}{\partial \boldsymbol{w}} \tag{6.5}$$

でした．誤差関数 E は出力と訓練信号の間のズレを測る量ですので，出力 $\hat{\boldsymbol{y}}(\boldsymbol{x};\boldsymbol{w})$ を通じてニューラルネットのパラメータに依存しています．例えば二乗誤差関数の場合は，$E(\boldsymbol{w}) = (\hat{\boldsymbol{y}}(\boldsymbol{x};\boldsymbol{w}) - \boldsymbol{y})^2/2$ という具合です．つまり微分のチェインルールを使うと

$$\frac{\partial E(\boldsymbol{w})}{\partial w_{ji}^{(\ell)}} = \sum_{k=1}^{D_\ell} \frac{\partial E(\boldsymbol{w})}{\partial \hat{y}_k} \frac{\partial \hat{y}_k}{\partial w_{ji}^{(\ell)}} \tag{6.6}$$

というふうに $\hat{\boldsymbol{y}}(\boldsymbol{x};\boldsymbol{w})$ をパラメータ $w_{ji}^{(\ell)}$ で偏微分する計算に帰着しますが，これを計算するのは思いのほか大変です．というのも，深いネットワークの内部にある第 ℓ 層のパラメータが出力 $\hat{\boldsymbol{y}}$ に与える寄与は，深いネットワークの層構造の奥のほうに隠れているからです．

例えば図 6.1 のように，各層が1つのユニットだけからなる場合を考えましょう．この場合， $w^{(\ell)}$ による微分係数を計算しようにも，対応するパラメータの微小変動 $w^{(\ell)} + \Delta w^{(\ell)}$ は ℓ 層のノードの出力 $z^{(\ell)}$ にま

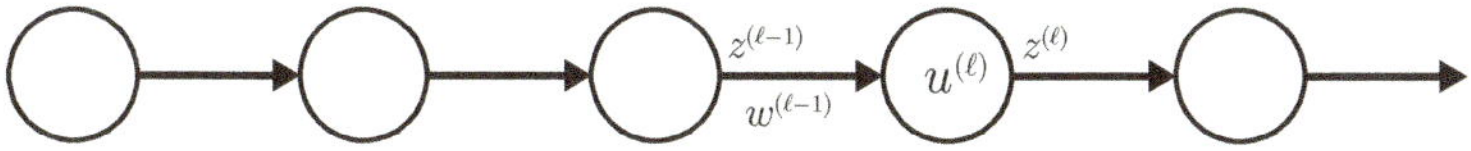

図 6.1 1つのユニットからなる層を1列につなげたニューラルネット．

ず影響し，これが $\ell+1$ 層のノードの出力を変動させ，それらがさらに次層に影響し，という具合に変動の伝播プロセスを何層にもわたって繰り返したうえで出力層に達するからです．つまり数式で書くと，各層の活性が $u^{(\ell)} = w^{(\ell)} z^{(\ell-1)} = w^{(\ell)} f\big(u^{(\ell-1)}\big)$ で出力が $\hat{y} = z^{(L)} = f(u^{(L)})$ ですから

$$\hat{y} = f\left(w^{(L)} f\left(w^{(L-1)} f\left(\cdots w^{(\ell+1)} f\left(w^{(\ell)} f\big(\cdots f(x)\big)\right)\cdots\right)\right)\right) \tag{6.7}$$

となり，多数の写像の合成になっているということです．したがって，これを赤で書いた $w^{(\ell)}$ で微分しようと思う場合には，層が深くなればなるほど，巨大な合成関数を計算して，その微分を実行しなくてはなりません．実はそのまま安直に数値微分として実装するのは精度としても計算量の観点からもよい方法ではありません．ではどうするかというと，我々の手で簡略化できるところは数学的に計算し尽くして，シンプルなアルゴリズムの形に帰着させてから実装するのです．その結果得られるアルゴリズムが誤差逆伝播法というスマートな手法です．

誤差逆伝播法の仕組みを理解するためには，まず $u^{(\ell)} = w^{(\ell)} z^{(\ell-1)}$ という関係に注目します．$w^{(\ell)}$ の変動はまずは $u^{(\ell)}$ の値に直接影響を与えますので，チェインルールから

$$\frac{\partial E}{\partial w^{(\ell)}} = \frac{\partial E}{\partial u^{(\ell)}} \frac{\partial u^{(\ell)}}{\partial w^{(\ell)}} = \frac{\partial E}{\partial u^{(\ell)}} z^{(\ell-1)} \equiv \delta^{(\ell)} z^{(\ell-1)} \tag{6.8}$$

と書き換えられます．したがって $\delta^{(\ell)} \equiv \partial E / \partial u^{(\ell)}$ という量がわかれば勾配が決まります．ところが $u^{(\ell+1)} = w^{(\ell+1)} f(u^{(\ell)})$ ですので，このデルタが次層の $\delta^{(\ell+1)}$ と関係付きます．

$$\delta^{(\ell)} = \frac{\partial E}{\partial u^{(\ell+1)}} \frac{\partial u^{(\ell+1)}}{\partial u^{(\ell)}} = \delta^{(\ell+1)} w^{\ell+1} f'(u^{(\ell)}) \tag{6.9}$$

したがってこれを漸化式として出力側から入力側に向けて順次解いていけば，各層での勾配が求まるのです．これが誤差逆伝播法の考え方です．

具体的な計算に入る前に記号法についてコメントしておきます．まず誤差関数ですが，ミニバッチ学習でもバッチ学習でも，誤差関数はある 1 サンプル n に対して計算された誤差 $E_n(\boldsymbol{w})$（例えば二乗誤差の場合であれば $(\hat{\boldsymbol{y}}(\boldsymbol{x}_n;\boldsymbol{w})-\boldsymbol{y}_n)^2/2$）の和で表されます．ですので，当面はある訓練サンプル n が与える出力の誤差

$$\frac{\partial E_n(\boldsymbol{w})}{\partial \boldsymbol{w}} \tag{6.10}$$

に焦点を絞ります．また，バイアス $\boldsymbol{b}$ も重みとみなして $\boldsymbol{w}$ の中にまとめて表現されているものとします．

6.2.2 誤差関数の勾配計算

誤差逆伝播法に至るためのアイデアの 1 つ目は，巨大な合成関数の微分を一挙に計算せず，困難を分割することでした．そのために注目している重み $w_{ji}^{(\ell)}$ の変動が，ネットワークの局所的な構造を通じて周囲にどれくらいの影響を与えるか，という観点から勾配を書き換えます．図 6.2 のように，重み $w_{ji}^{(\ell)}$ の変動は，まず ℓ のユニット j の総入力を変化させます．この総入力 $u_j^{(\ell)}$ の変動がネットワークを順次伝播していき，出力を変化させ，最終的に誤差関数の変動を与えます．この事実を微分操作で表現すると，誤差関数 $E_n\big(u_j^{(\ell)}(w_{ji}^{(\ell)})\big)$ は総入力 $u_j^{(\ell)}$ を通じて，重み $w_{ji}^{(\ell)}$ に間接的に依存しているので

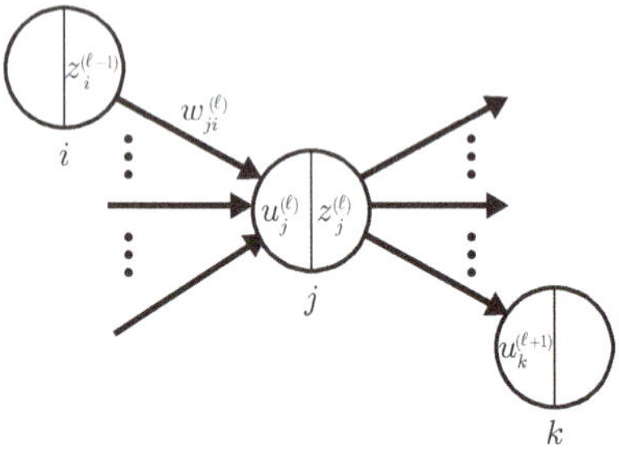

図 6.2 結合の重み $w_{ji}^{(\ell)}$ の変動が，各層の入出力に与える影響．

$$\frac{\partial E_n}{\partial w_{ji}^{(\ell)}} = \frac{\partial E_n}{\partial u_j^{(\ell)}} \frac{\partial u_j^{(\ell)}}{\partial w_{ji}^{(\ell)}} \tag{6.11}$$

と書くことができます．右辺の 1 つ目の因子を**デルタ**と呼びましょう．

定義 6.1（デルタ）

$$\delta_j^{(\ell)} \equiv \frac{\partial E_n}{\partial u_j^{(\ell)}} \tag{6.12}$$

これはユニット j からのシグナルが，どれほど最終的に誤差に効いているのかを測る尺度となる量です．一方，総入力の重み依存性は $u_j^{(\ell)} = \sum_i w_{ji}^{(\ell)} z_i^{(\ell-1)}$ と線形なので，式 (6.11) 右辺で，デルタの次に現れる 2 つ目の微分係数はただの出力値 $z_i^{(\ell-1)}$ です．この値はニューラルネットに訓練サンプル $\boldsymbol{x}_n$ を入力し，信号を伝播させれば自動的に求まる量です．したがって，あとはデルタの値が求まれば勾配が決定します．

$$\frac{\partial E_n}{\partial w_{ji}^{(\ell)}} = \delta_j^{(\ell)} z_i^{(\ell-1)} \tag{6.13}$$

ネットワークの局所的な構造を使って，このように勾配をデルタとユニット出力に分けることが第 1 ステップです．

第 2 ステップであるデルタを決めるアルゴリズムは誤差逆伝播法の核となる部分です．実はこの部分も，答えが一度わかってしまえばそれほど難しい話ではありません．デルタの満たす漸化式を見つけてやればいいのです．漸化式を導くのに，デルタの定義に立ち返りましょう．デルタは誤差関数をユニット j への総入力 $u_j^{(\ell)}$ で微分したものです．そこでこの総入力の変化がどのように誤差関数に影響をするのかを見るために，再びネットワークの局所的な構造に注目します．図 6.2 より，ユニット j の総入力 $u_j^{(\ell)}$ は活性化関数が作用することでこのユニットの出力へ変換され，隣接する $\ell+1$ 層のユニットたちへ入力します．したがって $u_j^{(\ell)}$ の変動は，次層のユニットたちの総入力 $u_k^{(\ell+1)}$ の変化を通じて誤差関数を変動させます．つまり微分係数は

$$\delta_j^{(\ell)} = \frac{\partial E_n}{\partial u_j^{(\ell)}} = \sum_{k=0}^{d_{\ell+1}-1} \frac{\partial E_n}{\partial u_k^{(\ell+1)}} \frac{\partial u_k^{(\ell+1)}}{\partial u_j^{(\ell)}} \tag{6.14}$$

という性質を満たします．右辺の1つ目の因子は $\ell+1$ 層でのデルタ $\delta_k^{(\ell+1)}$ にほかなりませんので，この式は隣接層間のデルタの間の漸化式です．

$$u_k^{(\ell+1)} = \sum_{j'} w_{kj'}^{(\ell+1)} f(u_{j'}^{(\ell)}) \tag{6.15}$$

であったことを思い出すと，この式は次のようにまとめることができます．

公式 6.2（デルタの逆伝播則）

$$\delta_j^{(\ell)} = \sum_{k=0}^{d_{\ell+1}-1} \delta_k^{(\ell+1)} w_{kj}^{(\ell+1)} f'(u_j^{(\ell)}) \tag{6.16}$$

これが**デルタの逆伝播**を記述する式です．逆伝播といわれる理由は次のようなものです．通常のニューラルネットの入力は

$$u_j^{(\ell)} = \sum_{i=0}^{d_{\ell-1}-1} w_{ji}^{(\ell)} f(u_i^{(\ell-1)}) \tag{6.17}$$

を通じて重み $w_{ji}^{(\ell)}$ と活性化関数 f を受け取りながら $\ell-1$ 層から ℓ 層へ順伝播します．その一方式 (6.16) を見ると，デルタという量は $w_{kj}^{(\ell+1)} f'(u_j^{(\ell)})$ 倍の作用を受けて $\ell+1$ 層から ℓ 層へ逆向きに伝播すると見ることができます．実際にデルタを計算するアルゴリズムにおいても，出力層で計算されたデルタの「初期値」の情報を入力層側へ向けて順次逆向きに伝播させていきます．したがって実際の計算では，まず入力を出力層まで順伝播させ，出力層での誤差を計算します．その結果をもとにデルタを逆伝播させます．

$$\boldsymbol{x}_n = \boldsymbol{z}^{(1)} \to \boldsymbol{z}^{(2)} \to \cdots \to \boldsymbol{z}^{(L-1)} \to \boldsymbol{z}^{(L)} = \hat{\boldsymbol{y}}$$
$$\boldsymbol{\delta}^{(1)} \leftarrow \boldsymbol{\delta}^{(2)} \leftarrow \ \cdots \ \leftarrow \boldsymbol{\delta}^{(L-2)} \leftarrow \boldsymbol{\delta}^{(L-1)} \leftarrow \boldsymbol{\delta}^{(L)}$$

$\boldsymbol{\delta}^{(\ell)}$ は ℓ 層のデルタを並べて作ったベクトルです．これらの結果を式 (6.13) の形に組み合わせることですべての勾配が決まります（図 6.3）[*3]．

---

*3 ここでの表示にはクロネッカー積 $(\boldsymbol{v}\boldsymbol{w}^\top)_{ij} = v_i w_j$ を用いました．

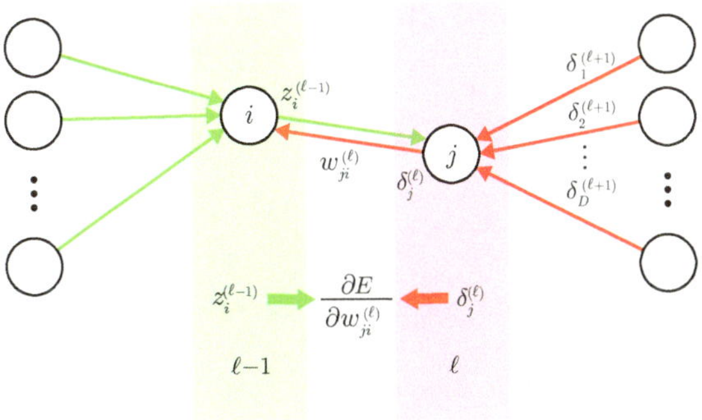

図 6.3 誤差逆伝播法による勾配の計算の仕組み．入力側の $\ell-1$ 層にあるノード i からは順伝播により出力 $z_i^{(\ell-1)}$ がやってくる．一方，出力側に位置する $\ell+1$ 層からは逆伝播を通じてデルタたちが流れ込み，ℓ 層のノード j に対するデルタ $\delta_i^{(\ell)}$ を与える．これらを組み合わせたものが i と j を結ぶ結合の重み $w_{ji}^{(\ell)}$ に関する勾配である．

公式 6.3（デルタによる勾配の計算）

$$\frac{\partial E_n}{\partial \boldsymbol{w}^{(\ell)}} = \boldsymbol{\delta}^{(\ell)} \left(\boldsymbol{z}^{(\ell-1)}\right)^T \tag{6.18}$$

以上が誤差逆伝播法です．このような勾配の計算法は**自動微分** (**automatic differenciation**) と呼ばれる手法の一例になっています．さまざまなニューラルネットのためのライブラリにおいても，自動微分により誤差逆伝播法と本質的に同じアルゴリズムが実装されています．

6.2.3 逆伝播計算の初期値

逆伝播において漸化式を解くための初期値にあたるものは，出力層におけるデルタです．この値は簡単に計算できます．というのも出力層の活性化関数を f とすると，最終出力は $\hat{y}_j = f(u_j^{(L)})$ であるので，出力層のユニット j のデルタは $E_n(\hat{y}_j(u_j^{(L)}))$ を $u_j^{(L)}$ で微分して

$$\delta_j^{(L)} = \frac{\partial E_n}{\partial \hat{y}_j} f'(u_j^{(L)}) \tag{6.19}$$

となるからです．例えば回帰問題などの場合には誤差関数として二乗誤差 $E_n = (\hat{\boldsymbol{y}}(\boldsymbol{x};\boldsymbol{w}) - \boldsymbol{y})^2/2$ が用いられます．この場合デルタの具体形は

$$\delta_j^{(L)} = (\hat{y}_j - y_j)\hat{y}'_j(u_j^{(L)}) \tag{6.20}$$

です．出力層の活性化関数が恒等写像ならば，当然ながら $\delta_j^{(L)} = (\hat{y}_j - y_j)$ であり，前節のデルタ則のパラメータ更新 (6.4) を再現します．

一方，誤差関数が交差エントロピー (2.73) である場合は

$$\delta_j^{(L)} = -\sum_k \frac{t(y_n)_k}{\hat{y}_k}\hat{y}'_k(u_j^{(L)}) \tag{6.21}$$

でした．この出力層の活性化関数はソフトマックス $y_k = e^{u_k^{(L)}}/\sum_{k'} e^{u_{k'}^{(L)}}$ です．ソフトマックスの微分はクロネッカーのデルタを用いると

$$\frac{\partial \hat{y}_k}{\partial u_j^{(L)}} = \delta_{kj}\,\hat{y}_k - \hat{y}_j\,\hat{y}_k \tag{6.22}$$

と書き換えられるという性質があります（確認してみてください）．さらにクラス分類のときは，どのような訓練サンプルも $\sum_k t_k = 1$ を満たしていますので，デルタは結局 $\delta_j^{(L)} = (\hat{y}_j - t_j)$ という先ほどと同じ形に帰着します．

6.2.4 勾配計算

勾配計算の目的はニューラルネットの勾配降下法による学習でしたので，誤差逆伝播で終わりではありません．各訓練サンプルに対して計算された勾配 $\partial E_n/\partial w_{ji}^{(\ell)}$ を，学習に用いる（ミニ）バッチ $\mathcal{D}$ で平均して実際のパラメータの更新量を求めなくてはなりません．

$$\Delta w_{ji}^{(\ell)} = -\eta\frac{\partial E}{\partial w_{ji}^{(\ell)}} = -\eta\frac{1}{|\mathcal{D}|}\sum_{n\in\mathcal{D}}\frac{\partial E_n}{\partial w_{ji}^{(\ell)}} \tag{6.23}$$

そのうえで，各時刻 t でのパラメータ値で計算した $\Delta w_{ji}^{(t,\ell)}$ を使って

$$w_{ji}^{(t+1,\ell)} = w_{ji}^{(t,\ell)} + \Delta w_{ji}^{(t,\ell)} \tag{6.24}$$

と重みパラメータを更新します．その後再び順伝播と逆伝播を行い，次時刻にも同じ操作を繰り返します．これをパラメータの収束まで繰り返すのが勾配降下法による学習でした．

6.2.5 デルタの意味

誤差逆伝播法の技術的説明が済みましたので，ここでは誤差逆伝播法に現れたデルタの意味を考えましょう [39]．出力層におけるデルタは $\delta_j^{(L)} = \hat{y}_j(\boldsymbol{x};\boldsymbol{w}) - y_j$ という形をしていました．これは訓練サンプル $\boldsymbol{x}$ を入力した際の最終出力 $\hat{\boldsymbol{y}}$ と，訓練サンプルの目標信号 $\boldsymbol{y}$ の差ですので，まさにニューラルネットによる推論の誤差です．勾配降下法はこの誤差をできるだけ打ち消すように，出力層とその手前の層の間の重みパラメータ $w_{pq}^{(L)}$ を修正します．つまりこのデルタ $\boldsymbol{\delta}^{(L)}$ は，出力層ノードにつながる重みがどの程度誤差に寄与しているのかを測る量になっています．では中間層のデルタも，中間層のノードたちがどのくらい誤差関数に効いているのかを測っているのでしょうか．

中間層のノードの総入力を

$$u_j^{(\ell)} \to u_j^{(\ell)} + \Delta u_j^{(\ell)} \tag{6.25}$$

と変動させてみましょう．デルタの定義から，この変動により誤差関数はだいたい

$$\Delta E \approx \delta_j^{(\ell)} \Delta u_j^{(\ell)} \tag{6.26}$$

だけズレます．もしこのデルタ係数がほとんど 0 に近ければ，このノードの総入力の大きさを調節してもほとんど誤差関数の大きさは改善できないことになります．つまりこのノードへの総入力を決めている重みたちは，ほとんど誤差に寄与していないということになります．

一方デルタの絶対値が大きい場合は，このノードの総入力を変えることで誤差関数は劇的に変動します．つまりパラメータ空間の中で，現在地点から少しずれるだけで大きく誤差関数が変化しえますので，現在のニューラルネットは最適値よりかなり上にいる可能性があるといえます．つまりこのノードの総入力は，誤差関数を極小化しない不適切な値を示しているということですので，誤差を減らすようにこのノードへの入力重み $w_{ji}^{(\ell)}$ を修正すべきです．特に，誤差関数の大きなブレ (6.26) を打ち消し最適値に近づくように，この総入力の変動と逆符号の方向に変動を与えるパラメータの修正をします．これが誤差逆伝播法をもとにした勾配降下法が行っていることにほかなりません．このように一般のデルタ $\delta_j^{(\ell)}$ は，ℓ 層のノード j に付随した局

所的な誤差を測る量になっています．

6.3 誤差逆伝播法はなぜ早いのか

誤差逆伝播法は，誤差関数の勾配を計算する 1 つの手法でした．この方法を用いる利点について説明します．

勾配を数値的に求めたいのであれば，ナイーブには誤差逆伝播法を用いなくても差分近似により計算できます．つまり勾配の成分 $(\nabla E(\boldsymbol{w}))_{w_i}$ を評価したいのであれば，近似精度が保証されるような十分小さな値 ϵ に対して

$$\frac{\partial E(\boldsymbol{w})}{\partial w_i} \approx \frac{E(w_1, \ldots, w_i + \epsilon, \ldots, w_D) - E(w_1, \ldots, w_i, \ldots, w_D)}{\epsilon} \tag{6.27}$$

という差分を計算すれば数値微分が得られます*4．込み入った手続きの誤差逆伝播法の代わりに，このシンプルな計算法を実装するだけで十分ならばそれに越したことはありません．では，それは可能でしょうか？

実はこのナイーブな差分による計算法は，層の深いアーキテクチャーでは計算量の増大を招き，まったく実用的ではありません．そのことを理解するために，差分計算に必要な計算回数を大雑把に数えてみましょう．式 (6.27) による勾配の差分計算では，パラメータ空間内の点 $\boldsymbol{w} = (w_1 \quad \cdots \quad w_i \quad \cdots \quad w_D)^\top$ における誤差の値 $E(w_1, \ldots, w_i, \ldots, w_D)$ と，w_i 成分方向に ϵ だけずらした点での値 $E(w_1, \ldots, w_i + \epsilon, \ldots, w_D)$ の差を評価します．前者の値は固定された点 $\boldsymbol{w}$ での誤差値ですので，すべての勾配成分 $(\nabla E(\boldsymbol{w}))_{w_i}$ の計算で同じ値が使えます．したがってその値の評価は 1 回ですみます．しかし後者は，各パラメータ方向 i ごとに違う量ですので，独立な計算をパラメータ空間の全方向数だけ行う必要があります．この誤差値の評価というのはそんなに軽い計算ではありません．というのも，ある与えられた重みの値のもとで誤差を計算するには，順伝播計算を 1 回走らせなくてはならないからです*5．ℓ 層だけを考えると勾配の成分は重みの数 $d_\ell d_{\ell+1}$ だけありますから，結局 1 回の勾配の計算には $1 + \sum_\ell d_\ell d_{\ell+1}$ 回もの順伝播計算を走らせなくてはりません．実際は（ミニ）バッチ法を用いるので，回

---

*4 分子を交差差分 $E(w_1, \ldots, w_i + \epsilon/2, \ldots, w_D) - E(w_1, \ldots, w_i - \epsilon/2, \ldots, w_D)$ にすることで精度を上げられますが，計算コストもさらに増加します．

*5 順伝播の結果得られた出力と標的出力のズレを計算して得られるのが誤差関数でした．

数はバッチの中のサンプル数倍されますので

$$(\text{結合重みの総数} + 1) \times (\text{サンプル数})\ \text{回}$$

もの伝播計算を要します．しかも，勾配降下法でのパラメータ更新の各ステップごとに新たな勾配値が必要ですので，各ステップでこの多量の計算が必要になってしまいます．このような重い計算は，実装にはまったく向いていないでしょう．例えば10000ノードの層が5層重なった全結合ニューラルネットでは，パラメータたちに対し，およそ4億 × (サンプル数) 回もの順伝播が必要になってしまいます．

その一方誤差逆伝播法では，1回の順伝播で全ユニットの出力値 $z_i^{(\ell-1)}$ が決まり，1回の逆伝播で全ユニットのデルタ $\delta_j^{(\ell)}$ が決まります．これらの値を掛け合わせるだけで勾配の全成分が求まりますので，結局

$$2 \times (\text{サンプル数})\text{回}$$

だけの伝播計算で済んでしまいます．先ほどの例では4億回の計算がたった2回で済んでしまっているのです．このように計算が効率的になった理由は，何も考えずにナイーブに数値計算を始める前に，ネットワーク上の合成関数の微分の性質を使って，人の手できれいなアルゴリズムに仕上げたためです．膨大な量の無駄な計算が省かれているおかげで，誤差逆伝播法は高速な勾配計算の実装を実現してくれるのです．

ところで，勾配の差分近似はまったく役に立たないのでしょうか．実は誤差逆伝播法の計算結果のチェックのために差分近似値を用いることができます．誤差逆伝播法などの勾配降下法は反復計算が若干込み入っているため，しばしば計算結果の数値の妥当性をチェックする必要があります．その比較対照としては，一番愚直な計算手法である差分近似計算の結果が向いています．この目的の場合は，すべての方向成分の数値微分を計算する必要はなく，ある程度の成分をランダムに選んでその数値勾配を計算します．ϵ の値は丸め誤差が大きく出てこないように，小さくとりすぎないように気をつけてください．差分近似はたいていの数値計算の教科書で解説されている事項なので，詳細については適当な教科書を参照してください．

6.4 勾配消失問題，パラメータ爆発とその対応策

一般的な多層ニューラルネット，その学習のための勾配降下法，そしてその実装法である誤差逆伝播法について紹介しましたので，もはや深層学習を実現するのは簡単かと思われるかもしれませんが現実はそうシンプルではありません．深い層をもつニューラルネットには，それ固有の問題が存在します．その代表例が，これから説明する**勾配消失問題** (**vanishing gradient problem**) や**勾配爆発問題** (**exploding gradient problem**) です*6．

勾配消失問題とは，デルタの逆伝播にまつわる深刻な問題です．順伝播においては，ノードへの入力は活性化関数により変換されたのち，次層への入力となります．活性化関数がシグモイドなら，入力と出力の関係は

$$\boldsymbol{z}^{(\ell)} = \sigma\left(\boldsymbol{W}^{(\ell)}\sigma\left(\boldsymbol{W}^{(\ell-1)}\cdots\sigma\left(\boldsymbol{W}^{(1)}\boldsymbol{z}^{(0)}\right)\cdots\right)\right) \tag{6.28}$$

という非線形な合成関数の関係にあります．活性化関数がシグモイドの場合を考えると，各ユニットの出力が0から1の間の値に制限されているために，信号の大きさが伝播中に爆発する心配はありません．また，ユニットへの総入力がかなり小さな値になってしまっても，シグモイドによってある程度大きな出力値へ引き延ばされるため，信号が消えてしまう心配も一般にはありません．

それと比べて逆伝播は，デルタを活性化関数で変換することはなく線形な変換です．というのも，デルタの値は式 (6.16) によって

$$\delta_j^{(\ell)} = \sum_{q,p,\ldots,k} \delta_q^{(L)} w_{qp}^{(L)} f'(u_p^{(L-1)}) \cdots w_{lk}^{(\ell+2)} f'(u_k^{(\ell+1)}) w_{kj}^{(\ell+1)} f'(u_j^{(\ell)}) \tag{6.29}$$

というように，1 区間ごとに活性化関数の微分値 $f'(u)$ 倍された後，そのまま下層へと伝播されるからです．したがって，もし出力層からある中間層まで m 区間だけ逆伝播したとすると，デルタの値は出力層のものと比べておよそ $(f'(u))^m$ 倍されています（ちなみに重み w はしばしば 1 以下の値をと

*6 誤差逆伝播法は 30 年前には確立していましたが，多層ニューラルネットがあまり追求されてこなかった理由の 1 つがこの問題の存在でしょう（もちろんマシンパワーの問題もあったでしょうが）．

るものを考えますが，ここではそれらの寄与は省略します）．この指数的な因子のせいで，逆伝播中にデルタの値は急激に消失してしまいます*7．再びシグモイドの例を考えてみましょう．シグモイド関数の微分は

$$\sigma'(u) = \sigma(u)\,(1 - \sigma(u)) \leq \frac{1}{4} \tag{6.30}$$

という性質を満たしていますので，m 区間の逆伝播の間にデルタ値は $(1/4)^m$ 倍以下になってしまいます．各ステップでちょうど 1/4 倍されるとしても，例えば m が 5 の場合で約 0.001 倍，m が 10 ならばおよそ 0.00001 倍だけ減衰されてしまいますので，デルタの値は指数的にどんどん小さくなっていきます．そのため，入力層側へいくにつれて誤差関数の勾配の値もどんどん小さくなり，勾配を用いたパラメータの更新が一向に進まなくなります．つまり勾配降下法を用いても，入力層寄りの領域では重みパラメータはまったく更新されず，ニューラルネットの学習がうまくいかなくなるのです*8．

このように深いニューラルネットではデルタが伝播中に急激に減衰するため，せっかく定式化した誤差逆伝播法も現実的なアルゴリズムとはなりそうにもありません．これが深いニューラルネットの実現を困難にしてきた**勾配消失問題**です．80 年代，誤差逆伝播法の発見によってニューラルネットの研究は急激な盛り上がりを見せました．しかし勾配消失問題が明らかになるにつれて，人工知能の急先鋒としての期待が急速に萎んでいき，第 2 の冬の時代を迎えることになります．実際，深いニューラルネットを学習させるためには，この問題は避けて通れない難所でした．近年のニューラルネットの再興は，第 1 には勾配消失問題を解消するさまざまなアイデアが誕生したために成し遂げられたものといっていいでしょう．これから紹介するように，問題が解決してしまった現在の視点からみると，勾配消失解消のためのアイデアは実に単純なものです．

6.4.1 事前学習

勾配消失問題を避けるためのアイデアの 1 つが次章で詳しく紹介する**事前学習 (pre-training)** です．事前学習ではネットワークをすぐさま学習さ

---

*7 あるいは活性化関数によっては爆発します．

*8 学習係数を大きくすることで小さな勾配の問題をカバーできそうですが，そうすると出力層側にとって学習係数が大きすぎるせいで，今度はそちらのパラメータ更新が不安定化してうまく最適値を見つけることができなくなります．

せることはしません．まず重みパラメータのよい初期値を計算し，その後で訓練データに合致するように微調整することでより効率的な学習を実現します．パラメータを勾配降下法で転がす際のよい初期値をはじめに用意するのが事前学習です．ただし現在では，事前学習は他の方法にとってかわられています．

6.4.2 ReLU 関数

現在，勾配消失問題を解決するための汎用性のある手法として広く用いられているのは，活性化関数を工夫するというアイデアです．**ReLU 関数**を用いると勾配消失問題を解決できることを見ていきましょう．この活性化関数の微分係数は

$$f'(u) = \begin{cases} 1 & (u \geq 0) \\ 0 & (u < 0) \end{cases} \tag{6.31}$$

です．$u = 0$ は微分不可能な点なのですが，とりあえずこの点での微分係数は1としておきましょう*9．つまり，もしユニット j が発火している $u_j^{(\ell)} \geq 0$ ならば勾配は 0 でない値，発火していないならば値は 0 を与えます．

$$\frac{\partial E}{\partial w_{ji}^{(\ell)}} = \begin{cases} \displaystyle\sum_{j^{(\ell+1)} \in \mathcal{F}^{(\ell+1)}} \cdots \sum_{j^{(L)} \in \mathcal{F}^{(L)}} z_i^{(\ell-1)} \left(\prod_{p=\ell+1}^{L} w_{j^{(p)} j^{(p-1)}}^{(p)} \right) \delta_{j^{(L)}}^{(L)} & (u_j^{(\ell)} \geq 0) \\ 0 & (u_j^{(\ell)} < 0) \end{cases} \tag{6.32}$$

$j = j^{(\ell)}$ としました．ここで $\mathcal{F}^{(m)}$ は m 層における発火しているユニット，つまり総入力が 0 以上のユニットの集合です．この式から，発火しているユニットだけを辿って，誤差が出力側から逆伝播していることがわかります．この様子は向きが逆転しているだけで，順伝播とまったく同じです．というのも順伝播も，ReLU の場合はユニット i が発火しているか否かによって

---

*9 関数の微分不可能な点においては，例えば**右微分** $\lim_{\epsilon \to +0}(f(u+\epsilon) - f(u))/\epsilon$ をその点での微分係数とするように実装しておきます．

$$z_i^{(\ell-1)} = \begin{cases} \displaystyle\sum_{j^{(1)}\in\mathcal{F}^{(1)}} \cdots \sum_{j^{(\ell-2)}\in\mathcal{F}^{(\ell-2)}} x_{j^{(1)}}^{(1)} \left(\prod_{p=2}^{\ell-1} w_{j^{(p)}j^{(p-1)}}^{(p)}\right) & (u_j^{(\ell)} \geq 0) \\ 0 & (u_j^{(\ell)} < 0) \end{cases} \tag{6.33}$$

と得られるからです．

このように ReLU 関数を用いた場合は，活性化関数の微分 f' に由来する小さな数が何度も掛かる指数的な因子はありません．それにより逆伝播に特有の誤差消失の問題が回避されていることに注意しましょう．ところで f' の指数的な寄与がなくなったとはいえ，勾配の中に重みの積 $\prod_{p=\ell+1}^{L} w_{j^{(p)}j^{(p-1)}}^{(p)}$ が現れることが気になります．もし重みが小さければ，この積によって勾配が減衰してしまうからです．しかし He の初期化を用いると，重みの積に由来する寄与を，統計的におおよそ 1 になるようにできます．それにより重みがたくさん現れるにもかかわらず，勾配が減衰することが防がれています．

Chapter 7

自己符号化器

これまでは教師あり学習を念頭においてニューラルネットの議論を進めてきました．しかし実は正解ラベルの付いていない訓練データであっても，ニューラルネットを教師なし学習させることができます．本章では，そのようなニューラルネットの教師なし学習の代表的な応用である，データの次元削減を解説します．特にニューラルネットを利用した次元削減モデルは自己符号化器と呼ばれます．

7.1 データ圧縮と主成分分析

ニューラルネットに関する本題にいく前に，データの次元を削減する一般的な話から始めましょう．一般にデータのベクトル $\boldsymbol{x}$ は高い次元の空間に住んでいます．64×64 ピクセルの小さな白黒画像でさえ，そのピクセル値を並べたベクトルは約 4000 次元にもなります．ただしデータ点の集合は高次元空間に均等に散布されているわけではありません．データの特性に従って何らかの偏りをもって分布していると期待できます．

図 7.1 はもっとも単純なケースで，データが高次元中の平坦な部分空間 [*1] にほぼ偏って散在している状況です．この状況は例えば図 7.1(a) では，データ点たちの x_1 方向成分は分散が大きく，x_2 方向成分は分散が小さいことで

*1 $\mathbb{R}^d$ の座標を x_i と書きましょう．$\mathbb{R}^d$ 中における平坦な部分空間とは，x_i に関する連立線形方程式の解集合として与えられる部分空間です．

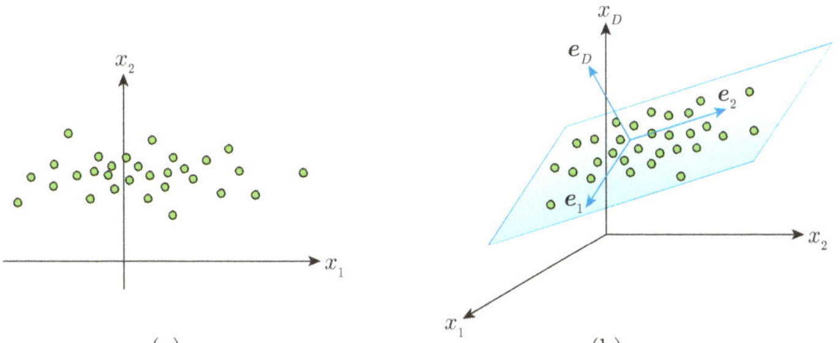

図 7.1　(a)2 次元空間中でのデータの 1 次元的偏り．(b) 高次元空間中での，平坦部分空間への散布の偏り．

特徴付けられます．つまりデータが広がっている方向は分散を考えることで特定できるのです．

このような解析を一般に行うのが**主成分分析** (**principal component analysis, PCA**) です．まず，データ点をベクトル

$$\boldsymbol{x} = (x_1 \quad x_2 \quad \cdots \quad x_D)^\top \tag{7.1}$$

で表しましょう．一般的には図 7.1(b) のように，平坦な部分空間はデータの元の座標軸 $x_1, x_2, \ldots, x_D$ の方向を向いてはいません．そこで平坦部分空間と，それに直行する方向の正規直交基底を適当に選んで $\boldsymbol{e}_1, \boldsymbol{e}_2, \ldots, \boldsymbol{e}_D$ とします．これらはデータの分散（ばらつき）が大きい方向の順に並んでいるとし，はじめの $d(\leq D)$ 個の基底ベクトル

$$\boldsymbol{e}_1, \boldsymbol{e}_2, \ldots, \boldsymbol{e}_d \tag{7.2}$$

で張られる平坦部分空間上にだいたいすべてのデータ点が存在しているものとします．図 7.1(b) では，$\boldsymbol{e}_1, \boldsymbol{e}_2$ で張られる平面に相当します．このような基底ベクトルの具体形を決定する方法を考えましょう．

まず一般のデータ点 $\boldsymbol{x}_n$ を求めたい部分空間に射影しましょう．

$$\boldsymbol{x}_n \approx \boldsymbol{c}_0 + \sum_{h=1}^{d} \left(\boldsymbol{e}_h^\top (\boldsymbol{x}_n - \boldsymbol{c}_0) \right) \boldsymbol{e}_h \tag{7.3}$$

ここで $\boldsymbol{c}_0$ はデータの平均値 $\sum_n \boldsymbol{x}_n / N$ に対応しています．つまりデータ点

たちの分布の中心点です．右辺で与えた射影に基づく近似がどれほど左辺をうまく表しているのかを測るには，二乗誤差関数を計算すればよいのです．

$$E(\boldsymbol{c}_0, \boldsymbol{e}_h) = \sum_{n=1}^{N} \left((\boldsymbol{x}_n - \boldsymbol{c}_0) - \sum_{h=1}^{d} \left(\boldsymbol{e}_h^\top (\boldsymbol{x}_n - \boldsymbol{c}_0) \right) \boldsymbol{e}_h \right)^2 \tag{7.4}$$

つまり最小化問題

$$\min_{\boldsymbol{c}_0, \boldsymbol{e}_h} E(\boldsymbol{c}_0, \boldsymbol{e}_h) \tag{7.5}$$

を解くことで，実際にデータが広がっている方向 $\boldsymbol{e}_h$ が求まることになります．

ではこの最適化問題の解がどのようなものになるのかを次に確認しましょう．簡単のため以下では $\Delta \boldsymbol{x}_n = \boldsymbol{x}_n - \boldsymbol{c}_0$ とおきます．基底ベクトルを並べてできる

$$\boldsymbol{\Gamma}^\top \equiv (\boldsymbol{e}_1 \quad \boldsymbol{e}_2 \quad \cdots \quad \boldsymbol{e}_d) \tag{7.6}$$

という $D \times d$ 行列を導入し， $D \times D$ 射影行列

$$\boldsymbol{P} \equiv \boldsymbol{\Gamma}^\top \boldsymbol{\Gamma} \tag{7.7}$$

も定義しましょう．基底ベクトルが正規直交であることを用いると，$\boldsymbol{\Gamma}$ と $\boldsymbol{P}$ の定義から $\boldsymbol{P}^\top = \boldsymbol{P}$, $\boldsymbol{P}^2 = \boldsymbol{P}$ という性質がすぐに確認できます．これを用いると誤差関数の第 2 項は

$$\sum_{h=1}^{d} \left(\boldsymbol{e}_h^\top \Delta \boldsymbol{x}_n \right) \boldsymbol{e}_h = \sum_{h=1}^{d} \boldsymbol{e}_h \left(\boldsymbol{e}_h^\top \Delta \boldsymbol{x}_n \right) = \boldsymbol{\Gamma}^\top \boldsymbol{\Gamma} \Delta \boldsymbol{x}_n = \boldsymbol{P} \Delta \boldsymbol{x}_n \tag{7.8}$$

というように射影行列で書くことができます．すると射影行列の性質から誤差関数は

$$\begin{aligned} E &= \sum_{n=1}^{N} \left(\Delta \boldsymbol{x}_n - \boldsymbol{P} \Delta \boldsymbol{x}_n \right)^2 = \sum_{n=1}^{N} \Delta \boldsymbol{x}_n^\top \left(\boldsymbol{I} - \boldsymbol{P} \right)^\top \left(\boldsymbol{I} - \boldsymbol{P} \right) \Delta \boldsymbol{x}_n \\ &= \sum_{n=1}^{N} \Delta \boldsymbol{x}_n^\top \left(\boldsymbol{I} - \boldsymbol{P} \right) \Delta \boldsymbol{x}_n \end{aligned} \tag{7.9}$$

というように簡単化します．ここで $\boldsymbol{I}$ は単位行列です．

$\boldsymbol{c}_0$ に関する最小化は簡単であり，$\Delta\boldsymbol{x}_n = \boldsymbol{x}_n - \boldsymbol{c}_0$ であったことを思い出すと

$$\boldsymbol{0} = \frac{\partial E}{\partial \boldsymbol{c}_0} = -2\sum_{n=1}^{N}(\boldsymbol{I}-\boldsymbol{P})\,\Delta\boldsymbol{x}_n = -2\,(\boldsymbol{I}-\boldsymbol{P})\sum_{n=1}^{N}\Delta\boldsymbol{x}_n \tag{7.10}$$

から，解くべき式は $\sum_{n=1}^{N}\Delta\boldsymbol{x}_n = 0$ であり，したがってデータの平均値 $\boldsymbol{c}_0^* = \sum_{n=1}^{N}\boldsymbol{x}_n/N$ が解であることが確認できました．以下ではこの平均値が $\boldsymbol{0}$ だったとして，$\Delta\boldsymbol{x}_n = \boldsymbol{x}_n$ とおいて表記を簡素化しましょう．すると誤差関数は

$$E = \sum_{n=1}^{N}(\boldsymbol{x}_n)^2 - \sum_{n=1}^{N}\boldsymbol{x}_n^\top\boldsymbol{P}\,\boldsymbol{x}_n = \sum_{n=1}^{N}(\boldsymbol{x}_n)^2 - N\sum_{h=1}^{d}\boldsymbol{e}_h^\top\boldsymbol{\Phi}\,\boldsymbol{e}_h \tag{7.11}$$

と書けます．ここで $\boldsymbol{\Phi}$ は共分散行列 $\boldsymbol{\Phi}_{ij} = \sum_n x_{ni}x_{nj}/N$ です[*2]．したがって結局 $\boldsymbol{e}_h$ に関する誤差関数の最小化は，次の拘束条件付き最大化問題と同じであることがわかりました．

（主成分分析）

$$\max_{\boldsymbol{e}_h}\sum_{h=1}^{d}\boldsymbol{e}_h^\top\boldsymbol{\Phi}\,\boldsymbol{e}_h \quad \text{subject to} \quad (\boldsymbol{e}_h)^2 = 1 \tag{7.12}$$

このような拘束条件付きの最大化を実行するのには，ラグランジュ未定係数法を用いるのが鉄則です．つまり未定乗数 λ_h を用いて拘束条件を課したラグランジュ関数

$$L(\boldsymbol{e}_h,\lambda_h) = \sum_{h=1}^{d}\boldsymbol{e}_h^\top\boldsymbol{\Phi}\,\boldsymbol{e}_h - \sum_{h=1}^{d}\lambda_h\left((\boldsymbol{e}_h)^2 - 1\right) \tag{7.13}$$

---

*2　2 行目を得るには

$$\sum_{n=1}^{N}\boldsymbol{x}_n^\top\boldsymbol{P}\,\boldsymbol{x}_n = \sum_{n=1}^{N}\sum_{i,j}\sum_{h}x_{ni}e_{hi}e_{hj}x_{nj} = \sum_{i,j}\sum_{h}e_{hi}\left(\sum_{n=1}^{N}x_{ni}x_{nj}\right)e_{hj}$$

という変形を用いました．

を定義し，これを $\boldsymbol{e}_h$ と λ_h に関して最大化します[*3]．$\boldsymbol{e}_h$ に関する最大化は $\mathbf{0} = \partial L/\partial \boldsymbol{e}_h$ を解くことで行えます．その結果

$$\boldsymbol{\Phi}\, \boldsymbol{e}_h = \lambda_h \boldsymbol{e}_h \tag{7.14}$$

が得られます．したがってこの最大化問題は，共分散行列 $\boldsymbol{\Phi}$ の固有ベクトルを求めることにほかなりません．$D \times D$ 行列 $\boldsymbol{\Phi}$ の固有ベクトルは D 個ありえますが，このうち d 個だけが我々の考えている PCA の解です．それを決めるには $\boldsymbol{e}_h^*$ が固有ベクトルである条件を代入した後のラグランジュ関数

$$L(\boldsymbol{e}_h^*, \lambda_h) = \sum_{h=1}^{d} \lambda_h \tag{7.15}$$

を最大化するように d 個の λ_h，つまり d 個のインデックス h を選びます．これはデータが広がっている方向が分散の大きな方向であり，「PCA は分散の大きい方向を決定する」という PCA の直感的理解と整合性のある結果です．そしてラグランジュ未定係数 λ_h は，対応する方向の共分散行列の固有値であり，ばらつきの大きさを教えてくれているのです．

以上で説明したように，データの分散が大きな方向のみがデータの本質とみなせ，それら以外を削除するのが PCA です．PCA を用いるとデータの質をほとんど損なわずにデータサイズを圧縮できることになります．さらに高次元データが低次元の情報に帰着されるので，データの性質を幾何学的に把握しやすくなります．

7.2 自己符号化器

主成分分析においては入力ベクトル $\boldsymbol{x}$ の住んでいる入力空間の中で，データ点が実際に散布されている平坦な部分空間を探しました．しかし簡単なデータでない限り，平坦な部分空間に散布しているとは限りません．むしろ一般的には複雑な幾何学的形状をした部分空間の周囲に散在していると考えるほうが自然です．このような部分空間を**多様体 (manifold)** などと呼びま

*3 こうすることにより，確かに λ_h に関する極値の条件 $0 = \partial L/\partial \lambda_h = (\boldsymbol{e}_h)^2 - 1$ が，課したかった拘束条件を再現してくれます．

すが*4，多様体上へデータを次元削減しようとするアプローチを**多様体学習**といいます．

多様体学習にはいくつかの具体的アプローチが考えられるのですが，ここでは深層表現を用いた方法をとります．入力空間の中で直接部分空間を探すことも確かに手の1つです．しかし入力データには捉えたい本質以外の情報も含まれているため，その空間でよいデータの分布傾向を捉えようとするのは筋がよくありません．そこで一度入力データを表現に変換し，その表現の空間の中でデータ点の分布がなす多様体を探そうとするアプローチのほうがより好まれるのです．このようなアプローチには，よい表現を生成する汎用的な手法であるニューラルネットが役に立ちます．実際，本章で解説する自己符号化器は，まさに多様体学習を実現するニューラルネットです．まずはニューラルネットでデータを圧縮するための，ちょっと捻ったアイデアから解説します．

7.2.1 砂時計型ニューラルネット

これまでの章では教師あり学習について解説してきました．その知識だけではニューラルネットの教師なし学習は難しいように思われます．というのもニューラルネットの学習は訓練データ $(\boldsymbol{x}_n, \boldsymbol{y}_n)$ を再現するように，入力 $\boldsymbol{x}_n$ を入れた際に標的信号 $\boldsymbol{y}_n$ が出力されるように教えるからです．つまり目標出力値が $\boldsymbol{y}_n$ であると教える「教師」が必要だからです．

では教師信号である目標出力 $\boldsymbol{y}_n$ が存在しない場合も，入力だけからニューラルネットを教師なし学習させられるのでしょうか．実は比較的簡単に学習させられます．入力データだけから入出力が同一の訓練データ $\{(\boldsymbol{x}_n, \boldsymbol{x}_n)\}$ を作成して，これを用いて出力が元の入力値を再現するようなニューラルネットが訓練できるからです．しかし果たしてこのようなものを作って何になるのでしょうか．

その答えは，**図 7.2**（左）のように左右対称な構造をもつ 2 層**砂時計型ニューラルネット (hourglass-type neural network)** を考えることで明らかになります [40]．ただし中央部ではユニットの数が減りくびれた構造をもつものとしましょう．このニューラルネットはまず入力 $\boldsymbol{x}$ を中間層で $\boldsymbol{y}$

---

*4 数学的には正確ではない用語であることに注意してください．本来の多様体は，その定義に埋め込むための入れ物の高次元空間を必要としないことが本質です．

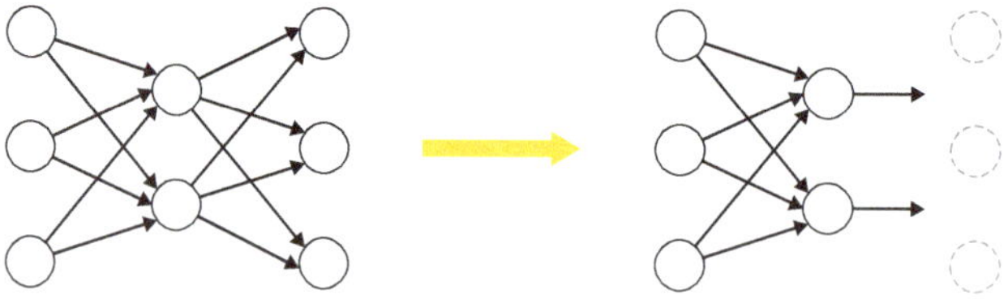

図 7.2　砂時計型ニューラルネットによる自己符号化器の作成.

に変換し，それを最終出力 $\hat{\boldsymbol{x}}$ に変換するものとします.

$$\boldsymbol{x} \longrightarrow \boldsymbol{y} = f(\boldsymbol{W}\boldsymbol{x} + \boldsymbol{b}) \longrightarrow \hat{\boldsymbol{x}} = \tilde{f}\left(\tilde{\boldsymbol{W}}\boldsymbol{y} + \tilde{\boldsymbol{b}}\right) \tag{7.16}$$

前半の変換操作 $\boldsymbol{x} \to \boldsymbol{y}$ を**符号化** (**encode**) と呼び，この操作に対応するニューラルネットの前半 2 層を**符号化器** (**encoder**) と呼びます．符号化器の出力 $\boldsymbol{y}$ は $\boldsymbol{x}$ の**符号** (**code**) という名前で呼ばれます.

その一方で $\boldsymbol{y} \to \hat{\boldsymbol{x}}$ は符号を $\boldsymbol{x}$ に戻そうとする変換ですので**復号化** (**decode**)，対応する第 2，第 3 層からなるニューラルネットは**復号化器** (**decoder**) と呼ばれます.

この砂時計型ニューラルネットの学習は，訓練サンプル $\boldsymbol{x}_n$ を入れた際の出力 $\hat{\boldsymbol{x}}(\boldsymbol{x}_n)$ ができる限り入力した $\boldsymbol{x}_n$ 自身に近づくように行われます．その一方で中間層ではユニットの数が減っているため，単に入力の情報が素通りして出力から出ていくというわけにはいきません．一度少ない中間層ユニットで表現できる情報に圧縮されてから，再び元の入力によく似たものに復号化されなくてはならないのです．そのためこのニューラルネットの学習により，データの本質をできるだけ損なうことなく次元を圧縮した符号 $\boldsymbol{y}(\boldsymbol{x})$ が得られます．この符号は復号化器にかけることで元の入力によく似たベクトル $\hat{\boldsymbol{x}}$ へと再構成されます.

このように，いま考えている砂時計型ニューラルネットは入力自身の符号を作りそれを復号化するように訓練されるので，**自己符号化器** (**autoencoder, AE**) と呼ばれています．自己符号化器を学習させた後に図 7.2 のように出力層を取り除くことで，データの次元を削減してくれる符号化器が得られます．後で見るように，これはニューラルネットによる主成分分析の拡張になっています.

7.2.2 再構成誤差による学習

ではさっそく訓練データ $\{(\boldsymbol{x}_n, \boldsymbol{x}_n)\}$ を用いて自己符号化器を学習させましょう．その際，出力層のデザインだけには注意が必要です．というのも $\boldsymbol{x}$ の成分 x_i の数値がとりうる範囲に応じて，出力層の活性化関数 $\tilde{f}$ の値域もそれに揃えておかなければならないからです．さらに出力層のユニットのタイプが決まると，使用すべき誤差関数のタイプも決まります．

(1) 実数値入力

$\boldsymbol{x}$ の成分が実数値をとる場合は，出力層には線形ユニットを用います．したがって活性化関数 $\tilde{f}$ は恒等演算です．すると誤差関数は平均二乗誤差です．

$$E(\boldsymbol{W}, \hat{\boldsymbol{W}}) = \frac{1}{2}\sum_{n=1}^{N}\left(\boldsymbol{x}_n - \hat{\boldsymbol{x}}\left(\boldsymbol{x}_n\right)\right)^2 \tag{7.17}$$

(2) 2 値入力

$\boldsymbol{x} = (x_1, \ldots, x_{d_1})^\top$ の成分が 0 か 1 の 2 値をとる場合は，出力層にはシグモイドユニットを用います．したがって活性化関数 $\tilde{f}$ はシグモイド関数です．ただし出力層にシグモイドユニットが 1 つしかないロジスティック回帰の場合とは違って，いまはシグモイドユニットが $\boldsymbol{x}$ の成分数だけ存在します．そのそれぞれが，x_i の予測値

$$\hat{x}_i(\boldsymbol{x}) = P(\hat{x}_i = 1|\boldsymbol{x}) \tag{7.18}$$

を出力します．したがって学習は，各シグモイドユニットに付随した多数のベルヌーイ分布の積

$$P(\hat{\boldsymbol{x}}|\boldsymbol{x}) = \prod_{i=1}^{d_1} P(\hat{x}_i = 1|\boldsymbol{x})^{\hat{x}_i}\left(1 - P(\hat{x}_i = 1|\boldsymbol{x})\right)^{1-\hat{x}_i} \tag{7.19}$$

に対する対数尤度関数によって行われます．つまり学習には，次のような交差エントロピーの和を用いることになります．

$$E(\boldsymbol{W},\hat{\boldsymbol{W}}) = -\sum_{n=1}^{N}\sum_{i=1}^{d_1}\Big(x_{ni}\log \hat{x}_i(\boldsymbol{x}_n) + (1-x_{ni})\log\left(1-\hat{x}_i(\boldsymbol{x}_n)\right)\Big) \tag{7.20}$$

自己符号化器の誤差は，出力がどれだけ入力を再現できているかを測る尺度ですので**再構成誤差** (**reconstruction error**) と呼ばれます．勾配法で再構成誤差を極小化するのが自己符号化器の学習です．ただしすべての重みを自由パラメータとすると過剰ですので，しばしば正則化として重み共有を課します．砂時計型の対称性を利用し

$$w_{ji} = \tilde{w}_{ij} \tag{7.21}$$

という重みの条件を課しつつ学習させます．この条件はまとめて $\boldsymbol{W} = \hat{\boldsymbol{W}}^\top$ と書くことができます．

7.2.3 符号化器の役割

学習後の符号化器が何をしているのかを調べましょう．重み行列を行ベクトル $\boldsymbol{w}_j^\top$ の集まりに分けましょう．

$$\boldsymbol{W} = \begin{pmatrix} \boldsymbol{w}_1^\top \\ \vdots \\ \boldsymbol{w}_{d_2}^\top \end{pmatrix} \tag{7.22}$$

簡単のため各行ベクトルの長さは 1 に規格化されているものとします．自己符号化器の入力層が d_1 個，中間層が d_2 個のユニットからなるとすると，$\boldsymbol{W}$ は $d_2 \times d_1$ 行列です．したがって d_1 次元ベクトル $\boldsymbol{w}_j$ は d_2 個存在します．

いま，任意の入力ベクトルが近似的にベクトル $\boldsymbol{w}_j$ で展開できているとします．

$$\boldsymbol{x} \approx \sum_j c_j \boldsymbol{w}_j, \quad c_j = \boldsymbol{w}_j^\top \boldsymbol{x} \tag{7.23}$$

この展開係数 c_j は，入力の中にそれだけ $\boldsymbol{w}_j$ の成分が含まれているのかを測っています．すると中間層での活性と出力は

$$\boldsymbol{u}^{(2)} = \boldsymbol{W}\boldsymbol{x} \approx \begin{pmatrix} c_1 \\ \vdots \\ c_{d_2} \end{pmatrix}, \quad \boldsymbol{y} = f\left(\boldsymbol{u}^{(2)}\right) \approx \begin{pmatrix} f(c_1) \\ \vdots \\ f(c_{d_2}) \end{pmatrix} \tag{7.24}$$

となります*5．このように符号とは，入力データの中にどれだけ $\boldsymbol{w}_j$ 成分が含まれているのかを計測した情報なのです．逆にいうと，うまく符号化器が学習できたならば任意のデータは重み行ベクトル $\{\boldsymbol{w}_j\}$ の各成分に分解できるので，データの基本的な構成要素が重みの情報 $\{\boldsymbol{w}_j\}$ だということです．

7.2.4 自己符号化器と主成分分析

もっとも簡単な自己符号化器である，活性化関数 f, $\tilde{f}$ が恒等写像の場合を考察します．入出力関係は

$$\hat{\boldsymbol{x}} = \tilde{\boldsymbol{W}}\left(\boldsymbol{W}\boldsymbol{x} + \boldsymbol{b}\right) + \tilde{\boldsymbol{b}} = \tilde{\boldsymbol{W}}\boldsymbol{W}\boldsymbol{x} + \left(\tilde{\boldsymbol{W}}\boldsymbol{b} + \tilde{\boldsymbol{b}}\right) \tag{7.25}$$

です．以下では $d_1 > d_2$ としましょう*6．

この場合，再構成誤差は平均二乗誤差であり，簡単な計算で

$$E = \sum_{n=1}^{N} \left(\boldsymbol{x}_n - \hat{\boldsymbol{x}}\left(\boldsymbol{x}_n\right)\right)^2 = \sum_{n=1}^{N} \left(\left(\boldsymbol{x}_n - \tilde{\boldsymbol{b}}\right) - \tilde{\boldsymbol{W}}\boldsymbol{W}\left(\boldsymbol{x}_n + \boldsymbol{W}^\top \boldsymbol{b}\right)\right)^2 \tag{7.26}$$

と書き換えられます．ただしここでは重み (7.22) を作るベクトルたちが正規直交基底をなしていることを仮定して $\boldsymbol{W}\boldsymbol{W}^\top = \boldsymbol{I}_{d_2 \times d_2}$ となることを用いました．さらに重み共有 $\boldsymbol{W} = \tilde{\boldsymbol{W}}^\top$ を課しましょう．するとバイアスにも重み共有を課したうえで

$$\boldsymbol{W} = \tilde{\boldsymbol{W}}^\top = \boldsymbol{\Gamma}, \quad \tilde{\boldsymbol{W}}\boldsymbol{W} = \boldsymbol{P}, \quad \tilde{\boldsymbol{b}} = -\boldsymbol{W}^\top \boldsymbol{b} = \boldsymbol{c}_0, \quad \boldsymbol{x}_n - \tilde{\boldsymbol{b}} = \Delta \boldsymbol{x}_n \tag{7.27}$$

と同一視することで，再構成誤差は主成分分析の誤差関数 (7.9) と完全に同じものが得られました．つまり活性化関数が恒等写像の場合の簡単な自己符

---

*5 バイアスは簡単のため省略しました．

*6 もし中間層のほうがユニットが多い $d_1 \leq d_2$ である場合を考えてしまうと，重みの選び方次第でフルランクの行列 $\tilde{\boldsymbol{W}}\boldsymbol{W}$ を $d_1 \times d_1$ 単位行列にできてしまいます．したがって学習はバイアスも 0 にして恒等変換 $\hat{\boldsymbol{x}} = \boldsymbol{x}$ を学んでしまい，これでは何の役にも立ちません．

号化器は，まさに主成分分析を行っているのです．中間層に非線形な活性化関数を導入することで，主成分分析を非線形なデータ分布にまで拡張したものが自己符号化器であるということもできます．

7.3 スパース自己符号化器

7.3.1 自己符号化器のスパース化

これまではデータを圧縮するために $d_1 > d_2$ の場合のみを考えてきました．しかしスパース正則化を用いることで，$d_1 \leq d_2$ の場合でも非自明なデータ圧縮を実現することができます．

砂時計型とは逆に中央がくびれずに太っているニューラルネットが $d_1 \leq d_2$ の場合です．この場合安易に自己符号化器を学習させると恒等写像を学習してしまい，データがニューラルネットを素通りするだけで何の意味ももちません．そこで中間層の表現である符号 $\boldsymbol{y}$ がスパースとなるように条件を課してみましょう．すると $\boldsymbol{y}$ の見かけの成分の多さにもかかわらず，実質的な自由度はスパース性のために強く制約されており，恒等写像を実現するのが不可能になります．このように中間層をスパースにした自己符号化器が**スパース自己符号化器 (sparse autoencoder, SpAE)** です．

中間層をスパースにするとは，どのような入力が来ても中間層の大半のユニットが 0 しか出力しないようにすることです．そこで中間層のユニット j の活性度をある一定値以下に抑えるような正則化項を作りましょう．

ユニット j の平均活性度は，訓練サンプル平均によって推定できます．

$$\hat{\rho}_j \equiv \mathrm{E}_{q(\mathbf{x})}\left[y_j(\mathbf{x})\right] = \frac{1}{N}\sum_{n=1}^{N} y_j(\boldsymbol{x}_n) \tag{7.28}$$

この推定量を一定値 ρ 以下に抑えましょう．そのために，ユニットの活性をオンオフだけで見るためのベルヌーイ分布を作ります．まず $0 \leq \hat{\rho}_j \leq 1$ であるとみなして，確率 $\hat{\rho}_j$ で 1（オン）をとるベルヌーイ分布を考えます．

$$\hat{\rho}_j(x) = (\hat{\rho}_j)^x \left(1 - \hat{\rho}_j\right)^{1-x} \tag{7.29}$$

これはユニット j の活性度を表現する分布です．同様に理想的な活性度 ρ の分布も作りましょう．

$$\rho(x) = \rho^x (1-\hat{\rho})^{1-x} \tag{7.30}$$

この 2 つの分布を近づければ，ユニット j の活性度も ρ に近づくはずです．そのような分布の間の近さを測るのに用いられるのが**カルバックライブラーダイバージェンス (Kullback-Leibler divergence)** でした．

$$\mathrm{D}_{KL}(\rho \| \hat{\rho}_j) = \rho \log \frac{\rho}{\hat{\rho}_j} + (1-\rho) \log \frac{1-\rho}{1-\hat{\rho}_j} \tag{7.31}$$

このダイバージェンスを可能な限り小さくすることで活性度を調節できますので，これを正則化のためのペナルティ項に用いることにします．

（スパース正則化）

$$E_{sp.}(\boldsymbol{w}) = E(\boldsymbol{w}) + \alpha \sum_{j=1}^{d_2} \mathrm{D}_{KL}(\rho \| \hat{\rho}_j) \tag{7.32}$$

目標活性度 ρ を小さく設定し勾配降下法で学習することで，できる限り活性化する中間層ユニットを少なくするように学習できます．しかし単にユニットを取り除くような操作ではなく，全体的に活性度を抑える正則化ですので，入力が変わると活性化するユニットも変化します．そしてどのユニットが活性化したかということも，データを表現する情報になっています．したがってスパースな表現では活性化するユニットが少ないにもかかわらず，大きな次元 d_2 を間接的に活用することで豊かなデータ構造を表現しています．これは**分散表現 (distributed representation)** というものの一例です．

7.3.2 スパース自己符号化器の誤差逆伝播法

スパース自己符号化器の誤差逆伝播法には技術的な注意が必要ですが，詳細を正確に解説した文献が見当たらないので，ここでは少し丁寧に解説します．

スパース正則化項は中間層のユニット出力を用いて定義されています．したがってこの項の存在は誤差逆伝播のプロセスを若干変更してしまいます．ここでは一般の $2L$ 層の深層自己符号化器を念頭において議論しましょう．いま第 ℓ 層がスパース化されているとします．すると訓練サンプル n に対する勾配は

$$\frac{\partial E_{sp.\,n}}{\partial w_{ji}^{(\ell)}} = \frac{\partial E_n}{\partial w_{ji}^{(\ell)}} + \alpha \frac{\partial}{\partial w_{ji}^{(\ell)}} \sum_{j'=1}^{d_\ell} \mathrm{D}_{KL}\left(\rho \| \hat{\rho}_{j'}\right) \tag{7.33}$$

です．第 2 項の重み依存性は，平均活性度

$$\hat{\rho}_j = \frac{1}{N} \sum_{n=1}^{N} f\left(u_j^{(\ell)}(\boldsymbol{x}_n; \boldsymbol{w})\right) \tag{7.34}$$

を通じて現れます．したがって正則化項は ℓ 層以下の重みすべてに対する依存性をもちます．ですので

$$\frac{\partial}{\partial w_{ji}^{(\ell)}} \mathrm{D}_{KL}\left(\rho \| \hat{\rho}_j\right) = \frac{\partial \hat{\rho}_j}{\partial w_{ji}^{(\ell)}} \frac{\partial}{\partial \hat{\rho}_j} \left(\rho \log \frac{\rho}{\hat{\rho}_j} + (1-\rho) \log \frac{1-\rho}{1-\hat{\rho}_j}\right) \tag{7.35}$$

というように微分は作用します．そこで平均活性度の重み微分を計算してみましょう．

$$\begin{aligned} \frac{\partial \hat{\rho}_j}{\partial w_{ji}^{(\ell)}} &= \frac{1}{N} \sum_{n'=1}^{N} \frac{\partial}{\partial w_{ji}^{(\ell)}} f\left(u_j^{(\ell)}(\boldsymbol{x}_{n'})\right) = \frac{1}{N} \sum_{n'=1}^{N} z_i^{(\ell-1)}(\boldsymbol{x}_{n'}) f'\left(u_j^{(\ell)}(\boldsymbol{x}_{n'})\right) \\ &= \mathrm{E}_{q(\mathbf{x})}\left[z_i^{(\ell-1)}(\mathbf{x}) f'\left(u_j^{(\ell)}(\mathbf{x})\right)\right] \end{aligned} \tag{7.36}$$

ここで n' はいま考えている訓練サンプル n に限らず，並列に計算されているバッチ全体のサンプルを走る添え字です．したがって最後の行は訓練サンプル全体にわたる平均値です．

その一方 E_n の勾配に関しては通常の誤差逆伝播法で求められますので*7 $\partial E_n / \partial w_{ji}^{(\ell)} = z_i^{(\ell-1)}(\boldsymbol{x}_n) \delta_j^{(\ell)}(\boldsymbol{x}_n)$ で与えられます．したがってサンプル n に対する勾配は次のようになります．

$$\begin{aligned} \frac{\partial E_{sp.\,n}}{\partial w_{ji}^{(\ell)}} &= z_i^{(\ell-1)}(\boldsymbol{x}_n) \delta_j^{(\ell)}(\boldsymbol{x}_n) \\ &+ \alpha \, \mathrm{E}_{q(\mathbf{x})}\left[z_i^{(\ell-1)}(\mathbf{x}) f'\left(u_j^{(\ell)}(\mathbf{x})\right)\right] \left(-\frac{\rho}{\hat{\rho}_j} + \frac{1-\rho}{1-\hat{\rho}_j}\right) \end{aligned} \tag{7.37}$$

*7 $\ell' > \ell$ に関しては，正則化項 D_{KL} が $w^{(\ell')}$ に依存しないことより，誤差逆伝播法のルールは一切変更されません．

これは 1 つのサンプルに関する計算ですが，サンプル平均の値を必要とします．したがって 1 つのサンプルの計算だけを追っていてはだめで，並列に走っているバッチ全体の計算を参照しなければ右辺は評価できません．

そこでバッチ学習を考えましょう．このときはバッチ全体の誤差 $E_{sp.} = \sum_n E_{sp.\,n}/N$ を考えればよいので，式が簡素化します．そこで式 (7.37) を n について平均化すると，右辺では n に依存するのは第 1 項だけであるので次の結果が得られます．

$$\frac{\partial E_{sp.}}{\partial w_{ji}^{(\ell)}} = \frac{1}{N}\sum_{n=1}^{N}\Biggl(\delta_j^{(\ell)}(\boldsymbol{x}_n) + \alpha f'\left(u_j^{(\ell)}(\boldsymbol{x}_n)\right)\left(-\frac{\rho}{\hat{\rho}_j} + \frac{1-\rho}{1-\hat{\rho}_j}\right)\Biggr) z_i^{(\ell-1)}(\boldsymbol{x}_n) \quad (7.38)$$

第 2 項では，式 (7.37) における経験分布に関する平均をあらわにサンプル平均に書き直しました．その際にダミー変数 n を復活させました．このようにまとめると，$\sum_{n=1}^{N}$ の中の因子があたかも 1 つのサンプル n に関する勾配の寄与のように見えます．平均化で書き直したため，1 つのサンプル n に注目していても，もはや全体の平均値は必要なくなっていることに注目しましょう．これは本来の式 (7.37) との大きな違いです．そこで改めて，スパース化されたデルタを次式で人為的に定義しましょう．

$$\delta_{sp.\,j}^{(\ell)} = \sum_k \left(\delta_{sp.\,k}^{(\ell+1)} w_{kj}^{(\ell+1)} + \alpha\left(-\frac{\rho}{\hat{\rho}_j} + \frac{1-\rho}{1-\hat{\rho}_j}\right)\right) f'\left(u_j^{(\ell)}\right) \quad (7.39)$$

先ほど述べたように，より出力側の層 $\ell' > \ell$ ではデルタに修正はありませんので $\boldsymbol{\delta}_{sp.}^{(\ell')} = \boldsymbol{\delta}^{(\ell')}$ です．そのため通常の誤差逆伝播法から $\delta_{sp.\,j}^{(\ell)} = \sum_k \delta_{sp.\,k}^{(\ell+1)} w_{kj}^{(\ell+1)}$ が成り立っています．

以上より，バッチ全体の勾配は，通常の誤差逆伝播法のルールで求まることになります．

公式 7.1（スパース正則化された誤差逆伝播法）

$$\frac{\partial E_{sp.}}{\partial w_{ji}^{(\ell)}} = \frac{1}{N}\sum_{n=1}^{N} \delta_{sp.\,j}^{(\ell)}(\boldsymbol{x}_n) z_i^{(\ell-1)}(\boldsymbol{x}_n) \tag{7.40}$$

ただしサイズの小さなミニバッチ学習では注意が必要です．というのも，その場合平均活性度 ρ_j はミニバッチ平均で測られ，それでは平均の計算に用いたサンプル数が少なく，推定値としての精度に不安が残ります．そこで前のエポックまでの平均値の情報も重み付き平均として取り込んで定義した

$$\hat{\rho}_j^{(t)} = \beta \hat{\rho}_j^{(t-1)} + (1-\beta)\frac{1}{|\mathcal{B}^{(t)}|}\sum_{n\in\mathcal{B}^{(t)}} f\left(u_j^{(\ell)}(\boldsymbol{x}_n;\boldsymbol{w})\right) \tag{7.41}$$

を各時刻での平均活性度の推定値として使用します．

演習 7.1　誤差逆伝播法において，入力層側 $\ell' < \ell$ ではデルタの定義を修正する必要はありません．これを勾配を実際に計算して確認しなさい．ただしダイバージェンス項を $w_{pq}^{(\ell')}$ で微分しても 0 ではないことに注意しましょう．

7.4 積層自己符号化器と事前学習

7.4.1 積層自己符号化器

ニューラルネットには勾配消失問題が存在するため，**図 7.3** のような多層の**深層自己符号化器** (**deep autoencoder**) を技術的な工夫なしで学習させることは，これまで簡単ではありませんでした．ところが中間層が 1 層の砂時計型ニューラルネット，つまり中間層のない符号化器の学習は浅いネットワークの学習ですので，勾配消失問題の害を被ることはありません．そこで問題なく学習ができる浅い符号化器を用いて，多層の自己符号化器の学習に役立てることを考えてみましょう．

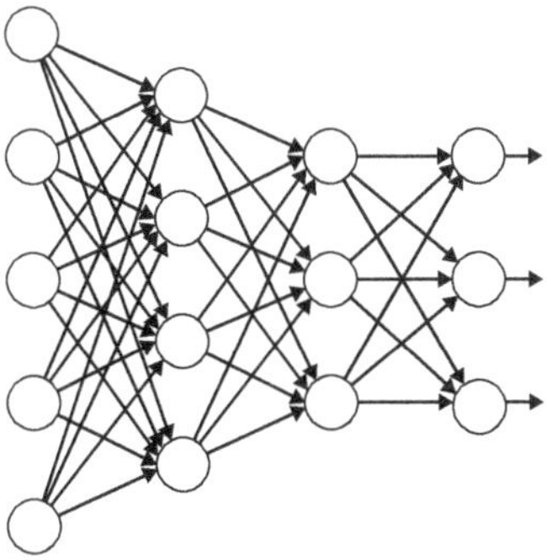

図 7.3 4 層からなる多層の符号化器.

符号化器の役割は入力データを，本質以外を削ぎ落とした表現に圧縮することでした．したがって複数の層からなる符号化器は，層を経るごとにどんどんデータの圧縮を繰り返していくと期待できます．そのため，符号化器の中から任意の 2 つの隣接層 $\boldsymbol{z}^{(\ell-1)} \to \boldsymbol{z}^{(\ell+1)}$ を抜き出してみると，それは再び 2 層符号化器の役割を担っていると期待できます．

そこで多層自己符号化器を 2 層符号化器の集まりとみなして，それら 2 層の学習の反復により全体を学習させましょう．そのアルゴリズムは**図 7.4** のようにまとめられます．手順は次のようなものです．

(1) まず第 1，2 層だけを取り出し，これに入力層と同じユニット数の層を出力側に加えます．これを訓練データ $\{\boldsymbol{x}_n\}$ によって自己符号化器として学習させ，学習後に加えた層を再び取り除いて符号化器にします．この符号化器で訓練データを符号化したものを $\{\boldsymbol{z}_n^{(2)}\}$ と書きましょう．
(2) 次に第 2，3 層だけを取り出し，再び自己符号化器として学習させます．その際訓練データに用いるのは $\{\boldsymbol{z}_n^{(2)}\}$ であり，学習後の符号化器でこれを変換したものを $\{\boldsymbol{z}_n^{(3)}\}$ と書きましょう．
(3) この操作を上層に向かって繰り返していきます．
(4) 出力層まで学習が終わったら，各符号化器の学習済み重みパラメータを，多層符号化器全体の重みとして採用します．

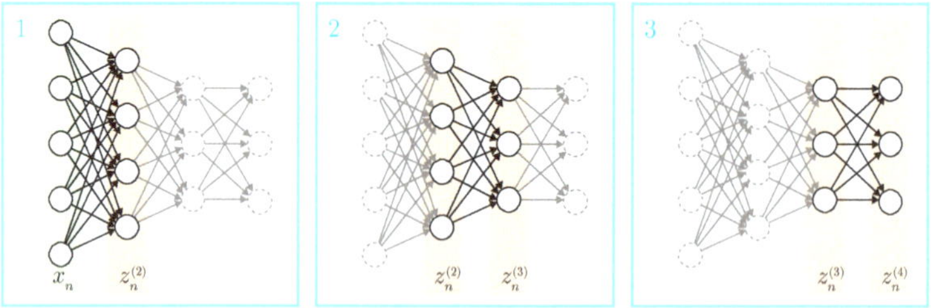

図 7.4 多層符号化器の層ごとの貪欲法による学習.

このような学習法は**層ごとの貪欲法** (**greedy layer-wise training**) といい, 貪欲法で学習させられたこの自己符号化器を**積層自己符号化器** (**stacked autoencoder, SAE**) と呼びます. SAE はその構成から, 入力データのよい表現（符号）を獲得していると期待できます. 例えば 2012 年にはエンの率いる Google のチームが, SAE を用いた画像の教師なし学習により, 猫など個別の対象にのみ反応するユニットである「おばあさん細胞」の実現に成功しました. いわゆる Google の猫です. このように SAE は層ごとによい表現を獲得できるため, 次に解説する事前学習という用途にも用いられてきました.

7.4.2 事前学習

多層ニューラルネットを学習させようとしても, 勾配法に従って下っていく誤差関数の谷が大きくうねりながら進むためなかなか目的の極小値にたどり着きません. それればかりかプラトーや勾配消失問題などのさまざまな障害に直面し, 工夫なしでは学習は一向に進みません. そのために重要であるトリックの 1 つが, 勾配降下法のスタート位置を決めるパラメータ初期化でした. SAE は多層ニューラルネットのよい初期値を与えているともみなせます.

L 層の深層ニューラルネットの学習を考えましょう. 出力層は回帰分析を行うので, 深層表現を学習するのはその前層までとみなせます. そこで 1 から $L-1$ 層を SAE として貪欲法で学習させ, その重みパラメータを深層ニューラルネットの重みの初期値として採用しましょう. そのうえで $L-1$ 層と L 層の間の重みはランダムに選び, 深層ニューラルネット全体を通常の誤差逆伝播法で学習させます．すると学習が大幅に加速することが経験的に知られています．このようにSAEを初期値の選択に用いる手法を**事前学習** **(pre-training)** といいます．

事前学習は2006年にY. ベンジオ (Yoshua Bengio) のグループにより国際会議NIPSで発表され，その後の発展に大きく寄与してきた重要な技術です．しかし最近では事前学習に頼らずとも深層学習が可能になる技術が開発されてきているため，必ずしも最先端の研究現場では用いられていません．

7.5 デノイジング自己符号化器

4.5節では，モデルのノイズに対するロバスト性を向上させるためにノイズ付加正則化を議論しました．ニューラルネットは入力のノイズに対してロバストではなく，そのため実は自己符号化器の性能はそれほどよいものではありません．そこでノイズにより入力データを拡張したうえで自己符号化器を学習させましょう．その結果得られるモデルを**デノイジング自己符号化器** **(denoising autoencoder, DAE)** と呼びます．

まず入力サンプルの各成分 x_{ni} が実数値をとる場合を考えましょう．与えられた各訓練サンプル $\boldsymbol{x}_n$ ごとに，適当な分散をもつガウス分布からガウスノイズ $\delta\boldsymbol{x}_n \sim \mathcal{N}(\delta\mathbf{x}; \mathbf{0}, \sigma^2\mathbf{1})$ をサンプリングしてこれを訓練サンプルに付加します．このようにして作った訓練データ $\{(\boldsymbol{x}_n + \delta\boldsymbol{x}_n, \boldsymbol{x}_n)\}$ で自己符号化器を学習させてみましょう．この学習はノイズが加わった入力 $\boldsymbol{x}_n + \delta\boldsymbol{x}_n$ から，ノイズを付加する前の入力 $\boldsymbol{x}_n$ を再現させようとするものです．したがってこの結果得られる自己符号化器は**図 7.5** のように入力のノイズを除去することができるため，「デノイジング（ノイズ除去)」と呼ばれているのです．

ノイズ付加には他の方法も存在します．**欠落ノイズ** **(masking noise)** では $\boldsymbol{x}_n = (x_{n1} \quad \cdots \quad x_{nd_1})^\top$ の成分をランダムに選んで0に置き換えます．その一方**ソルト&ペッパーノイズ** **(salt-and-pepper noise, ごま塩ノイズ)** は，サンプルのとりうる値が一定範囲 $l \leq x_{ni} \leq u$ に収まっているときに用いることができます．この場合はランダムに選んだ $\boldsymbol{x}_n = (x_{n1} \quad \cdots \quad x_{nd_1})^\top$ の成分を，適当な確率で l が u に置き換えてしまいます．

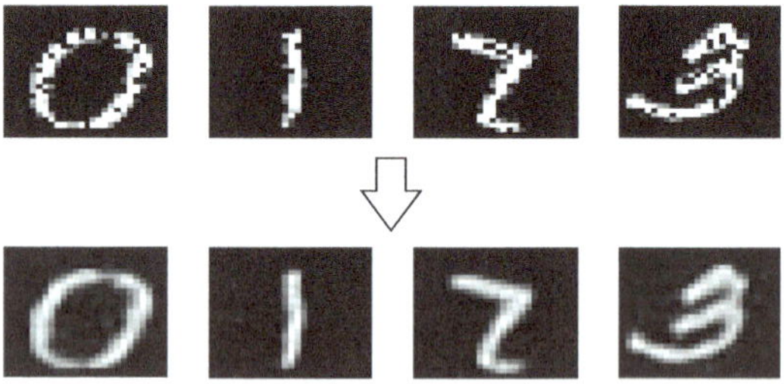

図 7.5 欠落ノイズを加えた上段の画像をシンプルな単層 DAE で処理した結果が下の画像.

7.6 収縮自己符号化器*

7.6.1 収縮自己符号化器と多様体学習

自己符号化器を用いて PCA を拡張するモチベーションの 1 つとしては，高次元データのなす多様体構造を捉えたいというものがありました．このような多様体学習を促進する正則化項を加えたものが**収縮自己符号化器** (**contractive autoencoder, CAE**) です．

CAE では符号 $\boldsymbol{y} = f\left(\boldsymbol{u}^{(2)}(\boldsymbol{x})\right)$ の微分係数ができるだけ小さくなるように，次のようなペナルティ項を加えます．

$$E_{cont.n}(\boldsymbol{w}) = E_n(\boldsymbol{w}) + \alpha \sum_{j=1}^{d_2} \left(\nabla_{\boldsymbol{x}} y_j(\boldsymbol{x}_n)\right)^2 \qquad (7.42)$$

この正則化項はヤコビアンのフロベニウスノルムというものです．再構成誤差を小さくしつつこのノルムを小さくしようと学習することは，入力値の変動に対して符号があまり反応せずにロバストになることを要請することと同じです．したがって考え方は DAE と似ています．CAE は，ある程度の散らばりをもって分布していた似たようなデータを，符号の空間の中では 1 点に縮めてしまおうとする役割を果たします．というのも符号をテイラー展開すると $\boldsymbol{y}(\boldsymbol{x}) \approx \boldsymbol{y}(\boldsymbol{x}_n) + (\nabla_{\boldsymbol{x}} \boldsymbol{y}(\boldsymbol{x}_n))\,(\boldsymbol{x} - \boldsymbol{x}_n)$ ですので，ノルムが十分小さい

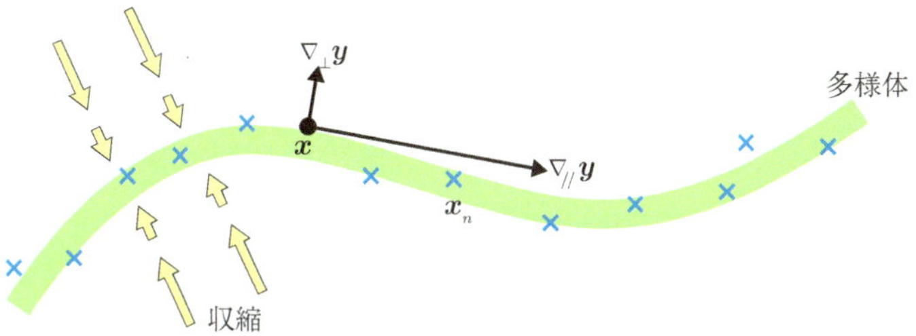

図 7.6 CAE と符号の空間における多様体学習の関係.

なら $|\boldsymbol{y}(\boldsymbol{x}) - \boldsymbol{y}(\boldsymbol{x}_n)| \ll |\boldsymbol{x} - \boldsymbol{x}_n|$ となるからです.

データが高密度に広がっている方向は，データの本質を表す自由度です．そのため多様体上を動くと符号 $\boldsymbol{y}(\boldsymbol{x})$ の値が大きく変化し，本質的に異なるデータを区別できるようになっているべきです．したがってデータの空間の中で多様体に沿った方向の微分係数 $\nabla_{/\!/}\boldsymbol{y}$ を考えると，これは大きな値をとります．その一方で多様体と垂直な方向は，データの本質とは関係がないため符号をさほど変化させず，対応する微分係数 $\nabla_\perp \boldsymbol{y}$ も小さくなります．

$\boldsymbol{x}_n$ 付近へと縮小されるデータは，$(\nabla_{\boldsymbol{x}}\boldsymbol{y}(\boldsymbol{x}_n))\,(\boldsymbol{x}-\boldsymbol{x}_n) \approx \left(\nabla_{/\!/}\boldsymbol{y}\right)\,(\boldsymbol{x}-\boldsymbol{x}_n)$ のノルムが小さくなる $\boldsymbol{x}$ のなす領域です．このような点 $\boldsymbol{x}$ は，ベクトル $\boldsymbol{x} - \boldsymbol{x}_n$ が $\nabla_{/\!/}\boldsymbol{y}$ と垂直です．つまり，データの本質的な広がりと垂直的な方向に関しては収縮が加速されます．一方大きな $(\nabla_{\boldsymbol{x}}\boldsymbol{y}(\boldsymbol{x}_n))\,(\boldsymbol{x} - \boldsymbol{x}_n)$ をもつ点 $\boldsymbol{x}$ に対しては，符号化を行っても $\boldsymbol{x}_n$ へは縮小されません．この縮小されない点 $\boldsymbol{x} - \boldsymbol{x}_n$ は，多様体の接ベクトル方向 $\nabla_{/\!/}\boldsymbol{y}$ とおおよそ平行になっています．したがって再構成誤差 (7.42) を極小化するように学習することで，符号の空間の中で，データの本質を損なわない似たようなデータの並ぶ方向に対してはどんどん符号空間の中で縮小します．その結果，縮小せずに残った符号空間の中の広がりは，データの本質をパラメータ付けている重要な多様体ということになります（図 7.6）.

7.6.2 他の自己符号化器との関係

中間層の活性化関数が恒等写像の場合，つまり PCA と等価な自己符号化器を考えましょう．この場合の縮小正則化項は

$$\sum_j \sum_i \left(\frac{\partial}{\partial x_i} \sum_{i'} w_{ji'} x_{i'} \right)^2 \bigg|_{\boldsymbol{x}=\boldsymbol{x}_n} = \sum_{i,j} (w_{ji})^2 \tag{7.43}$$

となり，これはまさに重み減衰です．このように PCA の場合の CAE は重み減衰と等価であることがわかりました．

次に活性化関数がシグモイドである非線形な場合を考えてみましょう．このときの縮小正則化項は

$$\begin{aligned}&\sum_j \sum_i \left(\frac{\partial}{\partial x_i} \sigma\Big(\sum_{i'} w_{ji'} x_{i'}\Big) \right)^2 \bigg|_{\boldsymbol{x}=\boldsymbol{x}_n} \\ &= \sum_j \sigma\Big(\sum_{i'} w_{ji'} x_{ni'}\Big)^2 \left(1 - \sigma\Big(\sum_{i'} w_{ji'} x_{ni'}\Big)\right)^2 \sum_i (w_{ji})^2\end{aligned} \tag{7.44}$$

です．これを小さくするために，学習後の自己符号化器は符号 $\sigma(\sum_{i'} w_{ji'} x_{ni'})$ を 0 か 1 のいずれかに近い値にしようとします．これはまさにスパース化された状況にほかなりません．

最後に CAE と似ている DAE との関係を探りましょう．ガウスノイズ付加で用いるガウス分布の分散を十分小さくすると，式 (5.23) よりティホノフ正則化項 $\sum_i (\nabla_{\boldsymbol{x}} \hat{x}_i(\boldsymbol{x}_n))^2$ で近似できます．したがって，これは復号化 $\hat{\boldsymbol{x}}$ に関する縮小正則化です．DAE と違い，CAE は直接符号に対して多様体学習を実現させようとする正則化になっているのです．

Chapter 8

畳み込みニューラルネット

深層学習は，画像認識タスクに対して極めて高い性能を発揮したことで注目を集め始めました．画像認識に特化して開発されてきたニューラルネットが畳み込みニューラルネットです．このニューラルネットは特殊な構造をしたスパースな結合をもっています．そしてこの構造を開発するヒントになったのは，実際の動物の視覚野の構造です．そこで本章では，視覚野について解説することから始めます．

8.1 一次視覚野と畳み込み

8.1.1 ヒューベル・ウィーゼルの階層仮説

人間には，視覚情報からパターンを認識する高い能力が備わっています．その仕組みの全貌はいまだに謎に包まれていますが，これを我々の神経細胞のネットワークがもつ特別な構造に起因するものだと考えることは妥当な仮説の１つです．

網膜で受け取られた視覚情報の電気信号は，画像としての平面構造を保ったまま視床にある外側膝状体を経由して１次視覚系に入力します [11]．視覚情報の本格的な処理系統への入口である１次視覚野は，我々の後頭部に位置しています．この場所で，パターン認識プロセスの重要な第１段階が行われているのです．

1958 年ハーバード大学のヒューベルとウィーゼルは，猫の視覚野に特定の傾きをもつ線分を見せたときにだけ反応する細胞があることを発見しました．さらにそのような細胞は**単純型細胞** (**simple cell**) と**複雑型細胞** (**complex cell**) の 2 種類に大別できることも明らかにしました．これらの違いを説明するために，受容野の概念を導入しましょう．**受容野** (**receptive field**) とは，ニューロンを発火させるような入力を生じさせる領域のことをいいます．

図 8.1(a)(b) の 4 つのケースそれぞれは，左の四角い領域（網膜）から視覚刺激を受け取った際に，縦に並んだ 4 つのニューロンがどう変化するかを示した概念図です．受容野はそれぞれの図の左側に位置する網膜の中の一部の領域です．4 つのうち，上から 2 つ目のニューロンに注目しましょう．単純型細胞 (a) では，パターンが灰色でぬりつぶされた領域にちょうど現れたときだけニューロンが発火します．(a) の上図のように，領域からちょっとでもパターンがずれてしまっては発火しません．このように単純型細胞はとても狭い受容野をもっています．これを受容野が局所的であるといいます．その一方，複雑型細胞 (b) はパターンが提示される位置がある程度ずれたとしても発火し続けています．つまり受容野が広く，パターンの平行移動に対

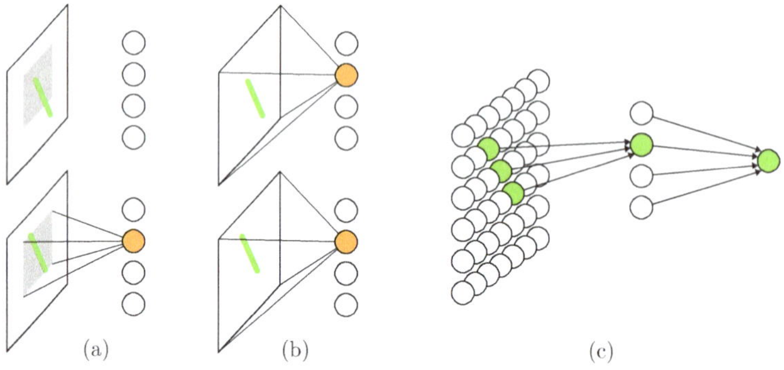

図 8.1 (a) 単純型細胞．(b) 複雑型細胞．(c) 単純型細胞は，パターンの形状に対応した網膜細胞とのみ結合をもつ．ヒューベルとウィーゼルの説では，複雑型細胞はそのような単純型細胞を束ねる形で実現している．

してロバストな反応をするのです．この2種類の細胞により，ある特定の位置にあるパターンと，位置にかかわらずどこかに存在するパターンの2つを検知できます．

ではこれらの細胞の振る舞い方を決めているメカニズムは何でしょうか．ヒューベルとウィーゼルは，ニューロンのネットワーク構造にカギがあると考えました．図8.1(c)に彼らの説を示します．まず単純型細胞が局所的な受容野をもつ理由は，この細胞が狭い受容野としか結合していないからです．(c)の前半2層の構造がそれにあたります．図は簡単化し，パターンの形状をした細胞列とのみ単純型細胞は結合しているとしました．それによりこのパターンの部分に刺激が来たときのみ，単純型細胞がもっとも大きく反応します．このような単純型細胞は，網膜上の位置がずれたさまざまなパターンに対応してたくさん存在します．それらさまざまな局所受容野をもつ単純型細胞を束ねるように結合しているのが，(c)の3層目にあたる複雑型細胞です．この構造のために，網膜上のある程度の範囲内にパターンが入力されさえすれば複雑型細胞は反応できます．このようにヒューベルとウィーゼルの説では，局所的なパターンをまず単純型細胞で検知し，その情報を総合することで位置のズレに対して安定的にパターン抽出ができるようになっています．彼らの説は階層仮説とも呼ばれます．

ヒューベルとウィーゼルの階層仮説が大きなヒントとなって誕生したのが**畳み込みニューラルネットワーク (convolutional neural network, CNN)** です．しばしば略して**畳み込みネットワーク (convolutional network)** や**畳み込みニューラルネット**とも呼ばれます．このCNNの起源は1979年まで遡ります．当時NHK放送科学基礎研究所に在籍していた福島邦彦は，階層仮説を参考にして単純型細胞と複雑型細胞に対応したユニットを導入しました．そのうえで単純型細胞の層と複雑型細胞の層を交互に重ねた多層ニューラルネットである**ネオコグニトロン (neocognitron)** を提唱しました [41]．このネオコグニトロンは，教師なしの競合学習と呼ばれる手法で訓練させられました．1989年に同じニューラルネットに誤差逆伝播法を適用し高い性能を実現するのに成功したのがルカンのグループです [42]．このモデルは現在の畳み込みニューラルネットとほぼ同じものです．彼らの畳み込みニューラルネットは，ルカンに敬意を表して **LeNet** と名付けられています．ただし計算機性能の限界から，当時は主に手書き文字認識を扱っていました．このネオコグニトロンや LeNet に由来するニューラルネットを，自然画像などさまざまなデータに適用できるようにしたものが現代的な意味での畳み込みニューラルネットであるということもできます．

8.1.2 ニューラルネットと畳み込み

畳み込みニューラルネットは，主に 2 種類の層からできています．1 つ目は単純型細胞と類似のユニットからなる層で，局所的な受容野をもっています．パターン認識では，抽出すべきパターンが画像のどの位置に現れるかはあらかじめわかりません．そこで図 8.2(a) の右のように，入力側の層を，局所的な受容野をもつ単純型細胞で覆います．これにより，どの局所受容野にパターンが現れても次層のユニットに活性が生じます．これまで考えてきた**全結合型 (fully connected)** のニューラルネットに比べ，構造が疎になっていることに注目してください．このように CNN では重み行列がスパースになっています．

CNN がパターン抽出のためのモデルであるならば，パターンが現れる画像中の位置によってパターン認識能力が変化しては困ります．それを防ぐには，どこの局所受容野と単純型細胞の結合も，すべて同じ重みを共有していればよいでしょう．つまり図 8.2(a) において同じ色の矢印で書かれた結合重

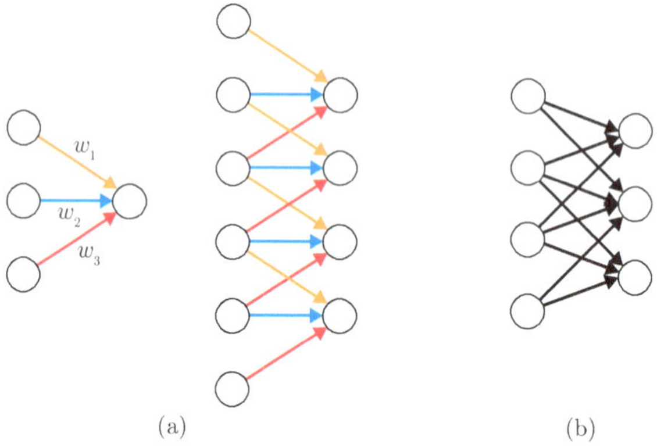

図 8.2 (a) 左は 3 つのユニットからなる局所受容野から入力を受ける単純型細胞．左は入力層全体と複数の単純型細胞．(b) 単純型細胞の層から入力を受ける複雑型細胞の層．

みは，すべて同じパラメータを共有しています．このようにすることで，学習中に訓練サンプルのある受容野に現れたパターンから学んだ結果を，ほかの位置に現れたパターンの抽出にも適用できるからです．したがって各単純細胞への入力はすべて同じ重み行列をもちますので，結合の多さにもかかわらずパラメータの数は少数です．この層が次節で詳しく解説する畳み込み層です．畳み込み層には重みのスパース化と重み共有という 2 つの正則化が課されているとみなすことができます．

その一方，複雑型細胞は図 8.2(b) のように，多数の単純型細胞の出力をとりまとめる役割だけを果たします．つまりパターン抽出には直接関与しません．そのためこの細胞へ入力する結合の重みは固定し，学習しないものとします．この層は次節でプーリング層として改めて説明します．

ルカンらは 1989 年の時点で 5 層，1998 年には 8 層の畳み込みニューラルネットの学習に成功しています．ではなぜ深層学習の発展するはるか 20 年以上も前に多層ニューラルネットの学習に成功していたのでしょうか．その秘密こそが，生物学からヒントを得た畳み込み層の構造です．畳み込み層では重みがスパースにされたうえにさらに重み共有がなされているため，強い正則化が効いています．タスクに適した正則化によりパラメータ数が削減されていることで，より少ない計算量で学習が可能になっています．

8.2 畳み込みニューラルネット

8.2.1 画像データとチャネル

MNIST などの比較的簡単な手書き文字の認識では，2 次元の画像データをベクトルとして 1 次元状に並べてモデルへ入力しても，学習後の分類モデルはそこそこの性能を発揮します．しかし自然画像の分類など本格的なパターン認識では，画像の 2 次元構造を最大限活用すべきです．そこで本章では画像サンプルは 2 次元状に配列した実数画素値 x_{ij} として表現します．サイズが $W \times W$ の画像では，画素の位置 (i, j) を指定する添え字は

$$i = 0, 1, \ldots, W-1, \qquad j = 0, 1, \ldots, W-1 \tag{8.1}$$

というように 0 から数え始めることにします．これは畳み込みの数式をシンプルにするための技術的な理由によります．

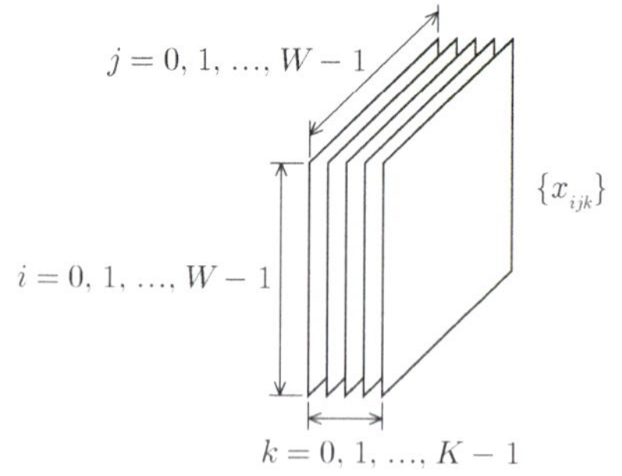

図 8.3 K チャネルからなる $W \times W$ 画像.

実際の画像データは 1 つの位置 (i, j) に対して，色成分の情報など多くの情報が付与されています．そのような自由度を**チャネル** (**channel**) と呼びます．RGB カラーを用いた画像では 1 つの位置 (i, j) に，赤，緑，青の 3 色の成分量に応じて 3 種類 $k = 0, 1, 2$ の数値 $x_{ijk} = z_{ijk}^{(1)}$ が付随しています．これを一般化して K チャネル $k = 0, 1, \ldots, K$ を考えることにします．すると図 8.3 のように 1 枚の画像も，各チャネルに応じた K 枚の画像でできているとみなすことができます．

8.2.2 畳み込み層

まず 1 チャネルの簡単な場合から議論しましょう．**畳み込み層** (**convolutional layer**) は行列入力 $(z_{ij}^{(\ell-1)})$ へ**フィルタ** (**filter**) を作用させる役割を果たします．そこでまずフィルタの役割を理解しましょう．フィルタは入力よりも小さいサイズをもつ $H \times H$ 画像として定義できます．その画素値を h_{pq} と書きましょう．画素の位置を表す添え字は

$$p = 0, 1, \ldots, H-1, \qquad q = 0, 1, \ldots, H-1 \tag{8.2}$$

という値をとります．$(z_{ij}^{(\ell-1)})$ に対するフィルタ (h_{pq}) の畳み込みとは，本書では次の演算のことを意味します．

(畳み込み)

$$u_{ij}^{(\ell)} = \sum_{p,q=0}^{H-1} z_{i+p,j+q}^{(\ell-1)} h_{pq} \tag{8.3}$$

この畳み込みの演算を $\circledast$ という記号で表したりもします．この操作ではまず図 8.4 のように，画像の画素 (i, j) にフィルタの画素 $(0, 0)$ が重なるように両者を重ねます．そしてフィルタと重なった位置での両者の画素値の積 $z_{i+p,j+q}^{(\ell-1)} h_{pq}$ を計算します．この値を重なり領域全体にわたって足し合わせたものを $u_{ij}^{(\ell)}$ とします．これを畳み込み後の画像の (i, j) における画素値とします．この操作を，フィルタが画像からはみ出ない範囲で行います．したがって畳み込める位置は $i, j = 0, 1, \ldots, W - H$ で与えられ，畳み込みの画像のサイズは $(W - H + 1) \times (W - H + 1)$ です．ちなみに重み共有ま

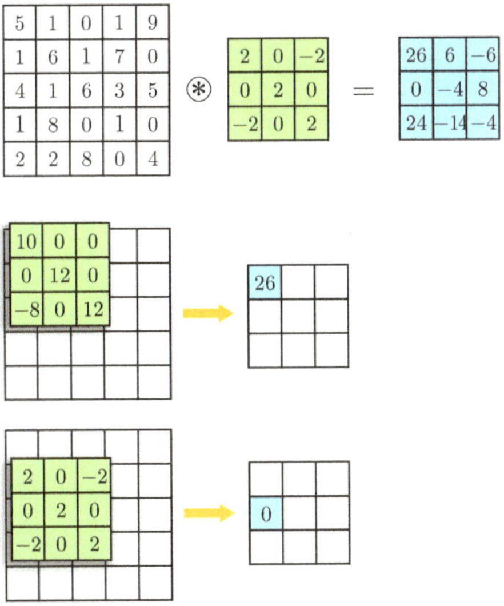

図 8.4　5 × 5 画像への 3 × 3 フィルタの畳み込み．例えば畳み込み後の画像（青色）の左上の画素値 26 は，$5 \times 2 + 1 \times 0 + 0 \times (-2) + 1 \times 0 + 6 \times 2 + 1 \times 0 + 4 \times (-2) + 1 \times 0 + 6 \times 2 = 26$ という計算に由来します．

では必要なく，単にスパースな結合のみ考えたい場合には，**非共有畳み込み (unshared convolution)**

$$u_{ij}^{(\ell)} = \sum_{p,q=0}^{H-1} z_{i+p,j+q}^{(\ell-1)} h_{ijpq} \tag{8.4}$$

を用います．各位置 (i,j) に対し，異なるフィルタ h_{ijpq} を用いていることに注意しましょう．

フィルタは図 8.4 のように作用し，画像からあるパターンを抽出します．図 8.4 の緑のフィルタ側では，左上から右下にかけて斜めに 3 つ大きな数値が並んでいます．これを画像に畳み込むことで，フィルタ同様斜めに大きな数が 3 つ並んでいる領域を抽出できます．畳み込み後の青の画像には左上と左下に， 26 と 24 という飛び抜けて大きい画素があります．これは確かに元画像で斜めの構造が見られる位置に対応しています．例えば 26 の例では，元画像の左上の角から始まる 5, 6, 6 という，周囲と比べて大きな数字の並びが見られます．

畳み込みとプーリングをそれぞれ 2 回行う CNN を学習させて得られたフィルタが**図 8.5** に例示してあります．MNIST による訓練という単純なタスクのためきれいなパターンは認めがたいですが，斜めの線やスポット構造などを取り出しているように見えます．

このようにフィルタを畳み込むことで，画像から特定のパターンを抽出できます．CNN ではパターンを抽出するのに適したフィルタは，我々が与えるのではなく訓練データから学習します．つまり CNN におけるフィルタ h_{pq} が重みパラメータにほかなりません．これらの重みは，かなり強く重み共有により正則化されています．というのもユニット (a,b) と次層のユニット (i,j) を結ぶ重みは，適当な整数 $\Delta_{1,2}$ で平行移動した場所のユニット $(a+\Delta_1, b+\Delta_2),(i+\Delta_1, j+\Delta_2)$ 間を結ぶ重みとまったく同じだからです．

図 8.5 1 層目の 5 × 5 フィルタをいくつか画像化したもの．訓練データは MNIST を使用した．

つまり自由に動かせるパラメータは H^2 個しかありません.

次に K チャネル画像に対する畳み込みを考えましょう. K チャネル画像は $z_{ijk}^{(\ell-1)}$ のように 3 つの添え字でラベルされますので, $W \times W \times K$ 画像とみなせます. このような画像を畳み込むには, 同じチャネル数をもつ $H \times H \times K$ フィルタ h_{pqk} を用意します. そのうえで, 各チャネルごとに先ほどの畳み込みを行い, その後同じ位置の画素値は全チャネルにわたって足し上げてしまいます. その結果得られる次の $(W-H+1) \times (W-H+1)$ 画像が畳み込みの結果です.

$$u_{ij}^{(\ell)} = \sum_{k=0}^{K-1} \sum_{p,q=0}^{H-1} z_{i+p,j+q,k}^{(\ell-1)} h_{pqk} + b_{ij} \tag{8.5}$$

ここではバイアス b_{ij} も導入しました.

多チャネルのフィルタが 1 種類しかない場合は, このように畳み込み後の画像はチャネルが 1 つしかありません. 畳み込み後も多チャネル画像がほしいならば, **ほしいチャネル数 M に応じて K チャネルのフィルタ h_{pqkm} $(k=0,1,\ldots,K-1)$ を M 種類 $(m=0,1,\ldots,M-1)$ 用意して**, これを畳み込ませます. 式で書くと次のような計算になります.

(畳み込み層 1)

$$u_{ijm}^{(\ell)} = \sum_{k=0}^{K-1} \sum_{p,q=0}^{H-1} z_{i+p,j+q,k}^{(\ell-1)} h_{pqkm} + b_{ijm} \tag{8.6}$$

畳み込み層の最終的な出力は, この画像に活性化関数 f を作用させたものになります.

(畳み込み層 2)

$$z_{ijm}^{(\ell)} = f\big(u_{ijm}^{(\ell)}\big) \tag{8.7}$$

畳み込み層からの出力のことを**特徴マップ (feature map)** ともいいます. 活性化関数としては, 最近では ReLU 関数がよく用いられます.

このように $W \times W \times K$ 画像 ($z_{ijk}^{(\ell-1)}$) から $(W-H+1) \times (W-H+1) \times M$ 画像 ($z_{ijm}^{(\ell)}$) を出力するのが畳み込み層です．とはいえ，式 (8.6)，式 (8.7) からわかるように，この層は $W \times W \times K$ 個のユニットからなる $\ell-1$ 層と $(W-H+1) \times (W-H+1) \times M$ 個のユニットの ℓ 層を，共有された重み $\{h_{pqkm}\}$ で結合させた普通の順伝播層ともみなせます．したがって通常の誤差逆伝播法を用いることで，重みであるフィルタを学習することができます．

演習 8.1 画像やフィルタが長方形の場合に，これまでの議論を拡張しなさい．

8.2.3 1×1 畳み込み*

最近の CNN では，サイズが 1×1 のフィルタによる畳み込みも用いられます．これは局所受容野が 1 ピクセルしかカバーしないので，パターン抽出の観点からは何の役割も果たさないように見えます．しかしこのフィルタはチャネル方向には画素値を加算しますので，非自明な作用をします．またフィルタのチャネル数を元画像よりも少なくしておくことで，変換後の画像 $u_{ijm}^{(\ell)} = \sum_k z_{ijk}^{(\ell-1)} h_{km}$ のチャネル数削減が行えます．また，サイズの大きなデータの畳み込み演算は計算量がかさみます．そこで中間層で次元削減をすることで計算にかかるコストを下げたい場合に，この 1×1 畳み込みが利用されます．

8.2.4 因子化した畳み込み*

もう 1 つ，畳み込みにまつわる計算量を削減する技術を紹介しましょう．通常，5×5 フィルタの畳み込み層には $5 \times 5 = 25$ 個のパラメータがあります．しかし 5×5 畳み込みとほとんど違わない操作を，より少ないパラメータ数で実現できます．図 8.6（上）を考えてみましょう．これは 3×3 畳み込みを 2 回連続して作用させている状況を表していますが，はじめはサイズが 5×5 であった画像が最後には 1×1 になっています．つまり 5×5 畳み込みは 3×3 畳み込み 2 回で代用できるのです．さらに 2 回の畳み込み演算で置き換えるこ

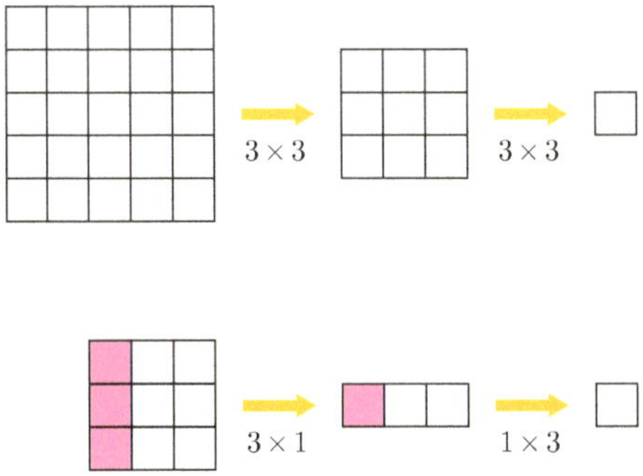

図 8.6 畳み込みの因子化．上図では，5 × 5 の領域が 3 × 3 フィルタの畳み込み 2 回で 1 × 1 へ縮小している．したがってこれは 5 × 5 畳み込み 1 回とみなせる．下側では 3 × 1 の後に 1 × 3 を行い，3 × 3 フィルタの畳み込み 1 回と同様の作用を実現．はじめの赤い 3 つのピクセルが，3 × 1 の作用によって 1 個の赤いピクセルに変換している．

とで，パラメータ数が元の 5×5 に比べて $100\times2\times(3\times3)/(5\times5) = 72\%$ まで減っています．このように連続した畳み込み演算で置き換えられたものを**因子化した畳み込み (factorizing convolution)** と呼びます．

ではこの 3×3 畳み込みもまた 2×2 畳み込み 2 つに因子化させるのがよいでしょうか．2×2 へ因子化させると，パラメータは $100\times2\times(2\times2)/3\times3 \approx 89\%$ に減ります．実はもっとよい方法があります．図 8.6（下）を見ると，非対称な畳み込み 3 × 1 と 1 × 3 を使っても，3 × 3 畳み込みが代用できることがわかります．この場合は $100 \times 2 \times (3 \times 1)/3 \times 3 \approx 67\%$ まで減らせます．一般に $H \times H$ 畳み込みのフィルタサイズ H が大きくなるほど，$H \times 1$ と $1 \times H$ へ因子化させることによるコスト削減効果は大きくなっていきます．

このような因子化の技術は，パラメータを削減して学習を成功させるために，VGG（8.2.10 節）や GoogLeNet（8.7 節）をはじめとする多くのモデルで活用されています．

8.2.5 ストライド

これまではフィルタを 1 目盛りずつ動かして，精緻にパターンを抽出していました．しかしもう少し大雑把に画像の構造を捉えたい場合には，必ずしも 1 画素ずつ動かして位置のパターンをこまめに調べる必要はありません．

そこで CNN ではストライド (**stride**) という方法がとられます．ストライド S とは，画素を $S-1$ 個余分に飛ばしてフィルタを動かしていくことを意味しています．図 8.7 ではストライド 2 で 3×3 フィルタを畳み込む例を示します．するとフィルタが S 画素の動くごとに 1 回畳み込みを行うというストライド S では，畳み込みの式は次のように修正されます．

（ストライドありの畳み込み）

$$u_{ijm}^{(\ell)} = \sum_{k=0}^{K-1} \sum_{p,q=0}^{H-1} z_{Si+p,Sj+q,k}^{(\ell-1)} h_{pqkm} + b_{ijm} \tag{8.8}$$

このようなストライドを用いた場合の畳み込み後の画像サイズは

$$\left(\left\lfloor \frac{W-H}{S} \right\rfloor + 1\right) \times \left(\left\lfloor \frac{W-H}{S} \right\rfloor + 1\right) \tag{8.9}$$

です．ここで床記号 $\lfloor x \rfloor$ は x を超えない最大の整数を意味します．このようにストライドを用いることで畳み込み後の画像サイズを小さくすることができ，畳み込みネットの規模を小さくできます．しかしあまり大きなストライドを用いるとこまめな構造を捉えられず，捉えるべきパターンをストライドのせいでスキップしてしまう可能性もあります．したがって考えるデータの性質に応じて，ストライドの設定には注意を払う必要があります．

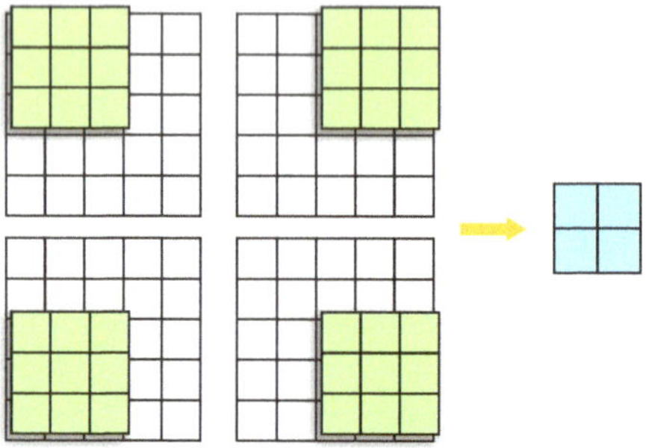

図 8.7　5×5 画像へのストライド 2 での 3×3 フィルタの畳み込み．

8.2.6 パディング

畳み込みをすると必ず画像のサイズが小さくなってしまいます．特にフィルタのサイズやストライドが大きいときはその縮小が顕著です．これはフィルタを重ね合わせる際に，元の画像からはみ出せないという制約に起因しています．しかし画像処理では，画像のサイズが小さくなると技術的に都合がよくない状況も存在します．

そこで画像を拡張することで，畳み込み後のサイズをある程度大きくできる**パディング** (**padding**) という手法を用いましょう．パディング P とは，元の画像の周りに厚さ P の縁を加える操作です．したがってストライド S，パディング P の畳み込みをした後の画像のサイズは

$$\left(\left\lfloor\frac{W-H+2P}{S}\right\rfloor+1\right)\times\left(\left\lfloor\frac{W-H+2P}{S}\right\rfloor+1\right) \tag{8.10}$$

です．パディングには加えた画素にどのような値を入れるかによって複数種類が存在します．**ゼロパディング** (**zero padding**) では，増やした画素にはすべて画素値 0 を代入します．ストライドが 1 のゼロパディングのうち，次の 3 つがよく用いられます．

valid パディング

一切パディングせず，画像が縮小．

same パディング

画像のサイズが畳み込みの前後で変わらないようにパディング．

full パディング

畳み込み後の画像の幅が $W+H-1$ となるように最大限パディング．

ゼロパディングはとても簡単な手法ですが，0 を用いるためにどうしても畳み込み後の画像は周辺部の画素値が小さくなり暗くなってしまいます．また 0 を用いる必然的理由も存在しません．そこで画像処理ではゼロパディング以外にも，元画像の画素値を用いてパディングする方法も使われます．例

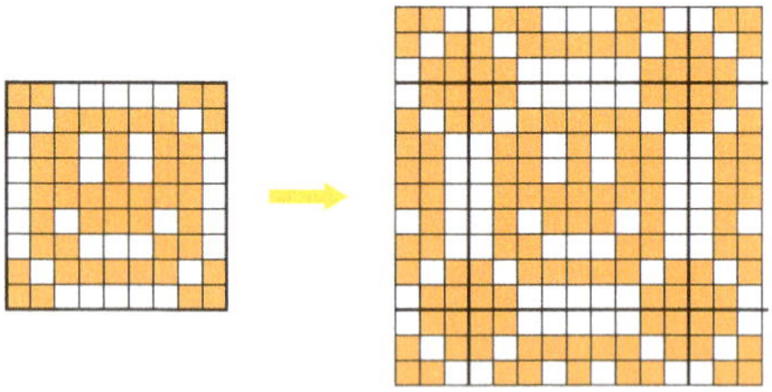

図 8.8 9 × 9 画像へのパディング 3.

えば図 8.8 のように，左右上下にも同じ画像が周期的に続いていると考えて，元画像と同じ画素値をパディングに用いる手法が用いられます．また，周期的に画像を並べるのではなく，画像の縁で画像を反転したものでパディングする手法や，あるいは境界での画素値をそのまま外部へ拡張して埋め尽くし続ける手法も用いられます．

演習 8.2 ストライドが 1 のとき，same パディングが実現できる条件を考えなさい．そのときのパディングサイズ P も求めなさい．

8.2.7 プーリング層

次に複雑型細胞に対応する**プーリング層 (pooling layer)** の議論に移りましょう．この層の役割は，畳み込み層で捉えられた局所的なパターンを，その位置がある程度移動しても捉えられるようにすることでした．入力位置の平行移動に対してロバストにするためには，各位置で局所パターンを抽出した単純型細胞からの出力を合算すればよいのでした．

プーリング (pooling) ではまず，$W \times W \times K$ 入力画像 $z_{ijk}^{(\ell-1)}$ の各チャネルに対し，各画素位置 (i,j) を中心とした $H \times H$ の大きさの領域 $\mathcal{P}_{ij}$ を考えます．ただし画像はパディングしておき，どの点に対しても $\mathcal{P}_{ij}$ の領域を考えられるようにしておきます．そして $\mathcal{P}_{ij}$ 中の画素値から，その領域での代表的な画素値 $u_{ij}^{(\ell)}$ を決定します．代表値を決める方法は複数あります．**最大プーリング (max pooling)** では，領域内のもっとも大きな画素値を代表値として取り出します．

(最大プーリング)

$$u_{ijk}^{(\ell)} = \max_{(p,q)\in\mathcal{P}_{ij}} z_{pqk}^{(\ell-1)} \tag{8.11}$$

必ずしも最大値を画素の代表値として取り出す理由はありません. 最大値の代わりに, 領域内の画素値の平均を用いる方法は**平均プーリング (average pooling)** と呼ばれます.

(平均プーリング)

$$u_{ijk}^{(\ell)} = \frac{1}{H^2} \sum_{(p,q)\in\mathcal{P}_{ij}} z_{pqk}^{(\ell-1)} \tag{8.12}$$

この 2 つのプーリング法を拡張した手法として, $\boldsymbol{L^P}$ **プーリング ($\boldsymbol{L^p}$pooling)** という手法も提唱されています.

(L^P プーリング)

$$u_{ijk}^{(\ell)} = \left(\frac{1}{H^2} \sum_{(p,q)\in\mathcal{P}_{ij}} \left(z_{pqk}^{(\ell-1)} \right)^P \right)^{\frac{1}{P}} \tag{8.13}$$

$P = 1$ の場合は明らかに平均プーリングに帰着しますが, 実はその対極の極限 $P \to \infty$ では, これは最大プーリングと等価になります. というのも $(p*, q*) = \mathrm{argmax}_{(p,q)}\, z_{pq}$ とすると $z_{p*q*} = \max_{(p,q)} z_{pq}$ ですから

$$\left(\sum_{(p,q)\in\mathcal{P}_{ij}} \left(z_{pq} \right)^P \right)^{\frac{1}{P}} = \max_{(p,q)} z_{pq} \left(1 + \sum_{(p,q)\neq(p*,q*)} \left(\frac{z_{pq}}{z_{p*q*}} \right)^P \right)^{\frac{1}{P}}$$

となります. ところが, $z_{pq}/z_{p*q*} < 1$ ですので $P \to \infty$ では右辺は $\max_{(p,q)} z_{pq}$ に収束します.

そのほかにも $(p, q, k) \in \mathcal{P}_{ij}$ に対して分布 $P_{pq} = z_{pqk}/\left(\sum_{(p',q')\in\mathcal{P}_{ij}} z_{p'q'k}\right)$

を計算し，その分布 $(P_{(p,q)\in\mathcal{P}_{ij}})$ から位置 $(p^*, q^*) \in \mathcal{P}_{ij}$ をサンプリングし，この位置を使って代表値 $u_{ijk} = z_{p*q*k}$ を定める**確率的プーリング (stochastic pooling)** などもあります．確率的要素を入れることで，最大プーリングが陥りがちな過学習を防いでくれます．

なおプーリング層の役割は畳み込み層の出力を束ねるだけですから，重みは学習しません．したがって学習中もプーリングの式は一切変更されません．プーリング層での誤差逆伝播法においては学習パラメータの更新はなく，単にデルタがこの層を逆伝播するだけです．

8.2.8 局所コントラスト正規化層*

画像処理において訓練サンプルの質を整える局所コントラスト正規化という手法がありました．畳み込みニューラルネットの中間層において，この正規化を実行する層を加えて性能を上げるトリックが用いられてきました．この層のことを**局所コントラスト正規化層 (local contrast normalization layer, LCN layer)** といいます [43]．K チャネル画像に対して局所コントラスト正規化は各チャネルごとに行います．ただし平均値，分散は全チャネルにわたって計算したものを用います．

減算局所コントラスト正規化層も徐算局所コントラスト正規化層も，特殊な順伝播層とみなせます．ただし局所コントラスト正規化層の重み w_{pq} は学習するパラメータではなく，またすべてのチャネルにわたり共通の値を用います．

深層学習の技術的進展に従って，LCN 層などを挿入せずとも学習がスムーズに進行するようになりました．そのため最近の CNN では LCN 層はあまり用いられなくなっています．

8.2.9 局所応答正規化層*

2012 年に ILSVRC で優勝したモデルである AlexNet[8] では，LCN の代わりに**局所応答正規化層 (local response normalization layer, LRN layer)** という手法が用いられました．局所応答正規化層の定義は次のようなものです．

$$z_{ijk}^{(\ell)} = \frac{z_{ijk}^{(\ell-1)}}{\left(c + \alpha \sum_{m=\max(0,k-N/2)}^{\max(K-1,k+N/2)} \left(z_{ijm}^{(\ell-1)}\right)^2\right)^\beta} \tag{8.14}$$

文献 [8] で用いられたハイパーパラメータは $c = 2$, $N = 5$, $\alpha = 10^{-4}$, $\beta = 0.75$ です．この正規化は同じ画素ごとに，N 枚の連続するチャネルにわたって二乗和をとりリスケールする変換です．局所コントラスト正規化層とは違って平均活性は引き去らないので，輝度だけに対する規格化になっています．

8.2.10 ネットワーク構造

畳み込みニューラルネットは畳み込み層とプーリング層を繰り返し積層して構成されます．そのうえで，出力層側にいくつか全結合層を加え，最後にソフトマックス出力層などを付加して画像分類などのタスクを行います．プーリング層の次に局所コントラスト正規化層や局所応答正規化層を挿入する場合もあります．

典型的な CNN の例として，ImageNet ILSVRC-2014 の分類タスクで 2 位となったオックスフォード大学の **VGG**（図 8.9）の一例を紹介します [44]．このネットワーク構造では畳み込み 2 回あるいは 3 回につきプーリング 1 回を繰り返す因子化した畳み込みを用いています．ソフトマックス出力層の手前には全結合層が用いられています．クラス分類のトップ 5 エラー率約 7%という性能を達成したモデルです．

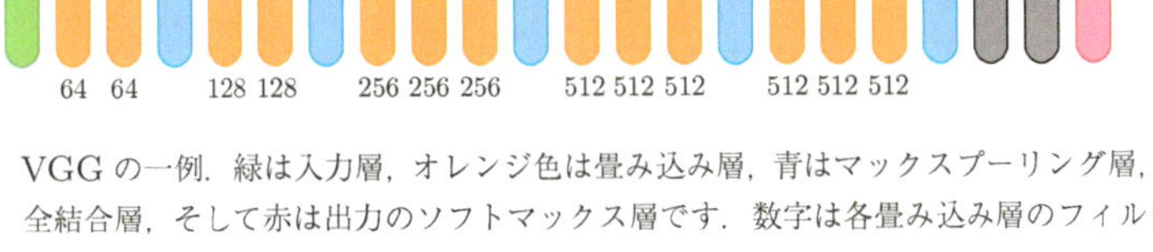

図 8.9 VGG の一例．緑は入力層，オレンジ色は畳み込み層，青はマックスプーリング層，灰色は全結合層，そして赤は出力のソフトマックス層です．数字は各畳み込み層のフィルタの幅．

8.3 CNNの誤差逆伝播法

CNNはネットワーク構造が複雑であるため，通常のニューラルネットとは大きく異なって見えます．しかし実は本質的な違いはなく，そのため誤差逆伝播法を用いることで学習が行えます．その詳細を見ていきましょう．

8.3.1 畳み込み層

畳み込み層 (8.6)，(8.7) の構造は，重み共有された順伝播層にすぎません．そこで重み共有を考慮に入れることで順伝播計算が行えます．$\ell-1$ 層と ℓ 層の間の重みの勾配を考えましょう．

$$\frac{\partial E}{\partial h_{pqkm}} = \sum_{i,j} \frac{\partial E}{\partial u^{(\ell)}_{ijm}} \frac{\partial u^{(\ell)}_{ijm}}{\partial h_{pqkm}} = \sum_{i,j} \delta^{(\ell)}_{ijm} z^{(\ell-1)}_{Si+p,Sj+q,k} \tag{8.15}$$

最後の行で式 (8.8) を用いました．このデルタの逆伝播式はチェインルールから

$$\delta^{(\ell-1)}_{abk} \equiv \frac{\partial E}{\partial u^{(\ell-1)}_{abk}} = \sum_{i,j,m} \frac{\partial E}{\partial u^{(\ell)}_{ijm}} \frac{\partial u^{(\ell)}_{ijm}}{\partial z^{(\ell-1)}_{abk}} f'\left(u^{(\ell-1)}_{abk}\right) \tag{8.16}$$

と得られます．式 (8.8) を使うと $\partial u^{(\ell)}_{ijm}/\partial z^{(\ell-1)}_{abk} = \sum_{p=a-Si} \sum_{q=b-Sj} h_{pqkm}$ ですから，結局次が得られます．

公式 8.1（畳み込み層でのデルタの逆伝播則）

$$\delta^{(\ell-1)}_{abk} = \sum_m \sum_{i,j} \sum_{\substack{p \\ p=a-Si}} \sum_{\substack{q \\ q=b-Sj}} \delta^{(\ell)}_{ijm}\, h_{pqkm}\, f'\left(u^{(\ell-1)}_{abk}\right) \tag{8.17}$$

ベクトル表記を用いると，もう少し普通の順伝播型ニューラルネットのように扱うことができます．まず $\ell-1$ 層側の W^2K 個のユニットのラベル (ijk) を，適当な順番で $I = 1, 2, \ldots, W^2K$ という添え字の順に1列に並べましょう．この順で並べたユニット出力 z_{ijk} はベクトル $\boldsymbol{z}^{(\ell-1)} =$

$(z_I^{(\ell-1)})$ で表記できます．同様に ℓ 層のユニット $(i'j'm)$ も適当な順番で $J = 1, 2, \ldots, (W - H + 1)^2 K$ という順に並べましょう．このユニットの活性を $\boldsymbol{u}^{(\ell)} = (u_J^{(\ell)})$ と書きます．これらの順伝播層間の重み w_{JI} がフィルタでした．式 (8.6) の構造に注意すると，$I \leftrightarrow (ijk)$ と $J \leftrightarrow (i'j'm)$ に対しては

$$w_{JI} = \begin{cases} h_{i-i',j-j',m,k} & 0 \leq i, j \leq H-1 \\ 0 & \text{otherwise} \end{cases} \tag{8.18}$$

です．ここでは式 (8.6) の右辺を $i' = i + p$, $j' = j + q$ と書き換えました．

この重みに対応するフィルタ h_{pqmk} には H^2MK だけの自由度があります．これらにも新しい添え字 $A = 1, 2, \ldots, H^2MK$ を付け直し，ベクトル表記 $\boldsymbol{h} = (h_A)$ をしましょう．すると，w_{JI} はこのベクトルの成分で与えられますので

$$w_{JI} = \sum_{A=1}^{H^2MK} t_{JIA} h_A \tag{8.19}$$

と書けます．ただし式 (8.18) より，与えられた I, J に対して t_{JIA} はすべて 0 か，あるいはある 1 つの A に対してだけ 1 をとります．w と h の表示をつなぐ，この疎なテンソル t_{JIA} を作っておきます．

さて勾配降下法で計算したいのは，自由パラメータ h_A に関する勾配です．なぜなら更新すべき独立パラメータはフィルタだからです．そこでチェインルールを用いて

$$\frac{\partial E}{\partial h_A} = \sum_{I,J} t_{JIA} \frac{\partial E}{\partial w_{JI}} \tag{8.20}$$

と書き換えましょう．すると添え字 I, J によって順伝播層のように書き換えた $\partial E / \partial w_{JI}$ の表記で逆伝播を行ってから，式 (8.20) によってフィルタの勾配に書き直せばよいことがわかりました．$\partial E / \partial w_{JI}$ は $\boldsymbol{z}^{(\ell-1)}$ の層と $\boldsymbol{u}^{(\ell)}$ の層の全結合重みの勾配とみなせますので，通常の誤差逆伝播法で求まります．したがって，ラベリングし直して式 (8.20) を使うだけで，特に新しい手法を用いる必要はありません．

8.3.2　プーリング層

プーリング層もまた通常の順伝播層に書き換えることで逆伝播できます．平均プーリング層は

$$w_{JI} = \begin{cases} \frac{1}{H^2} & I \in \mathcal{R}_J \\ 0 & \text{otherwise} \end{cases} \tag{8.21}$$

という重みをもつ順伝播層とみなせますので，逆伝播の方法は変わりません．またこの重みは学習しませんので，学習中も更新せず一定値のままです．

その一方で最大プーリングでは，順伝播で採用した最大値の画素位置を覚えておく必要があります．この情報を使って，逆伝播時には

$$w_{JI} = \begin{cases} 1 & I = \mathrm{argmax}_{I'} \, z_{I'}^{(\ell-1)} \\ 0 & \text{otherwise} \end{cases} \tag{8.22}$$

という重みの順伝播層とみなせば，通常の逆伝播則が使えます．

8.4　学習済みモデルと転移学習

ImageNet などの大きなデータで学習したモデルは，うまくいくと他の機械学習とは比較にならないほどの高い画像分類性能を達成できます．しかし多層の CNN を用いた自然画像の学習には多くの時間と計算コストがかかります．そのため，もし学習済みモデルが ImageNet データの分類以外にはまったく役立たないようでは，コストが高くつきすぎて機械学習のモデルとしては魅力が半減してしまいます．

しかしながらニューラルネットには高い汎化性能があり，特に深いネットワーク構造では中間層にさまざまな特徴量を獲得していると期待されています．そこで学習済みのモデルの出力側の層を取り除いて，中間層からの出力を入力画像の表現として用いることが考えられます．その表現をそのまま回帰やサポートベクトルマシンにかけることで，入力画像をそのまま解析していては達成できなかったパフォーマンスが期待できます．中間層を用いるのは，出力に近い側は出力層で設定した学習タスクに強く影響を受けた高次の表現が獲得されており，一般には他のタスクには向かないからです．

また出力層だけを置き換えて他のタスクのために学習し直す方法も用いられます．すると学習すべきタスクが異なるにもかかわらず，学習済みパラメータが新たなタスクに対するよい初期値となり学習がスムーズに進行することが知られています．これは**転移学習** (**transfer learning**) とも呼ばれる方法で [45]，現在では事前学習としては，層ごとの貪欲法ではなくこちらの方法がよく用いられます．

8.5 CNN はどのようなパターンを捉えているのか

深層学習において CNN がどのように自然画像の中の豊かなパターンを抽出して高い画像認識能力を実現しているのかについては，その詳細について多くはわかっていません．というのも，パターン抽出器としての CNN はブラックボックスになっているからです．しかし CNN の中を覗き見る技術はさまざま開発されていますので，その簡単な一例を紹介します．

図 8.10 の (1)，(2)，(3) はそれぞれ，学習済み VGG16 のある特定の畳み込み層に対応した画像で，(1) から (3) の順に出力寄りから入力寄りの順に並んでいます．各列の 7 枚の画像は，畳み込み層から適当に 7 個のフィルタを選び，そのフィルタを通じた出力が大きくなるような入力画像として作成してみました [46]．つまり，各フィルタが特異的に反応する入力パターンの画像化です．これを見ると，低層から高次の層へいくにつれ，各フィルタがより複雑なパターンを捉えていることが見てとれます．ただ，高次の層でのパターンは必ずしも直感的に理解できるようなものではありません *1．

その一方，図 8.10 での (a) から (f) は，出力層から選んだ 6 個のユニットに対応した画像です．ここで選んだ各ユニットに対応するカテゴリはそれぞれ (a) 三葉虫，(b) シベリアンハスキー，(c) シマウマ，(d) タクシー，(e) 図書館，(f) エスプレッソです．そして (a) から (f) の各画像はユニット出力，つまりそのユニットが受けもつカテゴリに属すると判断される確率が大きくなるように，ランダムノイズを初期値として作成した入力画像です．それぞれの画像を VGG16 に入力すると，99.99%以上の確率で各カテゴリに属すると判断されるように，選んだ出力ユニットの出力を極大化させるように勾配上

*1 特別な正則化を導入して，各フィルタに対応した入力パターンをより自然なものに誘導することもできます [74]．

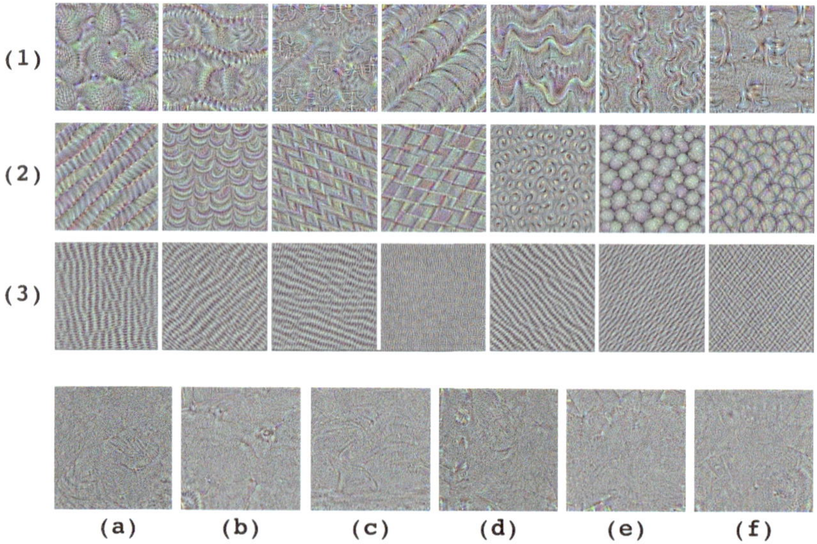

図 8.10　VGG16 のいくつかの層のユニット活性を極大化させるように「訓練」した入力画像たち.

昇法で作成してあります．99.99%という極めて高い確率で各カテゴリに分類されるものの，我々がこれらの画像を見ても一体何であるのかは認識できません．このように，多層 CNN は自然画像を高性能で認識できると同時に，画像空間の中の特殊なノイズに対して極めて不自然な判断をします [47] [49]．ノイズに対するこの謎めいた挙動は **adversarial examples**[29] [30] という現象と類似のもので*2，現在でも活発に研究されています．

8.6　脱畳み込みネットワーク*

CNN が学習した内容を可視化するため，あるいは小さな画像から大きな画像を生成するために，さまざまな畳み込みの逆操作がこれまでに研究されてきました．その代表例として「脱畳み込み」を紹介します．**脱畳み込**

*2　正確な議論については文献 [49] を参照してください．

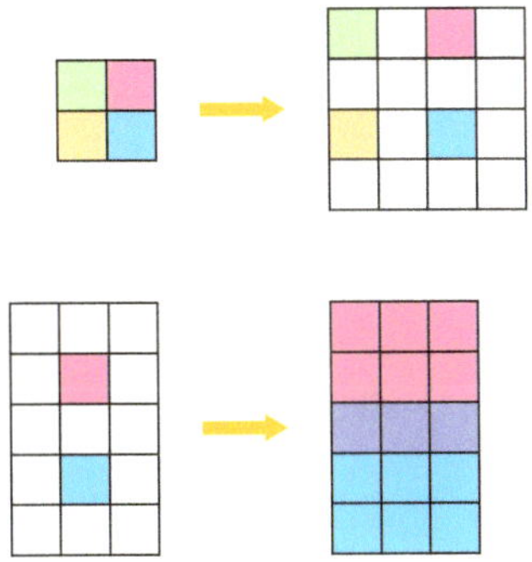

図 8.11 アンプーリングによる拡大（上）．畳み込みによる画素のならし（下）．

み*3(**deconvolution, transposed convolution**) は，CNN 内部を視覚化するためにズィーラーらによって導入されたモデルに由来しますが，いくつかの詳細が異なるモデルが同じ名前で呼ばれるので注意が必要です．

ここで紹介する脱畳み込みは，**アンプーリング** (**unpooling, upsampling**) と畳み込みの合成で構成されます [48]．**図 8.11**（上）のアンプーリングでは，画素値を拡大された領域の左上角に配置します．それ以外の画素値は 0 です．アンプーリングで拡大しただけでは画素がまばらですので，畳み込みを使って画素を広げます．下の段の図では，畳み込みによって 2 つの画素が広げられ，フィルタの重なる領域では混ぜ合わされることを図解してあります．このような層からなるモデルを学習させることで，小さなサイズの情報だけから大きな画像を生成させることができます．

8.7 インセプションモジュール*

高い性能の CNN を実現するには，層を重ねて深いネットワークを作成すればよいことは間違いないでしょう．ただしむやみやたらに深層化すると，学習に困難が生じたり計算量が増大しすぎます．そこで，ネットワークの深さと幅の広さの両方を活用することを考えましょう．

2014 年の ILSVRC で 1 位となったのは Google のチームですが，彼らの

*3 試みに脱結合，脱構築などの語感を参考に 'de' を「脱」と訳すのはどうでしょうか．畳み込みの逆演算ではないのですが**逆畳み込み**とも訳されます．

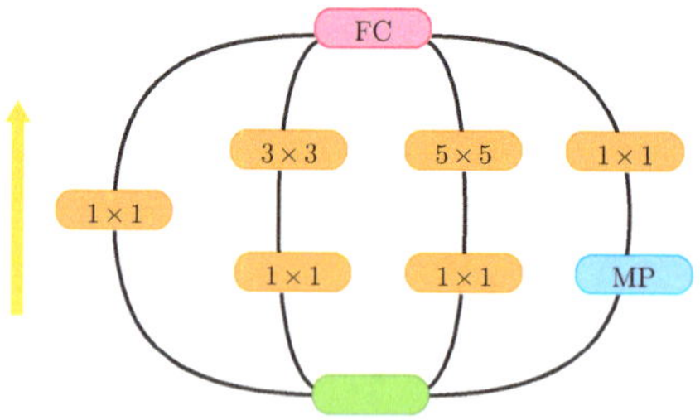

図 8.12 インセプションモジュールの構造．畳み込み前の 1 × 1 処理により計算量を削減している．

モデルは LeNet に敬意を表して **GoogLeNet** と呼ばれています．

GoogLeNet で用いられた**インセプション (inception)** モジュール [47] は，図 8.12 のように緑の層から入力してきた画像のコピーを作り，4 箇所で処理します．オレンジ色の層は畳み込み層であり，青色の層はマックスプーリングの層です．すべての層は same パディングを採用しているものとします．4 つのラインからそれぞれ送られてきた画像を，赤の層でチャネル方向に並べて結合し，1 つの多チャネル画像として出力します．このモジュール 1 つでさまざまなスケールでの畳み込み演算が同時に行うことができ，深層化せずとも高いパターン認識能力が実現します．GoogLeNet はこのようなモジュールをいくつも連結することで構成されています．

Chapter 9

再帰型ニューラルネット

機械学習の対象となるデータには，画像以外にもさまざまなものがあります．その一例が，文章に代表される時系列データです．本章では，ニューラルネットを用いて時系列データを学習するための手法として再帰型ニューラルネットを紹介します．またその応用として，ニューラルネットに基づく自然言語処理についても議論します．

9.1 時系列データ

CNN の例から我々が学んだ教訓は，深層学習をうまく働かせるカギは「いかにデータに適したネットワーク構造をデザインできるか」ということです．CNN の場合には画像の特性に応じて，フィルタの畳み込みを実現するネットワークを考えました．では動画や文章，会話のような時系列データをニューラルネットで取り扱うにはどうしたらよいでしょうか．

ここでは長さ T の（時）系列データを $\boldsymbol{x}^1, \boldsymbol{x}^2, \ldots, \boldsymbol{x}^T$ と書きましょう．時刻 t に対応するデータが $\boldsymbol{x}^t$ です．例えば時系列データとして会話文を考えることにすると，はじめに聞き取られた単語が $\boldsymbol{x}^1$ で，以後時間順に文が終わるまで $\boldsymbol{x}^2, \ldots, \boldsymbol{x}^T$ と単語が続きます．$\boldsymbol{x}^1 =$“This”，$\boldsymbol{x}^2 =$“is”，$\boldsymbol{x}^3 =$“an”，$\boldsymbol{x}^4 =$“apple”といった具合です．各単語 $\boldsymbol{x}^t$ をベクトルとして表記していますが，これは例えば 1-of-K ベクトルなどにより数値ベクトルで表現されて

a　aah　applause　apple　applet　zzz

$$\boldsymbol{x}^t = (0\ 0\ \cdots\ 0\ 1\ 0\ \cdots\ 0)^\top$$

図 9.1　単語「apple」の 1-of-K ベクトル表示．

いるものとします[*1]．つまり辞書中の単語数だけの次元をもち，対応する単語の成分だけが 1 で，他の成分は 0 となっているベクトルです．**図 9.1** は“apple”ベクトルです[*2]．時系列データは時間方向に強い相関をもったデータです．例えば我々には，“This is an”ときたら，この流れから次にくる単語は，話者が話題に出したい加算名詞やその形容詞にだいたい限られることがわかっています（しかも母音から始まる単語です）．ですので，そのような系列の中における「文脈」を捉えることが時系列データの機械学習には必要となります．

時系列データを学習する際は，これら単語ベクトルたちの集合をただ単に順伝播型ニューラルネットに入力すればよいようにも思われます．しかしそう簡単にはいきません[*3]．時系列データというのは，サンプルによって長さ T がまちまちです．人の会話文を集めた訓練データでは，各文の文字数が揃っていることなどありえないことは明らかです．しかし我々は文の長さ T に関係なく，人が話しそうな文についての知識を機械学習で抽出したいのです．つまり系列の長さ T について汎化した結果がほしいのです．ニューラルネットにおいてこれを可能にするのが，「再帰型」という構造です．

9.2　再帰型ニューラルネット

9.2.1　ループと再帰

これまでは順伝播型ニューラルネットのみ考えてきました．しかし純粋に数学的なグラフ構造ということだけを考えるならば，層ごとに順伝播する場合に関心の的を絞る必然性はありません．**図 9.2**（左）は，順伝播構造をも

---

*1　実際には word2vec などの，性質のよい分散表現もよく用いられます．

*2　会話ではなく動画を考えるならば，$\boldsymbol{x}^t$ は各瞬間での齣（コマ）に対応した画像です．

*3　実は再帰型ではなく，CNN を利用して時系列データを学習する方法も存在します．

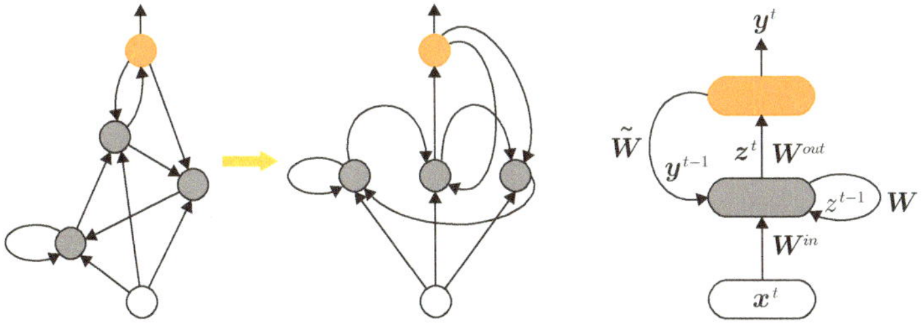

図 9.2 ループをもつグラフとしての再帰型ニューラルネット.

たない典型的なグラフです.

このグラフには順伝播型との大きな違いが 2 つあります. 1 つ目は「このままではこのグラフに対して層という概念が定義できそうにもない」という点です. その理由は, 灰色のユニット同士の結合には, 1 周して戻ってくる再帰経路があるからです. またそれと関連して 2 つ目の違いは, ユニットから出た矢印が自分自身に戻ってくる場合があるという点です.

実はこのような構造をもつニューラルネットが, 時系列データを扱う際に役立ちます. 時系列データの情報をうまく取り扱うには, 過去の情報を保持しておくことが必要でした. しかしこれまでの順伝播型ニューラルネットでは文章を解析しようにも, ある時刻の「単語」$\boldsymbol{x}^t$ を入力すると, すぐさま順伝播処理されて出力として出ていってしまい, この情報を保持することができません. これでは単語の系列が担う複雑な情報は捉えられません. そこで, 図 9.2 のようなループ構造を活用しましょう.

まず, 図 9.2 (左) のグラフで白のユニットは入力層であるとしましょう. 入力ユニットには入ってくる矢印はないものとします. その一方, オレンジ色で色付けられているような外部へ出力を出すユニットは, もちろん出力層です. 残りの灰色のユニットが隠れ層です. ここで人為的に層構造を定義しましょう. まず順路方向の矢印というものを, 図 9.2 (中央) のグラフにおける直線の矢印で導入します. この矢印は必ず入力から隠れユニット, 隠れユニットから出力ユニットの方向を向いているものとします. この順路矢印だけであれば, これは中間層が一層の順伝播型ニューラルネットです.

しかしこの図には, 出力から隠れユニットへ逆流する矢印や, 隠れユニットから隠れユニットへ帰還するものもあります．これらはすべて丸まった線の矢印で表記しました．このようにして書き直したのが図 9.2（中央）です．すると，図 9.2（右）のように，これは全体では 2 層順伝播型ニューラルネットに出力層から中間層，中間層から中間層へ向かう新しい帰還経路を付け加えたものです．このような帰還路をもつ一般的なニューラルネットも，図 9.2（右）のように描き表せます．

このネットワークを使って**再帰型ニューラルネット** (**recurrent neural network, RNN**) を定義します．RNN の順路方向に関しては，通常のニューラルネットと同じく即時に信号が伝播します．一方で帰還経路に対応するループに沿っては，信号は 1 単位時間だけ遅れてまわるものとします．したがって例えば中間層のある時刻での出力は，ループをまわることで次の時刻の中間層へ再び入力します．この時間遅れループによって，RNN では過去の情報が保持できるのです．

一般的な RNN の順伝播を式としてまとめておきましょう．まず RNN への時刻 t における入力，つまり時刻 t での入力層の出力を $\boldsymbol{x}^t = (x_i^t)$，中間層のユニット入出力を $\boldsymbol{u}^t = (u_j^t)$ と $\boldsymbol{z}^t = (z_j^t)$，そして出力層のユニット入出力を $\boldsymbol{v}^t = (v_k^t)$ と $\boldsymbol{y}^t = (y_k^t)$ で表しましょう．また入力層と中間層の重みを $\boldsymbol{W}^{in} = (w_{ji}^{in})$，中間層と出力層の重みを $\boldsymbol{W}^{out} = (w_{kj}^{out})$，中間層間の帰還経路の重みを $\boldsymbol{W} = (w_{j'j})$，そして出力層から中間層への帰還経路の重みを $\widetilde{\boldsymbol{W}} = (\tilde{w}_{kj})$ としましょう．すると RNN の伝播は次のような式で与えられることがわかります．

$$\boldsymbol{u}^t = \boldsymbol{W}^{in}\boldsymbol{x}^t + \boldsymbol{W}\boldsymbol{z}^{t-1} + \widetilde{\boldsymbol{W}}\boldsymbol{y}^{t-1}, \quad \boldsymbol{z}^t = f(\boldsymbol{u}^t) \tag{9.1}$$

また，出力層も同様に次のようになります．

$$\boldsymbol{v}^t = \boldsymbol{W}^{out}\boldsymbol{z}^t, \quad \boldsymbol{y}^t = f^{out}(\boldsymbol{v}^t) \tag{9.2}$$

成分表示の仕方は，ベクトル表記の定義から明らかでしょう．

9.2.2 実時間リカレント学習法

RNN は**実時間リカレント学習** (**real time recurrent learning, RTRL**) 法を使うことで，誤差逆伝播法なしで学習できます．RTRL を定義するために，まず時刻 t での誤差関数を考えましょう．

$$E^t(\boldsymbol{w}) = \sum_{n=1}^{N} E_n^t(\boldsymbol{x}_n^1, \ldots, \boldsymbol{x}_n^t; \boldsymbol{w}) \tag{9.3}$$

ここで各時刻の誤差関数は，回帰の場合であれば

$$E_n^t(\boldsymbol{w}) = \frac{1}{2}\sum_k \left(y^t(\boldsymbol{x}_n^1, \ldots, \boldsymbol{x}_n^t; \boldsymbol{w}) - y_n^t \right)^2 \tag{9.4}$$

ですし，ソフトマックス回帰ならば

$$E_n^t(\boldsymbol{w}) = \sum_k t_{nk}^t \log y_k^t(\boldsymbol{x}_n^1, \ldots, \boldsymbol{x}_n^t; \boldsymbol{w}) \tag{9.5}$$

です．この勾配を計算しましょう．簡単のために各アルファベット添え字は，それぞれ以下のユニットをラベルするものとします．

$$i \leftrightarrow \text{入力層}, \quad j \leftrightarrow \text{中間層}, \quad k \leftrightarrow \text{出力層},$$
$$r \leftrightarrow \text{中間層あるいは出力層}, \quad s \leftrightarrow \text{すべての層}$$

またすべての層間の重みを w_{kj} というように，同じ記号 w で表記します．したがってこれまでの記号との対応は

$$w_{ji} = w_{ji}^{in}, \quad w_{kj} = w_{kj}^{out}, \quad w_{j'j} = w_{j'j} \tag{9.6}$$

です．本節では式を簡単化するのに，結合 $\tilde{\boldsymbol{W}}$ のない RNN を考えます．

すると一般の勾配はチェインルールより

$$\frac{\partial E^t(\boldsymbol{w})}{\partial w_{rs}} = \sum_k \frac{\partial E^t(\boldsymbol{w})}{\partial y^t(\boldsymbol{w})} \frac{\partial y^t(\boldsymbol{w})}{\partial w_{rs}} \tag{9.7}$$

です．$\partial E^t(\boldsymbol{w})/\partial y^t$ の部分は E^t の具体形からすぐ計算できます．そこで微分係数 $\partial y^t(\boldsymbol{w})/\partial w_{rs}$ を調べることにしましょう．RNN の伝播則に従うと

$$p_{rs}^k(t) \equiv \frac{\partial y_k^t(\boldsymbol{w})}{\partial w_{rs}} = f^{out\prime}(v_k^t)\frac{\partial}{\partial w_{rs}}\sum_j w_{kj}^{out} z_j^t \tag{9.8}$$

ですから，この係数は次のようになります．

$$p_{rs}^k(t) = f^{out\prime}(v_k^t)\left(\delta_{r,k} z_s^t + \sum_j w_{kj}^{out} p_{rs}^j(t)\right) \tag{9.9}$$

ただし左辺第 1 項は，s が中間ユニットのラベルの場合にのみ存在します*4．左辺では，中間ユニット j に対しても微分係数 $p_{rs}^j \equiv \partial z_j^t / \partial w_{rs}$ を定義しました．したがってこの式を用いて勾配を求めるには，この p_{rs}^j の値が必要です．再び定義に従って計算すると

$$p_{rs}^j(t) \equiv \frac{\partial z_j^t(\boldsymbol{w})}{\partial w_{rs}} = f'(u_j^t)\frac{\partial}{\partial w_{rs}}\left(\sum_i w_{ji}^{in} x_i^t + \sum_{j'} w_{jj'} z_{j'}^{t-1}\right) \tag{9.10}$$

ですので，次のような関係式に従うことがわかります．

$$p_{rs}^j(t) = f'(u_j^t)\left(\delta_{r,j} x_s^t + \delta_{r,j} z_s^{t-1} + \sum_{j'} w_{jj'} p_{rs}^{j'}(t-1)\right) \tag{9.11}$$

ただし左辺第 1 項は s が入力ユニットのときのみ，第 2 項は s が中間ユニットのときにのみ存在します．

いま導いた 2 式は，p を時間方向に順次決定する漸化式になっています．そこで初期値 $p_{rs}^j(0) = 0$ からはじめてこれらを解くことを考えましょう．この初期値をとる理由は，順伝播をする前のユニット出力は（そもそも存在せず）重みの値とまったく関係がないからです．このように得られた p を使い，各時刻で勾配降下法を行うのが RTRL 法です．

$$\Delta w_{rs}^{(t)} = -\eta \sum_k \frac{\partial E^t(\boldsymbol{w})}{\partial y^t(\boldsymbol{w})} p_{rs}^k(t) \tag{9.12}$$

---

*4 この項の係数の δ はクロネッカーのデルタであり，誤差逆伝播法のデルタではありません．

この手法は，各時間ごとに RNN を学習させていく方法です．そのため，過去の情報をあまり保持する必要がなくメモリ消費の少ない手法です．ただし p^k_{rs} という 3 階のテンソルに関する計算を行うため，どうしても計算量が増えてしまいます．後で紹介する BPTT 法では対照的に，メモリを消費する代わりに計算量を減らすことで学習速度を上げることができます．

9.2.3 ネットワークの展開

RNN では，信号が時間の遅れを従ってループをまわるため，過去の信号を蓄えることのできるモデルでした．ループ中での情報保持の様子を見やすくするための**展開** (**unroll**) と呼ばれる方法があります．**図 9.3** は展開を図解したものです．

図 9.3 では横方向に時間軸を用意し，ネットワークをその時間軸方向へ展開します．縦方向の矢印は同時刻で処理される信号の流れ，つまり順路方向に相当します．その一方，帰還路は次時刻の中間層へと入力する経路ですので，展開後は隣接する次時刻の中間層へと入力する矢印として表されます．

展開されたネットワークにはもはやループはなく，性質のよいグラフになっています．したがってほぼ普通の順伝播型ニューラルネットと同じものとみなせそうです．ただし展開後のネットワークでは入力 $\{\boldsymbol{x}^1, \boldsymbol{x}^2, \ldots, \boldsymbol{x}^T\}$ は一気に入力されるのではなく，左から時間順に逐次入力・処理されることに注意してください．

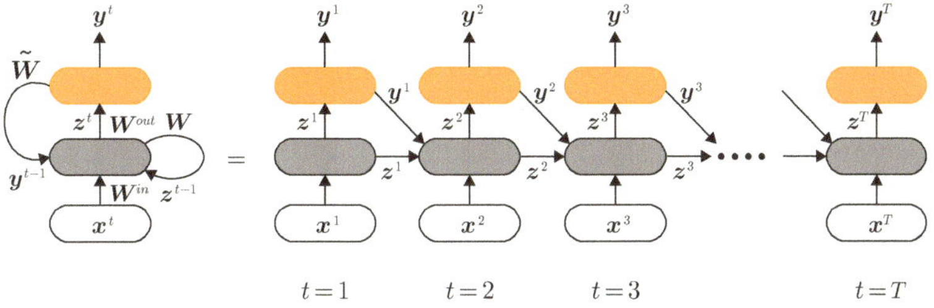

図 9.3 RNN の時間方向への展開．

9.2.4 通時的誤差逆伝播法

RNN の展開を導入しましたので，順伝播型のときと同じように誤差逆伝播法が定式化できます．そのような方法が**通時的誤差逆伝播 (back propagation through time, BPTT) 法**です．BPTT 法では時刻全体にわたる誤差

$$E(\boldsymbol{w}) = \sum_{n=1}^{N}\sum_{t=1}^{T} E_n^t(\boldsymbol{w}) \tag{9.13}$$

を考えます．この誤差の勾配を考えましょう．

そのために，まず中間ユニットと出力ユニットのデルタ

$$\delta_j^t = \frac{\partial E}{\partial u_j^t}, \quad \delta_k^{out,t} = \frac{\partial E}{\partial v_k^t} \tag{9.14}$$

を定義します．デルタの逆伝播則を導くために，チェインルールを用いましょう．図 9.3 からわかるように，u_j^t の変動は次層への順伝播により，すぐさま v_k^t と $u_{j'}^{t+1}$ を変化させます．したがって

$$\delta_j^t = \sum_k \frac{\partial v_k^t}{\partial u_j^t}\frac{\partial E}{\partial v_k^t} + \sum_{j'} \frac{\partial u_{j'}^{t+1}}{\partial u_j^t}\frac{\partial E}{\partial u_{j'}^{t+1}} \tag{9.15}$$

と書き換えられます．その一方，v_k^t の微小変化は，同時刻の誤差 $E_n^t(\boldsymbol{w})$ を直接変動させると同時に，$u_{j'}^{t+1}$ の微小変化も導くので，チェインルールから

$$\delta_k^{out,t} = \sum_n \frac{\partial E_n^t}{\partial v_k^t} + \sum_{j'} \frac{\partial u_{j'}^{t+1}}{\partial v_k^t}\frac{\partial E}{\partial u_{j'}^{t+1}} \tag{9.16}$$

が導かれます．これらから，次の逆伝播則が得られます[*5]．

(RNN の逆伝播)

$$\delta_j^t = \Big(\sum_k w_{kj}^{out}\delta_k^{out,t} + \sum_{j'} w_{j'j}\delta_{j'}^{t+1}\Big) f'(u_j^t) \tag{9.17}$$

$$\delta_k^{out,t} = \sum_n \big(y_k^t(\boldsymbol{x}_n^{1,\cdots,t}) - t_{nk}^t\big) + \sum_j \tilde{w}_{jk}\delta_j^{t+1} f^{out\prime}\big(v_k^t\big) \tag{9.18}$$

---

*5 ここでは一例として，交差エントロピーのような性質のよい誤差関数を用い，出力層でのデルタを簡単化しました．

この逆伝播は $\delta_j^T = 0$ を初期値として解くことができます.

次にデルタを用いて勾配を再構成します. 展開された RNN は重み共有されたニューラルネットとみなせますので, 例えば w^{in} に関する勾配は

$$\frac{\partial E}{\partial w_{ji}^{in}} = \sum_{t=1}^{T} \frac{\partial E}{\partial u_i^t} \frac{\partial^+ u_i^t}{\partial w_{ji}^{in}} \tag{9.19}$$

と各時刻の勾配からの寄与の和で与えられます. ここで $\partial^+ u^t / \partial w^{in}$ は, ある時刻 t の瞬間だけを考えて, 順伝播しか起こらないものとみなした際の微分係数です. したがって, この微分では重みは即時的な順伝播に関するものだけで, ループをまわる再帰的な経路に由来する依存性は考えません. このようにしてユニット出力とデルタから勾配が求まります.

(BPTT 法)

$$\frac{\partial E}{\partial w_{ji}^{in}} = \sum_{t=1}^{T} \delta_j^t x_i^t, \quad \frac{\partial E}{\partial w_{kj}^{out}} = \sum_{t=1}^{T} \delta_k^{out,t} z_j^t \tag{9.20}$$

$$\frac{\partial E}{\partial w_{j'j}} = \sum_{t=1}^{T} \delta_{j'}^t z_j^{t-1}, \quad \frac{\partial E}{\partial \tilde{w}_{jk}} = \sum_{t=1}^{T} \delta_j^t v_k^{t-1} \tag{9.21}$$

この方法は正確には**エポックごとの BPTT (epochwise BPTT, EBPTT) 法**と呼ばれるものです. 通常ただ単に BPTT 法と呼ぶ場合は, 現時刻での誤差関数のみを考慮して

$$E(\boldsymbol{w}) = \sum_{n=1}^{N} E_n^T(\boldsymbol{w}) \tag{9.22}$$

を用いる手法を指します.

9.3 機械翻訳への応用

RNN にはさまざまな応用がありますが，現在熱心に研究されているのは自然言語処理への応用です．その一例である機械翻訳を RNN で実行するためのシンプルなアイデアは以下のようなものです．まず入力文を文字の集まり $\boldsymbol{x}^1, \boldsymbol{x}^2, \ldots, \boldsymbol{x}^T$ のように T 個の単語に分けます．これを RNN に入力します． RNN の出力層は，辞書中の単語数だけのユニット数があるソフトマックス層だとします．すると出力値がもっとも大きくなるユニットから，尤もらしい出力単語 $\boldsymbol{y}^t$ が予測できます．ループに蓄えられた過去の信号は，RNN が $\boldsymbol{y}^t$ を選ぶ際に参考になるこれまでの単語列 $\boldsymbol{x}^1, \ldots, \boldsymbol{x}^t$ の情報を教えてくれます．このような出力を各時刻で集めて作った列 $\boldsymbol{y}^1, \boldsymbol{y}^2, \ldots, \boldsymbol{y}^T$ が翻訳文となるのです．

もちろん実際の設定はここまで簡単ではありませんが，アイデアはここで紹介した「おもちゃモデル」と共通です [50]．しかしこのやり方では基本的に，入力文の単語数と出力文の単語数が等しい場合しか扱えません．例えば “This is a pen” という簡単な文であれば日本語訳は「これ は ペン です」と同じ 4 語ですが，必ずしもいつもこうとは限りません．入出力の長さを自由に変えるためのアイデアについては本章の最後で紹介します．

9.4 RNN の問題点

RNN は中間層が 1 層のニューラルネットに帰還路を加えたものとして定義されました．一見浅いネットワークに見えますが，実際には信号がループをまわり続けるので深いネットワークになっています．このことは展開されたネットワーク（図 9.3）において信号の伝達経路を辿るとよくわかるでしょう．

深いネットワーク構造は学習において問題を引き起こします．RNN の信号にはループをまわるたびに同じ重み $\boldsymbol{W}$ が何度もかかるため，容易に信号や勾配が消失したり爆発したりします．この状況は多層の順伝播型ニューラルネットよりも深刻です．順伝播型の場合は掛け合わされる重みは異なる層

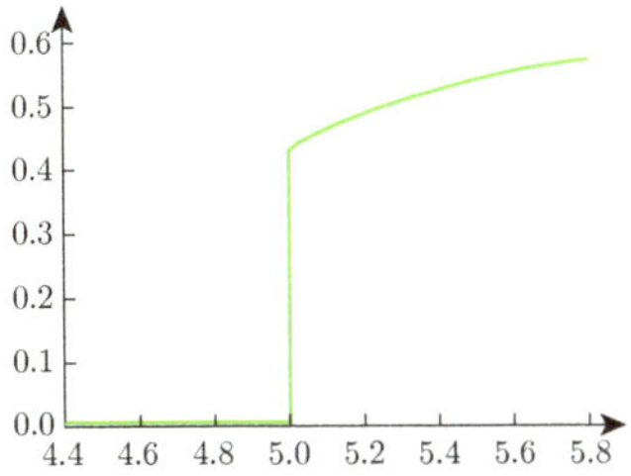

図 9.4 横軸は重み w, 縦軸は RNN の模型 $z^t = \sigma(wz^{t-1} + b)$ (ただし $b = -2.5, z^1 = 0.5$) の時刻 $t = 50$ における二乗誤差 $E^{50} = (y^{50} - 0.2)^2$.

のパラメータです．したがってその初期値を工夫することで，パラメータの効果が極端になることをある程度防げるからです [27]．しかし RNN では同じ重みパラメータが幾度も掛かるため，そうはいきません．また勾配の爆発に対応して，RNN の誤差関数は**図 9.4** のような絶壁構造をもちます．そのため**勾配クリップ**（4.2.1 節）などの対策が必要となります [51]．

RNN の問題に対処するための RNN の改良法に関しては，現在でも活発な研究が行われています．次に紹介する長・短期記憶 (LSTM) は，ネットワーク構造の工夫で RNN の問題を抑えるのに成功している一例です．

9.5 長・短期記憶

RNN を考える動機は，長期間にわたる時系列情報を蓄えておきたかったからです．しかしながら RNN は深刻な勾配消失を被るため，時間差が開くとデータ間の長期依存関係を捉えることがとても難しくなります．そこで何らかの正則化を導入して状況を改善しましょう．ここでは CNN の場合のように，ネットワーク構造を工夫することで性質をよくする手法を紹介します．

時系列データを蓄えてなくてはならない状況でも，十分情報を活用し終えた過去のデータは消去するほうがよいはずです．このような忘却は我々が手動で行うことも可能ですが，各情報をいつ消去していいのかの判断は簡単ではありません．そこでデータを忘却するタイミングも学習させましょう．

この目的のために，忘却を行う**ゲート** (**gate**) という構造を導入します．ゲートには付随した重みパラメータがあり，それを学習することでタスクに適したデータ消去の方法を学ぶことになります．本節では，このようなゲートを用いた構造の代表例である長・短期記憶を紹介します．ちなみに，本節ではRNNのループは中間層の間にしかないものとします．

9.5.1 メモリー・セル

長・短期記憶 (long short-term memory, LSTM) は，RNNの中間層のユニットをメモリー・ユニットというもので置き換えたものです．このメモリー・ユニットに，情報の保持や忘却を可能にする仕組みを組み込んでおきます．

LSTMでは中間層のユニット j の代わりにメモリー・ユニットを用います．メモリー・ユニット自体はセル，ゲート，ユニットから構成される複雑な回路です．この回路の中で中心的な役割を果たすのが**メモリー・セル (memory cell)** です．メモリー・セルは図9.5（左）の回路のように，ループを用いて各時刻のセル (C) の出力 s_j^t を次の時刻のセルへ受け渡します．したがって図においてループが点線で書かれているのは，ループの伝播は1時刻遅れて行われることを意味しています．

ゲートは外部からの入力も受けます．メモリー・ユニットは中間ユニット j の代わりに用いられるのですから，各時刻 t において入力層から x_i^t，前時刻の中間層から $z_{j'}^{t-1}$ の入力を受けます．これを表したのが図9.5（右）です．外部からの入力はまず入力ユニット (I) に入り，そこからの出力 $f(\sum_i w_{ji}^{in} x_i^t + \sum_{j'} w_{jj'} z_{j'}^{t-1})$ がセルへ入力します．したがってゲートを考えない場合は，セルの状態は

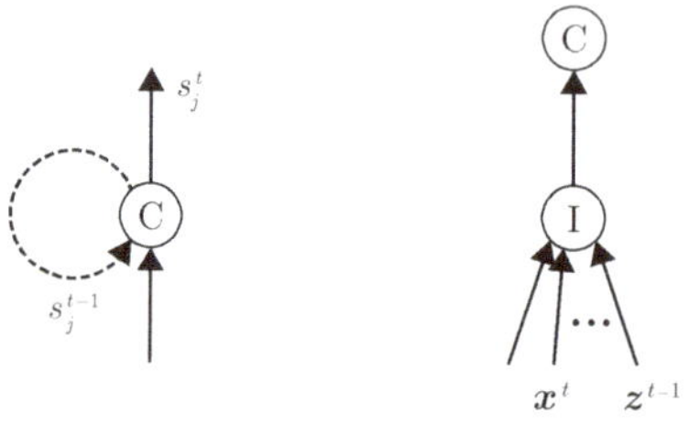

図 9.5 メモリーセル (C) と，そこへの入力ユニット (I).

$$s^t = s_j^{t-1} + f\Big(\sum_i w_{ji}^{in} x_i^t + \sum_{j'} w_{jj'} z_{j'}^{t-1}\Big) \tag{9.23}$$

で与えられます．

9.5.2 ゲート

メモリー・ユニットのもう1つの構成要素は**ゲート** (**gate**) です．外部からの入力を受けるゲート・ユニットは，まずゲート値 g_j^t を出力します．**図 9.6** の白丸で表されたユニットがゲート値を出力しますので，g_j^t は $\boldsymbol{x}^t$ と $\boldsymbol{z}^{t-1}$ で与えられます．またこのユニットには固有の重みパラメータが付随します (式 (9.25) 参照)．そして図 9.6 において $\otimes$ で表されたゲート演算により，やってきた信号にゲート値 g_j^t を掛け合わせます．ゲート値は $0 \le g_j^t \le 1$ の範囲のみとりえます．したがってゲート値が1に近ければ信号はほとんど減衰しませんが，逆に0に近いゲートでは信号が強く弱められるために忘却の役割を果たします．

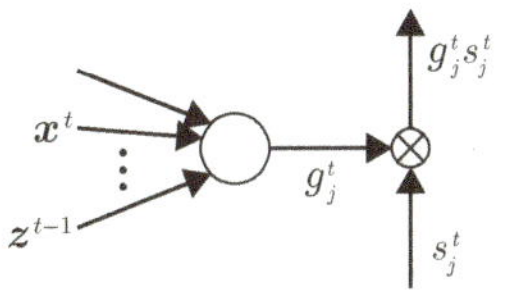

図 9.6 信号 s_j^t に対するゲート値 g_j^t の作用．

9.5.3 LSTM

構成要素の説明が済みましたので，**図 9.7** で与えたメモリー・ユニット全体の構造を紹介しましょう．図 9.7 のように，メモリー・ユニットは外部からの入力 $\boldsymbol{x}^t, \boldsymbol{z}^{t-1}$ を取り入れる場所が4箇所あります．うち1つはセルへの入力用，残りはゲートへの入力です．またセルからの出力は外部へと向かうばかりではなく，ゲートを制御するためにゲート・ユニットへも流れていきます．これらゲートへの結合は**のぞき穴** (**peephole**) とも呼ばれます．

それぞれの入力用ユニットは固有の重みをもっています．例えばセルへの入力ユニットがもつ重みが $\boldsymbol{W}^{in} = (w_{ji})$ と $\boldsymbol{W} = (w_{jj'})$ です．入力された

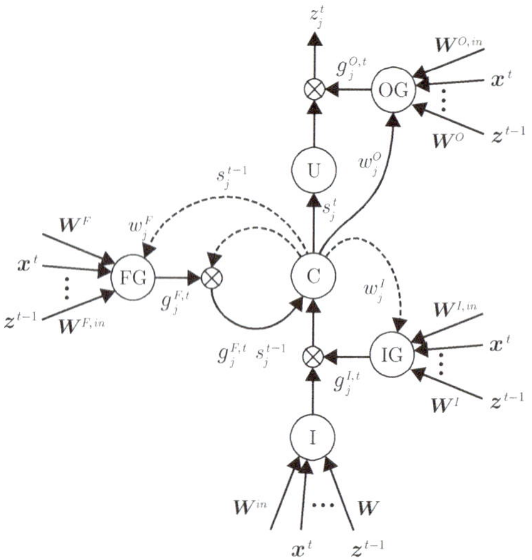

図 9.7 LSTM メモリー・ユニット全体の構造.

信号はセルを循環しながら蓄えられつつ，セル外部にも出力されて，ゲート演算を受けながらメモリー・ユニットの外部へ出力します．時刻 t における最終出力が z_j^t です．

このようなメモリー・ユニットを集めて作った中間層が，LSTM や LSTM ブロックと呼ばれるものです．さまざまな文献で用いられている LSTM や機械学習フレームワークでの LSTM ブロックにおいては，ゲートやのぞき穴の一部が採用されていない場合もありえますので注意してください．

9.5.4 LSTM の順伝播

では LSTM の順伝播を細かく見ながら，メモリー・ユニットの構造を説明しましょう．まず入力ユニット (I) から説明します．I に入った外部入力は総入力 u_j^t に合算された後，活性化関数の作用を受けて $z_j^{0,t}$ として出力されます．

$$u_j^t = \sum_i w_{ji}^{in} x_i^t + \sum_{j'} w_{jj'} z_{j'}^{t-1}, \quad z_j^{0,t} = f\left(u_j^t\right) \tag{9.24}$$

入力ユニットからの信号は，セル (C) に入る前に入力ゲート (IG) からゲート値の積作用を受けます．このゲート値は次で与えられます．

$$u_j^{I,t} = \sum_i w_{ji}^{I,in} x_i^t + \sum_{j'} w_{jj'}^I z_{j'}^{t-1} + w_j^I s_j^{t-1}, \quad g_j^{I,t} = \sigma\left(u_j^{I,t}\right) \tag{9.25}$$

図 9.7 では点線に沿って C から IG への入力があります．そのため，IG への総入力中のセルの状態 s_j^{t-1} には時刻遅れが生じています．またゲートの活性化関数には，値域を $[0,1]$ へ制限するためにシグモイド関数 σ を用います．このゲート値が作用した $g_j^{I,t} z_j^{0,t}$ が C へと入力します．

メモリー・セル (C) のループには，ゲート (FG) の作用があります．このゲートのことを**忘却ゲート**と呼びます．

$$u_j^{F,t} = \sum_i w_{ji}^{F,in} x_i^t + \sum_{j'} w_{jj'}^F z_{j'}^{t-1} + w_j^F s_j^{t-1}, \quad g_j^{F,t} = \sigma\left(u_j^{F,t}\right) \tag{9.26}$$

このゲート値が点線に沿ってやってきた信号に作用し，時刻 t でのセルへの入力 $g_j^{F,t} s_j^{t-1}$ となります．またゲート値を 0 にすると，ループに保持されてきた過去の情報を消去することができます．以上の議論から，メモリー・セルの状態は次のように時間変化します．

$$s_j^t = g_j^{I,t} f\left(u_j^t\right) + g_j^{F,t} s_j^{t-1} \tag{9.27}$$

セルからの出力はユニット (U) により活性化関数が作用され，さらに出力ゲート (OG) からのゲート値が掛け合わされたうえで最終出力となります．

$$z_j^t = g_j^{O,t} f\left(s_j^t\right) \tag{9.28}$$

また出力ゲートも他のゲートと同様に次で与えられます．

$$u_j^{O,t} = \sum_i w_{ji}^{O,in} x_i^t + \sum_{j'} w_{jj'}^{O} z_{j'}^{t-1} + w_j^O s_j^t, \quad g_j^{O,t} = \sigma\left(u_j^{O,t}\right) \tag{9.29}$$

ただしセルから出力ゲートへの入力に時間遅れはないことに注意しましょう．

9.5.5　LSTM の逆伝播

次に勾配降下法を考えます．ゲートの存在にさえ注意すれば，LSTM の逆伝播法も通常のものと変わりません．そこでまずはユニット (U) のデルタから考えましょう．

LSTM からの出力は，RNN 全体の中で同時刻の出力層と，次の時刻の中間層へ入力します．この様子が図 9.8 で表してあります．したがってこの付近の順伝播を改めて書くと

$$z_j^t = \sigma\left(u_j^{O,t}\right) f\left(u_j^{U,t}\right), \quad v_k^t = \sum_j w_{kj}^{out} z_j^t, \quad u_{j'}^{t+1} = \sum_j w_{j'j} z_j^t + \cdots \tag{9.30}$$

となります．ここでユニット (U) への総入力を $u_j^{U,t} = s_j^t$ と書きました．C

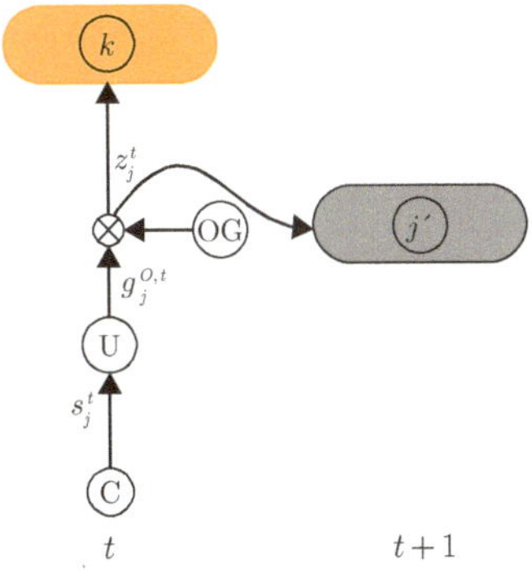

図 9.8 LSTM から外部への入力．同時刻の出力層（オレンジ色）と，次の時刻の中間層（灰色）へ入力する．

と U の間の重みは常に 1 であることに注意しましょう．したがってユニット U に関するデルタは，定義に従うと

$$\delta_j^{U,t} \equiv \frac{\partial E}{\partial u_j^{U,t}} = \sum_k \frac{\partial v_k^t}{\partial u_j^{U,t}} \frac{\partial E}{\partial v_k^t} + \sum_{j'} \frac{\partial u_{j'}^{t+1}}{\partial u_j^{U,t}} \frac{\partial E}{\partial u_{j'}^{t+1}} \tag{9.31}$$

ですので，デルタの逆伝播則が得られました．

$$\delta_j^{U,t} = g_j^{O,t} f'(s_j^t) \left(\sum_k w_{kj}^{out} \delta_k^{out,t} + \sum_{j'} w_{j'j} \delta_{j'}^{t+1} \right) \tag{9.32}$$

ゲート (OG) に関するデルタ $\delta_j^{O,t} = \partial E / \partial u_j^{O,t}$ もまったく同様に，次に従います．

$$\delta_j^{O,t} = \sigma'(u_j^{O,t}) f(s_j^t) \left(\sum_k w_{kj}^{out} \delta_k^{out,t} + \sum_{j'} w_{j'j} \delta_{j'}^{t+1} \right) \tag{9.33}$$

次にセルに対するデルタを考えましょう．C からは 5 個の矢印が出ていま

すから，セルの出力の変動はこの 5 つの矢印の行き先であるユニットの活性を変化させますので

$$\delta_j^{C,t} \equiv \frac{\partial E}{\partial s_j^t} = \frac{\partial u_j^{U,t}}{\partial s_j^t}\frac{\partial E}{\partial u_j^{U,t}} + \frac{\partial u_j^{O,t}}{\partial s_j^t}\frac{\partial E}{\partial u_j^{O,t}} + g_j^{F,t+1}\frac{\partial s_j^t}{\partial s_j^t}\frac{\partial E}{\partial s_j^{t+1}} + \frac{\partial u_j^{F,t+1}}{\partial s_j^t}\frac{\partial E}{\partial u_j^{F,t+1}} + \frac{\partial u_j^{I,t+1}}{\partial s_j^t}\frac{\partial E}{\partial u_j^{I,t+1}} \tag{9.34}$$

です．したがって次が得られました．

$$\delta_j^{C,t} = \delta_j^{U,t} + w_j^O \delta_j^{O,t} + g_j^{F,t+1}\delta_j^{C,t+1} + w_j^F \delta_j^{F,t+1} + w_j^I \delta_j^{I,t+1} \tag{9.35}$$

ただし F についてのデルタは

$$\delta_j^{F,t} \equiv \frac{\partial E}{\partial u_j^{F,t}} = \frac{\partial s_j^t}{\partial u_j^{F,t}}\frac{\partial E}{\partial s_j^t} \tag{9.36}$$

ですので，

$$\delta_j^{F,t} = \sigma'\left(u_j^{F,t}\right)s_j^{t-1}\delta_j^{C,t} \tag{9.37}$$

です．また I についても同様に次式が得られます．

$$\delta_j^{I,t} = \sigma'\left(u_j^{I,t+1}\right)f\left(u_j^t\right)\delta_j^{C,t} \tag{9.38}$$

最後に入力ゲートですが，これも式 (9.27) より次で与えられます．

$$\delta_j^t \equiv \frac{\partial E}{\partial u_j^t} = g^{I,t} f'(u_j^t)\delta_j^{C,t} \tag{9.39}$$

9.5.6 ゲート付き再帰的ユニット*

LSTM はかなり複雑な回路図をしていました．LSTM と同様ゲートを用いつつ，もっとシンプルな方法で長期記憶を蓄えるユニットが**ゲート付き再帰的ユニット (gated recurrent unit, GRU)** です．GRU の回路図は図 9.9 に示します．GRU の各ユニットの活性は以下のように与えられます．r からの出力が掛け合わされる場所 $\otimes$ はリセットゲートと呼ばれます．その一方，$1-z$ を掛ける作用をする $\otimes$ はアップデートゲートです．$\boldsymbol{h}$ と $\tilde{\boldsymbol{h}}$ の間のループで，どれだけ過去の情報 ($\boldsymbol{h} \to \tilde{\boldsymbol{h}}$) を消去し，新たな情報 ($\tilde{\boldsymbol{h}} \to \boldsymbol{h}$) を取り込むのかをコントロールするのが，これらのゲートです．まず j 番目のユニットのリセットゲート値を集めたベクトル $\boldsymbol{r}^t = (r_j^t)$ は，時刻 t には入力 $\boldsymbol{x}^t$ と各ユニットの活性 $\boldsymbol{h}^t = (h_j^t)$ によって

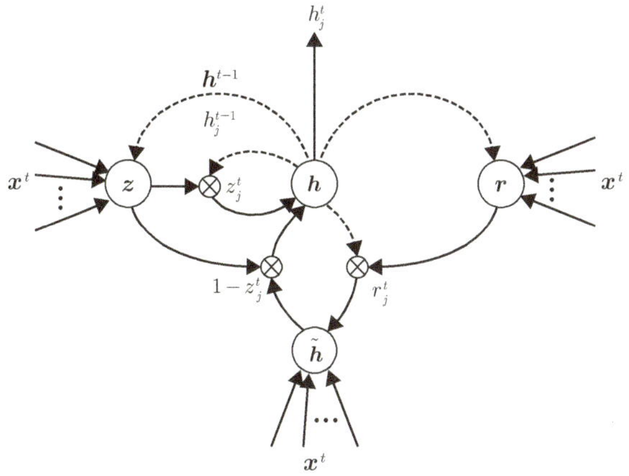

図 9.9 ゲート付き再帰的ユニットの回路図．$\boldsymbol{z}$ と $\boldsymbol{r}$ はゲート値を与える．$\boldsymbol{h}$ 自体は重みをもたないセル．

$$\boldsymbol{r}^t = \sigma\big(\boldsymbol{W}_r \boldsymbol{x}^t + \boldsymbol{U}_r \boldsymbol{h}^{t-1}\big) \tag{9.40}$$

で与えられます．その一方でアップデートゲートは

$$\boldsymbol{z}^t = \sigma\big(\boldsymbol{W}_z \boldsymbol{x}^t + \boldsymbol{U}_z \boldsymbol{h}^{t-1}\big) \tag{9.41}$$

です．すると時刻 t での 2 つのユニットの活性は次で定義されます．

$$\boldsymbol{h}^t = \boldsymbol{z}^t \odot \boldsymbol{h}^{t-1} + (\boldsymbol{1} - \boldsymbol{z}^t) \odot \tilde{\boldsymbol{h}}^t \tag{9.42}$$

$$\tilde{\boldsymbol{h}}^t = \tanh\big(\boldsymbol{W}\boldsymbol{x}^t + \boldsymbol{U}\big(\boldsymbol{r}^t \odot \boldsymbol{h}^{t-1}\big)\big) \tag{9.43}$$

ここで $\boldsymbol{1}$ は全成分が 1 のベクトルです．$\boldsymbol{W}$ や $\boldsymbol{U}$ などは GRU の重みパラメータであり，出力 $\boldsymbol{h}^t$ は LSTM の出力と同様に用いることができます．

GRU の振る舞いを理解するため，まずはアップデートゲートが 0 の場合 $\tilde{\boldsymbol{h}}^t = \boldsymbol{h}^t$ を考えましょう．もしリセットゲート $\boldsymbol{r}^t$ も 0 なら，$\tilde{\boldsymbol{h}}^t$ は過去の信号と関係なく入力 $\boldsymbol{x}^t$ だけから決まり，それが $\boldsymbol{h}^t$ となります．一方リセットゲートをオンにすると式 (9.43) から，時間が経つにつれ $\boldsymbol{h}^t = \tilde{\boldsymbol{h}}^t$ 中の過去の情報がどんどん減衰していきます．つまりリセットゲートにより不要な情報が忘却できるのです．その一方，アップデートゲートは $\boldsymbol{h}^t$ の更新において，$\boldsymbol{z}^t \odot \boldsymbol{h}^{t-1}$ や $(1 - \boldsymbol{z}^t) \odot \tilde{\boldsymbol{h}}^t$ という項を通じて過去の情報をどれだけ持ち越し，新たな情報をどれだけ取り込むのかを制御します．したがって GRU は LSTM と同様に記憶具合を制御するゲートです．

演習 9.1　LSTM の場合を参考に，GRU の逆伝播則を導きなさい．

9.6 再帰型ニューラルネットと自然言語処理*

統計的自然言語処理の分野で文を学習させる際には確率モデルを用います．ここでは文 $\boldsymbol{x}^1 \cdots \boldsymbol{x}^T$ から文 $\boldsymbol{y}^1 \cdots \boldsymbol{y}^{T'}$ への機械翻訳を考えましょう．まず入力文 $\boldsymbol{x}^1 \cdots \boldsymbol{x}^T$ から翻訳を生成するために，元言語の文と翻訳先言語での文の間の条件付き確率に注目しましょう．

$$P\big(\boldsymbol{y}^1\cdots\boldsymbol{y}^{T'}|\boldsymbol{x}^1\cdots\boldsymbol{x}^T\big)=\prod_{t=1}^{T'}P\big(\boldsymbol{y}^t|\boldsymbol{y}^1\cdots\boldsymbol{y}^{t-1},\boldsymbol{x}^1\cdots\boldsymbol{x}^T\big) \tag{9.44}$$

特に右辺の各確率分布をモデル化し，訓練データを使って学習させることを考えます．もしこの確率が推定できれば，$\boldsymbol{y}^1$ から $\boldsymbol{y}^{t-1}$ までがすでに訳出された状況で $P\big(\boldsymbol{y}^t|\boldsymbol{y}^1\cdots\boldsymbol{y}^{t-1},\boldsymbol{x}^1\cdots\boldsymbol{x}^T\big)$ を用い，次の単語 $\boldsymbol{y}^t$ としてどれを採用すべきかが予測できます．この作業を $t=1,2,\ldots,T'$ と繰り返すことで「入力文 $\boldsymbol{x}^1\cdots\boldsymbol{x}^T$ に対する翻訳文全体ができ上がる」という仕組みです．

もし $T=T'$ であれば RNN でもこのような分布は学習できます．しかし入力文と翻訳先の出力文の長さが等しくなく，かつ可変なときにはどうすればよいでしょうか．翻訳や文生成，会話ロボットなどに応用するためには，このような現実的な設定で働くモデルが必要です．そのために最近盛んに用いられているのが**符号化器・復号化器**のアプローチです．

このアプローチではまず，RNN を用いて入力文全体 $\boldsymbol{x}^1\boldsymbol{x}^2\cdots\boldsymbol{x}^T$ をある表現 $\boldsymbol{c}$ へ変換します．c は**文脈**もしくは**コンテキスト (context)** などとも呼ばれ，RNN の中間層の状態 $\boldsymbol{z}^t$ として与えることができます．

$$\boldsymbol{c}=q\big(\boldsymbol{z}^1,\ldots,\boldsymbol{z}^T\big),\quad \boldsymbol{z}^t=f\big(\boldsymbol{W}^{in}\boldsymbol{x}^t+\boldsymbol{W}\boldsymbol{z}^{t-1}\big) \tag{9.45}$$

この作業を行う RNN を**符号化器 (encoder)** といいます．自己符号化器における符号化器と紛らわしいですが，両者を混同しないでください．

その一方，**復号化器 (decoder)** と呼ばれる RNN はコンテキストを受け取り，訳文を決めるための確率分布を与えます．この RNN の出力層にはソフトマックスなどを用い，確率分布

$$P\big(\boldsymbol{y}^t=\boldsymbol{y}|\boldsymbol{y}^1\cdots\boldsymbol{y}^{t-1},\boldsymbol{c}\big) \tag{9.46}$$

を出力として与えるものとしましょう．するとこれを式 (9.44) に用いることで，翻訳文を決定する確率分布が求まります．ただしこのアプローチでは，復号化器へ受け渡される入力文の情報はコンテキスト $\boldsymbol{c}$ の中に圧縮してまとめられていることに注意しましょう．

q の選び方やモデル全体のデザインには色々なバリエーションが存在しますが，以下では代表的なモデルである Seq2Seq を取り上げます．

9.6.1　Seq2Seq 学習

Seq2Seq(sequence to sequence)[52] の構造全体は図 9.10 にまとめてあります．RNN を用いてコンテキストを作り，これから翻訳文の単語を一文字ずつ生成します．また復号化器の中間層には前時刻の出力が入力されています．ただし復号化器の出力層はソフトマックス層ですので，まず分布 $P(\boldsymbol{y}^{t-1}|\boldsymbol{y}^1\cdots\boldsymbol{y}^{t-2})$ からもっと確率が高くなる語 $\boldsymbol{y}^{t-1}$ をサンプルします．さらにその単語を，次の時刻 t での入力とするのです．

Seq2Seq の復号化器は文末までくると最後に < **EOS** >*6 を出力して翻訳を終えるものとします．構造全体の学習は最尤法で行われます．つまり符号化器・復号化器全体の分布

$$P\big(\boldsymbol{y}^1\cdots\boldsymbol{y}^{T'}|\boldsymbol{x}^1\cdots\boldsymbol{x}^T\big)=\prod_{t=1}^{T'}P\big(\boldsymbol{y}^t|\boldsymbol{y}^1\cdots\boldsymbol{y}^{t-1},\boldsymbol{c}\big) \tag{9.47}$$

を考え，訓練データ $\{\boldsymbol{x}_n^1\cdots\boldsymbol{x}_n^T,\boldsymbol{y}_n^1\cdots\boldsymbol{y}_n^{T'}\}_{n=1}^N$ に関する次の誤差関数

$$E(\boldsymbol{w})=-\frac{1}{N}\sum_{n=1}^{N}\log P\big(\boldsymbol{y}_n^1\cdots\boldsymbol{y}_n^{T'}|\boldsymbol{x}_n^1\cdots\boldsymbol{x}_n^T;\boldsymbol{w}\big) \tag{9.48}$$

を最小化します．原論文 [52] では英語からフランス語への翻訳が学習されました．

符号化器と復号化器にはそれぞれ別の RNN を用います．それによって各言語によく適したモデルが学習できると期待されます．また原論文 [52] で

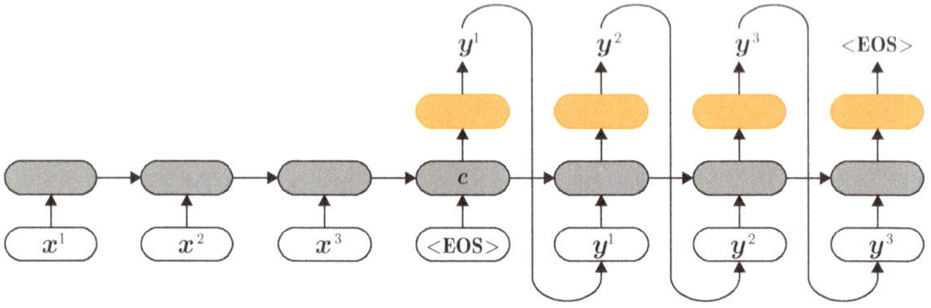

図 9.10　Seq2Seq の構造．符号化器の RNN（左）と復号化器部分の RNN（右）には，一般には別のモデルを使う．

---

*6　< **EOS** > は文が終わったことを教えるためのトークン，end-of-sequence です．

は中間層に 4 層の LSTM が用いられました．

Seq2Seq の工夫として特徴的なものが，入力の反転です．つまり文を $\boldsymbol{x}^1 \cdots \boldsymbol{x}^T$ の順に入力するのではなく，$\boldsymbol{x}^T \cdots \boldsymbol{x}^1$ とひっくり返して入力するのです．すると性能が向上することが実験的に判明しています．これは訳文の頭にくる語 $\boldsymbol{y}^1$ と元文の文頭語 $\boldsymbol{x}^1$ が時間的に近い位置にくるため，学習や推論のとっかかりを掴みやすくなっているのではないかと思われます．

9.6.2　ニューラル会話モデル

最後に Seq2Seq の面白い応用であるニューラル会話モデル (**neural conversation model**) を紹介しましょう [53]．このモデルは，人間と自然な対話ができるように学習された Seq2Seq です．

ニューラル会話モデルは，対訳コーパスではなく会話データを使って Seq2Seq を訓練したものです．つまり話しかけられた文を入力とし，その返答が出力となるように学習させた Seq2Seq です．原論文 [53] では 2 つの実験がなされていますが，その 1 つは映画の会話文を集めた OpenSubtitles というデータセットを用いた訓練です．モデルとしては中間層に 4096 個のメモリー・ユニットからなる LSTM を 2 層もつ Seq2Seq が用いられました．

こうして作られた学習済みモデルに問いかけを入力することで，出力として返事が返ってきます．例えば名前などを問いかけると，「彼女」は自分を 1977 年 7 月 20 日生まれのジュリアだと名乗りました．もちろんそのようなことはあらわには教えていないにもかかわらずです．返答に失敗することもあるのですが，原論文に掲載された実験結果を見ると随分と自然な会話が成立しています．

ちなみに実験では「知能 (intelligence) をもつことの目的は?」という問いも投げかけられています．この哲学的問いに対するジュリアの回答は，「それが何かを知るためよ」というものでした．

Chapter 10

ボルツマンマシン

ニューラルネットと違い，ボルツマンマシンは各ユニットが確率的に振る舞うネットワークモデルです．昨今の深層学習へとつながるはじめのブレイクスルーは，2006 年にヒントンのグループが発表した，深層化させたボルツマンマシンの成功です．いまではニューラルネットのほうが盛んに研究されている印象がありますが，現在でもボルツマンマシンを学ぶことで多くの示唆が得られます．ところで，ボルツマンマシン自体は古典統計物理におけるイジング模型そのものです．ですので，物理の教育を受けた方にはとてもわかりやすいモデルであり，ボルツマンマシン固有の面白さが数多くあります．

10.1　グラフィカルモデルと確率推論

これまでは与えられた観測データを訓練データとしてニューラルネットでフィッティングし，それをもとに推論を行うアプローチについて学んできました．しかし 2 章で学んだように，機械学習には確率的なアプローチもありました．特に不確実性を伴う現象では，確率的なモデルで記述したほうが自然です．

まずは生成モデルという考え方から思い出しましょう．不確実性を伴う現象があり，その観測値として N 個のデータ $\boldsymbol{x}^{(n)} = (x_1^{(n)} \quad x_2^{(n)} \quad \cdots)^\top$ が得られたとします．この現象の原因や，それにまつわる因果関係を理解するために確率モデルを導入します．まずこの観測値を，ベクトルに値をとる確

率変数 $\mathbf{x} = (\mathrm{x}_1\ \mathrm{x}_2\ \cdots)^\top$ の実現値であるとします．

この観測値が実は背後にある確率分布 $P_{data}(\mathbf{x})$ から独立に生成していると考えてみます．この分布のことを**生成分布** (**generative distribution**) と呼びました（2.1 節参照）．生成分布はもし存在するとしても，普通は直接知ることのできない分布です．現象の背後にある物理プロセスのすべてを記述することができれば，理論的に導くことができるかもしれませんが，実際にはそんなことは到底不可能です．そこで観測データからこの分布の形を推し量るために，まず，この未知の分布を近似的に表す仮説を立てることから始めます．生成分布の近似であるモデル分布 $P(\mathbf{x}|\boldsymbol{\theta})$ としては，パラメータ $\boldsymbol{\theta}$ をもつものを考えます．つまりモデル分布の集まりを考えます．このモデルの集まりの中で，観測データをもっともよく説明するモデル，つまり一番適切なパラメータの値 $\boldsymbol{\theta}^*$ を特定するのが学習です．その結果得られた分布 $P(\mathbf{x}|\boldsymbol{\theta}^*)$ が，もっとも「本当の」分布 $P_{data}(\mathbf{x})$ に近いものであると期待されますので，これを用いてさまざまな推論ができることになります．

ところで，モデル分布 $P(\mathbf{x}|\boldsymbol{\theta})$ はどのように選べばいいのでしょうか．そのためによく用いられるのが**グラフィカルモデル** (**graphical model**) です．グラフィカルモデルでは確率分布の構造が視覚的に表現されるため，モデル分布を設計する際に直感を働かせることができ，とても便利です．また，確率変数たちの条件付き独立性がグラフの構造に直接反映するため，込み入った因果関係や相関関係が捉えやすくなります．

10.1.1 有向グラフィカルモデル*

数学においてグラフという場合には，ユニット（ノード，頂点とも呼ばれる）を，エッジ（リンク）でつないだ構造物のことを指します．順伝播型ニューラルネットは典型的なグラフです．この場合，ユニットをつなぐエッジはどれも向きをもち矢印で書き表されていました．このようなエッジに必ず向きが定められているグラフを**有向グラフ**と呼びます．

有向グラフに対するグラフィカルモデルが，文字通り**有向グラフィカルモデル**（**directed graphical model**，ベイジアンネットワーク）です．以下では，グラフにループのない非循環的な場合のみ考えます．**図 10.1**（左）に，典型的な有向グラフを書きました．グラフィカルモデルにおいては，まず各

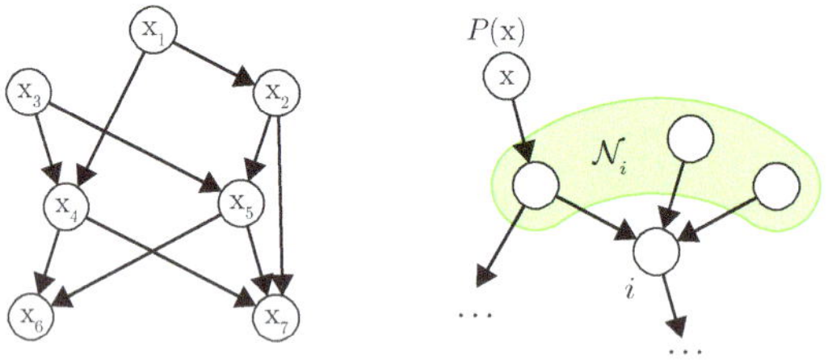

図 10.1 有向グラフの例（左）．流れ込む矢印のないノードは，事前分布 $P(\mathrm{x})$ に対応する（右）．

ユニットに確率変数が付随しています．それらの同時確率分布の構造を図示したものが，このグラフの意味です．まず確率変数の間の因果関係は，条件付き確率によってモデル化されます．現在の例では，変数 x_4 へ入ってくる矢印は x_1 と x_3 です．このグラフ構造が表現しているのは，これらの変数たちの間の因果関係が条件付き確率

$$P(\mathrm{x}_4|\mathrm{x}_1, \mathrm{x}_3) \tag{10.1}$$

でモデル化される，ということです．また，矢印で直接つながっていないユニット同士は独立であるとします．したがって，例えば x_1 と x_6 は独立な確率変数です．その一方，x_1 のように流れ込む矢印がまったくないユニットもあります．このようなユニットは事前確率 $P(\mathrm{x}_1)$ を表現します．

このようなグラフから決まる因果関係をすべて集めることで，グラフィカルモデルの同時確率分布が表現できます．いま考えている例では

$$P(\mathrm{x}_1, \mathrm{x}_2, \mathrm{x}_3, \mathrm{x}_4, \mathrm{x}_5, \mathrm{x}_6, \mathrm{x}_7) = P(\mathrm{x}_1)\, P(\mathrm{x}_2|\mathrm{x}_1)\, P(\mathrm{x}_3)$$
$$P(\mathrm{x}_4|\mathrm{x}_1, \mathrm{x}_3)\, P(\mathrm{x}_5|\mathrm{x}_2, \mathrm{x}_3)\, P(\mathrm{x}_6|\mathrm{x}_4, \mathrm{x}_5)\, P(\mathrm{x}_7|\mathrm{x}_2, \mathrm{x}_4, \mathrm{x}_5) \tag{10.2}$$

という同時確率の構造が得られます．

一般化も自明です．図 10.1（右）のようにユニット i へ矢印を伸ばす親ユニットたちを考えましょう．図では黄緑色に囲われたエリアにあるユニットたちです．このような親ユニットの集合を $\mathcal{N}_i$ と書くことにします．すると，一般的な有向グラフに対する確率分布は

$$P(\mathbf{x}) = \prod_i P(\mathrm{x}_i|\mathrm{x}_{j\in\mathcal{N}_i}) \tag{10.3}$$

です．ただし親ユニットのない変数に対しては次を付与します．

$$P(\mathrm{x}_k|\Phi) = P(\mathrm{x}_k) \tag{10.4}$$

このような確率モデルを考える利点は何でしょうか．一般には確率変数同士は複雑に相関しているので，それらは独立ではありえません．しかし，確率変数たちの一部は，条件付き独立性というよい構造をもちえます．この条件付き独立性をグラフの構造から視覚的にすぐに見てとれることがグラフィカルモデルを考える利点です．したがって，現象の背後にある因果関係を大枠で知っている場合には，分布モデルを構築するのにグラフィカルモデルの方法がとても役に立ちます．

条件付き独立性とは，もともと独立ではない変数たちが，ある他の変数の実現値が確定した後では独立になるような状況です．言葉で説明すると抽象的になってしまいますので，グラフィカルモデルの例で説明しましょう．先ほどの図 10.1 の部分グラフである，$\mathrm{x}_3, \mathrm{x}_4, \mathrm{x}_5$ の 3 変数だけからなるグラフがあったとします．この部分グラフだけがあったとき，この 3 変数の同時分布は

$$P(\mathrm{x}_3, \mathrm{x}_4, \mathrm{x}_5) = P(\mathrm{x}_3)\, P(\mathrm{x}_4|\mathrm{x}_3)\, P(\mathrm{x}_5|\mathrm{x}_3) \tag{10.5}$$

です．この分布 $P(\mathrm{x}_3, \mathrm{x}_4, \mathrm{x}_5)$ ですが，計算結果を見ると，この 3 変数は互いに独立にはなっていません．しかしもし変数 x_3 の値が観測されて，ある確定した値をとったとすると，残り 2 変数は独立になります．というのも

$$P(\mathrm{x}_4, \mathrm{x}_5|\mathrm{x}_3) = \frac{P(\mathrm{x}_3, \mathrm{x}_4, \mathrm{x}_5)}{P(\mathrm{x}_3)} = P(\mathrm{x}_4|\mathrm{x}_3)\, P(\mathrm{x}_5|\mathrm{x}_3) \tag{10.6}$$

と x_4 と x_5 の同時分布が分解しているからです．つまり変数 x_3 を条件として x_4 と x_5 は独立です．これが条件付き独立性です．これを示すために長々と計算しましたが，じつはグラフからすぐに見て取ることができます．まずこれら 3 変数に関するグラフの局所的な構造を見ると，x_3 から x_4 と x_5 に向かって矢印が出ている一方，x_4 と x_5 の間には直接矢印はありません．つまりグラフから x_3 が除かれると，x_4 と x_5 はバラバラになり独立となってしまいます．

まったく同様にして $\mathrm{x}_4,\mathrm{x}_5,\mathrm{x}_6,\mathrm{x}_7$ の部分グラフモデルに関しても，(x_4 と x_5 を条件として) x_6 と x_7 は条件付き独立です．というのも，x_4 と x_5 を除

くと x_6 と x_7 はバラバラになるからです．一般のグラフにおいても，このような**有向分離**と呼ばれる構造は，変数間の条件付き独立性に対応していることが証明できます [4]．

条件付き独立を表現する構造が実はもう 1 つあります．x_3,x_4,x_5,x_6 だけからなる部分グラフだけに注目しましょう．これらは x_3 から延びた矢印が x_4 と x_5 に向かい，それらから x_6 へと矢印が延びています．したがって真ん中の x_4 と x_5 を外すと，x_3 と x_6 はバラバラになってしまいます．このような場合も条件付き独立性を導きます．実際，

$$
\begin{aligned}
P(x_3, x_4, x_5, x_6) &= P(x_3)\,P(x_4, x_5|x_3)\,P(x_6|x_4, x_5) \\
&= P(x_3|x_4, x_5)\,P(x_4, x_5)\,P(x_6|x_4, x_5) \qquad (10.7)
\end{aligned}
$$

ですので，条件付き独立性

$$
P(x_3, x_6|x_4, x_5) = P(x_3|x_4, x_5)\,P(x_6|x_4, x_5) \qquad (10.8)
$$

が得られます．

確率分布の構造を説明し終えましたので，次はこれを用いた推論について解説しましょう．推論とは結果をもとにしてその原因を探っていく作業ですので，有向グラフィカルモデルでは矢印を逆にたどる作業に対応します．このようなプロセスは一般には**確率伝播法** (belief propagation) という手法で効率的に扱われます．**図 10.2** に 2 ユニットからなる簡単な例を与えてあります．変数 y が観測される変数，変数 x は観測されない説明変数であるとしましょう．左側の生成プロセスは，x から y に向かう矢印で図示されている通り，同時分布

$$
P(x, y) = P(y|x)\,P(x) \qquad (10.9)
$$

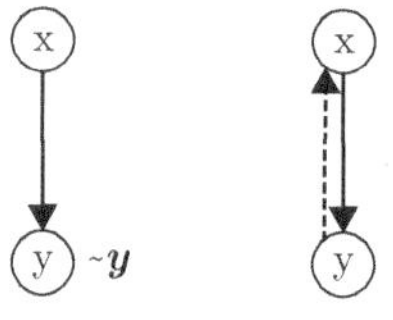

図 10.2 生成プロセス（左）．推論プロセスは右の点線の矢印に対応する．

によって，x から y が生成されるプロセスです．事前分布 $P(\mathrm{x})$ から x が与えられ，それにより y の分布が決まります．観測にかかるのは，この分布から得られる確率 $P(\mathrm{y})$ に従って生成された実現値 y です．

その一方で推論とは，観測値 y をもとにして，その説明因子を推測する作業のことです．図 10.2（右）の破線のように，グラフを遡る操作に対応します．これは観測データ y が与えられたときに説明因子 x がとっていたであろう値について推論することですので，事後確率

$$P(\mathrm{x}|\mathrm{y}) \tag{10.10}$$

を決定することに対応しています．つまり，既知の情報 $P(\mathrm{x})$, $P(\mathrm{y}|\mathrm{x})$ からこの条件付き分布を求めたいのです．そのためにはベイズの定理 (A.13) が用いられます．分布 $P(\mathrm{y})$ は一見すると事前にもっている情報に含まれていないように見えますが，同時分布の周辺化から求まります．

$$P(\mathrm{y}) = \sum_{\mathrm{x}} P(\mathrm{y}|\mathrm{x})P(\mathrm{x}) \tag{10.11}$$

ただし本章で見るように，このような周辺化の計算はしばしば計算量の爆発を引き起こすので，推論にはよい近似法が必要になります．いずれにせよ，観測値がわかったときの説明因子の分布 $P(\mathrm{x}|\mathrm{y})$ が求まり，したがってその値についても推論できるようになりました．

10.1.2 無向グラフィカルモデル*

これまでは，向きのある矢印を使ったネットワークを考えてきました．有向グラフィカルモデルの矢印は，どちらのユニットがどちらのユニットに影響を与えているのかという因果関係を表現しています．つまり x のユニットから y へ矢印が伸びている構造には確率分布 $P(\mathrm{y}|\mathrm{x})$ が付随していました．調べたい現象に関する因果関係をよく理解している場合は，このような有向グラフに基づくモデル化が役立ちます．しかし，いつでも事前に確率変数の間の因果関係がわかるわけではなく，多くの場合では漠然とした相関関係しか知ることができないでしょう．無向グラフィカルモデルは，このようなケースでも使えるグラフィカルモデルです．

無向グラフにおいてはどのエッジも向きをもちません．図 10.3（左）に無

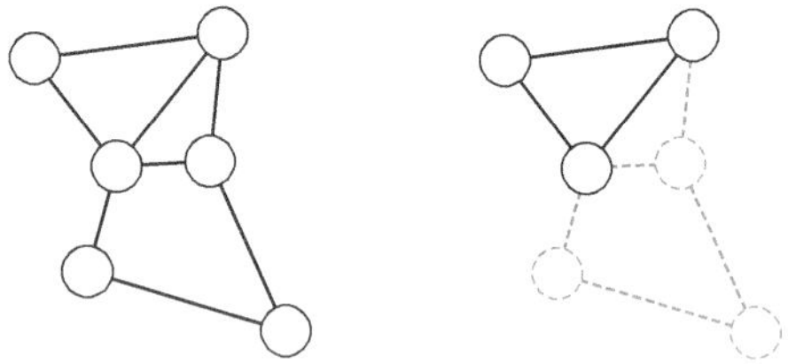

図 10.3 無向グラフとその条件付き独立性.

向グラフの例を示します．このようなグラフにも条件付き独立性の概念を定義でき，確率モデルを与えることができます．無向グラフ上のモデルで，これから説明するグラフィカルな独立性の条件を満たすものを**無向グラフィカルモデル** (**undirected graphical model**) あるいは**マルコフ・ネットワーク**（**Markov random field, マルコフ確率場**）と呼びます．無向グラフィカルモデルもまた，ノードに対応した確率変数たちの同時確率分布を記述します．技術的な都合上，分布の具体形は後で紹介することにして，まずは条件付き独立性について議論しましょう．

有向グラフの場合と比べ，向きの概念がないために条件付き独立性の無向グラフ表現はいくぶんシンプルです．ある無向グラフに含まれる 3 つの部分グラフ $\mathbf{a},\mathbf{b},\mathbf{c}$ を考えます．これらは互いに重なり合いがないものとします．いま，グラフから $\mathbf{c}$ のノードたち（とそれらにつながるエッジ）を取り除いたときに，$\mathbf{a}$ と $\mathbf{b}$ が連結していない 2 つのグラフへ分離してしまう，つまりそれらを結ぶエッジが 1 本もなくなるとしましょう．このとき，無向グラフィカルモデルの確率モデルでは，$\mathbf{a}$ と $\mathbf{b}$ は $\mathbf{c}$ を条件として独立になっています．

$$P(\mathbf{a},\mathbf{b}|\mathbf{c}) = P(\mathbf{a}|\mathbf{c})P(\mathbf{b}|\mathbf{c}) \tag{10.12}$$

このような性質を**大域的マルコフ性** (**global Markov property**) と呼びます．便利なことに，大域的マルコフ性を満たす無向グラフィカルモデルでは，2 つの部分グラフへ分解させてしまうノード集合 $\mathbf{c}$ を見つけることで，条件付き独立性が同定できます．図 10.3（右）では，破線で書いた 2 つのノードの集合を取り除くことでグラフが 2 つへ分離しています．したがって上の 3 角形をなす 3 変数と下の 1 変数は条件付き独立です．

無向グラフにおいては，他のマルコフ性の概念も定義できます．そのうち**局所マルコフ性** (**local Markov property**) とは，「任意のノード i に対して，その近傍のノードたち $j \in \mathcal{N}_i$ の確率変数さえ固定してしまえば，x_i は残りすべてのノードに対する確率変数と独立になる」という性質です．

もう 1 つの重要な概念が，**ペアワイズマルコフ性** (**pair-wise Markov property**) です．ペアワイズマルコフ性では，「エッジで直接結ばれていない任意の 2 つのノードは，それ以外の確率変数を固定してしまえば互いに独立になる」という性質です．実はこのように導入された 3 つのマルコフ性は (ある意味において) 同値な概念です [54]．

次に，クリークという概念を導入しましょう．グラフ理論において，すべてのノードの対がエッジで結ばれているようなグラフを**完全グラフ**と呼びます．**図 10.4** (左) のグラフが，ノードが 7 個の完全グラフです．そこで無向グラフの部分グラフのうち，完全グラフとなっているものを**クリーク** (**clique**) と呼びましょう．例えば 2 つの隣接ノードとそれを結ぶエッジからなる部分グラフは必ずクリークです．また，もし 3 つのノードがエッジで結ばれて 3 角形をなしているならばそれもクリークです．しかし 4 つのノードが 4 角形をなしているだけではクリークではありません．クリークをなすには，2 本の対角線に相当するエッジも必要です．

さらにクリークのうちで，グラフの他のノードを 1 つでも加えてしまうともはやクリークではなくなってしまうものを**極大クリーク**と名付けます．若干ややこしいですがのちに重要となる概念ですので，少し辛抱してクリーク

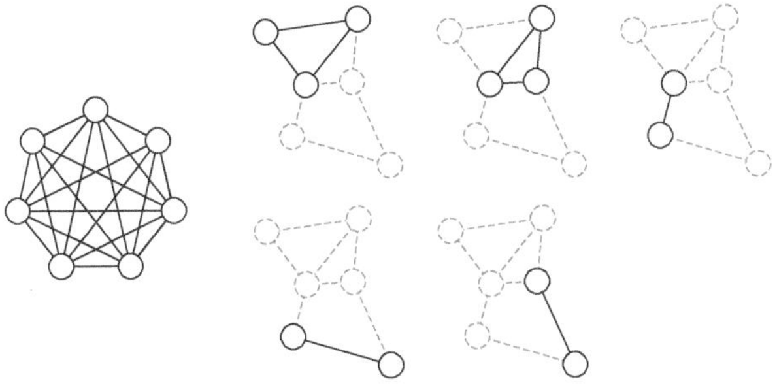

図 10.4 完全グラフの例 (左) と，極大クリークたちの例 (右)．

がどのようなものかイメージしてみてください．例として図 10.3 のグラフに対する極大クリーク 5 つすべてを図 10.4（右）に列挙してあります．

さてマルコフネットワークの構造を理解するために，極大クリークの概念を使って確率モデルを定義しましょう．無向グラフの極大クリーク c の集合を $\mathcal{C}$ と書きます．このとき，次の確率分布モデルを考えます．

$$P(\mathbf{x}) = \frac{1}{Z}\prod_{c\in\mathcal{C}}\psi_c(\mathbf{x}_c), \quad Z = \sum_{\mathbf{x}}\prod_{c\in\mathcal{C}}\psi_c(\mathbf{x}_c) \tag{10.13}$$

ここで $\mathbf{x}_c$ は，クリーク c の中のノードに対応する確率変数たちです．Z は分配関数と呼ばれ，P が確率となるように規格化するために必要な係数です．ちなみに分配関数の定義に現れた $\mathbf{x}$ にわたる和とは，このベクトルの各成分の確率変数について，すべての実現値にわたる和をとることを意味します．

$$\sum_{\mathbf{x}} f(\mathbf{x}) = \sum_{x_1}\sum_{x_2}\cdots f(\boldsymbol{x}) \tag{10.14}$$

同時分布 P に現れている因子 $\psi_c(\mathbf{x}_c)$ はクリークポテンシャルと呼ばれる正の値をとる関数ですが，必ずしも確率としての解釈をもちません．ただしグラフによってはよい確率的意味をもつ場合もあります．このポテンシャルを，クリークエネルギー関数 $\Phi_c(\mathbf{x}_c)$ を用いて書いてみましょう．

$$\psi_c(\mathbf{x}_c) = e^{-\Phi_c(\mathbf{x}_c)} \tag{10.15}$$

すると分布 $P(\mathbf{x})$ は，統計力学におけるギブス・ボルツマン分布の形にほかなりません．この類似も，次節でボルツマンマシンを考えることでもっとはっきりすることになります．

さて，クリークによるモデルの導入が唐突に感じられたかもしれませんが，実はこのモデルは，一般的なマルコフネットワークと深い関連があるのです．無向グラフィカルモデルでの条件付き独立性は，グラフの分離条件として定義されていました．実は任意の無向グラフに対応する確率分布 $P(\mathbf{x})$ が，このグラフに関する局所マルコフ性を満たしていること（つまり，モデルがマルコフネットワークとなっていること）と，分布 $P(\mathbf{x})$ がこのグラフの極大クリークに対するギブス分布で与えられることは同値であることがわかっています．それを保障するのが次の定理です[*1]．

定理 10.1（ハマスリー・クリフォードの定理）

無向グラフに対応した正の分布 $P(\mathbf{x})$ に対し，次の 2 つの条件は同値である．

(1) 分布が無向グラフに対する（ペアワイズ）マルコフ性を満たす．

(2) 分布が式 (10.13) のように，無向グラフの極大クリークに関するポテンシャルの積で与えられる．

(1) の条件であるペアワイズマルコフ性は，他のマルコフ性と同値な条件でしたので，マルコフネットワークは常に (2) を満たすことがわかりました．したがって，分離条件として条件付き独立性がきれいに実現されている確率モデルを作るのには，クリークポテンシャルの積の形をとる分布を考えればよいことになります．ハマスリー・クリフォードの定理が成り立つ大雑把な理由は，具体例を考えてみるとよくわかります．ペアワイズマルコフ性を使うと，リンクで結ばれていない 2 変数 x_i と x_j は，これら以外の変数をすべて与えると独立になります．これはリンクで直接結ばれていないノードたちは，それら以外のノードの集合で分離されていることから明らかです．そこで図 10.5 の確率モデルを考えると，x_1 と x_2（あるいは x_3）は直接結ばれていないので，分布は

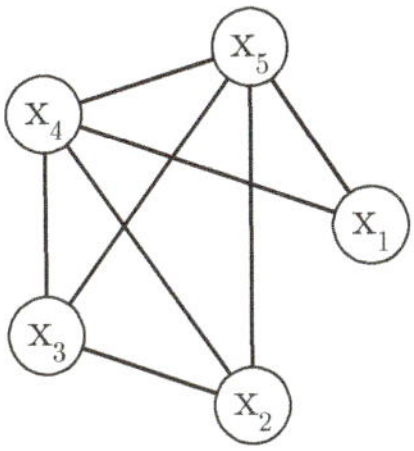

図 10.5 5 変数の場合の無向グラフィカルモデルの一例．

*1 ところでハマスリー・クリフォードの定理はその名前に反し，ハマスリー (Hammersley) らは証明を公表していないようです．しかし当然この「定理」はきちんと成立する数学的定理です．

$$P(\mathrm{x}_1, \mathrm{x}_2, \mathrm{x}_3, \mathrm{x}_4, \mathrm{x}_5) = P(\mathrm{x}_1|\mathrm{x}_3, \mathrm{x}_4, \mathrm{x}_5)P(\mathrm{x}_2|\mathrm{x}_3, \mathrm{x}_4, \mathrm{x}_5)P(\mathrm{x}_3, \mathrm{x}_4, \mathrm{x}_5) \tag{10.16}$$

$$P(\mathrm{x}_1, \mathrm{x}_3, \mathrm{x}_2, \mathrm{x}_4, \mathrm{x}_5) = P(\mathrm{x}_1|\mathrm{x}_2, \mathrm{x}_4, \mathrm{x}_5)P(\mathrm{x}_3|\mathrm{x}_2, \mathrm{x}_4, \mathrm{x}_5)P(\mathrm{x}_2, \mathrm{x}_4, \mathrm{x}_5) \tag{10.17}$$

という因子化の条件を満たされていなくてはなりません．その一方，例えば変数たち $\{\mathrm{x}_2, \mathrm{x}_3, \mathrm{x}_4, \mathrm{x}_5\}$ はどのペアも必ずリンクで結ばれているので，これらが因子化することはありません．したがって分布中でこの 4 変数は ψ_{2345}

$$P(\mathrm{x}_1, \mathrm{x}_2, \mathrm{x}_3, \mathrm{x}_4, \mathrm{x}_5) = \psi_{2345}(\mathrm{x}_2, \mathrm{x}_3, \mathrm{x}_4, \mathrm{x}_5)f(\mathrm{x}_1, \mathrm{x}_2, \mathrm{x}_3, \mathrm{x}_4, \mathrm{x}_5) \tag{10.18}$$

という，これ以上は因数分解できない因子をもつべきです．$\{\mathrm{x}_1, \mathrm{x}_4, \mathrm{x}_5\}$ もまったく同様にある因子 ψ_{145} をもたねばなりません．これらを総合的に考えると結局，分布は

$$P(\mathrm{x}_1, \mathrm{x}_2, \mathrm{x}_3, \mathrm{x}_4, \mathrm{x}_5) = \frac{1}{Z}\psi_{2345}(\mathrm{x}_2, \mathrm{x}_3, \mathrm{x}_4, \mathrm{x}_5)\psi_{145}(\mathrm{x}_1, \mathrm{x}_4, \mathrm{x}_5) \tag{10.19}$$

という形をとらなければならないことがわかります．これはクリークポテンシャルで与えられる分布にほかなりません．例えばこの分布から $P(\mathrm{x}_1, \mathrm{x}_2|\mathrm{x}_3, \mathrm{x}_4, \mathrm{x}_5)$ を計算してみると，$P(\mathrm{x}_1|\mathrm{x}_3, \mathrm{x}_4, \mathrm{x}_5)P(\mathrm{x}_2|\mathrm{x}_3, \mathrm{x}_4, \mathrm{x}_5)$ と因子化しています．したがって $\mathrm{x}_3, \mathrm{x}_4, \mathrm{x}_5$ を与えれば，確かに x_1 と x_2 は条件付き独立になっています．

いままで見てきたようにマルコフネットワークでは，変数の間の独立性をグラフによって視覚的に表現することができました．このようなモデルは理論的にとても重要なのですが，調べるべきグラフが与えられるたびに極大クリーク集合を決定して，これに対するポテンシャル関数を導入することは実用上の煩雑さを生みます．統計力学的に解釈すると，多くの確率変数を巻き込むクリークポテンシャルを導入することは，ハミルトニアン中に高次の相互作用を入れることに対応しています．あまり複雑な確率分布モデルが必要でない場合は，マルコフネットワークを簡略化した**ペアワイズマルコフネットワーク (pair-wise Markov random field)** を用いたほうが便利です．このモデルでは極大クリークに対するクリークポテンシャル $\psi_c(\mathbf{x}_c)$ すべてが，各クリーク中のエッジ $(i,j) \in c$ に付随したポテンシャル関数の積 $\psi_c(\mathbf{x}_c) = \prod_{(i,j)\in c} \psi^{(c)}_{(i,j)}(\mathrm{x}_i, \mathrm{x}_j)$ で表される特殊な状況のみを考えます．し

たがってペアワイズマルコフネットワークは

$$P(\mathbf{x}) = \frac{1}{Z} \prod_{(i,j)\in\mathcal{E}} \psi_{(i,j)}(\mathrm{x}_i, \mathrm{x}_j), \quad Z = \sum_{\mathbf{x}} \prod_{(i,j)\in\mathcal{E}} \psi_{(i,j)}(\mathrm{x}_i, \mathrm{x}_j) \tag{10.20}$$

という積で与えられます*2. ここで $\mathcal{E}$ はグラフ中のすべてのエッジの集合です. ペアワイズマルコフネットワークは一般性を失った代わりに構造がだいぶ簡略化されており, そのシンプルさゆえに多くの応用をもっています. 実際, 次節で議論するボルツマンマシンは, この簡略化されたマルコフネットワークの一例になっています.

10.2 ボルツマンマシン

10.2.1 隠れ変数なしのボルツマンマシン

確率的な機械学習のモデルである**ボルツマンマシン**は, エッジが向きをもたない無向グラフに対応した確率モデルです. **図 10.6** には無向グラフの例が与えてあります. この図のように, 各ユニット $i \in \mathcal{N}$ には 0 か 1 の値をとる 2 値確率変数 x_i が割り振ってあります. この確率変数を, ユニットの状態とも呼びます. ボルツマンマシンは, このグラフ上の確率変数たちの同時確率分布を記述します. 分布の具体形を書くために, ユニットをつなぐエッジの意味を解説しましょう. いま, 2 つのユニット i と j がエッジで結ばれているとします. このエッジを (i,j) と書くことにします*3. グラフのエッジすべての集合を $\mathcal{E}$ と書くと, これは $(i,j) \in \mathcal{E}$ という状況です. ニューラル

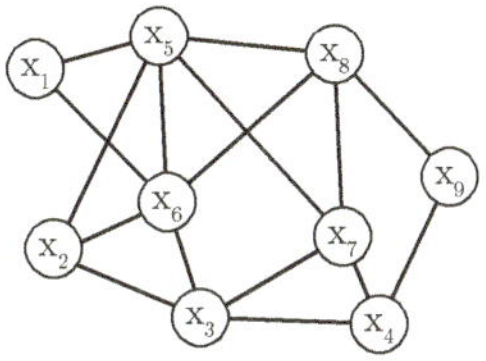

図 10.6 ボルツマンマシンの一例.

*2 グラフ中の任意のエッジは, 少なくとも 1 つの極大クリークに含まれていますので, この積にはすべてのエッジが現れます.

*3 いま, グラフに向きはありませんので, エッジを (j,i) と書いても同じ意味です.

ネット同様，ボルツマンマシンにおいても各エッジに対しては重みパラメータ w_{ij} が与えてあります．ただしグラフが無向なので，重みの添え字 i, j の順番には意味がなく，$w_{ij} = w_{ji}$ となっています．このようなユニットに対応した変数と，エッジに対応した重みによって決定される

$$\begin{aligned}\Phi(\boldsymbol{x}, \boldsymbol{\theta}) &= -\sum_{i \in \mathcal{N}} b_i x_i - \sum_{(i,j) \in \mathcal{E}} x_i w_{ij} x_j \\ &= -\boldsymbol{b}^\top \boldsymbol{x} - \frac{1}{2} \boldsymbol{x}^\top \boldsymbol{W} \boldsymbol{x} \end{aligned} \tag{10.21}$$

という**エネルギー関数**を考えます．ここで b_i はユニット i に対するバイアスです．最後の行は w_{ij} のなす対称行列 $\boldsymbol{W}$ を用いて行列表示しました．太文字の小文字はベクトルでしたので $\boldsymbol{b} = (b_1 \quad b_2 \quad \cdots)^\top$ や $\boldsymbol{x} = (x_1 \quad x_2 \quad \cdots)^\top$ です．このエネルギーに基づく次の確率分布モデルがボルツマンマシンです．

$$P(\boldsymbol{x}|\boldsymbol{\theta}) = \frac{1}{Z(\boldsymbol{\theta})} e^{-\Phi(\boldsymbol{x}, \boldsymbol{\theta})}, \quad Z(\boldsymbol{\theta}) = \sum_{\boldsymbol{x}} e^{-\Phi(\boldsymbol{x}, \boldsymbol{\theta})} \tag{10.22}$$

統計物理学の用語を借用して，このようにエネルギー関数で表される分布を**ギブス・ボルツマン分布 (Gibbs Boltzmann distribution)** と呼びます．ここでは重みとバイアスを合わせた全パラメータを $\boldsymbol{\theta}$ と書いています．$Z(\boldsymbol{\theta})$ は**分配関数**と呼ばれ，P が確率としての規格化 $\sum_{\boldsymbol{x}} P(\boldsymbol{x}|\boldsymbol{\theta}) = 1$ を満たすために必要な因子です．この定義に現れる $\boldsymbol{x}$ にわたる和とは，このベクトルの各成分の変数について，すべての実現値にわたる和をとることを意味します．いま考えている変数は 2 値ですので，具体的には

$$\sum_{\boldsymbol{x}} f(\boldsymbol{x}) = \sum_{x_1=0}^{1} \sum_{x_2=0}^{1} \cdots f(\boldsymbol{x}) \tag{10.23}$$

となります．

以下では，ボルツマンマシンを用いた機械学習について議論します．これから行いたいことは式 (10.22) の形の分布を用いて，与えられた訓練データ（観測データ）$\boldsymbol{x}^{(n)}$ をもっともうまく説明しそうなパラメータ値をもつボルツマンマシンを決定することです．つまりボルツマンマシン $P(\boldsymbol{x}|\boldsymbol{\theta})$ がデータの生成分布 $P_{data}(\boldsymbol{x})$ にもっとも近づくようにパラメータを調節します．

この学習プロセスはニューラルネットの場合とは大きく異なりますので，以下では順を追って詳しく解説していきます．

参考 10.1 ボルツマンマシンと物理

ボルツマンマシンは x_i をスピン変数とみなしたとき[*4]のイジング模型のカノニカル分布にほかなりません．バイアスは磁場，重みはスピンの相互作用です．ただし通常統計力学で考える模型とは違い，磁場と相互作用結合定数の値は，場所によって異なる値をとってもよいことになっています．統計物理では，ハミルトニアン（エネルギー関数）が与えられたときに，その分布を決め，スピン変数など物理量の期待値を計算します．ところがボルツマンマシンの機械学習はこれとは逆で，まず系のさまざまな配位（さまざまな物理量のとる値やその平均値）が与えられ，この与えられたデータをもっとも実現しやすいようなハミルトニアンのパラメータを決める作業を行います．イジング模型の順問題とは逆向きのプロセスをたどるため，しばしば**イジング逆問題**と呼ばれます．このような作業は，どちらかというと実験物理学での解析に似ていますね．

10.2.2 隠れ変数ありのボルツマンマシン

これまでは暗黙に，ノードに対応した変数はすべて観測データに対応していると仮定していました．つまり念頭においていたのは，変数たち $\mathrm{x}_1, \mathrm{x}_2, \ldots$ がすべて観測可能な量に対応している状況です．しかし，実際の観測データでは情報が欠損しているほうが普通です．データの欠損も考慮に入れて推論能力を向上させるために導入されるのが，観測データには直接対応していない**隠れ変数** (**hidden variable**) あるいは**潜在変数** (**latent variable**) と呼ばれる確率変数です．その一方，観測データに対応した変数を**可視変数** (**visible variable**) と呼びます．学習の際に，観測値が与えられるのはこちらの変数です．場合によっては，隠れ変数は観測値の説明因子のような役割も果たしえます．

グラフのノードに付随した確率変数 $\mathbf{x}$ を，可視変数 $\mathbf{v} = \begin{pmatrix} \mathrm{v}_1 & \mathrm{v}_2 & \cdots \end{pmatrix}^\top$

---

*4 いま考えている変数は 2 値 $x_i = 0, 1$ をとりますが，これを $x_i = S_i + 1/2$ とシフトしてやればスピン変数 S_i に書き換えられます．

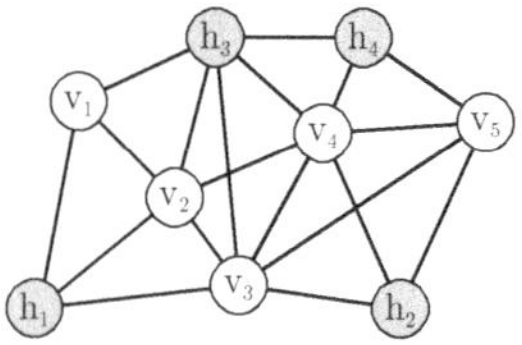

図 10.7 隠れ変数ありのボルツマンマシン．灰色のノードが隠れ変数．

と隠れ変数 $\mathbf{h} = (\mathrm{h}_1 \quad \mathrm{h}_2 \quad \cdots)^\top$ へ分けましょう．つまり $\mathbf{x} = (\mathrm{v}_1 \quad \mathrm{v}_2 \quad \cdots \quad \mathrm{h}_1 \quad \mathrm{h}_2 \quad \cdots)^\top$ です．**図 10.7** は隠れ変数ありのボルツマンマシンの一例です．本書では，灰色に塗られたノードが隠れ変数を表します．隠れ変数のある場合も，ボルツマンマシンの定義は先程と同様に

$$\Phi(\boldsymbol{x},\boldsymbol{\theta}) = \Phi(\boldsymbol{v},\boldsymbol{h},\boldsymbol{\theta}) = -\boldsymbol{b}^\top\boldsymbol{x} - \frac{1}{2}\boldsymbol{x}^\top\boldsymbol{W}\boldsymbol{x} \tag{10.24}$$

というエネルギー関数に対し，モデル分布は

$$P(\boldsymbol{x}|\boldsymbol{\theta}) = \frac{1}{Z(\boldsymbol{\theta})}e^{-\Phi(\boldsymbol{x},\boldsymbol{\theta})} \tag{10.25}$$

です．ただしエネルギー関数は 2 種類の変数を含んでいるので，詳細に書き直すと

$$\Phi(\boldsymbol{x},\boldsymbol{\theta}) = -\boldsymbol{b}^\top\boldsymbol{v} - \boldsymbol{c}^\top\boldsymbol{h} - \frac{1}{2}\boldsymbol{v}^\top\boldsymbol{U}\boldsymbol{v} - \frac{1}{2}\boldsymbol{h}^\top\boldsymbol{V}\boldsymbol{h} - \boldsymbol{v}^\top\boldsymbol{W}\boldsymbol{h} \tag{10.26}$$

という具合です．

さて，隠れ変数を導入する理由は，データの欠損を考慮に入れるためだけではありません．隠れ変数を使うことで，ボルツマンマシンの性能を上げられるのです．一般的には，用意した確率モデルが与えられた学習データを説明するためのよいモデルである保証はありません．このような場合はいくらパラメータを調整したところで，生成分布のよい近似とはなりません．これは仮定したモデル分布の集まりと学習データの間の埋められない溝が，モデルの表現能力の限界として現れているためです．そのようなとき，状況を改善するためにはモデルを複雑化してカバーできる範囲を広げればよいでしょう．そうすれば原理的には表現能力が向上するはずです．複雑化としてすぐ考え付くことは，パラメータの数を増やすことです．例えばボルツマンマシンに 3 次までの相互作用を導入し

$$\Phi^{(3)}(\boldsymbol{x}, \boldsymbol{\theta}) = -\sum_i b_i x_i - \frac{1}{2}\sum_{i,j} w_{ij} x_i x_j - \frac{1}{3!}\sum_{i,j,k} \lambda_{ijk} x_i x_j x_k \tag{10.27}$$

という拡張を考えることができます．このようにいくらでもモデルのパラメータを増やしていくことは可能で，それによりカバーできる確率分布のバリエーションは確かに広がります．しかしながら我々は機械学習の考え方に従って汎化を実現したいのですから，むやみにパラメータを増やすことは過学習の危険性をはらんでいます．

その一方で隠れ変数の導入は，見通しも性質もよいモデルの拡張を与えていることがわかります．それを見るために，学習に用いる周辺分布

$$P(\boldsymbol{v}|\boldsymbol{\theta}) = \sum_{\boldsymbol{h}} P(\boldsymbol{v}, \boldsymbol{h}|\boldsymbol{\theta}) = \frac{1}{Z(\boldsymbol{\theta})}\sum_{\boldsymbol{h}} e^{-\Phi(\boldsymbol{v},\boldsymbol{h},\boldsymbol{\theta})} \tag{10.28}$$

を，可視変数のみの拡張されたボルツマンマシンとみなしましょう．

$$P(\boldsymbol{v}|\boldsymbol{\theta}) = \frac{1}{Z(\boldsymbol{\theta})} e^{-\tilde{\Phi}(\boldsymbol{v},\boldsymbol{\theta})} \tag{10.29}$$

すると，この拡張されたモデル $P(\boldsymbol{v}|\boldsymbol{\theta})$ のエネルギー関数は

$$\tilde{\Phi}(\boldsymbol{v}, \boldsymbol{\theta}) = -\log \sum_{\boldsymbol{h}} e^{-\Phi(\boldsymbol{v},\boldsymbol{h},\boldsymbol{\theta})} \tag{10.30}$$

となります．右辺を展開すると可視変数に関して高い次数の項がいくらでも出てくるので，複雑なエネルギー関数となっています．ただしここで注目しなければならないのは，エネルギー関数に現れる項数は無限であっても独立なパラメータ数は有限だということです．エネルギー関数のすべての項の係数は，元の隠れ変数ありボルツマンマシンの少数のパラメータだけから決定されています．分布が一般化されているにもかかわらず，うまくパラメータたちが重み共有されているともいえます．それにより高い表現能力にもかかわらず過学習が防がれており，性質のよいモデルとなっているのです．

10.3 ボルツマンマシンの学習と計算量爆発

ボルツマンマシンによる機械学習ではまず，考えたい問題に適していそうなグラフを用意します．これは我々が「頭を使って」行わなければならない

ステップです．そのあとに学習へ移ります．与えられた訓練データが未知の生成分布から i.i.d. に生成していると考えて，用意したグラフのボルツマンマシン $P(\boldsymbol{x}|\boldsymbol{\theta})$ をこの生成分布に近づける作業が学習です*5．つまりパラメータ $\boldsymbol{\theta}$ を，与えられた訓練データに対して最適化します．この目的を達成するためにはいくつかの方法が考えられますが，ここでは最尤推定法と，カルバックライブラーダイバージェンスに基づく方法の 2 つを紹介します．

以後は可視変数は $\mathbf{v}$ と書き，その観測された値であるデータ N 個を $n = 1, 2, \ldots, N$ でラベルして $\boldsymbol{v}^{(n)}$ と表記します．$\mathbf{x}$ と書いたときは，可視変数と隠れ変数を合わせたものを意味します．

10.3.1 隠れ変数のない場合

まずは，隠れ変数のないボルツマンマシンの学習を考えましょう．データを説明するのにもっともよさそうなパラメータ値を選べばよいので，最尤推定を用います．この場合用いる尤度関数は，ボルツマンマシンがデータ $\boldsymbol{v}^{(n)}$ を生成する確率ですので

$$\tilde{L}(\boldsymbol{\theta}) = \prod_{n=1}^{N} P\big(\boldsymbol{v}^{(n)}|\boldsymbol{\theta}\big) \tag{10.31}$$

です．ただしデータは i.i.d. に生成しているものと仮定しますので，尤度は各データに関して因子化した形を採用しました．これを最大化するパラメータ

$$\boldsymbol{\theta}^* = \underset{\boldsymbol{\theta}}{\operatorname{argmax}}\ \tilde{L}(\boldsymbol{\theta}) \tag{10.32}$$

を探せば，与えられたデータをもっとも高い確率で生成するボルツマンマシン $P(\boldsymbol{x}|\boldsymbol{\theta}^*)$，つまり生成分布のよい近似が得られます．

当然確率は 1 以下の非負の実数ですので，それを掛け合わせて作った尤度も 1 以下の数です．したがってデータ数が多いときには，尤度はとても小さな数になります．そこで計算機上でアンダーフローを起こさないように，通常は対数をとって対数尤度関数を考えます．

$$L(\boldsymbol{\theta}) \equiv \log \tilde{L}(\boldsymbol{\theta}) = \sum_{n=1}^{N} P\big(\boldsymbol{v}^{(n)}|\boldsymbol{\theta}\big) \tag{10.33}$$

---

*5 もちろん知りたい答えである生成分布は未知ですから，ギブス分布をデータの経験分布に近づける作業で代用します．

すると積が和になって，式も少し見やすくなります．対数尤度関数を最大化すればよいので，最適値 $\boldsymbol{\theta}^*$ は次の方程式の解となります．

$$\frac{\partial L(\boldsymbol{\theta})}{\partial b_i} = 0, \quad \frac{\partial L(\boldsymbol{\theta})}{\partial w_{ij}} = 0 \tag{10.34}$$

重みもバイアスもまとめて $\boldsymbol{\theta} = (\theta_I)^\top$ と書いて

$$\frac{\partial L(\boldsymbol{\theta})}{\partial \theta_I} = 0 \tag{10.35}$$

としても同じ式を意味します．この式を解けば $\boldsymbol{\theta}^*$ が求まります．そのために，この極値の式をもう少し解きほぐしましょう．

ボルツマンマシンの定義から $\log P(\boldsymbol{v}|\boldsymbol{\theta}) = \boldsymbol{b}^\top \boldsymbol{v} + \frac{1}{2}\boldsymbol{v}^\top \boldsymbol{W}\boldsymbol{v} - \log Z$ ですので，これをバイアスで微分すると

$$\frac{\partial}{\partial b_i} \log P\big(\boldsymbol{v}|\boldsymbol{\theta}\big) = v_i - \sum_{\boldsymbol{v}'} P\big(\boldsymbol{v}'|\boldsymbol{\theta}\big) v'_i \tag{10.36}$$

です．対数尤度の勾配の中では，右辺第 1 項 v_i は**ポジティブフェーズ** (**positive phase**) と呼ばれる，エネルギー関数の微分に由来する項を与えます．分配関数のパラメータ微分から得られた右辺第 2 項は**ネガティブフェーズ** (**negative phase**) と呼ばれます．このネガティブフェーズは，考えているボルツマンマシン $P\big(\boldsymbol{v}|\boldsymbol{\theta}\big)$ によるモデル平均ですので

$$\langle \mathrm{v}_i \rangle_{model} = \sum_{\boldsymbol{v}} P\big(\boldsymbol{v}|\boldsymbol{\theta}\big) v_i \tag{10.37}$$

と書くことにします．重みに関する勾配も同様にポジティブフェーズとネガティブフェーズを与える 2 項によって

$$\frac{\partial}{\partial w_{ij}} \log P\big(\boldsymbol{v}|\boldsymbol{\theta}\big) = v_i v_j - \langle \mathrm{v}_i \mathrm{v}_j \rangle_{model} \tag{10.38}$$

と書かれます．対数尤度の定義を思い出しますと，この微分係数にデータ $\boldsymbol{v} = \boldsymbol{v}^{(n)}$ を代入し，すべてのデータに対して足し合わせたものが尤度の微分係数ですので

$$\frac{1}{N} \frac{\partial L(\boldsymbol{\theta})}{\partial b_i} = \frac{1}{N} \sum_{n=1}^{N} v_i^{(n)} - \langle \mathrm{v}_i \rangle_{model} \tag{10.39}$$

$$\frac{1}{N}\frac{\partial L(\boldsymbol{\theta})}{\partial w_{ij}} = \frac{1}{N}\sum_{n=1}^{N} v_i^{(n)} v_j^{(n)} - \langle \mathrm{v}_i \mathrm{v}_j \rangle_{model} \tag{10.40}$$

と書くことができます．右辺第1項がポジティブフェーズ，第2項がネガティブフェーズです．この名前に現れるポジティブ，ネガティブという言葉は各項の符号というよりも，勾配上昇法による学習を通じて，各項が分布をどう動かすのかを表現しています [56]．

ポジティブフェーズはデータ平均（データによる標本平均）ですので，$\langle \mathrm{v}_i \rangle_{data}$，$\langle \mathrm{v}_i \mathrm{v}_j \rangle_{data}$ と書くことにしましょう．つまり，モデル平均とデータ平均の定義は

$$\langle f(\mathbf{v}) \rangle_{data} = \frac{1}{N}\sum_{n=1}^{N} f\big(\boldsymbol{v}^{(n)}\big), \quad \langle f(\mathbf{v}) \rangle_{model} = \sum_{\boldsymbol{v}} P\big(\boldsymbol{v}|\boldsymbol{\theta}\big) f(\boldsymbol{v}) \tag{10.41}$$

です．すると，繰り返しになりますが，結局勾配は

$$\frac{1}{N}\frac{\partial L(\boldsymbol{\theta})}{\partial b_i} = \langle \mathrm{v}_i \rangle_{data} - \langle \mathrm{v}_i \rangle_{model} \tag{10.42}$$

$$\frac{1}{N}\frac{\partial L(\boldsymbol{\theta})}{\partial w_{ij}} = \langle \mathrm{v}_i \mathrm{v}_j \rangle_{data} - \langle \mathrm{v}_i \mathrm{v}_j \rangle_{model} \tag{10.43}$$

と書けますので，極値を与える式は次の形にまとまります．

公式 10.2（ボルツマンマシンの学習方程式）

$$\langle \mathrm{v}_i \rangle_{data} = \langle \mathrm{v}_i \rangle_{model} \tag{10.44}$$

$$\langle \mathrm{v}_i \mathrm{v}_j \rangle_{data} = \langle \mathrm{v}_i \mathrm{v}_j \rangle_{model} \tag{10.45}$$

この2式を**ボルツマンマシンの学習方程式** (**learning equation**) と呼びます．つまりボルツマンマシンとデータの標本分布の間で，期待値と2次のモーメントという2つの統計量が一致するようにパラメータを調整すればよいことになります．

ここで経験分布を用いて式を書き直します．経験分布 $q(\boldsymbol{v})$ に対する平均は，実はデータの標本平均そのものです．というのも，

$$\mathrm{E}_{q(\mathbf{v})}[f(\mathbf{v})] = \sum_{\boldsymbol{v}} f(\boldsymbol{v})\, q(\boldsymbol{v}) = \frac{1}{N}\sum_{n=1}^{N} f\big(\boldsymbol{v}^{(n)}\big) = \langle f(\mathbf{v})\rangle_{data} \tag{10.46}$$

となるからです．したがって学習方程式の中に現れるデータ平均は

$$\langle \mathrm{v}_i\rangle_{data} = \mathrm{E}_{q(\mathbf{v})}[\mathrm{v}_i] \tag{10.47}$$

$$\langle \mathrm{v}_i \mathrm{v}_j\rangle_{data} = \mathrm{E}_{q(\mathbf{v})}[\mathrm{v}_i \mathrm{v}_j] \tag{10.48}$$

とも書くことができます．

10.3.2 対数尤度関数の凸性

ボルツマンマシンの学習を一通り説明し終えましたので，次に，その理論的側面についてコメントします．この学習は，ボルツマンマシンの対数尤度に対する勾配上昇法で実装されます．しかし機械学習の一般的なモデルでは，目的関数がただ1つの極値をもつことは必ずしも保証されていません．これがいわゆる局所的最適解の問題です．では，ボルツマンマシンではどうなっているのでしょうか．

実は可視変数のみのボルツマンマシンの対数尤度

$$L(\boldsymbol{\theta}) = N\,\mathrm{E}_{q(\mathbf{v})}\left[\log P\big(\mathbf{v}|\boldsymbol{\theta}\big)\right] \tag{10.49}$$

は凸性を満たします．したがってその極値はただ1つであり，勾配上昇法が「偽の」局所的最適解に陥ってしまう心配はありません．この事実は比較的簡単に証明できますので，ここで詳しく紹介しましょう．

対数尤度がパラメータの関数として上に凸であるというのは，任意の実数 $0 < p < 1$ とパラメータ $\boldsymbol{\theta}_1, \boldsymbol{\theta}_2$ に対し，必ず次の不等式が成立しているということです．

$$p\,L(\boldsymbol{\theta}_1) + (1-p)\,L(\boldsymbol{\theta}_2) \le L\big(p\boldsymbol{\theta}_1 + (1-p)\boldsymbol{\theta}_2\big) \tag{10.50}$$

ただし等号は $\boldsymbol{\theta}_1 = \boldsymbol{\theta}_2$ のとき，そのときに限ります．そこで以下では，この不等式を証明します．

ボルツマンマシンの分布は式 (10.22) のようにエネルギー関数 Φ で与えられますので，示したい不等式 (10.50) の左辺は次のように書き換えられます．

$$
\begin{aligned}
&p\,L(\boldsymbol{\theta}_1) + (1-p)\,L(\boldsymbol{\theta}_2) \\
&\quad = N\,\mathrm{E}_{q(\mathbf{v})}\left[p\,\log P\big(\mathbf{v}|\boldsymbol{\theta}_1\big) + (1-p)\,\log P\big(\mathbf{v}|\boldsymbol{\theta}_2\big)\right] \\
&\quad = N\,\mathrm{E}_{q(\mathbf{v})}\left[\log P\big(\mathbf{v}|p\boldsymbol{\theta}_1 + (1-p)\boldsymbol{\theta}_2\big)\right] \\
&\quad + \log Z\big(p\boldsymbol{\theta}_1 + (1-p)\boldsymbol{\theta}_2\big) - p\,\log Z\big(\boldsymbol{\theta}_1\big) - (1-p)\,\log Z\big(\boldsymbol{\theta}_2\big)
\end{aligned}
\tag{10.51}
$$

ただしここで，ボルツマンマシンのエネルギー関数はパラメータ $\boldsymbol{\theta}$ の 1 次関数なので

$$
p\,\Phi\big(\mathbf{v}|\boldsymbol{\theta}_1\big) + (1-p)\,\Phi\big(\mathbf{v}|\boldsymbol{\theta}_2\big) = \Phi\big(\mathbf{v}|p\boldsymbol{\theta}_1 + (1-p)\boldsymbol{\theta}_2\big) \tag{10.52}
$$

が成立することを用いました．式 (10.51) の 2 行目に，示したい不等式 (10.50) の右辺と同じ項が現れたので，あとは 3 行目が負になることを示すだけです．実はこの性質は高校数学の知識だけで証明できます．というのも，よく入試の題材に使われる**ヘルダーの不等式**を使うだけだからです[*6]．

定理 10.3（ヘルダーの不等式）

正の実数 $a_v > 0,\, b_v > 0$ に対して次が成立する

$$
\Big(\sum_v a_v\Big)^p \Big(\sum_v b_v\Big)^{1-p} \geq \sum_v (a_v)^p (b_v)^{1-p} \tag{10.53}
$$

ただし等号が成立するのは，ある正の数 λ に対して $(a_1, a_2, \ldots) = \lambda(b_1, b_2, \ldots)$ のときに限る．

ここで状態 $\boldsymbol{v}$ でラベルされる数列 $a_{\boldsymbol{v}} = \exp(-\Phi(\boldsymbol{v}, \boldsymbol{\theta}_1))$，$b_{\boldsymbol{v}} = \exp(-\Phi(\boldsymbol{v}, \boldsymbol{\theta}_2))$ にヘルダーの不等式を適用して，さらに両辺の対数をとると

$$
p\,\log \sum_{\boldsymbol{v}} e^{-\Phi(\boldsymbol{v},\boldsymbol{\theta}_1)} + (1-p)\,\log \sum_{\boldsymbol{v}} e^{-\Phi(\boldsymbol{v},\boldsymbol{\theta}_2)} \geq \log \sum_{\boldsymbol{v}} e^{-\Phi(\boldsymbol{v}|p\boldsymbol{\theta}_1 + (1-p)\boldsymbol{\theta}_2)} \tag{10.54}
$$

*6 このヘルダーの不等式ですが，簡単に示すことができます．証明法はいくつもあるのでしょうが，有名なのが相加相乗平均の不等式 $p\,x + (1-p)\,y \geq x^p y^{1-p}$ を用いるものです．等号が成り立つのは $x = y$ のときです．この不等式を応用すればよいのですが，ただ単に $x = a_v, y = b_v$ とするだけでは示せません．少しアイデアが必要ですが，証明自体は簡単なのでぜひ考えてみてください．

を得ます．ここで再び式 (10.52) を用いました．等号が成立するのは $\boldsymbol{\theta}_1 = \boldsymbol{\theta}_2$ のときに限ります．この不等式に現れる各項は分配関数の対数 $\log Z(\boldsymbol{\theta})$ に他なりませんので，式 (10.51) の 3 行目が 0 以下になることが示せました．つまり式 (10.50) が証明できました．

このように比較的初等的な不等式から導かれる目的関数の凸性のため，（原理的には）ボルツマンマシンの勾配上昇法は必ず真の最大値に収束することが保証されています．この証明のカギになったのが，エネルギー関数の線形性 (10.52) です．この性質は非線形なモデルや，隠れ変数があるボルツマンマシンでは満たされていません．したがって凸性はボルツマンマシンのうちでも，隠れ変数がない場合のみで成り立つ例外的な性質です．

10.3.3 勾配上昇法と計算量

ボルツマンマシンの学習方程式が得られましたので，これを解きたいところですが，実用的な場面では解析的に解けることはまずありません．そこで計算機により近似的な数値解を求めるわけですが，そのために用いられるのが**勾配上昇法による反復求解法**です．対数尤度関数の勾配方向にパラメータを更新していき，収束した点としてその極大点を求めるわけです．

この勾配上昇法では，パラメータ更新のたびに勾配の値が必要になりますが，その値はデータ平均とモデル平均の差から式 (10.42)，(10.43) と与えられます．したがって 2 つの平均値を計算する必要があります．データ平均については学習データにわたる和をとれば求まりますので，それほど重い計算ではありません．さらにこの値は，ボルツマンマシンのパラメータ値とは関係がないので，一度計算してしまえば勾配上昇の間使い続けることができます．その一方モデル平均は，ボルツマンマシンの分布での平均ですので

$$\langle f(\mathbf{v}) \rangle_{model} = \sum_{v_1=0}^{1} \sum_{v_2=0}^{1} \cdots \sum_{v_{|\mathcal{V}|}=0}^{1} P(\boldsymbol{v}|\boldsymbol{\theta}) f(\boldsymbol{v}) \qquad (10.55)$$

という，すべての状態に関する和を計算しなくてはなりません．すると，必要な足し算の回数は変数の数 $|\mathcal{V}|$ が増えるに従って，$2^{|\mathcal{V}|}$ と指数関数的に増加します．つまりボルツマンマシンの期待値計算はとてつもなく大きな計算となってしまい，計算量が指数的に爆発してしまいます．いわゆる**組み合わせ爆発 (combinatorial explosion)** を引き起こしているのです．例えば

変数が 100 個の場合に，2^{100} 回の足し算をクロック周波数が 1 GHz ほどの CPU で実行しようとすると，1 秒あたりに計算できる足し算は約 10 億回ほどとして，結局計算には

$$\frac{2^{100}}{10^9 \times 60 \times 60 \times 24 \times 365} \approx 4 \times 10^{13}\text{年}$$

もかかります．これはおよそ 40 兆年です．もっと性能のよい CPU を多量に使っても計算時間が莫大にかかることに変わりはありません．しかもボルツマンマシンの勾配上昇法では，反復計算におけるパラメータ更新のたびに爆発を伴うモデル期待値の計算が新たに必要となってしまいます．この調子では計算をやり遂げる前に太陽系が消滅してしまいます．

このようにボルツマンマシンの学習には，さらなる近似法を導入しない限り必ず組み合わせ爆発の問題が付きまといます*7．そのため，長い間ボルツマンマシンが機械学習の手法として真剣に取り上げられることはありませんでした．ところが近年になって，ボルツマンマシンの期待値を近似的に計算する効率的なモンテカルロ法（CD 法や PCD 法）の発見などがあり，ボルツマンマシンがにわかに実用的なモデルとなってきました．特に 2006 年頃の深層化したボルツマンマシンの成功が，現在まで続く深層学習研究の隆盛の口火を切ることになりました．

10.3.4 ダイバージェンスによる学習

先ほどは最尤推定を用いてボルツマンマシンの学習方程式を導出しました．同じ結果は，ダイバージェンスの観点からも導出できます．

カルバックライブラーダイバージェンス D_{KL} とは，2 つの確率分布の間の「距離」（類似度や違い）を測る量でした．正確には距離の公理をすべては満たしませんので本当の距離ではありませんが，ダイバージェンスを最小化することで 2 つの分布を似せることができます．この手法を用いてみましょう．

ボルツマンマシンを学習させるには，その分布を観測データの分布具合に近づければよいでしょう．そこでデータの経験分布 q とボルツマンマシン P の間のダイバージェンスを考えます．

*7 もちろんこの結論は，学習を尤度の勾配上昇法で解くことを前提にしています．しかし，組み合わせ爆発を起こさずなおかつ実践的・現実的な，勾配上昇法に代わる方法を著者は知りません．

$$D_{\mathrm{KL}}\bigl(q||P\bigr) = \sum_{\boldsymbol{v}} q(\boldsymbol{v}) \log \frac{q(\boldsymbol{v})}{P\bigl(\boldsymbol{v}|\boldsymbol{\theta}\bigr)} \tag{10.56}$$

そしてこれを最小化するパラメータ $\boldsymbol{\theta}^*$ を最適値，つまり生成分布のもっともよい近似を与えるパラメータ選択として採用します．実はこれは最尤法と同じ結果を導きます．それを見るために，ダイバージェンスを少し変形しましょう．

$$D_{\mathrm{KL}}\bigl(q||P\bigr) = \sum_{\boldsymbol{v}} q(\boldsymbol{v}) \log q(\boldsymbol{v}) - \sum_{\boldsymbol{v}} q(\boldsymbol{v}) \log P\bigl(\boldsymbol{v}|\boldsymbol{\theta}\bigr) \tag{10.57}$$

このように書いたときの右辺第 1 項は経験分布の負のエントロピーであり，ボルツマンマシンのパラメータとは関係ない量なのでダイバージェンスの最小化には効きません．その一方で右辺第 2 項は少し書き換えると

$$-\sum_{\boldsymbol{v}} q(\boldsymbol{v}) \log P\bigl(\boldsymbol{v}|\boldsymbol{\theta}\bigr) = -\frac{1}{N}\sum_{n=1}^{N} \log P\bigl(\boldsymbol{v}^{(n)}|\boldsymbol{\theta}\bigr) = -\frac{1}{N}L(\boldsymbol{\theta}) \tag{10.58}$$

ですので，対数尤度で描くことができます．つまり，

$$D_{\mathrm{KL}}\bigl(q(\mathbf{v})||P(\mathbf{v}|\boldsymbol{\theta})\bigr) + \frac{1}{N}L(\boldsymbol{\theta}) = \mathrm{const.} \tag{10.59}$$

ですので，ダイバージェンスの最小化は，対数尤度の最小化とまったく同じ問題であることがわかりました．したがってどちらの方法で最適値を求めても答えは一致します．もちろんダイバージェンス最小化が導く学習方程式も，最尤法のものと同じものです．

10.3.5 隠れ変数のある場合

次に，観測にかからない確率変数 $\mathbf{h}$ もある場合を考えましょう．隠れ変数ありのボルツマンマシンは，全変数 $\mathbf{x} = (\mathbf{v}, \mathbf{h})$ の同時分布 $P\bigl(\mathbf{v}, \mathbf{h}|\boldsymbol{\theta}\bigr)$ を記述します．それは隠れ変数なしの場合と同様に，ギブス分布の形で与えられます．

$$P\bigl(\boldsymbol{v}, \boldsymbol{h}|\boldsymbol{\theta}\bigr) = \frac{1}{Z(\boldsymbol{\theta})} e^{-\Phi(\boldsymbol{v},\boldsymbol{h},\boldsymbol{\theta})}, \quad Z(\boldsymbol{\theta}) = \sum_{\boldsymbol{v},\boldsymbol{h}} e^{-\Phi(\boldsymbol{v},\boldsymbol{h},\boldsymbol{\theta})} \tag{10.60}$$

しかし我々が観測できるものは，可視変数 $\mathbf{v}$ の値や，その経験分布だけです．これら観測データをボルツマンマシンと比べるために，まず同時分布を周辺

化して可視変数のみの分布を考えます．

$$P(\boldsymbol{v}|\boldsymbol{\theta}) = \sum_{\boldsymbol{h}} P(\boldsymbol{v},\boldsymbol{h}|\boldsymbol{\theta}) \tag{10.61}$$

この可視変数だけの周辺化分布 $P(\boldsymbol{v}|\boldsymbol{\theta})$ を，経験分布 $q(\boldsymbol{v})$ に近づけるのが学習です．したがって対数尤度関数を最大化することにします*8.

$$L(\boldsymbol{\theta}) = \sum_{n=1}^{N} \log\{P(\boldsymbol{v}^{(n)}|\boldsymbol{\theta})\}, \quad \boldsymbol{\theta}^* = \underset{\boldsymbol{\theta}}{\mathrm{argmax}}\ L(\boldsymbol{\theta}) \tag{10.62}$$

この最尤推定は，式の見かけは隠れ変数なしの場合とまったく同じですが，いまの場合の分布 $P(\boldsymbol{v}|\boldsymbol{\theta})$ は隠れ変数の周辺化から得られたことに注意しましょう．対数尤度関数を最大化する $\boldsymbol{\theta}^*$ はやはり次の方程式の解となります．

$$\frac{\partial L(\boldsymbol{\theta})}{\partial b_i} = 0, \quad \frac{\partial L(\boldsymbol{\theta})}{\partial w_{ij}} = 0 \tag{10.63}$$

重みとバイアスパラメータを $\boldsymbol{\theta} = (\theta_I)^\top = (b_i, w_{ij})^\top$ と 1 つにまとめて

$$\frac{\partial L(\boldsymbol{\theta})}{\partial \theta_I} = 0 \tag{10.64}$$

とも表記できます．対数尤度を分布で具体的に書いて微分すると

$$\frac{\partial L(\boldsymbol{\theta})}{\partial \theta_I} = N \sum_{\boldsymbol{v}} q(\boldsymbol{v}) \frac{1}{P(\boldsymbol{v}|\boldsymbol{\theta})} \frac{\partial P(\boldsymbol{v}|\boldsymbol{\theta})}{\partial \theta_I} \tag{10.65}$$

です．右辺に用いる可視変数の分布は，隠れ変数ありの場合は

$$P(\boldsymbol{v}|\boldsymbol{\theta}) = \sum_{\boldsymbol{h}} \frac{\exp\left(\boldsymbol{b}^\top \boldsymbol{x} + \frac{1}{2}\boldsymbol{x}^\top \boldsymbol{W} \boldsymbol{x}\right)}{Z(\boldsymbol{\theta})} \tag{10.66}$$

でした．ただし $\boldsymbol{x}$ は可視変数と隠れ変数をまとめて表記したものです．

$$x_i = \begin{cases} v_i & (i \text{ が可視変数のラベル}) \\ h_i & (i \text{ が隠れ変数のラベル}) \end{cases} \tag{10.67}$$

この分布をパラメータで微分すると

*8 もちろんカルバックライブラーダイバージェンスを最小化しても同じことです．

$$\frac{\partial P(\boldsymbol{v}|\boldsymbol{\theta})}{\partial \theta_I} = \sum_{\boldsymbol{h}} \frac{\partial}{\partial \theta_I}\left(\frac{e^{\boldsymbol{b}^\top \boldsymbol{x} + \frac{1}{2}\boldsymbol{x}^\top \boldsymbol{W} \boldsymbol{x}}}{Z(\boldsymbol{\theta})}\right)$$

$$= \sum_{\boldsymbol{h}} f_I(\boldsymbol{x}) P(\boldsymbol{v}, \boldsymbol{h}|\boldsymbol{\theta}) - \frac{1}{Z(\boldsymbol{\theta})}\frac{\partial Z(\boldsymbol{\theta})}{\partial \theta_I} P(\boldsymbol{v}|\boldsymbol{\theta}) \tag{10.68}$$

です．ただしここで導入した f_I は，ギブス分布の指数の肩をパラメータ微分して得られる量で，パラメータがバイアスか重みによって

$$f_I(\boldsymbol{x}) \equiv -\frac{\partial \Phi(\boldsymbol{x}, \boldsymbol{\theta})}{\partial \theta_I} = \begin{cases} x_i & \text{for } \theta_I = b_i \\ x_i x_j & \text{for } \theta_I = w_{ij} \end{cases} \tag{10.69}$$

という値をとります．この微分係数を対数尤度の微分係数に代入すると，$P(\boldsymbol{v}, \boldsymbol{h}|\boldsymbol{\theta})/P(\boldsymbol{v}, |\boldsymbol{\theta}) = P(\boldsymbol{h}|\boldsymbol{v}, \boldsymbol{\theta})$ や $\sum_{\boldsymbol{v}} q(\boldsymbol{v}) = 1$ に注意して，

$$\frac{\partial L(\boldsymbol{\theta})}{\partial \theta_I} = N \sum_{\boldsymbol{v}, \boldsymbol{h}} f_I(\boldsymbol{x}) q(\boldsymbol{v}) P(\boldsymbol{h}|\boldsymbol{v}, \boldsymbol{\theta}) - \frac{N}{Z(\boldsymbol{\theta})}\frac{\partial Z(\boldsymbol{\theta})}{\partial \theta_I} \tag{10.70}$$

が得られます．右辺第 1 項がポジティブフェーズ，右辺第 2 項がネガティブフェーズです．ここでネガティブフェーズを書き換えるために，$Z(\boldsymbol{\theta}) = \sum_{\boldsymbol{x}} e^{-\Phi(\boldsymbol{x}, \boldsymbol{\theta})}$ から得られる

$$\frac{1}{Z(\boldsymbol{\theta})}\frac{\partial Z(\boldsymbol{\theta})}{\partial \theta_I} = \sum_{\boldsymbol{x}} f_I(\boldsymbol{x}) \frac{e^{-\Phi(\boldsymbol{x}, \boldsymbol{\theta})}}{Z(\boldsymbol{\theta})} = \sum_{\boldsymbol{x}} f_I(\boldsymbol{x}) P(\boldsymbol{x}|\boldsymbol{\theta}) = \langle f_I(\mathbf{x}) \rangle_{model} \tag{10.71}$$

という性質を用いると，最終的に次の勾配が得られます．

$$\frac{1}{N}\frac{\partial L(\boldsymbol{\theta})}{\partial b_i} = \sum_{\boldsymbol{v}, \boldsymbol{h}} x_i P(\boldsymbol{h}|\boldsymbol{v}, \boldsymbol{\theta}) q(\boldsymbol{v}) - \langle \mathrm{x}_i \rangle_{model} \tag{10.72}$$

$$\frac{1}{N}\frac{\partial L(\boldsymbol{\theta})}{\partial w_{ij}} = \sum_{\boldsymbol{v}, \boldsymbol{h}} x_i x_j P(\boldsymbol{h}|\boldsymbol{v}, \boldsymbol{\theta}) q(\boldsymbol{v}) - \langle \mathrm{x}_i \mathrm{x}_j \rangle_{model} \tag{10.73}$$

したがって，学習方程式は次の 2 式です．

公式 10.4（隠れ変数ありのボルツマンマシンの学習方程式）

$$\mathrm{E}_{P(\mathbf{h}|\mathbf{v},\boldsymbol{\theta})q(\mathbf{v})}[\mathrm{x}_i] = \langle \mathrm{x}_i \rangle_{model} \tag{10.74}$$

$$\mathrm{E}_{P(\mathbf{h}|\mathbf{v},\boldsymbol{\theta})q(\mathbf{v})}[\mathrm{x}_i\mathrm{x}_j] = \langle \mathrm{x}_i\mathrm{x}_j \rangle_{model} \tag{10.75}$$

ネガティブフェーズに由来する学習方程式の右辺は，当然ボルツマンマシンの状態和に関する組み合わせ爆発の問題をはらんでいます．一方で，学習方程式の左辺のポジティブフェーズは少し見慣れない形をしています．この左辺は隠れ変数のある場合は単なる標本平均ではなく，モデル分布から得られる条件付き分布も考慮に入れた $P(\mathbf{h}|\mathbf{v},\boldsymbol{\theta})q(\mathbf{v})$ という確率分布のもとでの期待値となっています．そこで経験分布を与えられたデータの頻度の分布として表すと，ポジティブフェーズの期待値は

$$\begin{aligned}\mathrm{E}_{P(\mathbf{h}|\mathbf{v},\boldsymbol{\theta})q(\mathbf{v})}[f_I(\mathbf{x})] &= \sum_{\boldsymbol{v},\boldsymbol{h}} f_I(\boldsymbol{x})P\big(\boldsymbol{h}|\boldsymbol{v},\boldsymbol{\theta}\big)q(\boldsymbol{v}) \\ &= \frac{1}{N}\sum_{n=1}^{N}\sum_{\boldsymbol{h}} f_I\big(\boldsymbol{v}^{(n)},\boldsymbol{h}\big)P\big(\boldsymbol{h}|\boldsymbol{v}^{(n)},\boldsymbol{\theta}\big)\end{aligned} \tag{10.76}$$

というように，可視変数がデータ値 $\boldsymbol{v}^{(n)}$ を実現したときの条件付き分布を用いて書かれます．したがって，各データごとに分布 $P\big(\boldsymbol{h}|\boldsymbol{v}^{(n)},\boldsymbol{\theta}\big)$ のもとでの期待値を計算し，その結果をすべてのデータにわたって足し合わせなくてはなりません．この期待値計算では，隠れ変数の全状態を足し上げる必要があるために計算量爆発の困難が伴います．つまり学習方程式のポジティブフェーズも組み合わせ爆発を引き起こすために，隠れ変数なしの場合に比べて，隠れ変数があるボルツマンマシンは学習がさらに困難になっています．

加えて本質的な難しさも存在します．隠れ変数がない場合は，ボルツマンマシンの対数尤度は凸関数であり勾配上昇法が最大値を見つけられることが保証されていました．ところが隠れ変数を導入すると凸性が失われるために，一般的には勾配上昇法の反復計算が最大値へ至る保証はありません．つまりニューラルネット同様，局所的最適解の問題が発生しています．

この深刻な問題を回避する可能性を与えるのが，次節に説明するマルコフ連鎖モンテカルロ法です．

演習 10.1 隠れ変数ありの場合でも $\mathrm{x}_i = \mathrm{v}_i, \mathrm{x}_j = \mathrm{v}_j$ に対しては，学習方程式 (10.74)，(10.75) の左辺が単純化することを示しなさい．

10.4 ギブスサンプリングとボルツマンマシン

ボルツマンマシンの学習方程式を調べることで，素朴な学習法には困難が伴うことを見てきました．そのために学習方程式には，さまざまな近似法を導入する必要があります．その例をいくつか見ていきましょう．

まずはじめに説明するのがモンテカルロ法です．ボルツマンマシンでは，状態和計算の組み合わせ爆発が生じましたので，期待値を近似的に評価することで計算量を減らせればよいことになります．そのために，乱数による確率分布の数値的シミュレーションを用います．**モンテカルロ法 (Monte Carlo method, MC)** と呼ばれる乱数シミュレーションでは，調べたい分布から独立にランダムなサンプルを多数生成し，それらの標本平均により元の分布の期待値を近似します*9．つまり分布 $P(\mathbf{x})$ に関して $f(\mathbf{x})$ の期待値を評価したいとき，まず $P(\mathbf{x})$ から独立なサンプル $\{\boldsymbol{x}^{(1)}, \boldsymbol{x}^{(2)}, \ldots, \boldsymbol{x}^{(N)}\}$ を生成して，その標本平均

$$\frac{1}{N}\sum_{n=1}^{N} f\big(\boldsymbol{x}^{(n)}\big) \tag{10.77}$$

を期待値の代用とします．すると大数の法則 [55] により，サンプル数 N が無限大になる極限で，これは期待値に収束します*10．

$$\frac{1}{N}\sum_{n=1}^{N} f\big(\boldsymbol{x}^{(n)}\big) \longrightarrow \sum_{\boldsymbol{x}} f(\boldsymbol{x})P(\boldsymbol{x}) \tag{10.78}$$

ボルツマンマシンでは，状態 $\{\mathbf{x}_1, \mathbf{x}_2, \ldots\}$ の次元（グラフのノード数）が増えるにつれて，計算量が指数的に増大していました．このように次元の増加に従い計算が爆発するときでも，モンテカルロ法の誤差の大きさはその次元に依存しません．したがって次元が大きい場合に，モンテカルロ法は特に有

*9 サンプルを生成する方法は後で具体的に説明します．

*10 大数の強法則を用いることを念頭においているので，これは正確には概収束です．

用な近似手段を提供します．モンテカルロ法には，サンプルを生成する具体的手法に応じてさまざまな種類がありますが，以下ではモンテカルロ法の1種であるマルコフ連鎖モンテカルロ法，その中でも特にギブスサンプリングと呼ばれる手法をボルツマンマシンに適用します．

10.4.1 マルコフ連鎖

マルコフ連鎖モンテカルロ法 (Markov chain Monte Carlo method, MCMC) では，マルコフ連鎖を用いて状態空間全体を広く探索することで，サンプルをうまく生成する戦略をとります．ここで用いられる**マルコフ連鎖**から説明しましょう．確率変数の時系列からなる**確率過程 (stochastic process)** $\mathbf{x}(0) \to \mathbf{x}(1) \to \mathbf{x}(2) \to \cdots \to \mathbf{x}(t) \to \mathbf{x}(t+1) \to \cdots$ とは，各時刻 t において変数 $\mathbf{x}(t)$ で記述される確率現象の時間発展を意味します．確率過程が，「未来の状態が現在の状態のみで決まり過去の履歴にはよらない」という**マルコフ性 (Markov property)** を満たすとき，それを**マルコフ連鎖 (Markov chain)** と呼びます．マルコフ性をもう少し数学的に表現すると，t ステップ目（つまり時刻 t）への遷移を表す条件付き確率が次の性質を満たすことになります．

$$P\bigl(\mathbf{x}(t)|\mathbf{x}(0), \mathbf{x}(1), \mathbf{x}(2), \ldots, \mathbf{x}(t-1)\bigr) = P\bigl(\mathbf{x}(t)|\mathbf{x}(t-1)\bigr) \tag{10.79}$$

つまり確率過程の遷移要素が $P\bigl(\mathbf{x}(t)|\mathbf{x}(t-1)\bigr)$ という具合に，1ステップ前の情報のみから決定されている状況です．この分布 $P\bigl(\mathbf{x}(t)|\mathbf{x}(t-1)\bigr)$ の形が t によらずに常に同じ分布であるものは**均一マルコフ連鎖 (homogeneous Markov chain)** と呼ばれます．以後考えていく連鎖は，すべて均一であるとします．また，この条件付き確率 $P\bigl(\mathbf{x}(t)|\mathbf{x}(t-1)\bigr)$ を**遷移確率 (transition probability)**，あるいは**推移確率**と呼びます．

マルコフ過程では各ステップ（各時刻）における確率分布 $P\bigl(\boldsymbol{x}(t)\bigr)$ は次で遷移していきます．

$$P\bigl(\boldsymbol{x}(t)\bigr) = \sum_{\boldsymbol{x}(t-1)} P\bigl(\boldsymbol{x}(t)|\boldsymbol{x}(t-1)\bigr)\, P\bigl(\boldsymbol{x}(t-1)\bigr) \tag{10.80}$$

一般には分布 $P\bigl(\boldsymbol{x}(t)\bigr)$ は各ステップ数において異なる分布となりますので，正確にはステップ数のラベルをつけて $P^{(t)}\bigl(\boldsymbol{x}(t)\bigr)$ と書くべきですが，以下では混乱のない限り省略します．この遷移の式は，$P\big(\boldsymbol{x}(t)\big)$ が周辺化から得られることとマルコフ性からただちに従います．

$$
\begin{aligned}
P\big(\boldsymbol{x}(t)\big) &= \sum_{\boldsymbol{x}(t-1)} \sum_{\boldsymbol{x}(t-2)} \cdots \sum_{\boldsymbol{x}^{(1)}} P\big(\boldsymbol{x}(1), \boldsymbol{x}(2), \ldots, \boldsymbol{x}(t)\big) \\
&= \sum_{\boldsymbol{x}(t-1)} \cdots \sum_{\boldsymbol{x}(1)} P\big(\boldsymbol{x}(t)|\boldsymbol{x}(1), \ldots, \boldsymbol{x}(t-1)\big)\, P\big(\boldsymbol{x}(1), \ldots, \boldsymbol{x}(t-1)\big) \\
&= \sum_{\boldsymbol{x}(t-1)} P\big(\boldsymbol{x}(t)|\boldsymbol{x}(t-1)\big) \sum_{\boldsymbol{x}(t-2)} \cdots \sum_{\boldsymbol{x}(1)} P\big(\boldsymbol{x}(1), \ldots, \boldsymbol{x}(t-1)\big)
\end{aligned}
\tag{10.81}
$$

またマルコフ連鎖においては，そのマルコフ性 (10.79) と連鎖律 (A.14) を繰り返し用いることで，同時分布が次の形をとることがわかります．

$$
\begin{aligned}
&P\big(\mathbf{x}(1), \mathbf{x}(2), \ldots, \mathbf{x}(t-1), \mathbf{x}(t)\big) \\
&= P\big(\mathbf{x}(t)|\mathbf{x}(1), \mathbf{x}(2), \ldots, \mathbf{x}(t-1)\big)\, P\big(\mathbf{x}(1), \mathbf{x}(2), \ldots, \mathbf{x}(t-1)\big) \\
&= P\big(\mathbf{x}(t)|\mathbf{x}(t-1)\big)\, P\big(\mathbf{x}(1), \mathbf{x}(2), \ldots, \mathbf{x}(t-1)\big) \\
&= \cdots \\
&= P\big(\mathbf{x}(t)|\mathbf{x}(t-1)\big) P\big(\mathbf{x}(t-1)|\mathbf{x}(t-2)\big) \cdots P\big(\mathbf{x}(2)|\mathbf{x}(1)\big)\, P\big(\mathbf{x}(1)\big)
\end{aligned}
\tag{10.82}
$$

この最後の式は，**図 10.8** のように一直線につながった線状グラフの有向グラフィカルモデルにほかなりません．

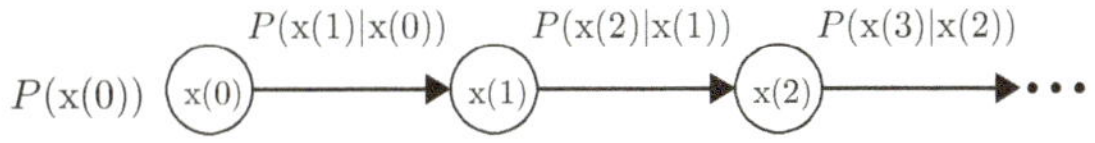

図 10.8 有向グラフィカルモデルとしてのマルコフ連鎖．

10.4.2 Google とマルコフ連鎖

マルコフ連鎖はかなり広い応用をもつ数理モデルです．例えば Google のウェブページの検索順位付けシステムである**ページランク (PageRank)**[*11]

*11 ページランク情報の一般公開自体は 2016 年の 3 月で終了したようです．

も，マルコフ連鎖で設計されています．

世界中のすべてのウェブページが $\alpha = 1, 2, 3, \ldots, p$ という具合に自然数 α によりラベルされているとします．ある時刻 t に，とある訪問者（ランダムウェブサーファー）がウェブページ α を訪問している確率 $P\bigl(\mathbf{x}(t) = \alpha\bigr)$ は，一時刻前 $t-1$ にさまざまなページを訪れていた確率 $P\bigl(\mathbf{x}(t-1) = 1, 2, 3, \ldots\bigr)$ と，さまざまなページ $\beta = 1, 2, 3, \ldots$ からリンクを辿ってページ α へランダムに飛ぶ遷移確率 $P\bigl(\alpha|\beta\bigr)$ によって，

$$P\bigl(\mathbf{x}(t) = \alpha\bigr) = \sum_{\beta=1,2,\ldots} P\bigl(\alpha|\beta\bigr) P\bigl(\mathbf{x}(t-1) = \beta\bigr) \tag{10.83}$$

とモデル化するのがよいでしょう．というのも我々（ランダムウェブサーファー）が漫然とネットサーフィンをしているときには多くの場合，あるページから他のページへ飛ぶときに，数分前どこのページを見ていたのかに関係なくリンクから行き先を選択しているからです．また，ここでモデル化しているランダム・サーファーは誰か特定の個人ではなく，ウェブを利用する人々を平均化したような人物であることにも注意しましょう．このマルコフ連鎖の定常分布（次節で説明）の値 $P(\alpha)$ が，ページランクと呼ばれる各ページの重要性を点数化した数値になります．

少し脱線してしまいますが，ページランクについてもう少しコメントします．いままでランダム・サーファーの遷移確率 $P\bigl(\alpha|\beta\bigr)$ の決め方については何も説明していませんでした．そこでブリン (S.M.Brin) とページ (L.E.Page) のオリジナルの提唱を修正した，メイヤー (C.D.Meyer) らの $P\bigl(\alpha|\beta\bigr)$ のモデルを紹介しましょう．彼らのモデルでは，もしページ β がリンク先 $\{\alpha \in \mathcal{A}_\beta\}$ をもっている場合では，サーファーは割合 $0 \leq d < 1$ でそのリンク先へ飛び，残り $(1-d)$ の割合でまったくランダムに（お気に入りブックマークから選んだり，適当にアドレスを打ち込んだりして）任意のページに飛ぶとします．割合 d でリンクを辿って別のページへ飛ぶときは，いずれのリンク先ページ $\alpha \in \mathcal{A}_\beta$ へも等確率で遷移するものとします．このような遷移確率 $P\bigl(\alpha|\beta\bigr)$ を改めて $G_{\alpha\beta}$ と書くことにすると

$$G_{\alpha\beta} = \frac{d}{|\mathcal{A}_\beta|}\delta(\alpha \in \mathcal{A}_\beta) + (1-d)\frac{1}{p} \tag{10.84}$$

です．$\delta(\alpha \in \mathcal{A}_\beta)$ は α がリンク先に入っているときは 1，それ以外では 0

となる量です[*12]．$|\mathcal{A}_\beta|$ は β のリンク先の総数です．その一方，もしページ β が 1 つもリンク先をもたないとき（つまり $\mathcal{A}_\beta = \phi$ の場合）は，すべてのページへ等確率でランダムに飛ぶこととします．いま世界中にページは全部で p 個あるとしますので，その場合の確率 $G_{\alpha\beta}$ は当然

$$G_{\alpha\beta} = \frac{1}{p} \tag{10.85}$$

です．このようにして作られる行列 $\boldsymbol{G} = (G_{\alpha\beta})$ を**グーグル行列 (Google matrix)** と呼びます．グーグル行列は一意に収束するマルコフ連鎖を定めます．その収束先は次節で議論する定常分布 $P^{(\infty)}(\alpha)$ という分布なのですが，その値がページランクにほかなりません．

実際の場面では，我々は自身の関心に従ってさまざまなリンク先へと飛びますので，ここで紹介したグーグル行列のモデルは単純すぎます．そのためにこれまでにさまざまな拡張が提唱されています．

10.4.3 定常分布

さて以下では確率変数がとりうるさまざまな状態を，ページランクの例で行ったように整数 $\alpha = 1, 2, \ldots$ でラベル付けしましょう．すると，（若干記法を乱用していますが）時刻 t での各状態の実現確率たち $P\big(\mathbf{x}(t) = 1\big), P\big(\mathbf{x}(t) = 2\big), P\big(\mathbf{x}(t) = 3\big), \ldots$ を集めて，次のベクトルを作ることができます．

$$\boldsymbol{\pi}^{(t)} = \begin{pmatrix} P\big(\mathbf{x}(t) = 1\big) \\ P\big(\mathbf{x}(t) = 2\big) \\ P\big(\mathbf{x}(t) = 3\big) \\ \vdots \end{pmatrix} \tag{10.86}$$

このベクトルは**状態確率分布 (state probability distribution)** と呼ばれます．また，状態 β から状態 α への遷移確率 $P\big(\mathbf{x}(t) = \alpha | \mathbf{x}(t-1) = \beta\big)$ も，これを α, β 成分とする行列 $\boldsymbol{T}$ で表記できます．

$$\boldsymbol{T} = (T_{\alpha\beta}) \equiv \Big(P\big(\mathbf{x}(t) = \alpha | \mathbf{x}(t-1) = \beta\big)\Big) \tag{10.87}$$

---

*12 $\frac{1}{|\mathcal{A}_\beta|}\delta(\alpha \in \mathcal{A}_\beta)$ の部分はハイパーリンク行列と呼ばれるものの $\alpha\beta$ 成分です．

これを**遷移確率行列** (**transition probability matrix**) と呼びます．すると，遷移を記述する式 (10.80) は，状態確率分布に対する線形な発展方程式であることがわかります．

$$\boldsymbol{\pi}^{(t)} = \boldsymbol{T}\,\boldsymbol{\pi}^{(t-1)} \tag{10.88}$$

いまは均一なマルコフ連鎖を考えているので，行列 $\boldsymbol{T}$ はステップ数 t によらないため，結局

$$\boldsymbol{\pi}^{(t)} = (\boldsymbol{T})^t\,\boldsymbol{\pi}^{(0)} \tag{10.89}$$

となります．もしこの推移行列 $(\boldsymbol{T})^t$ が $t \to \infty$ で，ある有限行列に収束したならば，マルコフ連鎖の分布 $\boldsymbol{\pi}^{(t)}$ もある（平衡）分布へ収束すると期待できます．

$$\boldsymbol{\pi}^{(t)}(\mathbf{x}) \to \boldsymbol{\pi}^{(\infty)}(\mathbf{x}) \tag{10.90}$$

このような分布は，もはや $\boldsymbol{T}$ の作用で変化しないはずです．なぜなら収束値は平衡の条件 $\boldsymbol{\pi}^{(\infty)} = \boldsymbol{T}\,\boldsymbol{\pi}^{(\infty)}$ を満たすはずだからです．$\boldsymbol{\pi}^{(\infty)}$ の第 α 成分を $P^{(\infty)}(\alpha)$ と書くと，この定常方程式は

$$P^{(\infty)}(\alpha) = \sum_{\beta} T_{\alpha\beta}\,P^{(\infty)}(\beta) \tag{10.91}$$

という条件式です．したがって，もはや推移行列で変化しなくなったこの分布を，**不変分布** (**invariant distribution**) あるいは**平衡分布** (**equilibrium distribution**) と呼びます．マルコフ連鎖は必ずしも不変分布へ収束しません．実は次の 2 つの条件が満たされているとき一意的な不変分布へ収束することが知られています．

- **規約性** (**irreducibility**)：どんな状態も，有限ステップで任意の状態へ遷移できる．つまり $\boldsymbol{T}$ はより小さな部分行列へ帰着できない．
- **非周期性** (**aperiodicity**)：連鎖が，状態推移のループに捕らわれてしまうことはない．

この 2 つの条件を満たす推移行列を用意できれば収束分布が見つけられますが，これらはそのままでは扱いにくい形の条件です．そこでよく活用される

のが，**詳細つり合いの条件**と呼ばれるものです．これは，与えられた分布 P が不変分布であるための十分条件となっています．

（詳細つり合いの条件）

$$T_{\beta\alpha}\,P(\alpha) = T_{\alpha\beta}\,P(\beta) \tag{10.92}$$

したがって与えられた推移行列 $\boldsymbol{T}$ に対して詳細つり合いを満たす P が見つけられれば，それが連鎖の収束先である不変分布ということになります．詳細つり合いの条件の両辺を β について足し上げると，$\sum_\beta T_{\beta\alpha} = 1$ ですから，不変分布が満たす式 $P(\alpha) = \sum_\beta T_{\alpha\beta}\,P(\beta)$ をすぐさま得られます．したがって十分条件となっていることがわかります．

演習 10.2 世界にウェブページが $1,2,3,4,5$ でラベルされた 5 つしかないとしましょう．ネットワークの解析から，ランダムな訪問者がページ i からページ j へ飛んでいく遷移確率を j,i 成分としたグーグル行列が，以下のような値になることがわかりました．このとき各ページ $1,2,3,4,5$ のページランクを 2 つの方法で求めなさい（ちなみにこのグーグル行列が表しているウェブページのリンク構造はどのようなものでしょうか．余力のある方は考えてみてください）．

$$\begin{pmatrix} \frac{1}{20} & \frac{19}{80} & \frac{1}{20} & \frac{1}{5} & \frac{1}{20} \\ \frac{3}{10} & \frac{1}{20} & \frac{17}{40} & \frac{1}{5} & \frac{1}{20} \\ \frac{3}{10} & \frac{19}{80} & \frac{1}{20} & \frac{1}{5} & \frac{17}{40} \\ \frac{3}{10} & \frac{19}{80} & \frac{1}{20} & \frac{1}{5} & \frac{17}{40} \\ \frac{1}{20} & \frac{19}{80} & \frac{17}{40} & \frac{1}{5} & \frac{1}{20} \end{pmatrix}$$

10.4.4 マルコフ連鎖モンテカルロ法

マルコフ連鎖の説明が終わりましたので，いよいよマルコフ連鎖モンテカルロ法 (MCMC) を考えていきます．ある分布 $P(\mathbf{x})$ からモンテカルロ法を使ってサンプルを生成しましょう．分布 $P(\mathbf{x})$ 自体は複雑なので，ここから直接乱数をサンプリングするのは楽ではないとします．その代わりに，この分布を定常分布にもつマルコフ連鎖が用意できたとします．このとき，$P(\mathbf{x})$ 自体ではなく，そこへ収束するマルコフ連鎖 $P^{(t)}(\mathbf{x})$ からサンプルを発生させるのが MCMC です．連鎖をしばらく走らせた後のサンプルは，ほぼ定常分布からのサンプリングとみなせるでしょう．

ここで用いられるマルコフ連鎖は，一般には詳細つり合い条件を活用してデザインされます．実際には収束の早い（高速混合の）マルコフ連鎖を設計する部分が一番難しいのですが，本書ではそこには深入りしません．

MCMC には，メトロポリス・ヘイスティング法やスライスサンプリング法など，問題に応じてさまざまな実現法があります．以下ではボルツマンマシンを題材に，ギブスサンプリングと呼ばれる方法を紹介します．

10.4.5 ギブスサンプリングとボルツマンマシン

ギブスサンプリング (Gibbs sampling) では，とても簡素な方法で設計したマルコフ連鎖を用います．すると連鎖からのサンプリングアルゴリズムもまたシンプルとなり，とても汎用性のある計算手法を提供してくれます．ここでは特にボルツマンマシンのような多変数の確率変数 $\vec{\mathbf{x}} = (\mathbf{x}_1, \mathbf{x}_2, \ldots, \mathbf{x}_M)$ に関する分布からのサンプリングを考えます．この際，同時分布 $P\big(\mathbf{x}_1, \mathbf{x}_2, \ldots, \mathbf{x}_M\big)$ からひとまとめに $(\boldsymbol{x}_1, \boldsymbol{x}_2, \ldots, \boldsymbol{x}_M)$ をサンプリングするのは大変なので，条件付き分布

$$P\big(\mathbf{x}_i | \mathbf{x}_1, \mathbf{x}_2, \ldots, \mathbf{x}_{i-1}, \mathbf{x}_{i+1}, \ldots, \mathbf{x}_M\big) \tag{10.93}$$

から i ごとに $\boldsymbol{x}_i$ を 1 つずつサンプリングしていくのがギブスサンプリングです．この際サンプリングの順番（i によるラベル付け）は好きに決めてかまいません．つまり $(\mathbf{x}_1(t), \mathbf{x}_2(t), \ldots, \mathbf{x}_M(t))$ を一気に連鎖させるのではなく，1 つずつ順番に $\cdots \to \mathbf{x}_M(t-1) \to \mathbf{x}_1(t) \to \mathbf{x}_2(t) \to \cdots$ と推移する**ギブス連鎖 (Gibbs chain)** を用いるのです．このように MCMC による多変数分布からのサンプリング作業を小さなブロックごとに分けたモンテカルロ法として，とても明快な形で実現できます．このようなサンプリング作業は，条件付き確率分布の形が特定できる場合に用いることができます．一般論を展開する必要もないので，ボルツマンマシンの例で解説しましょう．

はじめに注目する事実は，ボルツマンマシンは**局所マルコフ性 (local**

Markov property) という性質を満たすということです．ボルツマンマシンのユニット i 以外の変数の値を $\boldsymbol{x}_{-i} = (x_1, x_2, \ldots, x_{i-1}, x_{i+1}, \ldots)^\top$ と書きましょう．すると条件付き確率の定義から，ユニット i 以外の実現値が $\boldsymbol{x}_{-i}$ で与えられたときの x_i の**完全条件付き分布** (**fully conditional distribution**) は

$$P(x_i|\boldsymbol{x}_{-i}, \boldsymbol{\theta}) = \frac{P(\boldsymbol{x}, \boldsymbol{\theta})}{\sum_{x_i=0,1} P(\boldsymbol{x}, \boldsymbol{\theta})} = \frac{e^{-\Phi(\boldsymbol{x}, \boldsymbol{\theta})}}{\sum_{x_i=0,1} e^{-\Phi(\boldsymbol{x}, \boldsymbol{\theta})}} \tag{10.94}$$

です．分母と分子に現れる因子 $e^{-\Phi}$ は，x_i に依存する項 $\exp(b_i x_i + \sum_{j \in \mathcal{N}_i} w_{ij} x_i x_j)$ 以外は約分されてしまいますので，結局この確率は

$$P(x_i|\boldsymbol{x}_{-i}, \boldsymbol{\theta}) = \frac{e^{\left(b_i + \sum_{j \in \mathcal{N}_i} w_{ij} x_j\right) x_i}}{1 + e^{b_i + \sum_{j \in \mathcal{N}_i} w_{ij} x_j}} = \frac{e^{\lambda_i x_i}}{1 + e^{\lambda_i}} \tag{10.95}$$

とコンパクトに書くことができます．ただしここで $\mathcal{N}_i$ は i と直接結ばれたユニットの集合です．また，ここで簡単のために

$$\lambda_i = b_i + \sum_{j \in \mathcal{N}_i} w_{ij} x_j \tag{10.96}$$

という記号を導入しました．この量は i の周辺のユニットの状態のみから局所的に決められる量で，周辺の状態から補正を受けたバイアスのようなものです．この結果からわかることは，本来は i 以外のすべての状態 $\boldsymbol{x}_{-i}$ を知らねば決められないはずの条件付き確率が，実際には $P(x_i|\boldsymbol{x}_{-i}, \boldsymbol{\theta}) = P(x_i|x_{j \in \mathcal{N}_i}, \boldsymbol{\theta})$ という具合に，周辺のユニット $j \in \mathcal{N}_i$ の状態だけから決定できてしまうのです．つまり変数間の相関は局所的なものにすぎないということです．ボルツマンマシンの満たすこの性質が局所マルコフ性です．

このように局所マルコフ性のおかげで，$\mathcal{N}_i$ の状態さえ決まってしまえば，x_i はもはや他の変数とは独立です．つまり x_i と $\{\mathrm{x}_j | j \notin \{\mathcal{N}_i, i\}\}$ は，$\{\mathrm{x}_j | j \in \mathcal{N}_i\}$ を条件として条件付き独立性を満たしているのです．そのために確率

$$P(x_i = 1|\boldsymbol{x}_{-i}, \boldsymbol{\theta}) = \sigma(\lambda_i), \quad P(x_i = 0|\boldsymbol{x}_{-i}, \boldsymbol{\theta}) = 1 - \sigma(\lambda_i) = \sigma(-\lambda_i) \tag{10.97}$$

は i の $\mathcal{N}_i$ の情報だけからとても効率的に計算することができます[*13]．分布の形が簡単ですから，そこから x_i をサンプリングすることも簡単です．次に説明するように，この条件付き独立性を暗に活用したサンプリングを全変数について順次行っていくのがギブスサンプリングなのです．

ここで $P\big(x_i = 1|\boldsymbol{x}_{-i}, \boldsymbol{\theta}\big) = \sigma(\lambda_i)$ から x_i をサンプリングする方法も説明しておきましょう．そのためにはまず区間 $[0, 1]$ から一様な（擬）乱数を発生させます．この乱数の値が $\sigma(\lambda_i)$ 以下となった場合は $x_i = 1$, $\sigma(\lambda_i)$ を上回った場合は $x_i = 0$ がサンプリング値であるとします．すると**図 10.9** のように，この方法でサンプリングした値たちは分布 $P\big(x_i|\boldsymbol{x}_{-i}, \boldsymbol{\theta}\big)$ に従っていることがすぐにわかります．

以上の知識をもとにして，ギブスサンプリングのアルゴリズムを説明します．モデル分布の確率変数が $\mathbf{x} = (\mathrm{x}_1, \mathrm{x}_2, \ldots, \mathrm{x}_M)^\top$ と M 個の 1 変数に分けられているとします．このとき，モデル分布から作った条件付き確率 $P\big(x_i|\boldsymbol{x}_{-i}, \boldsymbol{\theta}\big)$ によってギブス連鎖

$$
\begin{aligned}
&\big(\mathrm{x}_1(0), \mathrm{x}_2(0), \mathrm{x}_3(0), \ldots, \mathrm{x}_M(0)\big)\\
\to&\big(\mathrm{x}_1(1), \mathrm{x}_2(0), \mathrm{x}_3(0), \ldots, \mathrm{x}_M(0)\big)\\
\to&\big(\mathrm{x}_1(1), \mathrm{x}_2(1), \mathrm{x}_3(0), \ldots, \mathrm{x}_M(1)\big)\\
\to&\ldots\\
\to&\big(\mathrm{x}_1(t), \ldots, \mathrm{x}_{i-1}(t), \mathrm{x}_i(t-1), \mathrm{x}_{i+1}(t-1), \ldots, \mathrm{x}_M(t-1)\big)\\
\to&\big(\mathrm{x}_1(t), \ldots, \mathrm{x}_{i-1}(t), \mathrm{x}_i(t), \mathrm{x}_{i+1}(t-1), \ldots, \mathrm{x}_M(t-1)\big)\\
\to&\ldots
\end{aligned}
\tag{10.98}
$$

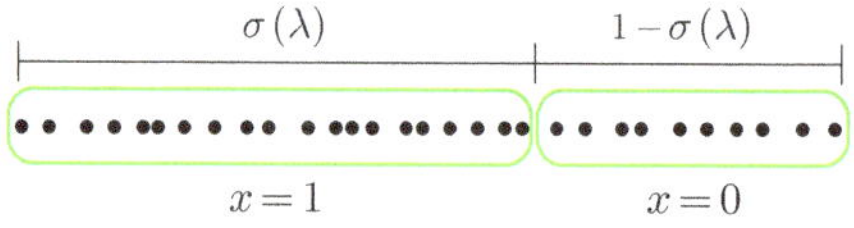

図 10.9 $P\,(x = 1) = \sigma(\lambda)$ というベルヌーイ分布からのサンプリング．0 から 1 の数直線を長さ $P\,(x = 1)$ と $P\,(x = 0)$ の 2 つの区間に分け，一様乱数を振りまく．それぞれの区間上に乗っている変数が，それぞれサンプル値 $x = 1$ と $x = 0$ である．

*13 ここで $\sigma(\cdot)$ はシグモイド関数です．

を作ります．後述するようにこのギブス連鎖は，元のモデル分布 $P(\mathbf{x}|\boldsymbol{\theta})$ を不変分布にもつマルコフ連鎖であることがわかります．ギブスサンプリングはこの連鎖からのサンプリングです*14．連鎖が初期条件の情報をほとんど失ってしまうほど十分に連鎖を走らせた後では，このサンプルは近似的にモデル分布（不変分布）からのサンプルとみなしてかまわなくなります．この手続きをアルゴリズムとしてまとめましょう．

アルゴリズム 10.1 ギブスサンプリング

1) 全変数 $\boldsymbol{x}$ をランダムに初期化し，それを初期値 $\boldsymbol{x}(0)$ とする．

2) 各時刻 $t = 1, 2, \ldots$ において，次の操作を繰り返す．

- $P\big(\mathrm{x}_1|x_2(t-1), x_3(t-1), \ldots, x_M(t-1)\big)$ から $x_1(t)$ の値をサンプルする．

  ⋮

- $P\big(\mathrm{x}_i|x_1(t), \ldots, x_{i-1}(t), x_{i-1}(t-1), \ldots, x_M(t-1)\big)$ から $x_i(t)$ の値をサンプルする．

  ⋮

- $P\big(\mathrm{x}_M|x_1(t), x_2(t), \ldots, x_{M-1}(t)\big)$ から $x_M(t)$ の値をサンプルする．

この作業で得られた値を順次サンプル $\boldsymbol{x}(t)$ としていく．

このように i と t を動かしながらサンプリング

$$x_i(t) \sim P\big(\mathrm{x}_i|x_1(t), \ldots, x_{i-1}(t), x_{i-1}(t-1), \ldots, x_M(t-1)\big) \tag{10.99}$$

を繰り返し，サンプル $\boldsymbol{x}(t) = \big(x_1(t), x_2(t), \ldots, x_M(t)\big)$ を次々に得ていくのがギブスサンプリングです．得られたサンプルの系列をマルコフ連鎖とみなすと

$$\boldsymbol{x}(0) \to \boldsymbol{x}(1) \to \boldsymbol{x}(2) \to \cdots \tag{10.100}$$

*14 ボルツマンマシンの局所マルコフ性のため，この 1 変数ごとのサンプリングは効率的な計算になっています．

というプロセスが得られます．MCMC の考え方に従うと，十分時間が経ったのちの $\boldsymbol{x}(T)$ は定常分布からのサンプルとして用いることができます．そのことを保証するために，ギブス連鎖の定常分布が実際に元の分布（ボルツマンマシン）$P(\mathbf{x}|\boldsymbol{\theta})$ であることを示しましょう．一般の多変数での証明を書き下すのは煩雑なだけですので，ここでは $M=2$ の場合に証明します．多変数への一般化は紙面を使うだけでほぼ同じですので，各自で試みてください．$M=2$ のギブス連鎖

$$\begin{aligned}&\big(x_1(0),x_2(0)\big)\to\big(x_1(1),x_2(0)\big)\to\big(x_1(1),x_2(1)\big)\to\\&\cdots\to\big(x_1(t),x_2(t)\big)\to\big(x_1(t+1),x_2(t)\big)\to\big(x_1(t+1),x_2(t+1)\big)\to\cdots\end{aligned}\tag{10.101}$$

をマルコフ連鎖とみなすと，連鎖の構造からその推移確率は

$$T\big(\boldsymbol{x}(t+1)|\boldsymbol{x}(t)\big)=P\big(x_2(t+1)|x_1(t+1)\big)\,P\big(x_1(t+1)|x_2(t)\big)\tag{10.102}$$

となります．したがって，もし時刻 t で $\boldsymbol{x}(t)$ がボルツマン分布 $P(\boldsymbol{x}(t))$ に従っているとすると，次の時刻での分布は

$$\begin{aligned}&\sum_{\boldsymbol{x}(t)}T\big(\boldsymbol{x}(t+1)|\boldsymbol{x}(t)\big)P\big(\boldsymbol{x}(t)\big)\\&=\sum_{x_1(t),x_2(t)}P\big(x_2(t+1)|x_1(t+1)\big)\,P\big(x_1(t+1)|x_2(t)\big)\,P\big(x_1(t),x_2(t)\big)\\&=P\big(x_2(t+1)|x_1(t+1)\big)\sum_{x_1(t)}P\big(x_1(t)\big)\sum_{x_2(t)}P\big(x_1(t+1)|x_2(t)\big)\,P\big(x_2(t)|x_1(t)\big)\end{aligned}\tag{10.103}$$

と書くことができます．最後の行を得るのには，ボルツマンマシンの分布をその条件付き分布と周辺化分布で書き換える乗法公式 $P\big(x_1(t),x_2(t)\big)=P\big(x_2(t)|x_1(t)\big)P\big(x_1(t)\big)$ を使いました．マルコフ性 $P\big(x_1(t+1)|x_2(t)\big)=P\big(x_1(t+1)|x_2(t),x_1(t)\big)$ に注意しながら全確率の法則*15 を適用して，この式をさらに変形し，さらにマルコフ性 $P\big(x_1(t+1)|x_1(t)\big)=P\big(x_1(t+1)\big)$ を用いると

*15 全確率の法則 (**law of total probability**) とは $P(A|C)=\sum_B P(A|B,C)P(B|C)$ でした．

$$
\begin{aligned}
&= P\big(x_2(t+1)|x_1(t+1)\big) \sum_{x_1(t)} Pv\big(x_1(t)\big)\, P\big(x_1(t+1)|x_1(t)\big) \\
&= P\big(x_2(t+1)|x_1(t+1)\big)\, P\big(x_1(t+1)\big) \sum_{x_1(t)} P\big(x_1(t)\big) \\
&= P\big(x_1(t+1), x_2(t+1)\big) \qquad (10.104)
\end{aligned}
$$

となります．つまり，次の時刻でも自動的に同じボルツマンマシンの分布に従うということです．これは平衡を表す定常方程式そのものです．このように上で与えたギブス連鎖の不変分布がボルツマンマシンになっていることが具体的に確認できました．

最後にマルコフ連鎖の使い方一般についての注意を述べましょう．マルコフ連鎖が平衡に至り，不変分布を与えているとみなせるようになるまで走らせることを**バーンイン (burn-in)** と呼びます．t が小さいうちは連鎖の振る舞いが初期状態の情報を引きずっていますので，十分な時間（推移ステップ数）をかけて連鎖を平衡に落ちつけます．このようにバーンイン期間 t を十分にかけたのちに，$\boldsymbol{x}(t)$ を実際に利用するサンプルとして採用します．したがって多くの実用的な場面では，マルコフ連鎖は計算コストが嵩む手法となってしまいます．しかしながら汎用性が高いサンプル生成法で，取り替えの効かない方法ですのでいろいろな分野で広く用いられています．

さらに一般的な欠点がもう 1 つあります．連鎖が初期状態の情報を喪失して平衡に至るまでにかかる時間を**混合時間 (mixing time)** あるいは**バーンイン時間 (burn-in time)** といいますが，連鎖が与えられたときに混合時間を見積もる一般的な方法がないのです．つまりバーンインを判定するための理論的に保証された便利な手法が存在しないのです．そのため実際にはさまざまな統計量を使って，経験的な方法で平衡に至ったことを確認しています．その詳細は本格的なモンテカルロ法の教科書で解説されていますので，ここでは省略します．

モンテカルロ法では標本平均で分布の期待値を近似しますので，マルコフ連鎖から多数のサンプルを生成しなくてはなりません．バーンインしたのちに 1 つサンプル $\boldsymbol{x}(t)$ を採用しますが，その直後に 2 個目のサンプルを採用してしまってはいけません．なぜなら直後のサンプルは $\boldsymbol{x}(t)$ と相関が強すぎるために独立なサンプルとはならないからです．したがって再び十分な時間を設けたのちに2個目を採用し，同じことを繰り返していきます．このように1本の連鎖から間隔をおいて次々とサンプルを生成する方法は**単一連鎖** (**single chain**) と呼ばれます．この方法には，サンプルが十分揃うまでに時間がかかってしまうという難点があります．また計算に割ける時間の制約からサンプルの採用の間隔を十分に設けられずに，サンプルたちが独立とみなせるかどうかが怪しくなってしまう場合もありえます．

それに対して**多重連鎖** (**multiple chain**) では，ランダムな多数の初期値から独立に走らせた複数の連鎖から，独立に1つずつサンプルを採用します．それによりサンプル間の独立性は完全に保証されますが，その代わりに連鎖の数だけバーンインに要する計算コストがかかってしまいます．ときには計算コストの問題から十分な混合時間が設けられずに，平衡への収束性を損なってしまいかねません．

実はこの2つの方法は両極端な場合であり，機械学習では両者の中間がよく用いられます．つまり求める独立性と収束性に応じて見積もった数だけ複数の連鎖を走らせ，そのそれぞれから複数のサンプルを採用するのです．深層学習ではミニバッチ中のデータ数の分だけ連鎖を作り，そこから複数のサンプリングをよく行うようです．

10.5 平均場近似

これまでは数値的な近似法であるモンテカルロ法について見てきました．ここからは，これまで数多く提唱されている理論的な近似法の議論へと移りましょう．さまざまな近似の手法の中で，とてもシンプルで有名な近似法が統計物理に由来する**平均場近似** (**mean-field approximation**) です．この近似法の動機を説明するために，まずはなぜボルツマンマシンの計算が難しいのかを考えてみましょう．

ボルツマンマシンの期待値計算が難しいのは，各ユニットに付随した確率変数たちが複雑に相関しているからです．イジング模型として解釈すると，スピン間に相互作用があるために難しい多体問題となっているということです．このような相互作用を担っているのは，エネルギー関数（ハミルトニアン）の中で異なるユニット同士を混ぜ合わせる重み項

$$-\sum_{i,j} w_{ij} x_i x_j \tag{10.105}$$

です．なぜなら，もし重みがすべて 0 であればボルツマンマシンの分布は

$$P(\boldsymbol{x}|\boldsymbol{\theta}) = \frac{1}{Z(\boldsymbol{b})} e^{\sum_i b_i x_i} = \prod_i \frac{e^{b_i x_i}}{1 + e^{b_i}} \tag{10.106}$$

と独立な 1 変数の分布の積に簡単化するからです．つまりボルツマンマシンの計算が，簡単な一体問題（1 変数確率分布での計算）に帰着したことになります．そこで平均場近似では，期待値計算が飛躍的に簡単化するようにボルツマンマシンとは別に，各変数が独立となっている分布のモデル（**テスト分布**）の集合をまず用意します．そして，このテスト分布集合の中でもっともボルツマンマシンと近いものを探し，それをボルツマンマシンの近似として採用します．当然 $w_{ij} = 0$ の分布は安易すぎてこの最適化問題の答えではありません．では，どのように答えを探せばよいでしょうか？

まずテスト分布は全変数が独立な分布ですので，一般的にその分布の形は

$$Q(\boldsymbol{x}) = \prod_i Q_i(x_i) \tag{10.107}$$

と書くことができます．ここで $Q_i(x_i)$ は，1 変数に対するとある確率分布です．ただしまだ $Q_i(x_i)$ の具体的な形はわかりません．この関数の形は，上の分布 $Q(\boldsymbol{x})$ がボルツマンマシンにもっとも近くなるという条件から決定されます．この条件を課すためには，カルバックライブラーダイバージェンスを最小化すればよいでしょう．ここでは，テスト分布 Q とボルツマンマシン P のダイバージェンスを考えましょう．

$$D_{\mathrm{KL}}(Q||P) = \sum_{\boldsymbol{x}} Q(\boldsymbol{x}) \log \frac{Q(\boldsymbol{x})}{P(\boldsymbol{x}|\boldsymbol{\theta})} \tag{10.108}$$

$D_{\mathrm{KL}}(Q||P)$ の最小値は，Q_i が確率として満たすべき条件*16

$$\sum_{x_i=0,1} Q_i(x_i) = 1 \tag{10.109}$$

のもとで探さなければならないことに注意しましょう．

*16 $Q(\boldsymbol{x})$ が確率であるという条件より少し強い条件のように見えますが，全変数が独立なので各 Q_i の規格化の問題です．

このような拘束条件付き最適化問題は，ラグランジュ未定係数法で解くのが定番です．そこで次のラグランジュ関数 $\mathcal{L}$ を最小化します．

$$\mathcal{L}[Q_i;\Lambda_i] = D_{\mathrm{KL}}(Q||P) + \sum_i \Lambda_i \left(\sum_{x_i=0,1} Q_i(x_i) - 1 \right) \tag{10.110}$$

ここで Λ_i はラグランジュ未定係数です．ラグランジュ関数 $\mathcal{L}$ をこの未定係数 Λ_i で変分すると，得られるオイラー-ラグランジュ方程式はもちろん拘束条件

$$0 = \frac{\partial \mathcal{L}}{\partial \Lambda_i} = \sum_{x_i=0,1} Q_i(x_i) - 1 \tag{10.111}$$

を再現します．また $\mathcal{L}$ を $Q_i(x_i)$ で変分して得られるオイラー-ラグランジュ方程式は

$$\begin{aligned} 0 &= \frac{\delta \mathcal{L}}{\delta Q_i(x_i)} \\ &= \left(\sum_{\boldsymbol{x}_{-i}} \prod_{j(\neq i)} Q_j(x_j) \right) \left(\sum_k \log Q_k(x_k) - \log P(\boldsymbol{x}|\boldsymbol{\theta}) + 1 \right) + \Lambda_i \end{aligned} \tag{10.112}$$

です．この 2 つの式が解ければ，探している分布が決定されます．

分布の形を求めるためにまず，式 (10.112) の右辺括弧内に出てくる第 1 項のうち，$k=i$ の部分を条件 (10.111) を用いて次のように変形します．

$$\sum_{\boldsymbol{x}_{-i}} \prod_{j(\neq i)} Q_j(x_j) \log Q_i(x_i) = \log Q_i(x_i) \prod_{j(\neq i)} \left(\sum_{x_j} Q_j(x_j) \right) = \log Q_i(x_i) \tag{10.113}$$

$k \neq i$ の部分では，現れる確率変数すべてについて期待値をとってしまいますので，最終的には確率変数によらない単なる定数となります．また，ボルツマンマシンの具体形を代入すると次の式も得られます．

$$
\begin{aligned}
&\sum_{\boldsymbol{x}_{-i}} \prod_{j(\neq i)} Q_j(x_j) \log P(\boldsymbol{x}|\boldsymbol{\theta}) \\
&= \sum_{\boldsymbol{x}_{-i}} \prod_{j(\neq i)} Q_j(x_j) \left(\sum_k b_k x_k + \sum_{(j,k)} w_{jk} x_j x_k - \log Z \right) \\
&= \left(b_i + \sum_{j \in \mathcal{N}_i} w_{ij} \mu_j \right) x_i + \sum_{j(\neq i)} b_j \mu_j + \sum_{(j,k)|j,k \neq i} w_{jk} \mu_j \mu_k - \log Z
\end{aligned}
\tag{10.114}
$$

最後の行で x_i に依存しない項は, $Q_{j \neq i}$ の形などから決まる定数です. またここで, テスト分布に関する確率変数の平均値, いわゆる**平均場** (**mean-field**)

$$
\mu_j = \sum_{\boldsymbol{x}} x_j Q(\boldsymbol{x}) = \sum_{x_j = 0,1} x_j Q_j(x_j) \tag{10.115}
$$

を導入しました. 式 (10.113) と式 (10.115) を代入すると, 平均場近似の方程式 (10.112) は

$$
0 = \log Q_i(x_i) - \left(b_i + \sum_{j \in \mathcal{N}_i} w_{ij} \mu_j \right) x_i + \text{const.} + \Lambda_i \tag{10.116}
$$

という簡単な構造をしていることがわかります. const. は確率変数によらず, テスト分布の関数形から計算される単なる定数です. したがってこの方程式の解として得られるテスト分布の形は

$$
Q_i(x_i) \propto e^{-\Lambda_i} \, e^{\left(b_i + \sum_{j \in \mathcal{N}_i} w_{ij} \mu_j \right) x_i} \tag{10.117}
$$

ですが, ラグランジュ未定係数 Λ_i の自由度はもう 1 つの条件である規格化

$$
\sum_{x_i} Q_i(x_i) = 1 \tag{10.118}
$$

を実現できるように比例定数を固定するのに使われますので, 最終的に

$$
Q_i(x_i) = \frac{e^{\left(b_i + \sum_{j \in \mathcal{N}_i} w_{ij} \mu_j \right) x_i}}{1 + e^{b_i + \sum_{j \in \mathcal{N}_i} w_{ij} \mu_j}} \tag{10.119}
$$

という分布が得られました. これは元のボルツマンマシンの条件付き分布

(10.95) で,「注目している i 以外の確率変数はその平均値で置き換えてしまってもかまわない」として近似した場合の分布そのものです．統計物理で通常習う平均場近似といえば，はなからこの置き換えを用いた簡便法に基づいています．しかしここでは近似の意味が明確になるように，もう少し「厳密な」導き方を用いました．ここで紹介した手法ではなく，簡便法を用いる際に注意を払わなくてはならない点については，各自で考察してみてください．さて以上の計算から，平均場近似を実現する分布の形は

$$Q(\boldsymbol{x}) = \prod_i \frac{e^{\left(b_i + \sum_{j\in\mathcal{N}_i} w_{ij}\mu_j\right)x_i}}{1 + e^{b_i + \sum_{j\in\mathcal{N}_i} w_{ij}\mu_j}} \tag{10.120}$$

ということになります．ここで x_i に関する分布 (10.119) は，i 以外のユニットの期待値 $\mu_{j(\neq i)}$ で与えられています．この期待値はまだ未知であるため，分布を決めるために決定しなくてはなりません．しかしこの期待値を計算するための分布がまさに分布 (10.119) 自体であるため，このままでは議論が循環してしまいます．そこで分布 (10.119) は x_i の分布をユニット $\mathrm{x}_{j(\neq i)}$ に対する期待値で決め，$\mathrm{x}_{j(\neq i)}$ の分布を x_i を含むユニットたち $\mathrm{x}_{k(\neq j)}$ の期待値で定めることに注目します．このような定義が全体で矛盾しないためには，分布 (10.119) が与える x_i の期待値が，きちんと他のユニットの分布に現れる平均場 μ_i と一致している必要があります．そこで分布 (10.119) のもとで x_i の期待値を計算したものが μ_i である，という条件を書き下します．

$$\mu_i = \frac{e^{b_i + \sum_{j\in\mathcal{N}_i} w_{ij}\mu_j}}{1 + e^{b_i + \sum_{j\in\mathcal{N}_i} w_{ij}\mu_j}} \tag{10.121}$$

この式は，**自己無撞着方程式**や**平均場方程式**と呼ばれます．右辺をシグモイド関数で表すと，次式にまとめられます．

公式 10.5（自己無撞着方程式）

$$\mu_i = \sigma\left(b_i + \sum_{j\in\mathcal{N}_i} w_{ij}\mu_j\right) \tag{10.122}$$

物理で習うイジング模型では自己無撞着方程式に現れる関数は $\tanh(\cdot)$ で

あったのに対し，ボルツマンマシンの場合はシグモイド関数です．これはいまの場合は x_i が 0 か 1 をとる 2 値変数であるためであり，両者の間に本質的な違いはありません．

この自己無撞着方程式は，まさにすべての平均場の値 μ_i を決定する方程式ですので，これを解けば分布の具体的な値もわかることになります．しかしこれは非線形な連立方程式ですので，解析的に解けることはまずありません．そこで数値的に解くことになるわけですが，通常は定石である逐次代入法を用います．つまり，まず期待値のランダムな初期値

$$\mu_1(0), \mu_2(0), \ldots, \mu_M(0) \tag{10.123}$$

からスタートして，$t = 1, 2, 3, \ldots$ の順に代入計算

$$\mu_i(t) = \sigma\left(b_i + \sum_{j \in \mathcal{N}_i} w_{ij}\, \mu_j(t-1)\right) \tag{10.124}$$

を反復します．そしてこの繰り返し計算が収束した結果の値 $\mu_i(T \gg 1)$ を，平均場方程式の数値解として採用します．

以上が平均場近似の導出です．結局のところこの近似は，式 (10.122) と式 (10.120) で与えられる独立分布を，ボルツマンマシンの代用として用いる近似法です．この近似法では期待値の計算が著しく簡単化します．例えば学習方程式に現れる期待値に関しては単に

$$\langle \mathrm{x}_i \rangle_{model} \approx \mu_i, \quad \langle \mathrm{x}_i \mathrm{x}_j \rangle_{model} \approx \mu_i \mu_j \tag{10.125}$$

と近似するだけです．全変数が独立になっているため，1 変数の分布 $Q_i(x_i)$ のもとでの計算をするだけだからです．物理の言葉でいうと，イジング模型の多体問題を一体問題の集まりとして近似しているのです．しかし単純化の代償として変数間の相関を失っているために，平均場近似はあまり精度のよい近似法ではありません．そのため独立性の要請を少し緩め，近似の精度を上げるベーテ近似やクラスター変分法といった方法も提唱されています．

演習 10.3 隠れ変数ありの場合，平均場近似によって学習方程式 (10.74), (10.75) の左辺はどのように簡単化するか考えなさい．

10.6 制限付きボルツマンマシン

ボルツマンマシンの表現力を向上させるために隠れ変数を導入しましたが，そのために計算量の爆発問題が深刻になってしまったことを見ました．しかし，それでもやはり隠れ変数による表現能力は捨てがたいものです．そこで隠れ変数に由来する問題点をマイルドにするような制限をボルツマンマシンに課してみましょう．

制限付きボルツマンマシン (restricted Boltzmann machine, RBM) は，グラフ構造に強い制約がおかれた，隠れ変数をもつボルツマンマシンです．図 10.10 にその構造を示します．可視変数は白丸，隠れ変数は灰色の丸で表してあります*17．RBM では可視変数同士，および隠れ変数同士の相互作用は禁止されています．したがって図 10.10 では，白丸と灰色の丸の間を結ぶリンク以外はありません．この制限を課したエネルギー関数は

$$\Phi(\boldsymbol{v},\boldsymbol{h},\boldsymbol{\theta}) = -\boldsymbol{b}^\top\boldsymbol{v} - \boldsymbol{c}^\top\boldsymbol{h} - \boldsymbol{v}^\top\boldsymbol{W}\boldsymbol{h} \tag{10.126}$$

であり，同時分布はやはり

$$P(\boldsymbol{v},\boldsymbol{h}|\boldsymbol{\theta}) = \frac{1}{Z(\boldsymbol{\theta})}e^{-\Phi(\boldsymbol{v},\boldsymbol{h},\boldsymbol{\theta})}, \quad Z(\boldsymbol{\theta}) = \sum_{\boldsymbol{v},\boldsymbol{h}} e^{-\Phi(\boldsymbol{v},\boldsymbol{h},\boldsymbol{\theta})} \tag{10.127}$$

です．重みの項が減りましたので，エネルギー関数の形がだいぶすっきりとしました．この制約が，計算上でも多くの利点をもつことをこれから明らかにします．グラフ構造に強い制約をおいたにもかかわらず，隠れ変数を多くしていけば任意の分布を望む精度で近似できることが知られています [57]．

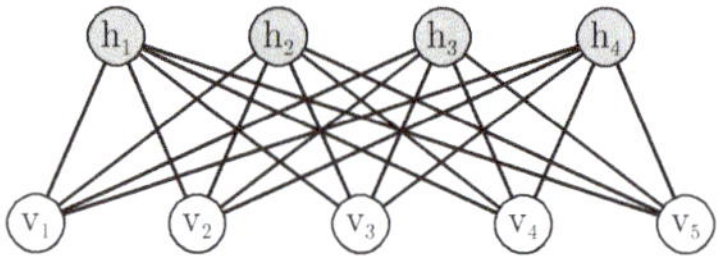

図 10.10 制限付きボルツマンマシンの一例．

*17 文献によってはこの色付けが逆になっていることもありますので注意してください．

RBM の著しい性質の 1 つは，グラフの構造に由来する条件付き独立性です．隠れ変数を固定したときの可視変数の分布を計算してみましょう．乗法公式から

$$P\big(\boldsymbol{v}|\boldsymbol{h},\boldsymbol{\theta}\big) = \frac{P\big(\boldsymbol{v},\boldsymbol{h}|\boldsymbol{\theta}\big)}{\sum_{\boldsymbol{v}} P\big(\boldsymbol{v},\boldsymbol{h}|\boldsymbol{\theta}\big)} = \frac{e^{\boldsymbol{b}^\top \boldsymbol{v}+\boldsymbol{v}^\top \boldsymbol{W}\boldsymbol{h}}}{\sum_{\boldsymbol{v}} e^{\boldsymbol{b}^\top \boldsymbol{v}+\boldsymbol{v}^\top \boldsymbol{W}\boldsymbol{h}}} \tag{10.128}$$

ですが，$\boldsymbol{b}^\top \boldsymbol{v} + \boldsymbol{v}^\top \boldsymbol{W}\boldsymbol{h}$ は v_i の 1 次関数ですので，右辺の分母は因数分解して書くことができます．その結果，条件付き分布は

$$P\big(\boldsymbol{v}|\boldsymbol{h},\boldsymbol{\theta}\big) = \frac{\prod_i e^{b_i v_i + \sum_j w_{ij} h_j v_i}}{\prod_i \sum_{v_i=0,1} e^{b_i v_i + \sum_j w_{ij} h_j v_i}} = \prod_i \frac{e^{(b_i + \sum_j w_{ij} h_j) v_i}}{1 + e^{b_i + \sum_j w_{ij} h_j}} \tag{10.129}$$

となり，v_i に対する分布 $P(v_i|\boldsymbol{h},\boldsymbol{\theta}) = e^{(b_i+\sum_j w_{ij}h_j)v_i}/(1+e^{b_i+\sum_j w_{ij}h_j})$ へ因子化しています[*18]．つまり隠れ変数の値が固定されてしまった後では，もはや可視変数同士は独立な変数にすぎないということです．これは条件付き独立性にほかなりません．この独立性が成り立つのは，RBM のグラフ構造では可視変数の間に直接のつながりはなく，必ず隠れ変数を介した間接的な結びつきしかないからです．

グラフ構造から，同じ性質が隠れ変数に対しても成り立つと期待されます．実際，まったく同じ計算から条件付き独立性

$$P\big(\boldsymbol{h}|\boldsymbol{v},\boldsymbol{\theta}\big) = \frac{P\big(\boldsymbol{v},\boldsymbol{h}|\boldsymbol{\theta}\big)}{\sum_{\boldsymbol{h}} P\big(\boldsymbol{v},\boldsymbol{h}|\boldsymbol{\theta}\big)} = \prod_j \frac{e^{(c_j + \sum_i w_{ij} v_i) h_j}}{1 + e^{c_j + \sum_i w_{ij} v_i}} \tag{10.130}$$

を確認でき，確かに分布 $P\big(v_j|\boldsymbol{h},\boldsymbol{\theta}\big) = e^{(c_j+\sum_i w_{ij}v_i)h_j}/(1+e^{c_j+\sum_i w_{ij}v_i})$ へ因子化しています．これら 1 変数に対する条件付き分布は，式 (10.97) でも登場したシグモイドで与えられるベルヌーイ分布です．

$$P\big(v_i = 1|\boldsymbol{h},\boldsymbol{\theta}\big) = \sigma\big(\lambda_i^v\big), \quad P\big(h_j = 1|\boldsymbol{v},\boldsymbol{\theta}\big) = \sigma\big(\lambda_j^h\big) \tag{10.131}$$

ただし

$$\lambda_i^v = b_i + \sum_j w_{ij} h_j, \quad \lambda_j^h = c_j + \sum_i w_{ij} v_i \tag{10.132}$$

---

*18 同時に，周辺化された分布も $P(\boldsymbol{h}|\boldsymbol{\theta}) \propto \prod_i (1 + e^{b_i + \sum_j w_{ij} h_j})$ という簡単な構造をしています．

です．そして繰り返しになりますが，RBM では条件付き独立性により，$P\big(\boldsymbol{v}|\boldsymbol{h},\boldsymbol{\theta}\big)$ と $P\big(\boldsymbol{h}|\boldsymbol{v},\boldsymbol{\theta}\big)$ が上記の 1 変数ベルヌーイ分布の積で与えられるというのが結論です．

条件付き独立性は実用上で大きな役割を果たす特性です．というのも，一方の層の変数を固定した後では，一切の近似をせずとも残りの層の全変数が独立となるので計算が飛躍的に簡素になることが期待できるからです．また後で議論するように，条件付き独立性を活用することで RBM のギブスサンプリングもとてもシンプルに実現できます．

10.6.1 制限付きボルツマンマシンの学習

すでに一般的なボルツマンマシンに対して尤度の勾配や学習方程式を導出しました．したがって，これを特殊化すれば制限付きボルツマンマシンに対する公式になります．

RBM では学習においても簡単化が起こります．学習に用いる対数尤度関数の勾配は，式 (10.72) と式 (10.73) が一般公式でした．ただしいまは，バイアスたち $\{b_i\}$ を可視変数に対するものと隠れ変数に対するものに分けて，それぞれを改めて b_i,c_j と書いていました．まず，バイアス b_i 方向の勾配は RBM において

$$
\begin{aligned}
\frac{1}{N}\frac{\partial L(\boldsymbol{\theta})}{\partial b_i} &= \sum_{\boldsymbol{v}} v_i\, q(\boldsymbol{v}) \sum_{\boldsymbol{h}} P\big(\boldsymbol{h}|\boldsymbol{v},\boldsymbol{\theta}\big) - \langle \mathrm{v}_i \rangle_{model} \\
&= \frac{1}{N}\sum_{n=1}^{N} v_i^{(n)} - \langle \mathrm{v}_i \rangle_{model} \qquad (10.133)
\end{aligned}
$$

となります．$\langle\cdot\rangle_{model}$ は $P\big(\mathbf{v},\mathbf{h}|\boldsymbol{\theta}\big)$ のもとでの平均です．最後の行を得るのに，$\sum_{\boldsymbol{h}} P\big(\boldsymbol{h}|\boldsymbol{v},\boldsymbol{\theta}\big)=1$ となることを用いました．一方バイアス c_j 方向の勾配では，まず式 (10.46) を用いて

$$
\frac{1}{N}\frac{\partial L(\boldsymbol{\theta})}{\partial c_j} = \frac{1}{N}\sum_{n=1}^{N}\sum_{\boldsymbol{h}} h_j P\big(\boldsymbol{h}|\boldsymbol{v}^{(n)},\boldsymbol{\theta}\big) - \langle \mathrm{h}_j \rangle_{model} \qquad (10.134)
$$

となりますが，右辺第 1 項に条件付き独立性を用いると次のような簡単化が起こります．

$$\sum_{\boldsymbol{h}} h_j P(\boldsymbol{h}|\boldsymbol{v}^{(n)}, \boldsymbol{\theta}) = \sum_{h_j} h_j P(h_j|\boldsymbol{v}^{(n)}, \boldsymbol{\theta}) \prod_{j'(\neq j)} \left(\sum_{h_{j'}} P(h_{j'}|\boldsymbol{v}^{(n)}, \boldsymbol{\theta}) \right)$$
$$= P(h_j = 1|\boldsymbol{v}^{(n)}, \boldsymbol{\theta}) \tag{10.135}$$

したがって勾配は

$$\frac{1}{N}\frac{\partial L(\boldsymbol{\theta})}{\partial c_j} = \frac{1}{N}\sum_{n=1}^{N} P(h_j = 1|\boldsymbol{v}^{(n)}, \boldsymbol{\theta}) - \langle \mathrm{h}_j \rangle_{model} \tag{10.136}$$

です．最後に重みに対する勾配ですが，これも条件付き独立性を活用した計算により

$$\frac{1}{N}\frac{\partial L(\boldsymbol{\theta})}{\partial w_{ij}} = \frac{1}{N}\sum_{n=1}^{N} v_i^{(n)} \sum_{\boldsymbol{h}} h_j P(\boldsymbol{h}|\boldsymbol{v}^{(n)}, \boldsymbol{\theta}) - \langle \mathrm{v}_i \mathrm{h}_j \rangle_{model}$$
$$= \frac{1}{N}\sum_{n=1}^{N} v_i^{(n)} P(h_j = 1|\boldsymbol{v}^{(n)}, \boldsymbol{\theta}) - \langle \mathrm{v}_i \mathrm{h}_j \rangle_{model} \tag{10.137}$$

という簡単な形に帰着します．勾配上昇法では更新量 $\Delta\boldsymbol{\theta} = \eta/N \times \partial L(\boldsymbol{\theta})/\partial\boldsymbol{\theta}$ でパラメータを極大値に近づけていきますので，結局，更新式は次の通りです．

公式 10.6（制限付きボルツマンマシンの勾配上昇法）

$$\Delta b_i = \eta \left(\frac{1}{N}\sum_{n=1}^{N} v_i^{(n)} - \langle \mathrm{v}_i \rangle_{model} \right) \tag{10.138}$$

$$\Delta c_j = \eta \left(\frac{1}{N}\sum_{n=1}^{N} P(h_j = 1|\boldsymbol{v}^{(n)}, \boldsymbol{\theta}) - \langle \mathrm{h}_j \rangle_{model} \right) \tag{10.139}$$

$$\Delta w_{ij} = \eta \left(\frac{1}{N}\sum_{n=1}^{N} v_i^{(n)} P(h_j = 1|\boldsymbol{v}^{(n)}, \boldsymbol{\theta}) - \langle \mathrm{v}_i \mathrm{h}_j \rangle_{model} \right) \tag{10.140}$$

右辺第 1 項がポジティブフェーズ，第 2 項がネガティブフェーズの期待値と呼ばれているものです．以上の計算結果を学習方程式としてもまとめておきましょう．

公式 10.7（制限付きボルツマンマシンの学習方程式）

$$\frac{1}{N}\sum_{n=1}^{N} v_i^{(n)} = \langle \mathrm{v}_i \rangle_{model} \tag{10.141}$$

$$\frac{1}{N}\sum_{n=1}^{N} P\big(h_j = 1 | \boldsymbol{v}^{(n)}, \boldsymbol{\theta}\big) = \langle \mathrm{h}_j \rangle_{model} \tag{10.142}$$

$$\frac{1}{N}\sum_{n=1}^{N} v_i^{(n)}\, P\big(h_j = 1 | \boldsymbol{v}^{(n)}, \boldsymbol{\theta}\big) = \langle \mathrm{v}_i \mathrm{h}_j \rangle_{model} \tag{10.143}$$

隠れ変数があるにもかかわらず，特に左辺がとてもコンパクトな形をした方程式になりました．隠れ変数のある一般的な状況では，左辺にも状態和に起因する組み合わせ爆発が現れました．しかし RBM の場合は，左辺に現れた状態和が簡単に計算されてしまうために組み合わせ爆発の問題が消え去っています．その結果，学習方程式の左辺は，訓練データに関する和のみで簡単に評価することができます．これはまさに条件付き独立性のおかげです．

ところが右辺は相変わらずモデルでの期待値ですので，依然としてボルツマンマシン特有の組み合わせ爆発の問題を抱えています．そのために RBM の学習でもさまざまな近似法が使われますが，特にギブスサンプリングとその変種が役に立ちます．そこで次節に，ギブスサンプリングもまた条件付き独立性により簡素化することを説明します．

10.6.2 ブロック化ギブスサンプリング

ギブスサンプリングとは一般に，完全条件付き分布 $P\left(x_i | \boldsymbol{x}_{-i}, \boldsymbol{\theta}\right)$ から 1 つ 1 つ変数をサンプリングしていく MCMC でした．この分布を計算するには，サンプリングしようとしている変数以外のすべての状態 $\boldsymbol{x}_{-i}$ が必要となりますが，局所マルコフ性がこの計算を軽くしてくれることはすでに説明しました．RBM でもグラフの構造に由来する局所マルコフ性が成立していますので，それを応用しましょう．

RBM の著しい性質である条件付き独立性

$$P\big(\boldsymbol{v} | \boldsymbol{h}, \boldsymbol{\theta}\big) = \prod_i P\big(v_i | \boldsymbol{h}, \boldsymbol{\theta}\big), \quad P\big(\boldsymbol{h} | \boldsymbol{v}, \boldsymbol{\theta}\big) = \prod_j P\big(h_j | \boldsymbol{v}, \boldsymbol{\theta}\big) \tag{10.144}$$

は，一種の局所マルコフ性を表しています．というのも，可視変数 $\boldsymbol{v}$ は隠れ変数が固定された後では完全に独立であるためです．そのために隠れ変数の実現値をすべて与えた後では可視変数のサンプリングは，独立な各成分 v_i を単にそれぞれ $P\bigl(v_i|\boldsymbol{h},\boldsymbol{\theta}\bigr)$ からサンプルするだけです．また，隠れ変数に対してもまったく同様です．そこで可視層と隠れ層を交互にギブスサンプリングすることで，相関が一切ない簡単な分布からのサンプリングを実現できます．これを**ブロック化ギブスサンプリング (blocked Gibbs sampling)** と呼びます．

ブロック化ギブスサンプリングの手順を，少し丁寧に説明しましょう．まず各変数に対してランダムに 2 値 $\{0,1\}$ を選んで初期値 $\boldsymbol{v}(0)$ を作ります．この初期値から分布 $P\bigl(h_j|\boldsymbol{v}(0),\boldsymbol{\theta}\bigr)$ を計算し，そこからサンプリングした h_j の値を $h_j(0)\in\{0,1\}$ とします．これらをすべての j に対して集めたものを $\boldsymbol{h}(0)$ と書きます．条件付き独立性から，$\boldsymbol{h}(0)$ は確かに $P\bigl(\boldsymbol{h}|\boldsymbol{v}(0),\boldsymbol{\theta}\bigr)$ からのサンプルとなっていることに注意しましょう．次に分布 $P(v_i|\boldsymbol{h}(0),\boldsymbol{\theta})$ を計算し，そこから $v_i(1)\in\{0,1\}$ をサンプリングして $\boldsymbol{v}(1)$ を作ります．これは $P\bigl(\boldsymbol{v}|\boldsymbol{h}(0),\boldsymbol{\theta}\bigr)$ からのサンプリングにほかなりません．このようにサンプリング操作 $\boldsymbol{h}(t)\sim P\bigl(\boldsymbol{h}|\boldsymbol{v}(t),\boldsymbol{\theta}\bigr)$ と $\boldsymbol{v}(t+1)\sim P\bigl(\boldsymbol{v}|\boldsymbol{h}(t),\boldsymbol{\theta}\bigr)$ を繰り返していきます．したがってサンプリング作業の繰り返し

$$
\begin{aligned}
&\boldsymbol{h}(0)\sim P\bigl(\mathbf{h}|\boldsymbol{v}(0),\boldsymbol{\theta}\bigr)\\
&\boldsymbol{v}(1)\sim P\bigl(\mathbf{v}|\boldsymbol{h}(0),\boldsymbol{\theta}\bigr)\\
&\boldsymbol{h}(1)\sim P\bigl(\mathbf{h}|\boldsymbol{v}(1)),\boldsymbol{\theta}\bigr)\\
&\vdots\\
&\boldsymbol{v}(t)\sim P\bigl(\mathbf{v}|\boldsymbol{h}(t-1),\boldsymbol{\theta}\bigr)\\
&\boldsymbol{h}(t)\sim P\bigl(\mathbf{h}|\boldsymbol{v}(t)),\boldsymbol{\theta}\bigr)\\
&\vdots
\end{aligned}
$$

からサンプル列

$$
\boldsymbol{v}(0)\to\boldsymbol{h}(0)\to\boldsymbol{v}(1)\to\boldsymbol{h}(1)\to\boldsymbol{v}(2)\to\boldsymbol{h}(2)\to\boldsymbol{v}(3)\to\cdots
$$

が得られました．そして通常の MCMC 同様，十分にこの連鎖を走らせた後

でのサンプル値 $(\boldsymbol{v}(T), \boldsymbol{h}(T))$ を複数採用し，それらの標本平均によってモデル平均を近似します．

ただしギブスサンプリング一般の問題点として，混合時間 T を十分確保しないと近似の精度が悪くなってしまうということがありました．これは制限付きボルツマンマシンの場合も同様で，このままの実装では計算資源をかなり使ってしまいます．しかしながら，RBM の場合にはコントラスティブ・ダイバージェンス法（CD 法）と呼ばれるギブスサンプリングの改良版が使えることがわかっています．この CD 法はとても簡単なアルゴリズムで実装できるのにもかかわらず，速い計算で高いパフォーマンスを発揮する驚くべき方法です．そのため，実際の現場ではブロック化ギブスサンプリングそのものではなく，CD 法やその改良版が広く使われています．そこで CD 法については，次節で詳しく解説します．

演習 10.4 ここで説明したブロック化ギブスサンプリングは，制限付きボルツマンマシン $P(\boldsymbol{v}, \boldsymbol{h}|\boldsymbol{\theta})$ を定常分布にもつマルコフ連鎖になっているでしょうか．考えなさい．

10.7 コントラスティブダイバージェンス法とその理論

コントラスティブダイバージェンス法 (contrastive divergence method, CD 法) はギブスサンプリングによる勾配上昇法を大胆に近似した高性能なパラメータ更新法です [59]．そのため，パフォーマンスが飛躍的に改善されているにもかかわらず，そのアルゴリズムは非常に単純です．

現在では CD 法がうまく働く理由やそのアルゴリズムの理論的起源はある程度明らかになっているのですが，その説明は後に回すとして，まずは天下り的に CD 法の定義を与えましょう．CD 法は基本的にはギブスサンプリングを微修正したものです．T ステップコントラスティブダイバージェンス法（CD-T 法）と呼ばれる手法では，例えば重みパラメータ w_{ij} のアップデートは，

$$\Delta w_{ij} \propto \mathrm{E}_{P(\boldsymbol{h}|\boldsymbol{v}^{(n)},\boldsymbol{\theta})}[v_i^{(n)} \mathrm{h}_j] - \mathrm{E}_{P(\mathbf{h}|\boldsymbol{v}(T),\boldsymbol{\theta})}[\mathrm{v}_i \mathrm{h}_j] \tag{10.145}$$

と変更されます．比例係数は学習率 η です．ここでは特に訓練サンプル 1 つ $\boldsymbol{v}^{(n)}$ のみからなる場合を考えました．複数のサンプルによるバッチ学習を使用するときには，（ミニ）バッチ上でこのアップデートの訓練サンプル平均をとった値を用います．経験分布で平均をとると言い換えてもいいでしょう．

さて，この右辺のポジティブフェーズは，厳密な勾配計算の結果から変更点は一切ありません．その一方，ネガティブフェーズは MCMC を念頭においたモデル平均の近似値ですが，ブロック化ギブス連鎖からのサンプリングとは若干違います．というのも，データの経験分布 $q(\mathbf{v})$ からのサンプリング，つまりランダムに選んだ訓練サンプル $\boldsymbol{v}^{(n)}$ を連鎖

$$
\begin{aligned}
&\boldsymbol{v}(0) \sim q(\boldsymbol{v}) \\
&\boldsymbol{h}(0) \sim P\big(\mathbf{h}|\boldsymbol{v}^{(n)}, \boldsymbol{\theta}\big) \\
&\boldsymbol{v}(1) \sim P\big(\mathbf{v}|\boldsymbol{h}(0), \boldsymbol{\theta}\big) \\
&\boldsymbol{h}(1) \sim P\big(\mathbf{h}|\boldsymbol{v}(1)), \boldsymbol{\theta}\big) \\
&\vdots \\
&\boldsymbol{h}(T-1) \sim P\big(\mathbf{h}|\boldsymbol{v}(T-1)), \boldsymbol{\theta}\big) \\
&\boldsymbol{v}(T) \sim P\big(\mathbf{v}|\boldsymbol{h}(T-1), \boldsymbol{\theta}\big)
\end{aligned}
$$

の初期値として $\boldsymbol{v}(0) = \boldsymbol{v}^{(n)}$ を用いているのです．しかも後述するように，この連鎖は長く走らせなくても十分実用に足る数値を与えてくれます．また実際に用いる際はネガティブフェーズの期待値部分をさらに単純にして使用しますが，それについても後で述べましょう．

では早速，ギブスサンプリングによる勾配上昇法が CD 法においてはどのように修正・変更されているのかをもう少し細かく見ていきます．まず 1 つ目の修正点は先ほど述べたように，ギブス連鎖の初期値の取り方です．もともとのギブスサンプリングでは，各成分にランダムに 0 か 1 の 2 値を割り振ったベクトルを初期値 $\boldsymbol{v}(0)$ として設定していました．しかし CD 法での連鎖の初期値は，訓練データの中から選んだ 1 つのサンプル $\boldsymbol{v}(0) = \boldsymbol{v}^{(n)}$ にとります．したがって CD 法での連鎖は

$$
\boldsymbol{v}^{(n)} \to \boldsymbol{h}(0) \to \boldsymbol{v}(1) \to \boldsymbol{h}(1) \to \cdots \to \boldsymbol{v}(T)
$$

というものです．このように連鎖を T ステップ走らせ採取したサンプル値 $\boldsymbol{v}(T)$ を勾配更新に用いるわけですが，このような手法を特に **CD-*T* 法**と呼びます．実際には $T=1$ でも性能に問題はないことがわかっており，計算コストが節約できるために小さな T での実装が好まれます．したがって定常分布からのサンプルを用いるわけではないので，CD 法は勾配上昇法においてネガティブフェーズを不偏ではない推定量で近似した手法です．またここで注意したい点は，CD-T 法では $\boldsymbol{v}(T)$ までしかサンプリングせず，隠れ変数 $\boldsymbol{h}(T)$ のサンプル値を直接使うことはしません．その代わりに $P\big(\mathbf{h}|\boldsymbol{v}(T),\boldsymbol{\theta}\big)$ での平均をとるのです．これもまた通常のブロック化ギブスサンプリングと異なる点です．さらに，ギブスサンプリングではサンプルの標本平均によって $\mathrm{E}_{P(\mathbf{v},\mathbf{h})}[\cdots]$ を近似しましたが，CD 法では 1 つのサンプル $\boldsymbol{v}(T)$ だけしか用いなくてもかまいません．つまり，式 (10.146) の右辺でサンプリング平均 $\mathrm{E}_{P(\boldsymbol{v}(T)|\boldsymbol{v}^{(n)})}[\cdots]$ をとらなくてもいいのです．したがって左辺の期待値を 1 つのサンプルで大胆に表すことができ，

$$\Delta w_{ij} \propto v_i^{(n)} P\big(h_j=1|\boldsymbol{v}^{(n)},\boldsymbol{\theta}\big) - v_i(T)P\big(h_j=1|\boldsymbol{v}(T),\boldsymbol{\theta}\big) \tag{10.146}$$

を CD 法での勾配更新に用いればよいことになります．1 回のパラメータ更新ではたった 1 つの MCMC サンプルしか用いないですが，勾配上昇法でパラメータの更新を繰り返すうちに，多数のサンプリングの効果が間接的に取り込まれるのだと期待されます．

では，重み以外についても，訓練サンプル $\boldsymbol{v}^{(n)}$ を用いた場合のパラメータのアップデートをすべてまとめておきましょう．

公式 10.8（CD 法による勾配上昇法）

$$\Delta b_i = \eta\left(v_i^{(n)} - v_i(T)\right) \tag{10.147}$$

$$\Delta c_j = \eta\left(P\big(h_j=1|\boldsymbol{v}^{(n)},\boldsymbol{\theta}\big) - P\big(h_j=1|\boldsymbol{v}(T),\boldsymbol{\theta}\big)\right) \tag{10.148}$$

$$\Delta w_{ij} = \eta\left(v_i^{(n)} P\big(h_j=1|\boldsymbol{v}^{(n)},\boldsymbol{\theta}\big) - v_i(T)P\big(h_j=1|\boldsymbol{v}(T),\boldsymbol{\theta}\big)\right) \tag{10.149}$$

サンプル $\boldsymbol{v}^{(n_t)}$ を用いて計算した $\Delta\boldsymbol{\theta}^{(t)}$ により，パラメータを $\boldsymbol{\theta}^{(t+1)} \leftarrow$

$\boldsymbol{\theta}^{(t)} + \Delta\boldsymbol{\theta}^{(t)}$ とアップデートした後は，訓練サンプル $\boldsymbol{v}^{(n_{t+1})}$ を新たに選び直して同様に更新 $\boldsymbol{\theta}^{(t+2)} \leftarrow \boldsymbol{\theta}^{(t+1)} + \Delta\boldsymbol{\theta}^{(t+1)}$ を行い，これを繰り返します．したがってこれは一種のオンライン学習です．また，右辺第 1 項にも第 2 項にも同じ訓練サンプル $\boldsymbol{v}(0) = \boldsymbol{v}^{(n)}$ を用いることに注意しましょう．

次に実装上でしばしば用いられる変更についてまとめて説明します．まずはパラメータの更新式の変更について紹介しましょう．文献によっては，連鎖からのサンプル $\boldsymbol{h}(T-1)$ も用いて

$$\Delta w_{ij} \propto v_i^{(n)} P\big(h_j = 1|\boldsymbol{v}^{(n)}, \boldsymbol{\theta}\big) - P\big(v_i = 1|\boldsymbol{h}(T-1), \boldsymbol{\theta}\big) P\big(h_j = 1|\boldsymbol{v}(T), \boldsymbol{\theta}\big) \tag{10.150}$$

と変更し，$v_i(T)$ を直接は使わない実装をしている場合もあります．またニューラルネットのときと同様に，状況や目的に応じて $\Delta\boldsymbol{\theta}$ に重み減衰 $\lambda\boldsymbol{\theta}$ やモーメンタムなどの正則化項を加えることもできます．このあたりの細かい技術的な話はヒントン自身による手引書 [58] に詳しいですので，関心のある方はそちらを参照してください．さらに，CD 法は単一連鎖だけで十分実用的ですが，ミニバッチ勾配上昇法を使いたい場合はバッチ中のサンプル数だけ多重連鎖を走らせます．つまり，ミニバッチに入っているそれぞれのデータを初期値とした，複数の連鎖を走らせます．そして各連鎖それぞれで得られた $\boldsymbol{v}(T)$ から $\Delta^{CD} w_{ij}$ を計算し，その値の平均値を勾配の更新に用います．これは $\boldsymbol{v}^{(n)}$ に関して，経験分布で平均をとったことと同じです．ミニバッチのほどよいサイズは問題に応じて変わりますが，通常はせいぜい 100 サンプル程度からなるミニバッチが用いられています．

ここでは一般的な CD-T 法を紹介しました．実は驚くべきことに $T = 1$ の場合など，ほとんど連鎖を走らせない場合でも CD-T 法は十分機能して実用的であることが報告されています [59]．予想されるように T の値が大きいほど学習の収束性はよくなりますが，小さな T を用いたとしても，CD 法によるパラメータの更新方向は正確な勾配方向とそれほど違わないことがわかっています．このために $T = 1$ でも十分よいパフォーマンスを示すと考えられます．

いままで議論してきた CD 法の特性は，従来のギブスサンプリングで必要とされていた計算量を大幅に削減してくれます．ニューラルネットに比べてボルツマンマシンの研究が長らく下火であった理由の 1 つには，サンプリン

グに要する計算コストの高さがあげられます．ところが CD 法により学習のコストが格段に下がったため，一気にボルツマンマシンの研究が進みました．本節の残りで CD 法についてもう少し議論したのち，いよいよ次節では深層化したボルツマンマシンの議論に移ります．

10.7.1 コントラスティブダイバージェンス法はなぜうまくいくのか*

ギブスサンプリングによる勾配上昇法を思い切って近似すると，CD 法というシンプルなパラメータ更新法が得られることを見てきました．しかしなぜ，このような単純な学習則がうまく働くのかは謎に満ちています．この疑問への理論的な回答がすでにいくつか知られているので，それを紹介しましょう [60]．本節では，対数尤度勾配の近似値として実際にコントラスティブダイバージェンスが得られることを示しましょう．

最尤法に対する本来の勾配上昇法では，対数尤度の勾配

$$\frac{\partial L(\boldsymbol{\theta})}{\partial w_{ij}} = \frac{\partial \log P\big(\boldsymbol{v}^{(n)}|\boldsymbol{\theta}\big)}{\partial w_{ij}} \tag{10.151}$$

によるパラメータ更新 $w_{ij} \leftarrow w_{ij} + \eta\, \partial L/\partial w_{ij}$ を用いるのでした．ここでは訓練サンプルを 1 つだけ用いる方法を考えています．以下では簡単のため，分布 $P(\mathbf{v}|\boldsymbol{\theta})$ 中の $\boldsymbol{\theta}$ 依存性の部分は表記を省略します．最尤推定法に対して CD 法では，訓練サンプル $\boldsymbol{v}^{(n)}$ を初期値 $\boldsymbol{v}(0)$ とした連鎖

$$\begin{aligned}
&P\big(\boldsymbol{h}(0), \boldsymbol{v}(1), \ldots, \boldsymbol{h}(T-1), \boldsymbol{v}(T)|\boldsymbol{v}(0)\big)\\
&= P\big(\boldsymbol{h}(0)|\boldsymbol{v}(0)\big)\, P\big(\boldsymbol{v}(1)|\boldsymbol{h}(0)\big) \cdots P\big(\boldsymbol{h}(T-1)|\boldsymbol{v}(T-1)\big) P\big(\boldsymbol{v}(T)|\boldsymbol{h}(T-1)\big)
\end{aligned} \tag{10.152}$$

を考え，最後に分布 $P\big(\boldsymbol{v}(T)|\boldsymbol{h}(T-1)\big)$ からサンプルした $\boldsymbol{v}(T)$ を用いて勾配上昇法を近似しました．両者の関係を見るために，対数尤度を次のように書き換えてみましょう．

$$\begin{aligned}
\log P\big(\boldsymbol{v}(0)\big) &= \log \frac{P\big(\boldsymbol{v}(0)\big)}{P\big(\boldsymbol{h}(0)\big)} \frac{P\big(\boldsymbol{h}(0)\big)}{P\big(\boldsymbol{v}(1)\big)} \frac{P\big(\boldsymbol{v}(1)\big)}{P\big(\boldsymbol{h}(1)\big)} \cdots \frac{P\big(\boldsymbol{h}(T-1)\big)}{P\big(\boldsymbol{v}(T)\big)} P\big(\boldsymbol{v}(T)\big)\\
&= \log P\big(\boldsymbol{v}(T)\big) + \sum_{t=0}^{T-1} \left(\log \frac{P\big(\boldsymbol{v}(t)\big)}{P\big(\boldsymbol{h}(t)\big)} + \log \frac{P\big(\boldsymbol{h}(t)\big)}{P\big(\boldsymbol{v}(t+1)\big)} \right)
\end{aligned} \tag{10.153}$$

この和 $\sum_t$ の中に現れる確率分布の比を，乗法定理 $P\big(\boldsymbol{h}(t)|\boldsymbol{v}(t)\big)P\big(\boldsymbol{v}(t)\big) = P\big(\boldsymbol{v}(t)|\boldsymbol{h}(t)\big)P\big(\boldsymbol{h}(t)\big)$ などを用いて書き換えると，

$$\log P\big(\boldsymbol{v}(0)\big) = \log P\big(\boldsymbol{v}(T)\big) + \sum_{t=0}^{T-1}\left(\log\frac{P\big(\boldsymbol{v}(t)|\boldsymbol{h}(t)\big)}{P\big(\boldsymbol{h}(t)|\boldsymbol{v}(t)\big)} + \log\frac{P\big(\boldsymbol{h}(t)|\boldsymbol{v}(t+1)\big)}{P\big(\boldsymbol{v}(t+1)|\boldsymbol{h}(t)\big)}\right) \tag{10.154}$$

が得られます．そこで勾配 (10.151) にこの式を使って変形しますと，例えば重みに関する勾配は

$$\frac{\partial\log P\big(\boldsymbol{v}(0)\big)}{\partial w_{ij}} = \frac{\partial\log P\big(\boldsymbol{v}(T)\big)}{\partial w_{ij}} + \sum_{t=0}^{T-1}\frac{\partial}{\partial w_{ij}}\left(\log\frac{P\big(\boldsymbol{v}(t)|\boldsymbol{h}(t)\big)}{P\big(\boldsymbol{h}(t)|\boldsymbol{v}(t)\big)} + \log\frac{P\big(\boldsymbol{h}(t)|\boldsymbol{v}(t+1)\big)}{P\big(\boldsymbol{v}(t+1)|\boldsymbol{h}(t)\big)}\right) \tag{10.155}$$

という公式で与えられます．この公式は，形式的に導入した $\boldsymbol{v}(t)$ や $\boldsymbol{h}(t)$ を使った単なる数学的な書き換えですので，任意の列

$$\boldsymbol{v}(0)\to\boldsymbol{h}(0)\to\boldsymbol{v}(1)\to\boldsymbol{h}(1)\to\cdots\to\boldsymbol{v}(T)$$

に対して成立します．つまり $P\big(\boldsymbol{h}(0),\boldsymbol{v}(1),\ldots,\boldsymbol{h}(T-1),\boldsymbol{v}(T)|\boldsymbol{v}(0)\big)$ で重み付けした平均のもとでも同じ式が成り立つことになります．そこでこの確率分布で重み付けし，$\boldsymbol{v}(0)$ から生成されて $\boldsymbol{v}(T)$ まで至るすべての可能なサンプルの列

$$\boldsymbol{h}(0)\to\boldsymbol{v}(1)\to\boldsymbol{h}(1)\to\cdots\to\boldsymbol{v}(T)$$

について和をとることで，期待値に対する公式

$$\frac{\partial\log P\big(\boldsymbol{v}(0)\big)}{\partial w_{ij}} = \mathrm{E}\left[\frac{\partial\log P\big(\boldsymbol{v}(T)\big)}{\partial w_{ij}}\middle|\boldsymbol{v}(0)\right] + \sum_{t=0}^{T-1}\mathrm{E}\left[\frac{\partial}{\partial w_{ij}}\left(\log\frac{P\big(\boldsymbol{v}(t)|\boldsymbol{h}(t)\big)}{P\big(\boldsymbol{h}(t)|\boldsymbol{v}(t)\big)} + \log\frac{P\big(\boldsymbol{h}(t)|\boldsymbol{v}(t+1)\big)}{P\big(\boldsymbol{v}(t+1)|\boldsymbol{h}(t)\big)}\right)\middle|\boldsymbol{v}(0)\right] \tag{10.156}$$

が得られます．ここでの期待値は $P\big(\boldsymbol{h}(0), \boldsymbol{v}(1), \ldots, \boldsymbol{h}(T-1), \boldsymbol{v}(T)|\boldsymbol{v}(0)\big)$ のもとでのものです．

実はパラメータ微分の性質をきちんと考えると，この結果はもう少し簡単化します．というのも，一般的な確率分布のパラメータ族 $P\big(\mathbf{x}|\boldsymbol{\theta}\big)$ に対し

$$
\mathrm{E}_{P(\mathbf{x}|\boldsymbol{\theta})}\left[\frac{\partial \log P\big(\mathbf{x}|\boldsymbol{\theta}\big)}{\partial \boldsymbol{\theta}}\right] = \sum_{\boldsymbol{x}} \frac{\partial P\big(\boldsymbol{x}|\boldsymbol{\theta}\big)}{\partial \boldsymbol{\theta}} = \frac{\partial}{\partial \boldsymbol{\theta}} \sum_{\boldsymbol{x}} P\big(\boldsymbol{x}|\boldsymbol{\theta}\big) = \frac{\partial}{\partial \boldsymbol{\theta}} 1 = 0 \tag{10.157}
$$

という性質が成り立ちますので，先ほどの式の和の中で log の項を分解して現れる 2 種類の項は

$$
\begin{aligned}
&\mathrm{E}\left[\frac{\partial \log P\big(\boldsymbol{h}(t)|\boldsymbol{v}(t)\big)}{\partial w_{ij}}\middle| \boldsymbol{v}(0)\right] = 0, \\
&\mathrm{E}\left[\frac{\partial \log P\big(\boldsymbol{v}(t+1)|\boldsymbol{h}(t)\big)}{\partial w_{ij}}\middle| \boldsymbol{v}(0)\right] = 0
\end{aligned} \tag{10.158}
$$

と自動的に消えてしまいます．これを導くのには，期待値を考えている分布 $P\big(\boldsymbol{h}(0), \ldots, \boldsymbol{v}(T)|\boldsymbol{v}(0)\big)$ には $P\big(\boldsymbol{h}(t)|\boldsymbol{v}(t)\big)$ や $P\big(\boldsymbol{v}(t+1)|\boldsymbol{h}(t)\big)$ が含まれていることも用います．したがって式 (10.157) という性質も考慮することで

$$
\begin{aligned}
\frac{\partial \log P\big(\boldsymbol{v}(0)\big)}{\partial w_{ij}} &= \mathrm{E}\left[\frac{\partial \log P\big(\boldsymbol{v}(T)\big)}{\partial w_{ij}}\middle| \boldsymbol{v}(0)\right] \\
&\quad + \sum_{t=0}^{T-1} \mathrm{E}\left[\frac{\partial \log P\big(\boldsymbol{v}(t)|\boldsymbol{h}(t)\big)}{\partial w_{ij}} + \frac{\partial \log P\big(\boldsymbol{h}(t)|\boldsymbol{v}(t+1)\big)}{\partial w_{ij}}\middle| \boldsymbol{v}(0)\right]
\end{aligned} \tag{10.159}
$$

という公式が最終的に得られました．この右辺第 1 項はこのままでは 0 になりません．ところがこの項は $\boldsymbol{v}(T)$ にしかよらない量の期待値ですので

$$
\begin{aligned}
&\mathrm{E}\left[\frac{\partial \log P\big(\boldsymbol{v}(T)\big)}{\partial w_{ij}}|\boldsymbol{v}(0)\right] \\
&= \sum_{\boldsymbol{v}(T)} \left(\sum_{\boldsymbol{h}(0)} \sum_{\boldsymbol{v}(1)} \cdots \sum_{\boldsymbol{h}(T-1)} P\big(\boldsymbol{h}(0), \boldsymbol{v}(1), \ldots, \boldsymbol{h}(T-1), \boldsymbol{v}(T)|\boldsymbol{v}(0)\big)\right) \frac{\partial \log P\big(\boldsymbol{v}(T)\big)}{\partial w_{ij}}
\end{aligned}
$$

$$= \mathrm{E}_{P\left(\boldsymbol{v}(T)|\boldsymbol{v}(0)\right)}\left[\frac{\partial \log P\left(\boldsymbol{v}(T)\right)}{\partial w_{ij}}|\boldsymbol{v}(0)\right] \tag{10.160}$$

というように T ステップ目の周辺化確率 $P(\boldsymbol{v}(T)|\boldsymbol{v}(0))$ での期待値に置き換わります．したがって連鎖を十分走らせて $T\to\infty$ での平衡に至らせると，この分布 $P(\boldsymbol{v}(T)|\boldsymbol{v}(0))$ は初期分布にかかわらず定常分布 $P\left(\boldsymbol{v}(\infty)\right)$ に収束しますので

$$\mathrm{E}_{P(\boldsymbol{v}(T)|\boldsymbol{v}(0))}\left[\frac{\partial \log P\left(\boldsymbol{v}(T)\right)}{\partial w_{ij}}\middle|\boldsymbol{v}(0)\right] \to \mathrm{E}_{P(\boldsymbol{v}(\infty))}\left[\frac{\partial \log P\left(\boldsymbol{v}(\infty)\right)}{\partial w_{ij}}\middle|\boldsymbol{v}(0)\right] = 0 \tag{10.161}$$

となります．最後に 0 となった理由は再び性質 (10.157) です．したがってこの初項はバーンイン期間の後は無視できる量ですので，小さい値だと仮定して無視することにします．すると対数尤度関数の勾配に対する近似式

$$\frac{\partial \log P\left(\boldsymbol{v}(0)\right)}{\partial w_{ij}} \approx \sum_{t=0}^{T-1}\mathrm{E}\left[\frac{\partial \log P\left(\boldsymbol{v}(t)|\boldsymbol{h}(t)\right)}{\partial w_{ij}} + \frac{\partial \log P\left(\boldsymbol{h}(t)|\boldsymbol{v}(t+1)\right)}{\partial w_{ij}}\middle|\boldsymbol{v}(0)\right] \tag{10.162}$$

が得られました．以下では，式 (10.162) がまさに CD 法にほかならないことを示します．したがってこの近似で無視された第 1 項が，ネガティブフェーズの近似としての CD 法がもつバイアス部分であるということです．

ではこの近似公式を，制限付きボルツマンマシンに適用してみましょう．RBM の分布は条件付き独立性を満たしていたことを思い出しましょう．したがって条件付き分布は 1 変数の分布 (10.131) の情報から与えられ，さらに変数が 0 か 1 しか値をとらないベルヌーイ分布ですから，その分布の完全な形は

$$P\left(\boldsymbol{v}|\boldsymbol{h},\boldsymbol{\theta}\right) = \prod_i \sigma\left(\lambda_i^v\right)^{v_i}\left(1-\sigma\left(\lambda_i^v\right)\right)^{1-v_i} \tag{10.163}$$

$$P(\boldsymbol{h}|\boldsymbol{v},\boldsymbol{\theta})=\prod_j \sigma(\lambda_j^h)^{h_j}\left(1-\sigma(\lambda_j^h)\right)^{1-h_j} \tag{10.164}$$

と書くことができます．これらベルヌーイ分布の対数を重み w_{ij} に関して微分して，近似公式 (10.162) に用いてみましょう．それらの微分を計算するには，シグモイド関数の微分係数の性質 $\sigma'(\lambda)=\sigma(\lambda)\left(1-\sigma(\lambda)\right)$ から導かれる

$$\frac{\partial}{\partial w}\left[\log\left(\sigma(\lambda)^x\left(1-\sigma(\lambda)\right)^{1-x}\right)\right]=\left(x-\sigma(\lambda)\right)\frac{\partial\lambda}{\partial w} \tag{10.165}$$

を使うことができます．そこでこの性質を適用すると，分布の対数の勾配は

$$\frac{\partial\log P(\boldsymbol{v}(t)|\boldsymbol{h}(t),\boldsymbol{\theta})}{\partial w_{ij}}=\left(v_i(t)-P(v_i=1|\boldsymbol{h}(t),\boldsymbol{\theta})\right)h_j(t) \tag{10.166}$$

$$\frac{\partial\log P(\boldsymbol{h}(t)|\boldsymbol{v}(t+1),\boldsymbol{\theta})}{\partial w_{ij}}=\left(h_j(t)-P(h_j=1|\boldsymbol{v}(t+1),\boldsymbol{\theta})\right)v_i(t+1) \tag{10.167}$$

です．この結果を用いると，近似公式 (10.162) の $\sum_t$ の中に現れる 2 項を具体的に書くことができ，

$$\begin{aligned}&\mathrm{E}\Big[v_i(t)h_j(t)-P(v_i=1|\boldsymbol{h}(t),\boldsymbol{\theta})h_j(t)+v_i(t+1)h_j(t)\\&\qquad\qquad-v_i(t+1)P(h_j=1|\boldsymbol{v}(t+1),\boldsymbol{\theta})|\boldsymbol{v}(0)\Big]\\&=\mathrm{E}\Big[v_i(t)h_j(t)-v_i(t+1)P(h_j=1|\boldsymbol{v}(t+1),\boldsymbol{\theta})|\boldsymbol{v}(0)\Big]\end{aligned} \tag{10.168}$$

が得られます．左辺第 2，3 項が相殺していることに注意してください．その理由は，この期待値は分布 $P(\boldsymbol{h}(0),\boldsymbol{v}(1),\ldots,\boldsymbol{h}(T-1),\boldsymbol{v}(T)|\boldsymbol{v}(0))$ のもとでのものですが，このうち $v_i(t+1)$ に関する期待値に効くのは確率過程の中の因子 $P(v_i(t+1)|\boldsymbol{h}(t),\boldsymbol{\theta})$ だからです．そのためこの期待値の中ではベルヌーイ確率変数 $v_i(t+1)$ を $P(v_i=1|\boldsymbol{h}(t),\boldsymbol{\theta})$ で置き換えることができ，結果として第 2 項と第 3 項が互いに打ち消し合います．残った 2 つの項についても，和 $\sum_t$ の中では隣接項同士を組み合わせてペア

$$\begin{aligned}&\mathrm{E}\Big[v_i(t-1)h_j(t-1)-v_i(t)P(h_j=1|\boldsymbol{v}(t),\boldsymbol{\theta})\\&\qquad+v_i(t)h_j(t)-v_i(t+1)P(h_j=1|\boldsymbol{v}(t+1),\boldsymbol{\theta})|\boldsymbol{v}(0)\Big]\end{aligned} \tag{10.169}$$

を考えると，分布 $P(h_j(t)|\boldsymbol{v}(t),\boldsymbol{\theta})$ での期待値のもとで再び同様の相殺を起

こします．したがってこの 4 つの項のうち，第 1 項と最後の項のみが残ります．この相殺を繰り返していくと結局，$\sum_t$ の中で生き残るのは両端の 2 項だけです．このようにして最終的に次の結果が得られます．

$$\frac{\partial \log P\big(\boldsymbol{v}(0)\big)}{\partial w_{ij}} \approx \mathrm{E}\Big[v_i(0)h_j(0) - v_i(T)P\big(h_j = 1|\boldsymbol{v}(T), \boldsymbol{\theta}\big)|\boldsymbol{v}(0)\Big]$$
$$= v_i(0)P\big(h_j = 1|\boldsymbol{v}(0), \boldsymbol{\theta}\big) - \mathrm{E}\Big[v_i(T)P\big(h_j = 1|\boldsymbol{v}(T), \boldsymbol{\theta}\big)|\boldsymbol{v}(0)\Big] \quad (10.170)$$

この第 1 項は，連鎖のはじめの変数 $\boldsymbol{h}(0)$ にしか依存しない量ですので，ギブス連鎖の同時分布での期待値 $\mathrm{E}[\cdots]$ も結局は $P\big(\boldsymbol{h}(0)|\boldsymbol{v}(0), \boldsymbol{\theta}\big)$ のもとでの期待値になってしまうことに注意しましょう．一方で第 2 項は連鎖の最後の変数 $\boldsymbol{v}(T)$ にしかよらないので，式 (10.160) とまったく同じ理由で周辺化した確率分布 $P\big(\boldsymbol{v}(T)|\boldsymbol{v}(0)\big)$ による期待値に置き換わります．この期待値を分布 $P\big(\boldsymbol{v}(T)|\boldsymbol{v}(0)\big)$ から生成した MCMC サンプルによる標本平均ではなく，たった 1 つの MCMC サンプル $\boldsymbol{v}(T)$ で表したとすると，この項はまさに CD 法に現れるネガティブフェーズ $v_i(T)P\big(h_j = 1|\boldsymbol{v}(T), \boldsymbol{\theta}\big)$ です．したがって得られたこの結果は，CD 法でのパラメータ更新の式そのものです．

演習 10.5 バイアスパラメータ b_i,c_j に対しても，同じ方法で CD 法のアップデート則を導出しなさい．

10.7.2 コントラスティブダイバージェンスの最小化*

次にコントラスティブダイバージェンス法を，特殊な目的関数の最適化という観点から解釈しましょう．実はもともとのコントラスティブダイバージェンス法の導入は，この観点からなされました．

まずコントラスティブダイバージェンスと呼ばれる目的関数を次で定義します．

$$\mathrm{CD}_k(\boldsymbol{\theta}) = \mathrm{D}_{KL}\big(q(\mathbf{v})||P^{(\infty)}(\mathbf{v}|\boldsymbol{\theta})\big) - \mathrm{D}_{KL}\big(P^{(k)}(\mathbf{v}|\boldsymbol{\theta})||P^{(\infty)}(\mathbf{v}|\boldsymbol{\theta})\big) \quad (10.171)$$

ここでダイバージェンスの引数に現れる分布 $P^{(k)}(\mathbf{v}|\boldsymbol{\theta})$ は，初期分布が $P(\mathbf{h}|\mathbf{v}, \boldsymbol{\theta})q(\mathbf{v})$ であるギブス連鎖を k ステップ走らせた分布 $P^{(k)}(\mathbf{v}, \mathbf{h}|\boldsymbol{\theta})$ を

周辺化したものです．したがって $P^{(\infty)}(\mathbf{v},\mathbf{h}|\boldsymbol{\theta})$ は定常分布です．したがって，初期分布である経験分布 $P^{(0)}(\mathbf{v}|\boldsymbol{\theta})=q(\mathbf{v})$ からはじめて，ギブス分布はだんだんと定常分布 $P^{(\infty)}(\mathbf{v},\mathbf{h}|\boldsymbol{\theta})$ に近づいていきますので，このダイバージェンスの差は常に 0 以上の値をとります．

$$\mathrm{CD}_k(\boldsymbol{\theta})\geq 0 \tag{10.172}$$

（非周期的な）ギブス連鎖の場合，この等号が満たされるのは $P^{(0)}(\mathbf{v}|\boldsymbol{\theta})=P^{(k)}(\mathbf{v}|\boldsymbol{\theta})$ のときです．なぜならこの等号に何度も遷移確率を作用させることで，任意の自然数 n に対して $P^{(0)}(\mathbf{v}|\boldsymbol{\theta})=P^{(nk)}(\mathbf{v}|\boldsymbol{\theta})$ が成り立ってしまうのですが，連鎖に周期がないという仮定からこれが許されるのはすべての時刻 t に対して $P^{(0)}(\mathbf{v}|\boldsymbol{\theta})=P^{(t)}(\mathbf{v}|\boldsymbol{\theta})=P^{(\infty)}(\mathbf{v}|\boldsymbol{\theta})$ となっているときのみだからです．

この CD_k の最大値を，勾配上昇法で探してみましょう．KL ダイバージェンスの定義を用いると CD_k の勾配は

$$\begin{aligned}\frac{\partial\mathrm{CD}_k(\boldsymbol{\theta})}{\partial w_{ij}}=\frac{\partial}{\partial w_{ij}}\sum_{\boldsymbol{v}}\Bigg(&q(\boldsymbol{v})\log P^{(\infty)}(\boldsymbol{v}|\boldsymbol{\theta})-P^{(k)}(\boldsymbol{v}|\boldsymbol{\theta})\log P^{(k)}(\boldsymbol{v}|\boldsymbol{\theta})\\&+P^{(k)}(\boldsymbol{v}|\boldsymbol{\theta})\log P^{(\infty)}(\boldsymbol{v}|\boldsymbol{\theta})\Bigg)\end{aligned} \tag{10.173}$$

と書けます．右辺のうち，定常分布の周辺化 $P^{(\infty)}(\mathbf{v}|\boldsymbol{\theta})$ を微分して得られる項から考えましょう．$P^{(\infty)}$ はボルツマンマシンの分布を隠れ変数について周辺化したものですので，式 (10.68) と乗法定理を用いて

$$\frac{\partial\log P(\boldsymbol{v}|\boldsymbol{\theta})}{\partial w_{ij}}=\sum_{\boldsymbol{h}}v_ih_jP(\boldsymbol{h}|\boldsymbol{v},\boldsymbol{\theta})-\frac{1}{Z(\boldsymbol{\theta})}\frac{\partial Z(\boldsymbol{\theta})}{\partial w_{ij}} \tag{10.174}$$

となりますので，CD_k の勾配に現れる項は

$$\begin{aligned}&\sum_{\boldsymbol{v}}\left(-q(\boldsymbol{v})+P^{(k)}(\boldsymbol{v}|\boldsymbol{\theta})\right)\frac{\partial\log P(\boldsymbol{v}|\boldsymbol{\theta})}{\partial w_{ij}}\\&\quad=\sum_{\boldsymbol{v},\boldsymbol{h}}\left(-v_ih_jP(\boldsymbol{h}|\boldsymbol{v},\boldsymbol{\theta})q(\boldsymbol{v})+v_ih_jP(\boldsymbol{h}|\boldsymbol{v},\boldsymbol{\theta})P^{(k)}(\boldsymbol{v}|\boldsymbol{\theta})\right)\end{aligned} \tag{10.175}$$

と書くことができます．考えているギブス分布の遷移確率はボルツマンマシンですので，右辺 2 項目の分布は $P(\boldsymbol{h}|\boldsymbol{v},\boldsymbol{\theta})P^{(k)}(\boldsymbol{v}|\boldsymbol{\theta})=P^{(k)}(\boldsymbol{v},\boldsymbol{h}|\boldsymbol{\theta})$ とな

ります．

次に CD_k の勾配で，分布 $P^{(k)}(\mathbf{v}|\boldsymbol{\theta})$ に微分が作用して得られる項を考えます．この項は $-\mathrm{D}_{KL}\big(P^{(k)}(\mathbf{v}|\boldsymbol{\theta})||P^{(\infty)}(\mathbf{v}|\boldsymbol{\theta})\big)$ 部分に由来しますので

$$\sum_{\boldsymbol{v}} \frac{\partial \log P^{(k)}(\boldsymbol{v}|\boldsymbol{\theta})}{\partial w_{ij}} \left(\log \frac{P^{(\infty)}(\boldsymbol{v}|\boldsymbol{\theta})}{P^{(k)}(\boldsymbol{v}|\boldsymbol{\theta})} - 1\right) \tag{10.176}$$

が勾配に現れます．

したがって以上2つの寄与を合わせると，CD_k の勾配は次の形をとります．

$$\begin{aligned}\frac{\partial \mathrm{CD}_k(\boldsymbol{\theta})}{\partial w_{ij}} =& \mathrm{E}_{P(\mathrm{h}_j|\mathbf{v},\boldsymbol{\theta})q(\mathbf{v})}\left[\mathrm{v}_i\mathrm{h}_j\right] - \mathrm{E}_{P(\mathbf{v},\mathbf{h}|\boldsymbol{\theta})}\left[\mathrm{v}_i\mathrm{h}_j\right] \\ &+ \sum_{\boldsymbol{v}} \frac{\partial \log P^{(k)}(\boldsymbol{v}|\boldsymbol{\theta})}{\partial w_{ij}} \left(\log \frac{P^{(\infty)}(\boldsymbol{v}|\boldsymbol{\theta})}{P^{(k)}(\boldsymbol{v}|\boldsymbol{\theta})} - 1\right)\end{aligned} \tag{10.177}$$

第3項を無視するとこの右辺はまさにCD法のパラメータ更新式そのものです．ヒントンらによると，この第3項の値は実験的に小さいことが知られているので，はじめの2項だけ残したとしてもそれほど近似は悪くはないということです [59] [61]．このように，CD法は実はコントラスティブダイバージェンスという目的関数の勾配上昇法を近似した学習法になっているのです．

ここで注意したいのは，あくまでCD法はコントラスティブダイバージェンスの勾配を近似的に表したものだということです．実はCD法のアップデートルールは何らかの関数の厳密な勾配として表すことはできないことが知られています．したがって勾配上昇法が収束する先は本当のパラメータの最適値ではないうえに，理論的には勾配の更新が振動を始めていつまでたっても収束しない可能性もあります．ところが実装上ではこのようなことはさほど問題にはなりません．というのも，CD法である程度近似的に学習させた後は，計算コストをかけて精密な最尤法で学習すればパラメータを微調整できるからです．

10.7.3 持続的コントラスティブダイバージェンス法（PCD法）

CD法によるオンライン学習では，パラメータ $\boldsymbol{\theta}$ を一度更新した後は改めて1つの訓練サンプル（あるいはミニバッチ）を選び直して，これに関

して更新量 $\Delta\boldsymbol{\theta}$ を計算し，再びパラメータを更新しました．このような作業を繰り返すと，更新のたびにマルコフ連鎖を新たな訓練サンプルで毎回初期化して走らせ直さなくてはなりません．そのために平衡に至ることはなく，長く連鎖を走らせているにもかかわらず定常分布からのサンプリングとはなっていません．そこで**持続的コントラスティブダイバージェンス法 (persistent contrastive divergence, PCD 法)** では，マルコフ連鎖は一度走らせたら初期化せずに走らせ続けて勾配更新を繰り返します [62]．つまり CD 法で用いたサンプル値 $\boldsymbol{v}(0)$ をそのまま次のマルコフ連鎖の初期値に使うのです．したがって PCD-T 法での t 回目のパラメータの更新

$$w_{ij}^{(t+1)} \longleftarrow w_{ij}^{(t)} + \Delta w_{ij}^{(t)} \tag{10.178}$$

を形式的に書くと，t 回目に用いる（n_t 番目の）訓練サンプル $\boldsymbol{v}^{(n_t)}$ と，この訓練サンプルとは関係なく走り続けているマルコフ連鎖からの（$t \times T$ ステップ目の）サンプル $\boldsymbol{v}(tT)$ によって，CD 法と類似の更新量は

$$\Delta w_{ij}^{(t)} \propto v_i^{(n_t)} P\big(h_j = 1|\boldsymbol{v}^{(n_t)}, \boldsymbol{\theta}\big) - v_i(tT) P\big(h_j = 1|\boldsymbol{v}(tT), \boldsymbol{\theta}\big) \tag{10.179}$$

となります．ここで注意することはこのマルコフ連鎖は均一ではなく，T ステップごとに，パラメータをアップデートした遷移確率である $P\big(\boldsymbol{h}|\boldsymbol{v}, \boldsymbol{\theta} + \Delta\boldsymbol{\theta}^{(t)}\big)$ と $P\big(\boldsymbol{v}|\boldsymbol{h}, \boldsymbol{\theta} + \Delta\boldsymbol{\theta}^{(t)}\big)$ に置き換えます．

PCD 法のアイデアは次のようなものです．もし学習率があまり大きくないとすると，パラメータの値もそれほど劇的には更新されません．つまりモデル分布の値 $P(\boldsymbol{v}, \boldsymbol{h}|\boldsymbol{\theta} + \Delta\boldsymbol{\theta})$ もさほど変わらないでしょう．したがって，前の更新ステップ時の分布からとったサンプルも，更新後の分布からのサンプルとさほど変わらないことになります．そのためこの前のステップでのサンプルによって初期化したギブス連鎖も，すぐ混合すると期待されます．また同じ理由からすでに定常分布に至っていた連鎖は，パラメータ更新後もほぼ定常分布にとどまっているのでよいサンプルが得られるでしょう．このようにいままで走らせてきた連鎖をできるだけ活用しようとするのが PCD 法です．

PCD 法以外にも，ギブス連鎖の混合を早めるために新たなパラメータを導入する**高速持続的コントラスティブダイバージェンス法 (fast persistent contrastive divergence, FPCD 法)** [63] や，レプリカ交換法（パラレル

テンペリング）を用いる手法などが提唱されています．

10.8 ディープビリーフネットワーク

機械学習の分野では長らく，目的関数の凸性が保証されたシンプルなモデルの研究が主流を占めてきました．局所的最適解の問題のために学習が極めて困難とされてきた多層ニューラルネットなどは，実用に供しない非現実的なものであるとして見向きもされてこなかったのです．ところが 2006 年になると，ヒントンらがディープなネットワーク学習に成功します．このモデルの成功が現在の深層学習へとつながっていきます．この深層化されたアーキテクチャが，これから紹介するディープビリーフネットワークです．

ディープビリーフネットワーク (**deep belief network, DBN**) は図 10.11 にあるようなグラフ構造をもつ多層確率モデルです．図には隠れ層（灰色）が 4 層ある場合を書きましたが，一般には L 層 $\boldsymbol{h}^{(1)}, \boldsymbol{h}^{(2)}, \ldots, \boldsymbol{h}^{(L)}$ を考えます．また各層のユニット数が同じである必要はありません．このモデルのグラフ構造の特徴は，最上層を除いて，上から下への有向グラフとなっ

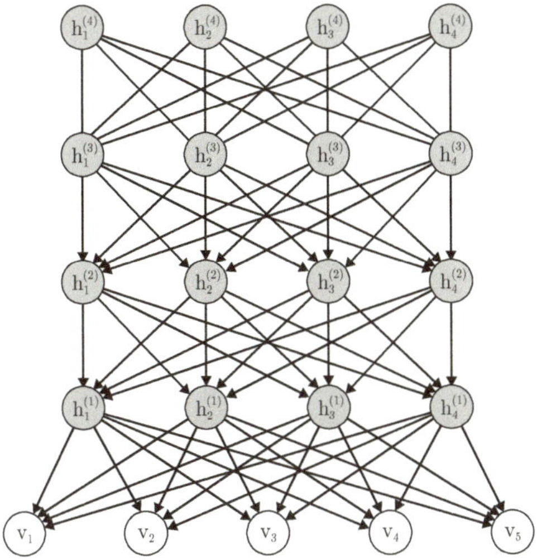

図 10.11 ディープビリーフネットワークの一例．

ているということです．そして最上2層だけがボルツマンマシンのように無向グラフになっています*19．また同じ層の間では結合はありません．したがってDBNは，ベイジアンネット（シグモイドビリーフネット）と制限付きボルツマンマシンのハイブリッドのようなものです．このグラフ構造から与えられるグラフィカルモデルの分布は次の形をしています．

$$P\big(\boldsymbol{v},\boldsymbol{h}^{(1)},\boldsymbol{h}^{(2)},\ldots,\boldsymbol{h}^{(L)}|\boldsymbol{\theta}\big) = \left(\prod_{\ell=0}^{L-2} P\big(\boldsymbol{h}^{(\ell)}|\boldsymbol{h}^{(\ell+1)},\boldsymbol{W}^{(\ell+1)}\big)\right) P\big(\boldsymbol{h}^{(L-1)},\boldsymbol{h}^{(L)}|\boldsymbol{W}^{(L)}\big) \tag{10.180}$$

ここで $\boldsymbol{W}^{(\ell)}$ は $\ell-1$ 層と ℓ 層をつなぐ重みの行列で，それらパラメータをすべての層についてまとめて $\boldsymbol{\theta}$ と書いています．簡単のためにバイアスは省いていますが，もちろんバイアスを導入してもかまいません．また最下層である可視層は第0層目とカウントしています．つまり $\boldsymbol{v}=\boldsymbol{h}^{(0)}$ ということです．

DBNというときは，このグラフ構造だけではなくその確率モデルに現れる因子 $P\big(\boldsymbol{h}^{(\ell)}|\boldsymbol{h}^{(\ell+1)},\boldsymbol{W}^{(\ell+1)}\big)$ などの具体形も含めてそう呼びます．そこで次に，具体的な分布の形を説明しましょう．まず最上段の2層 $(\boldsymbol{h}^{(L-1)},\boldsymbol{h}^{(L)})$ については，これら2層からなる制限付きボルツマンマシンと同じ分布の形を考えます．

$$P\big(\boldsymbol{h}^{(L-1)},\boldsymbol{h}^{(L)}|\boldsymbol{W}^{(L)}\big) = \frac{1}{Z(\boldsymbol{W}^{(L)})} e^{\sum_j \sum_k w_{jk}^{(L)} h_j^{(L-1)} h_k^{(L)}} \tag{10.181}$$

次に中間層に対する条件付き確率ですが，これはシグモイドで与えられるベルヌーイ分布を用います．

$$P\big(h_j^{(\ell)}=1|\boldsymbol{h}^{(\ell+1)},\boldsymbol{W}^{(\ell+1)}\big) = \sigma\left(b_j^{(\ell)} + \sum_k w_{jk}^{(\ell+1)} h_k^{(\ell+1)}\right) \tag{10.182}$$

この分布は，上層の変数値が与えられたときに，どれくらいの確率で下層の変数値が生成するかを表しています．つまりDBNは上層から下層へと向かう生成モデルです．また上層の変数 $\boldsymbol{h}^{(\ell)}$ は深い層における説明因子のようなものですので，入力 $\boldsymbol{v}$ に対する深層表現を与えています．

*19 最上層も同じように有向グラフになっているモデルはシグモイドビリーフネットワーク (**sigmoid belief network**) と呼ばれます．

10.8.1　DBN の事前学習

DBN や後述する DBM などのディープなアーキテクチャの学習も，原理的には最尤推定でなされます．つまり可視変数の周辺分布

$$P(\boldsymbol{v}|\boldsymbol{\theta}) = \sum_{\boldsymbol{h}^{(1)}} \cdots \sum_{\boldsymbol{h}^{(L)}} P(\boldsymbol{v}, \boldsymbol{h}^{(1)}, \ldots, \boldsymbol{h}^{(L)}|\boldsymbol{\theta}) \tag{10.183}$$

に対する（対数）尤度関数を最大化します．

$$\boldsymbol{\theta}^* = \underset{\boldsymbol{\theta}}{\operatorname{argmax}}\ \mathrm{E}_{q(\mathbf{v})}\big[P(\mathbf{v}|\boldsymbol{\theta})\big] \tag{10.184}$$

ただこの安易な方法は，組み合わせ爆発による計算量の観点と，局所的最適解へ陥る危険性の 2 つの点で問題です．そこでまず，学習をスタートさせる際のよい初期値を用意する戦略をとります．つまり，学習のプロセスは次の 2 つのステップでなされます．

1. **事前学習：** パラメータの良質な初期値を探し，その値をセットする．
2. **微調整：** 勾配法などでパラメータの微調整をする．

そこでまずここでは，事前学習を解説しましょう．

DBN の事前学習は，**層ごとの貪欲学習法 (greedy layer-wise training)** で行います [64]．この方法は大雑把には多層モデルの各隣接 2 層のペアを孤立した RBM とみなして，各ペアごとに RBM としての学習を行いパラメータ値を更新します．このような操作を図 10.12 のように下層側から上層側へ向けて順次行います．そうして最終的に各ペアから得られたアップデート後のパラメータを，事前学習の結果とします．もちろん 2 層のペアを取り出し

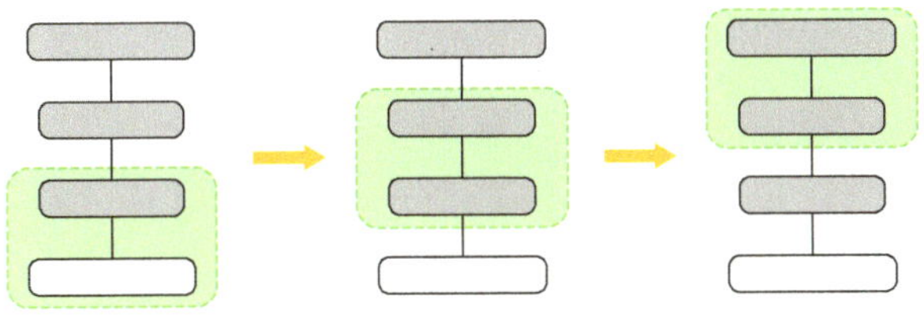

図 10.12　ディープビリーフネットの事前学習．

ても，（最上 2 層以外は）RBM とはなっていません．しかし近似的に分布が RBM と同じであるとみなしてアップデートさせることで，本格的な学習のためのよい初期値が得られるのです．

ビリーフネットでは**弁明効果** (**explaining away effect**) に由来する困難が伴います．これは一言でいうと図 10.13 のようなネットワークが与えられたとき，$\boldsymbol{h}^{(\ell)}$ の各成分変数がもともと独立であったとしても，$\boldsymbol{h}^{(\ell-1)}$ を与えた後は推論のための事後確率 $P\big(\boldsymbol{h}^{(\ell)}|\boldsymbol{h}^{(\ell-1)}\big)$ は条件付き独立とはならずに，複雑な分布になってしまう効果です．DBN では上から下へ向かう条件付き分布がシグモイド (10.182) で与えられており，簡単な形をしていました．しかし逆向きの条件付き確率は

$$P\big(\boldsymbol{h}^{(\ell)}|\boldsymbol{h}^{(\ell-1)},\boldsymbol{\theta}\big)=\frac{P\big(\boldsymbol{h}^{(\ell)},\boldsymbol{h}^{(\ell-1)}|\boldsymbol{\theta}\big)}{P\big(\boldsymbol{h}^{(\ell)}|\boldsymbol{\theta}\big)} \tag{10.185}$$

$$P\big(\boldsymbol{h}^{(\ell)},\boldsymbol{h}^{(\ell-1)}|\boldsymbol{\theta}\big)=\sum_{\boldsymbol{h}^{(1)}}\cdots\sum_{\boldsymbol{h}^{(\ell-2)}}\sum_{\boldsymbol{h}^{(\ell+1)}}\cdots\sum_{\boldsymbol{h}^{(L)}}P\big(\boldsymbol{h}^{(1)},\ldots,\boldsymbol{h}^{(L-1)},\boldsymbol{h}^{(L)}|\boldsymbol{\theta}\big) \tag{10.186}$$

$$P\big(\boldsymbol{h}^{(\ell)}|\boldsymbol{\theta}\big)=\sum_{\boldsymbol{h}^{(1)}}\cdots\sum_{\boldsymbol{h}^{(\ell-1)}}\sum_{\boldsymbol{h}^{(\ell+1)}}\cdots\sum_{\boldsymbol{h}^{(L)}}P\big(\boldsymbol{h}^{(1)},\ldots,\boldsymbol{h}^{(L-1)},\boldsymbol{h}^{(L)}|\boldsymbol{\theta}\big) \tag{10.187}$$

と計算の難しい複雑な形をしています．特に周辺化のために多量の状態和をとらねばならず計算量が爆発します．そのために DBN でも下から上への条件付き確率の評価は困難です．これが学習や推論においても困難を引き起こします．そこで学習中は 2 層のペアを RBM とみなしてこの事後確率も

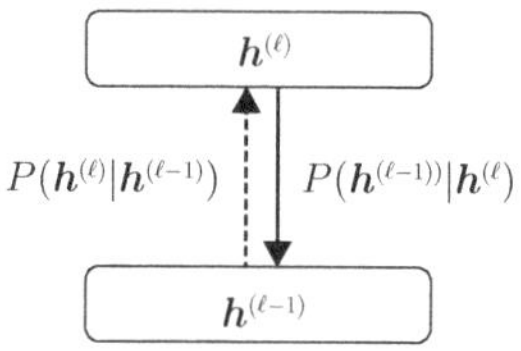

図 10.13 推論プロセス（左の破線）と生成プロセス（右の実線）．

$$P\big(\boldsymbol{h}^{(\ell)}|\boldsymbol{h}^{(\ell-1)},\boldsymbol{\theta}\big) \approx Q\big(\boldsymbol{h}^{(\ell)}|\boldsymbol{h}^{(\ell-1)},\boldsymbol{W}^{(\ell)}\big) = \prod_j Q\big(h_j^{(\ell)}|\boldsymbol{h}^{(\ell-1)},\boldsymbol{W}^{(\ell)}\big) \tag{10.188}$$

$$Q\big(h_j^{(\ell)}=1|\boldsymbol{h}^{(\ell-1)},\boldsymbol{W}^{(\ell)}\big) = \sigma\left(\sum_l w_{lj}^{(\ell)} h_l^{(\ell-1)}\right) \tag{10.189}$$

とシグモイド確率で近似します.

準備が整いましたので,事前学習のアルゴリズムを述べましょう.まず,事前学習前のパラメータ初期値はすべて0にセットすることにしましょう.

$$w_{ij}^{(\ell)} \longleftarrow 0 \tag{10.190}$$

そして訓練データ $\{\boldsymbol{v}^{(n)}\}$ を用いて,重みパラメータを下層側からアップデートしていきます.

1. $\boldsymbol{v}$ と $\boldsymbol{h}^{(1)}$ の2層

まず,$(\boldsymbol{v},\boldsymbol{h}^{(1)})$ だけを取り出してこれをRBMとみなします.この2層の事前学習中は,他の層は無視します.$(\boldsymbol{v},\boldsymbol{h}^{(1)})$ をRBMとみなしていますので,これらの同時分布もRBMとして近似されます.

$$P(\boldsymbol{v},\boldsymbol{h}^{(1)}|\boldsymbol{\theta}) \approx Q(\boldsymbol{v},\boldsymbol{h}^{(1)}|\boldsymbol{W}^{(1)}) \tag{10.191}$$

このRBMに,訓練データ $\{\boldsymbol{v}^{(n)}\}$ を用いた学習を適用し,重み $\boldsymbol{W}^{(1)}$ をアップデートします.実際の学習にはRBM同様,CD法などを用います.これが事前学習の第1ステップです.

2. $\boldsymbol{h}^{(1)}$ と $\boldsymbol{h}^{(2)}$ の2層

$\boldsymbol{v}$ と $\boldsymbol{h}^{(1)}$ の2層の学習が終わったら,次は $(\boldsymbol{h}^{(1)},\boldsymbol{h}^{(2)})$ だけに注目します.再びこれらをRBM

$$P(\boldsymbol{h}^{(1)},\boldsymbol{h}^{(2)}|\boldsymbol{\theta}) \approx Q(\boldsymbol{h}^{(1)},\boldsymbol{h}^{(2)}|\boldsymbol{W}^{(2)}) \tag{10.192}$$

とみなします.ただし $\boldsymbol{h}^{(1)}$ が可視層であるとします.そして先ほどと同様にこのRBMをCD法などで学習させて,重み $\boldsymbol{W}^{(2)}$ をアップデートします.

ではこの学習のために「可視層」$\boldsymbol{h}^{(1)}$ にセットするための訓練データはどのように用意すればよいでしょうか．すでにボルツマンマシン $Q(\boldsymbol{v}, \boldsymbol{h}^{(1)}|\boldsymbol{W}^{(1)})$ は学習済みですから，この $\boldsymbol{v}$ に訓練データ $\{\boldsymbol{v}^{(n)}\}$ を入れたときに事後確率 $Q\big(\boldsymbol{h}^{(1)}|\boldsymbol{v}, \boldsymbol{W}^{(1)}\big)$ からサンプリングされる値

$$\hat{\boldsymbol{h}}^{(1,n)} \sim Q\big(\mathbf{h}^{(1)}|\boldsymbol{v}^{(n)}, \boldsymbol{W}^{(1)}\big) \tag{10.193}$$

を上層側のための訓練データとしましょう．

訓練データ $\{\hat{\boldsymbol{h}}^{(1,n)}\}$ を作るために用いた事後確率は条件付き独立

$$Q\big(\boldsymbol{h}^{(1)}|\boldsymbol{v}^{(n)}, \boldsymbol{W}^{(1)}\big) = \prod_j Q\big(h_j^{(1)}|\boldsymbol{v}^{(n)}, \boldsymbol{W}^{(1)}\big) \tag{10.194}$$

であり，シグモイド確率 (10.189) で与えられますのでサンプリング

$$\hat{h}_j^{(1,n)} \sim Q\big(h_j^{(1)}|\boldsymbol{v}^{(n)}, \boldsymbol{W}^{(1)}\big) \tag{10.195}$$

は簡単です．サンプリングを用いず，平均場で近似した値を用いてもかまいません．

$$\hat{h}_j^{(1,n)} = Q\big(h_j^{(1)} = 1|\boldsymbol{v}^{(n)}, \boldsymbol{W}^{(1)}\big) \tag{10.196}$$

このように仮想的な訓練データ $\{\hat{\boldsymbol{h}}^{(1,n)}\}$ を作ることは，可視層に対する通常の経験分布 $q(\boldsymbol{v})$ から，隠れ層に対する「経験分布」

$$q^{(1)}\big(\boldsymbol{h}^{(1)}\big) = \sum_{\boldsymbol{v}} Q\big(\boldsymbol{h}^{(1)}|\boldsymbol{v}, \boldsymbol{W}^{(1)}\big)\, q(\boldsymbol{v}) \tag{10.197}$$

を定めることに対応しています．

3. $\boldsymbol{h}^{(\ell)}$ と $\boldsymbol{h}^{(\ell+1)}$ の 2 層

さらに上層 $(\boldsymbol{h}^{(\ell)}, \boldsymbol{h}^{(\ell+1)})$ も，$\ell = 2$，$\ell = 3$，$\ell = 4$ と同様の学習を順次繰り返します．つまり RBM

$$P(\boldsymbol{h}^{(\ell)}, \boldsymbol{h}^{(\ell+1)}|\boldsymbol{\theta}) \approx Q(\boldsymbol{h}^{(\ell)}, \boldsymbol{h}^{(\ell+1)}|\boldsymbol{W}^{(\ell+1)}) \tag{10.198}$$

とみなした 2 層を，

$$\hat{\boldsymbol{h}}^{(\ell,n)} \sim Q\big(\mathbf{h}^{(\ell)}|\boldsymbol{h}^{(\ell-1,n)}, \boldsymbol{W}^{(\ell)}\big) \tag{10.199}$$

とサンプリングした訓練データで学習させて重み $\boldsymbol{W}^{(\ell+1)}$ を更新します.

DBN を RBM に分けて学習させることで，最終的にすべての重み

$$\boldsymbol{W}^{(1)}, \quad \boldsymbol{W}^{(2)}, \ldots, \boldsymbol{W}^{(L)} \tag{10.200}$$

がアップデートできました．これが DBN の事前学習です．得られた重みの値は，DBN 全体の学習をする際によい初期値になっていることが知られています.

10.8.2 DBN の微調整

DBN の**微調整** (**fine-tuning**) とは，事前学習で得られたパラメータ値を初期値として DBN を全層まとめて学習する作業です．すでに事前学習によって，パラメータには大まかに訓練データの情報が織り込まれています．そこでさらに全層での学習を加えることで，パラメータを微調整しさらにパフォーマンスを上げるのです．事前学習がよい初期値を与えているので，多層モデルですが学習が効率的に進むと期待されます.

この微調整にはいくつかの方法がありますが，ここで紹介するのは DBN を順伝播型ニューラルネットに転化する方法です．まず，事前学習後の DBN の近似的事後確率 $P(\boldsymbol{h}^{(\ell-1)}|\boldsymbol{h}^{(\ell)}, \boldsymbol{\theta}) \approx Q(\boldsymbol{h}^{(\ell-1)}|\boldsymbol{h}^{(\ell)}, \boldsymbol{W}^{(\ell)})$ に平均場近似を用いてみましょう．すると，h_j^{ℓ} の平均場 $\mu_j^{(\ell)}$ を与える自己無撞着方程式は

$$h_j^{(\ell)} = \sigma\left(b_j^{(\ell)} + \sum_l w_{lj}^{(\ell)} h_l^{\ell-1}\right) \tag{10.201}$$

となります．これは活性化関数がシグモイドである順伝播型ニューラルネットの伝播式そのものです．入力は可視層への入力 $\boldsymbol{x} = \boldsymbol{v}$, ℓ 層目のユニット j の出力は平均場 $u_j^{(\ell)} = h_j^{(\ell)}$ に対応しています．したがって，ニューラルネットとみなすことで誤差逆伝播法で学習できるのです.

正確には**図 10.14** のように上から下の生成プロセス $P(\boldsymbol{h}^{(\ell-1)}|\boldsymbol{h}^{(\ell)}, \boldsymbol{W}^{(\ell)})$ もあるので，両方をニューラルネットとして展開して自己符号化器に置き換えるのが自然です．**図 10.15**（左）に隠れ層が 2 層の DBN の場合を示します．黄緑色の層が，自己符号化器を作るために加えた層です．また，自己符

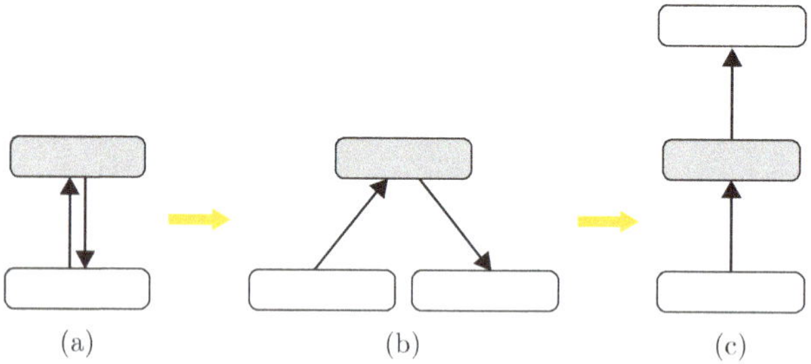

図 10.14　RBM(a) は近似的に順伝播型ニューラルネット (b) に展開できるので，自己符号化器 (c) に転化される．

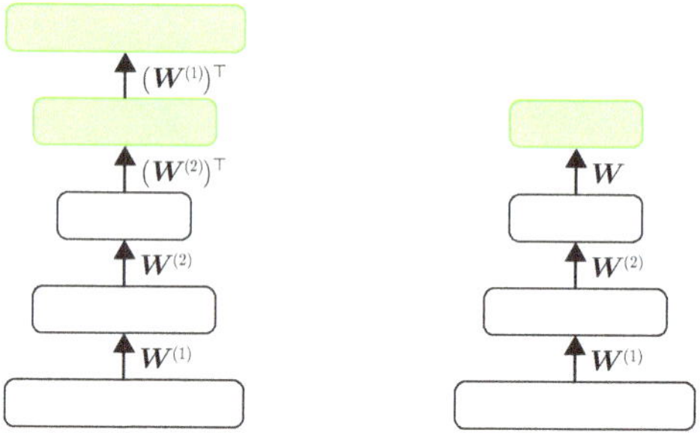

図 10.15　左は自己符号化器に転化した DBN，右は順伝播型ニューラルネットに転化したもの．

号化器では重み共有正則化を用います．この自己符号化器に訓練データを用いて，誤差逆伝播法に基づく教師なし学習を施します．そのようにしてなされる重みのアップデートが，DBN の微調整です．つまり得られた更新済みのパラメータ値を DBN に用います．

自己符号化器を構成するのではなく，図 10.15（右）のように（考えたい問題に応じて）ソフトマックス層などを加えてクラス分類器などを作ることもできます．DBN の最上層と新たに加えられた層の間の重みは，ランダムに初期化した値を用います．そしてこの順伝播型ニューラルネットに訓練データを用いて教師あり学習を行います．学習結果はそのまま順伝播型ニューラルネットとして用いることができます．つまり，いまのケースでは DBN をニューラルネットの事前学習として使ったことになります．また先ほどの自己符号化器の場合でも，学習結果を DBN に引き戻さずに自己符号化器そのものとして用いることもできます．

10.8.3 DBN からのサンプリング

機械学習における DBN は生成分布のモデルですので，学習の後には可視層の変数の実現値をこのモデルから生成させることを考えます．このためには層ごとにサンプリングを繰り返します．そこでまず最上 2 層の RBM において，しばらくブロック化ギブス連鎖を走らせることで $\boldsymbol{h}^{(L-1)}$ をサンプリングします．

$$\boldsymbol{h}^{(L-1)} \sim P\big(\mathrm{h}^{(L-1)}|\mathrm{h}^{(L)}, \boldsymbol{W}^{(L)}\big) \tag{10.202}$$

これより下層では，下層へ向かう条件付き分布が条件付き独立なシグモイド確率 (10.182) として与えられているので，簡単にサンプリング

$$\boldsymbol{h}^{(\ell-1)} \sim P\big(\mathrm{h}^{(\ell-1)}|\mathrm{h}^{(\ell)}, \boldsymbol{W}^{(\ell)}\big) \tag{10.203}$$

が繰り返せます．それにより最終的に可視層のサンプル $\boldsymbol{v}$ が得られます．この方法を**伝承サンプリング (ancestral sampling)** や，先祖からのサンプリングと呼びます．

10.8.4 DBN での推論

有向グラフィカルモデルにおける推論とは与えられた入力値に対し，グラフの矢印を逆に辿りながら，上層の説明因子（隠れ変数）の値を計算する作業でした．このためには下層から上層へ向かう条件付き確率，つまり事後確率

$$P\big(\boldsymbol{h}^{(\ell)}|\boldsymbol{h}^{(\ell-1)}, \boldsymbol{\theta}\big) \tag{10.204}$$

が必要となります．ただし伝承サンプリングに用いた上層から下層への条件付き確率とは違い，いまほしい事後確率は弁明効果のためにとても複雑です．また，$P\big(\boldsymbol{h}^{(\ell)}|\boldsymbol{h}^{(\ell-1)}, \boldsymbol{\theta}\big)$ は原理的には DBN の分布の周辺化で計算できるのですが，その作業は式 (10.185)〜(10.187) のように大量の状態和を伴います．したがって計算量の爆発のため，このような計算を推論のために行うことは非現実的です．そこで推論時においても，上層へと向かう条件付き分布をシグモイド確率で近似しサンプリングを容易にします．ただし最上 2 層だ

けはRBMを成していましたので，近似をしなくともシグモイドで与えられる条件付き独立な確率になっています．

10.9 ディープボルツマンマシン

DBNは有向グラフと無向のRBMをつなぎ合わせた，少し人為的な多層のアーキテクチャーでした．もっと自然なモデルとしては，例えばすべてのリンクを無向にした，深層化されたRBMが考えられるでしょう．図10.16に示したこのようなモデルは，**ディープボルツマンマシン** (**deep Boltzmann machine, DBM**) と呼ばれます．

DBMのグラフ構造は，DBNのグラフから向きを取り除いただけです．したがって完全に無向グラフになっているため，特殊な結合パターンをもったボルツマンマシンの一例にすぎません．つまりエネルギー関数

$$\Phi\big(\boldsymbol{v}, \boldsymbol{h}^{(1)}, \ldots, \boldsymbol{h}^{(L)}, \boldsymbol{\theta}\big) = -\sum_{i,j} w_{ij}^{(1)} v_i h_j^{(1)} - \sum_{\ell=2}^{L} \sum_{jk} w_{jk}^{(\ell)} h_j^{(\ell-1)} h_k^{(\ell)} \tag{10.205}$$

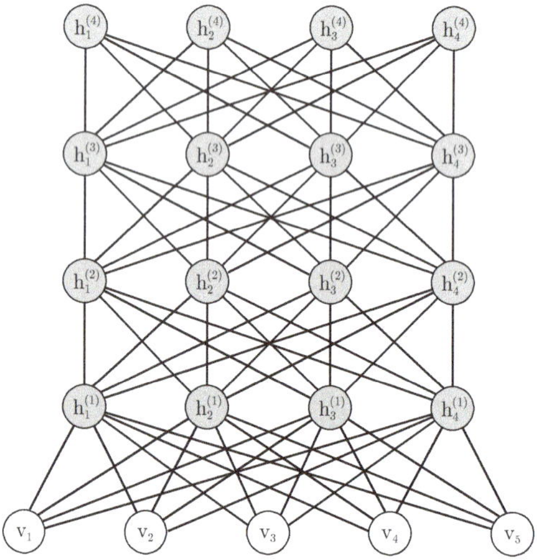

図10.16 ディープボルツマンマシン．

で与えられるギブス分布が DBM のモデル分布です.

$$P\left(\boldsymbol{v}, \boldsymbol{h}^{(1)}, \ldots, \boldsymbol{h}^{(L)} | \boldsymbol{\theta}\right) = \frac{1}{Z(\boldsymbol{\theta})} e^{-\Phi(\boldsymbol{v}, \boldsymbol{h}^{(1)}, \ldots, \boldsymbol{h}^{(L)}, \boldsymbol{\theta})} \tag{10.206}$$

ここでは簡単のためバイアスを省略しましたが, もちろんバイアスを導入してもかまいません. また, 第 0 層が可視層であるとします. つまり $\boldsymbol{v} = \boldsymbol{h}^{(0)}$ ということです.

DBM は RBM と同じように, 同一層内の結合をもちません. さらに隣接層間にしか結合は存在しませんので局所マルコフ性があり, 各変数の完全条件付き分布は次のようになります.

$$P\left(v_i = 1 | \boldsymbol{h}^{(1)}, \boldsymbol{\theta}\right) = \sigma\left(\sum_j w_{ij}^{(1)} h_j^{(1)}\right) \tag{10.207}$$

$$P\left(h_j^{(\ell)} = 1 | \boldsymbol{h}^{(\ell-1)}, \boldsymbol{h}^{(\ell+1)}, \boldsymbol{\theta}\right) = \sigma\left(\sum_l w_{lj}^{(\ell)} h_l^{(\ell-1)} + \sum_k w_{jk}^{(\ell+1)} h_k^{(\ell+1)}\right) \tag{10.208}$$

$$P\left(h_j^{(L)} = 1 | \boldsymbol{h}^{(L-1)}, \boldsymbol{\theta}\right) = \sigma\left(\sum_l w_{lj}^{(L)} h_l^{(L-1)}\right) \tag{10.209}$$

中間層は上下の層と結合しているために, 引数に 2 種類の項が現れています.

10.9.1 DBM の事前学習

DBM の学習においても DBN と同様に, 層ごとの貪欲学習法による事前学習が用いられます. 使用する技術的な細部は DBN の場合と同じなのですが, 1 つだけ大きな相違点があります. それは事前学習の際には元の DBM のグラフをそのまま用いることはせずに, 拡張されたグラフを使ってパラメータを更新します. 拡張法は**図 10.17** のように, 可視層と最上層それぞれにコピーを加えて倍増させます. ただし新しく増えたリンクのコピーはオリジナルのものと重み共有をさせているため, 独立なパラメータは増やしません. また, コピーが導入されない中間層の結合重みは, その値を 2 倍にします. 一見とても人為的に見えますが, この拡張が必要な理屈はきちんと存在しますので, それについてはすぐ説明します. いずれにせよ, この新しいボルツマンマシンを 2 層ごとに RBM とみなして下層から上層へ学習させてい

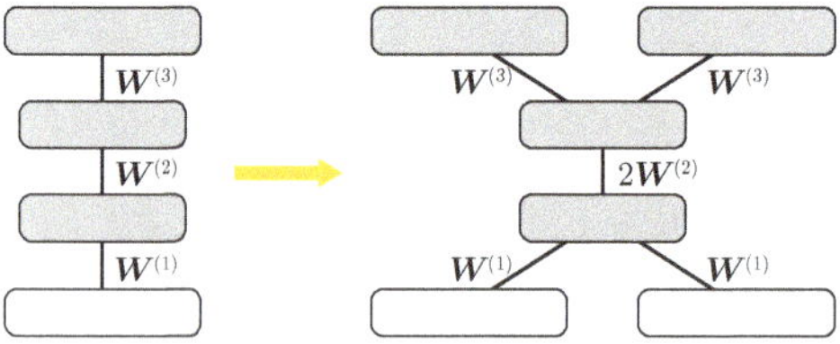

図 10.17 DBM（左）は，事前学習の間は右のように 2 重化されたモデルで置き換えられる．

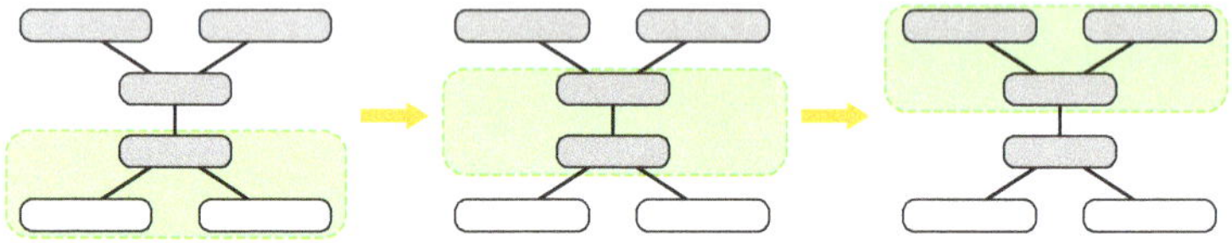

図 10.18 DBM の層ごとの貪欲法による事前学習．

く作業は DBN と変わりません．その結果得られたアップデートされたパラメータの値

$$\boldsymbol{W}^{(1)}, \quad \boldsymbol{W}^{(2)}, \ldots, \boldsymbol{W}^{(L)} \tag{10.210}$$

を事前学習後の（元のグラフに対応した）DBM のパラメータであるとみなします．

では，この事前学習の作業の意味を，各層について詳しく見てみましょう（**図 10.18**）．

1. $\boldsymbol{v}$ と $\boldsymbol{h}^{(1)}$ の 2 層

まず，$(\boldsymbol{v}, \boldsymbol{h}^{(1)})$ に注目します．この 2 つの変数の完全条件付き分布は

$$P\big(h_j^{(1)} = 1 | \boldsymbol{v}, \boldsymbol{h}^{(2)}, \boldsymbol{\theta}\big) = \sigma\left(\sum_i w_{ij}^{(1)} v_i + \sum_k w_{jk}^{(2)} h_k^{(2)}\right) \tag{10.211}$$

$$P\big(v_i = 1 | \boldsymbol{h}^{(1)}, \boldsymbol{\theta}\big) = \sigma\left(\sum_j w_{ij}^{(1)} h_j^{(1)}\right) \tag{10.212}$$

と与えられました．これはほとんど RBM の分布ですが，$h_j^{(1)}$ の分布は

赤色で書いた余分な項をもちます．この項は $\boldsymbol{W}^{(2)}$ や $\boldsymbol{h}^{(2)}$ に依存します．つまり $\boldsymbol{h}^{(1)}$ 層は上からくる結合の効果も含んでいます．したがって，無理やりこの 2 層 $(\boldsymbol{v}, \boldsymbol{h}^{(1)})$ だけを切り出して RBM とみなしてしまうと，この上からの結合の効果が失われてしまいます．そこでこの $\sum_k w_{jk}^{(2)} h_k^{(2)}$ の効果を補うために，$(\boldsymbol{v}, \boldsymbol{h}^{(1)})$ 間の結合 $\sum_i w_{ij}^{(1)} v_i$ によってそれを代用します．つまり事前学習中は

$$P\big(h_j^{(1)} = 1|\boldsymbol{v}, \boldsymbol{W}^{(1)}\big) \approx \sigma\left(\sum_i w_{ij}^{(1)} v_i + \sum_i w_{ij}^{(1)} v_i\right) \tag{10.213}$$

$$P\big(v_i = 1|\boldsymbol{h}^{(1)}, \boldsymbol{W}^{(1)}\big) \approx \sigma\left(\sum_j w_{ij}^{(1)} h_j^{(1)}\right) \tag{10.214}$$

というモデルで近似することにします．これはまさに可視層を 2 倍にした RBM にほかなりません．これが図 10.17 のようにグラフを修正した理由です．

2. $\boldsymbol{h}^{(\ell)}$ と $\boldsymbol{h}^{(\ell+1)}$ の 2 層

次に中間層 $(\boldsymbol{h}^{(\ell)}, \boldsymbol{h}^{(\ell+1)})$ に注目しましょう．この 2 層の完全条件付き確率は

$$P\big(h_j^{(\ell+1)} = 1|\boldsymbol{h}^{(\ell)}, \boldsymbol{h}^{(\ell+2)}, \boldsymbol{\theta}\big) = \sigma\left(\sum_l w_{lj}^{(\ell+1)} h_l^{(\ell)} + \sum_k w_{jk}^{(\ell+2)} h_k^{(\ell+2)}\right) \tag{10.215}$$

$$P\big(h_j^{(\ell)} = 1|\boldsymbol{h}^{(\ell-1)}, \boldsymbol{h}^{(\ell+1)}, \boldsymbol{\theta}\big) = \sigma\left(\sum_l w_{lj}^{(\ell)} h_l^{(\ell-1)} + \sum_k w_{jk}^{(\ell+1)} h_k^{(\ell+1)}\right) \tag{10.216}$$

ですが，再び赤色で書いた上下からくる余分な項を含んでいます．したがって事前学習を行う際に $\boldsymbol{h}^{(\ell)}$ と $\boldsymbol{h}^{(\ell+1)}$ の 2 層だけを取り出してしまうと，$\boldsymbol{h}^{(\ell-1)}$ や $\boldsymbol{h}^{(\ell+2)}$ との結合は失われます．そこで事前学習中は次のように補います．

$$P\big(h_j^{(\ell+1)}=1|\boldsymbol{h}^{(\ell)},\boldsymbol{W}^{(\ell+1)}\big)\approx\sigma\left(\sum_l w_{lj}^{(\ell+1)}h_l^{(\ell)}+\sum_l w_{lj}^{(\ell+1)}h_l^{(\ell)}\right) \tag{10.217}$$

$$P\big(h_j^{(\ell)}=1|\boldsymbol{h}^{(\ell+1)},\boldsymbol{W}^{(\ell+1)}\big)\approx\sigma\left(\sum_k w_{jk}^{(\ell+1)}h_k^{(\ell+1)}+\sum_k w_{jk}^{(\ell+1)}h_k^{(\ell+1)}\right) \tag{10.218}$$

これは事前学習中は中間層の重み $\boldsymbol{W}^{(\ell+1)}$ を $2\boldsymbol{W}^{(\ell+1)}$ と 2 倍することに対応しています.

3. $\boldsymbol{h}^{(L-1)}$ と $\boldsymbol{h}^{(L)}$ の 2 層

最後に最上段の $(\boldsymbol{h}^{(L-1)},\boldsymbol{h}^{(L)})$ に注目します. これらの完全条件付き分布も

$$P\big(h_j^{(L)}=1|\boldsymbol{h}^{(L-1)},\boldsymbol{\theta}\big)=\sigma\left(\sum_l w_{lj}^{(L)}h_l^{(L-1)}\right) \tag{10.219}$$

$$P\big(h_j^{(L-1)}=1|\boldsymbol{h}^{(L-2)},\boldsymbol{h}^{(L)},\boldsymbol{\theta}\big)=\sigma\left(\sum_l w_{lj}^{(L-1)}h_l^{(L-2)}+\sum_k w_{jk}^{(L)}h_k^{(L)}\right) \tag{10.220}$$

となります. 再び赤色の項を補うために, 事前学習中は

$$P\big(h_j^{(L)}=1|\boldsymbol{h}^{(L-1)},\boldsymbol{W}^{(L)}\big)\approx\sigma\left(\sum_l w_{lj}^{(L)}h_l^{(L-1)}\right) \tag{10.221}$$

$$P\big(h_j^{(L-1)}=1|\boldsymbol{h}^{(L)},\boldsymbol{W}^{(L)}\big)\approx\sigma\left(\sum_k w_{jk}^{(L)}h_k^{(L)}+\sum_k w_{jk}^{(L)}h_k^{(L)}\right) \tag{10.222}$$

と修正します. これはまさに図 10.17 に与えてある拡張です.

10.9.2 DBM の微調整

DBM の事前学習が終わりましたので, 次はパラメータの微調整に移りましょう. そのためには DBM 全体をまとめて最尤推定で学習させます. もち

ろん計算量の問題から，最尤法を近似した学習法が必要です．そこで対数尤度の勾配に現れる 2 項に分けて，それぞれ議論しましょう．

まずは勾配のポジティブフェーズです．これには期待値

$$\mathrm{E}_{P(\mathbf{h}^{(1)},\ldots,\mathbf{h}^{(L)}|\mathbf{v})q(\mathbf{v})}\left[\mathrm{v}_i \mathrm{h}_j^{(1)}\right], \quad \mathrm{E}_{P(\mathbf{h}^{(1)},\ldots,\mathbf{h}^{(L)}|\mathbf{v})q(\mathbf{v})}\left[\mathrm{h}_j^{(\ell)} \mathrm{h}_k^{(\ell+1)}\right] \tag{10.223}$$

の計算が必要でした．この期待値に現れる組み合わせ爆発を解消するために，平均場近似を用いましょう．DBM といっても，単に特別な結合構造をもったボルツマンマシンですので，以前に求めた平均場近似の公式がそのまま適用できます．ただし今回は，可視層を訓練データ $\boldsymbol{v}^{(n)}$ に固定したときの分布に平均場近似を適用します．

$$P\big(\boldsymbol{h}^{(1)},\ldots,\boldsymbol{h}^{(L)}|\boldsymbol{v}^{(n)}\big) \approx \prod_{\ell=1}^{L}\prod_{j} Q\big(h_j^{(\ell)}|\boldsymbol{v}^{(n)}\big) \tag{10.224}$$

したがって平均場

$$\mu_j^{(\ell,n)} = Q\big(h_j^{(\ell)} = 1|\boldsymbol{v}^{(n)}\big) \tag{10.225}$$

を決める自己無撞着方程式は次のようになります．

$$\mu_j^{(1,n)} = \sigma\left(\sum_i w_{ij}^{(1)} v_i^{(n)} + \sum_k w_{jk}^{(2)} \mu_k^{(2,n)}\right) \tag{10.226}$$

$$\mu_j^{(\ell,n)} = \sigma\left(\sum_l w_{lj}^{(\ell)} \mu_l^{(\ell-1,n)} + \sum_k w_{jk}^{(\ell+1)} \mu_k^{(\ell+1,n)}\right) \tag{10.227}$$

$$\mu_j^{(L,n)} = \sigma\left(\sum_l w_{lj}^{(L)} \mu_l^{(L-1,n)}\right) \tag{10.228}$$

したがってこれを逐次代入法で解けばよいのですが，$\mu_j^{(\ell,n)}$ を決める式は $\mu_l^{(\ell-1,n)}$ にも $\mu_k^{(\ell+1,n)}$ にも依存していますので，双方向性の結合が計算量を格段に増やしています．この平均場近似をニューラルネットで置き換えると，再帰的ニューラルネットになってしまうということです．

いずれにせよ，平均場の値が求まった後はポジティブフェーズはそれらの標本平均で近似できます．

$$\mathrm{E}_{P(\mathbf{h}^{(1)},\ldots,\mathbf{h}^{(L)}|\mathbf{v})q(\mathbf{v})}\left[\mathrm{v}_i\mathrm{h}_j^{(1)}\right] \approx \mathrm{E}_{Q(\mathrm{h}_j^{(1)}|\mathbf{v})q(\mathbf{v})}\left[\mathrm{v}_i\mathrm{h}_j^{(1)}\right] = \frac{1}{N}\sum_{n=1}^{N} v_i^n \mu_j^{(1,n)} \tag{10.229}$$

$$\mathrm{E}_{P(\mathbf{h}^{(1)},\ldots,\mathbf{h}^{(L)}|\mathbf{v})q(\mathbf{v})}\left[\mathrm{h}_j^{(\ell)}\mathrm{h}_k^{(\ell+1)}\right] \approx \mathrm{E}_{Q(\mathrm{h}_j^{(\ell)}|\mathbf{v})Q(\mathrm{h}_k^{(\ell+1)}|\mathbf{v})q(\mathbf{v})}\left[\mathrm{h}_j^{(\ell)}\mathrm{h}_k^{(\ell+1)}\right] = \frac{1}{N}\sum_{n=1}^{N} \mu_j^{(\ell,n)}\mu_k^{(\ell+1,n)} \tag{10.230}$$

このあたりの仕組みも通常のボルツマンマシンと変わりません．

次に，勾配のネガティブフェーズを考えましょう．これはモデル分布の期待値でしたので，ギブスサンプリングで近似しましょう．DBM の微調整では，事前学習で得られたパラメータ値 $\boldsymbol{\theta}(0) = \left(\boldsymbol{W}^{(1)}(0) \quad \cdots \quad \boldsymbol{W}^{(L)}(0)\right)^\top$ を，勾配上昇法の初期値として用います．そこでネガティブフェーズを評価するために，まずは初期値に対する分布

$$P\left(\boldsymbol{v}, \boldsymbol{h}^{(1)}, \ldots, \boldsymbol{h}^{(L)}|\boldsymbol{\theta}(0)\right) \tag{10.231}$$

から，M 個の独立なギブス連鎖を走らせます．各連鎖の初期値はそれぞれランダムに初期化した値を使います．バーンインのあと，この多重連鎖それぞれから 1 つずつサンプルセットを生成させましょう．

$$\boldsymbol{v}^{(m)}(0), \boldsymbol{h}^{(1,m)}(0), \ldots, \boldsymbol{h}^{(L,m)}(0) \quad (m = 1, 2, \ldots, M) \tag{10.232}$$

ここで m は，どの連鎖からサンプリングされたのかをラベルしています．このようにして得られた M 個のサンプルのセットを用いてネガティブフェーズを近似します．

$$\mathrm{E}_{P(\mathbf{v},\mathbf{h}^{(1)},\ldots,\mathbf{h}^{(L)}|\boldsymbol{\theta}(0))}\left[\mathrm{v}_i\mathrm{h}_j^{(1)}\right] \approx \frac{1}{M}\sum_{m=1}^{M} v_i^m(0) h_j^{(1,m)}(0) \tag{10.233}$$

$$\mathrm{E}_{P(\mathbf{v},\mathbf{h}^{(1)},\ldots,\mathbf{h}^{(L)}|\boldsymbol{\theta}(0))}\left[\mathrm{h}_j^{(\ell)}\mathrm{h}_k^{(\ell+1)}\right] \approx \frac{1}{M}\sum_{m=1}^{M} h_j^{(\ell,m)}(0) h_k^{(\ell+1,m)}(0) \tag{10.234}$$

このネガティブフェーズの近似を，先ほど平均場近似で評価したポジティブフェーズと合わせてパラメータを更新します．

$$\boldsymbol{\theta}(1) \longleftarrow \boldsymbol{\theta}(0) + \Delta\boldsymbol{\theta}(0) \tag{10.235}$$

ただしこの平均場近似したポジティブフェーズも，パラメータ値 $\boldsymbol{\theta}(0)$ に対して評価したものです．

次のアップデートでは，更新されたパラメータ $\boldsymbol{\theta}(1)$ に対する分布

$$P\big(\boldsymbol{v}, \boldsymbol{h}^{(1)}, \ldots, \boldsymbol{h}^{(L)} | \boldsymbol{\theta}(1)\big) \tag{10.236}$$

からのサンプリングが必要です．そのためには PCD 法と似たアイデアを使います．つまり，前回のサンプル値 $\boldsymbol{v}^{(m)}(0), \boldsymbol{h}^{(1,m)}(0), \ldots, \boldsymbol{h}^{(L,m)}(0)$ を今回のギブス連鎖の初期値にセットします．そして多重連鎖を 1 ステップ走らせて，再びサンプリングを行います．

$$\boldsymbol{v}^{(m)}(1), \boldsymbol{h}^{(1,m)}(1), \ldots, \boldsymbol{h}^{(L,m)}(1) \quad (m = 1, 2, \ldots, M) \tag{10.237}$$

このサンプルの標本平均で近似したネガティブフェーズに，$\boldsymbol{\theta}(1)$ を代入したポジティブフェーズの平均場近似を合わせて更新量 $\Delta\boldsymbol{\theta}(1)$ を計算します．その値によって，再びパラメータをアップデートします．

$$\boldsymbol{\theta}(2) \longleftarrow \boldsymbol{\theta}(1) + \Delta\boldsymbol{\theta}(1) \tag{10.238}$$

同様の操作を収束まで繰り返していくことで，パラメータの学習がなされます．

10.9.3 順伝播型ニューラルネットへの変換

学習後の DBM は，順伝播型ニューラルネットで置き換えることで確定的なモデルとして使うことができます．あるいは DBN 同様，順伝播型ニューラルネットへの置き換えを用いて，誤差逆伝播法を用いたパラメータの微調整もできます．

この置き換えの基本的アイデアもやはり DBN と大差はないのですが，DBM の場合はグラフが無向であるために新しい要素が入ってきます．まず 1 層目の隠れ層に注目しましょう．事前学習の説明でも述べた通り，$\boldsymbol{h}^{(1)}$ には $\boldsymbol{v}$ と $\boldsymbol{h}^{(2)}$ の両方から入力が入ってきます．しかし DBM を上向きの順伝播型ネットワークに置き換えてしまうと，$\boldsymbol{h}^{(2)}$ から $\boldsymbol{h}^{(1)}$ へ向かう下向きの影響が失われてしまいます．それをカバーするために，（事前）学習後のパ

ラメータを使って平均場近似の分布

$$P\big(\boldsymbol{h}^{(1)},\ldots,\boldsymbol{h}^{(L)}|\boldsymbol{v}\big) \approx Q\big(\boldsymbol{h}^{(1)},\ldots,\boldsymbol{h}^{(L)}|\boldsymbol{v}\big) \tag{10.239}$$

を計算します．この周辺化を考えることで周辺分布

$$Q\big(h^{(2)}=1|\boldsymbol{v}\big) \tag{10.240}$$

がわかります．これは $\boldsymbol{h}^{(1)}$ に影響する $\boldsymbol{h}^{(2)}$ の情報を一部捉えています．そこで訓練データ $\boldsymbol{v}^{(n)}$ だけではなく，この分布の値 $Q\big(h_k^{(2)}=1|\boldsymbol{v}^{(n)}\big)$ もニューラルネットに対する補助的な入力として用いましょう．そのためには図10.19 のようにニューラルネットの構造も拡張しなくてはなりません．この新たに加えた層のユニット $Q\big(h_k^{(2)}=1|\boldsymbol{v}^{(n)}\big)$ は $h_j^{(1)}$ の層とは重み $w_{jk}^{(2)}$ で結合しています．したがって重み共有の条件が課されています．また最上部には問題に応じてソフトマックス層などを加えます．$\boldsymbol{h}^{(L)}$ とこのソフトマックス層をつなぐ重みは，ランダムに初期化した値を用います．この設定で，ネットワークに対して通常の誤差伝播法による教師あり学習を施し，パラメータの値を調整します．その結果得られた順伝播型ニューラルネットは分類器として使うことができます．

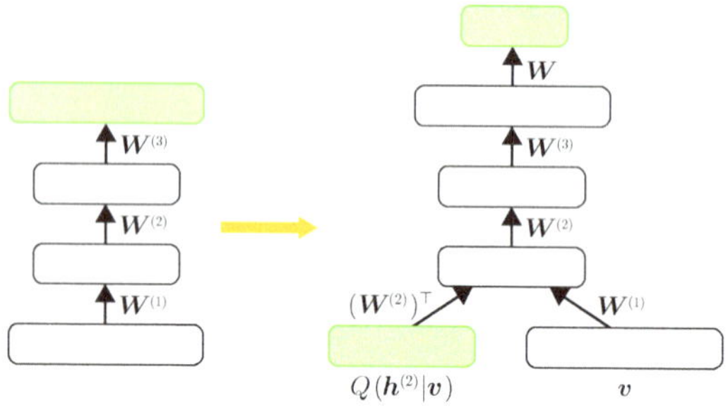

図 10.19 DBM を順伝播型ニューラルネットに置き換える際には，黄緑色の層を加える．

Chapter 11

深層強化学習

深層学習を用いた強化学習は，産業への応用を念頭に，いま現在も世界中で熱心に研究開発が進められている分野です．というのも強化学習の枠組みでは，正解ラベル付きの訓練データがなくとも，アルゴリズムがトライアルアンドエラーを通じて自発的に学習を進めていくことができるからです．特に，コンピュータ囲碁におけるアルファ碁の達成は，深層学習に基づく強化学習の可能性を強く印象付けました．そこで本章では，アルファ碁のアルゴリズムを理解することを目標として深層強化学習を学んでいきます．

11.1 強化学習

広く一般にまでまざまざと深層学習の威力を見せつけることになった出来事の1つは，Googleのディープマインド (DeepMind) の手による**アルファ碁** (**AlphaGo**) がイ・セドル九段を下した2016年の対局ではないでしょうか．

碁はその探索空間，つまりゲーム展開のうえで現れうる盤面の集合が格段に大きいことから，人の手細工によるプログラムがプロ棋士に打ち勝つのはまだまだ未来のことだろうと思われてきました．ところが最近の深層学習の発展を見ていると，やり方次第では深層表現学習によって手細工では到底不可能な「深さ」でゲームを学ぶことができるのではないかと期待されます．実際にディープマインドはコンピュータ囲碁にうまく深層学習を応用し，はじめてプロ囲碁棋士を破ることになったのでした．

このブレイクスルーを理解するためのキーワードは**強化学習** (**reinforcement learning**) です [65] [66]．本書でこれまで取り上げてきた機械学習のパラダイムは教師あり学習でした．自己符号化器などのいくつかの例では教師なし学習を考えましたが，これも特殊な場合の教師あり学習として実現されていました．その一方，強化学習というのは，それとは大きく異なる考え方と目的をもっています．大雑把に説明すると，強化学習のセットアップでは学習対象が未知の環境中でさまざまな行動をとります．

例えば未知の環境中で，まだうまく作業をこなせないロボットを想像しましょう．ロボットは試しにある行動をとり，その結果得られる「報酬」を参考としてよりよい行動の取り方を探っていきます．報酬としては，ロボットが覚えたい行動をどれだけうまくこなせているかを測る点数などを使いましょう．すると，ロボットは行動をとっては報酬を受け取る作業を繰り返しますので，うまいアルゴリズムを組めれば試行錯誤の結果やがては最適な行動原理を獲得していくはずです．

このような手法は，コンピュータにゲームの攻略法を学ばせるのに最適です．実際先駆的な試みとして，1992 年に IBM の G. テザウロ (Gerald Tesauro) がバックギャモンというボードゲームを強化学習させるプログラム，TD ギャモンを開発して，プロプレイヤー並の能力を実現しました．ただしこの手法をそのままチェスなど他のゲームに拡張する方向性はうまくいかず，強化学習によるゲームの学習はあまり発展してきませんでした．ところが最近になり，ディープマインドが強化学習に深層学習を組み込む方法を発展させ，立て続けに驚くべき成果を上げてきました．そのエポックメーキングな達成がアルファ碁なのです．

本節では，強化学習に関して必要最低限のことを学ぶことから始めます．ただし深層強化学習に至る必要性やその意義が理解できるよう，これまでの強化学習におけるキーアイデアや問題点についてはしっかりと解説します．その後でディープマインドによる 2 つの成果，アタリゲームと碁の攻略について紹介します．

11.1.1 マルコフ決定過程

強化学習の基本的セットアップは，よく用いられる**図 11.1** にまとめることができます．**エージェント** (**agent**) と呼ばれるものは例えばロボットや囲碁

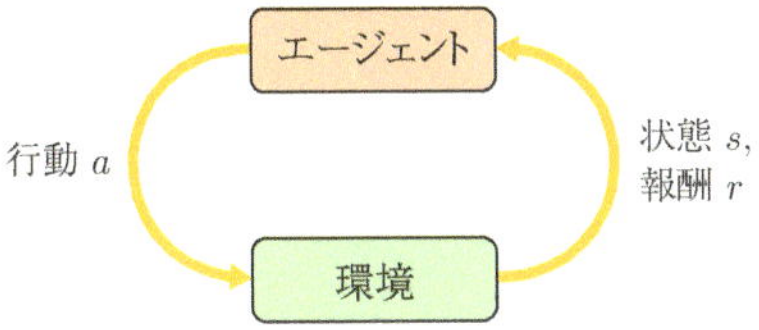

図 11.1 強化学習の構図.

プログラムといったもので，つまりこれから行動を学習していく行動主体になります．その対になるものとして**環境** (**environment**) があります．環境はエージェントが**行動** (**action**) を加える対象であり，その行動に応じて**状態** (**state**) の観測値と**報酬** (**reward**) をエージェントに返します．抽象的なので「テレビゲームを学ぶプログラムを作ろう」という設定で考えますと，エージェントはもちろんプレイヤー（プログラム）で，環境はゲーム機です．その状態はテレビ画面に表示されている各時刻の映像で，そこにプレイヤーが加える行動はコントローラ操作です．報酬はゲームの種類に応じて，行動の結果増減する点数から算定します．また強化学習では，ゲームが始まって終わるまでの一連の流れを 1 つの**エピソード** (**episode**) と呼びます．

今後は離散時間 $t = 0, 1, 2, \ldots$ のモデルを考えます．時刻 t に環境の状態 $\mathrm{s}(t)$ を観測したエージェントは，何らかの行動原理に従って行動 $\mathrm{a}(t)$ を選択して実行に移します．行動を受けた環境は状態を $\mathrm{s}(t+1)$ へと変化させ，エージェントに報酬 $\mathrm{r}(t+1)$ を返します．この一連の流れが繰り返されます．

では，行動はどのように選ばれるのかというと，エージェントのもつ**方策** (**policy**) π という基準に従って選択していると仮定します．方策は状態を観測したときにどのような行動を選ぶかを表現するもので，モデルが決定論的か確率論的かに従って次の写像，あるいは確率分布を与えます．

$$a(t) = \pi\big(s(t)\big) \text{（決定論的）}, \quad a(t) \sim \pi\big(\mathrm{a}(t)|s(t)\big) \text{（確率論的）} \tag{11.1}$$

$\pi\big(\mathrm{a}|s\big)$ は条件付き確率分布です．本書ではこの方策は時間的に一定であると仮定します．強化学習には教師はいないので，環境から受け取る報酬を参考に最適な方策を探ります．つまり報酬が（ある意味において）最大化されるような方策 π を学習するのが強化学習です．

強化学習において実際に最大化するのは，（即時的な）報酬 $\mathrm{r}(t)$ ではなくて，ある方策をずっと選び続けたときに得られるであろう報酬の総額です．そこで安直には $r(t+1)+r(t+2)+r(t+3)+\cdots$ を考えればよいような気がしますが，強化学習では（経済学でも用いられる）割引現在価値の総和（累積報酬）として求まる**利得 (return)**

$$R(t)=r(t+1)+\gamma r(t+2)+\gamma^2 r(t+3)+\cdots=\sum_{k=0}^{\infty}\gamma^k r(t+k+1) \tag{11.2}$$

を導入して，これを最大化しましょう．ここで $0<\gamma\leq 1$ は**割引率 (discount rate)** と呼ばれる量で，将来の予期せぬ変化を単純化して取り込んだり，将来の報酬にどれだけ重さを置くのかという態度を表現するために導入されます．また 1 未満の割引率を導入することで無限和が収束するという意味もあります．

さて割引率を使って利得を定義しましたが，強化学習ではこれを最大化するような方策を探します．正確には，この利得 $R(t)$ は確率変数としてモデル化されるため，最大化するのはその期待値です．実は強化学習のフレームワークでは，環境の状態もエージェントの行動も報酬もすべて確率変数として扱います．ただし一般のシステムは扱いきれませんので，この確率モデルにいくつかの仮定をおきます．まず，環境の変化はマルコフ過程に従うとします．次に，エージェントは環境に関する知識を一切もたない設定から学習を始めることにします．したがって，エージェントが環境の性質を垣間見れるのは，行動を加えると毎回返ってくる（サンプリングされる）状態変化と報酬の 2 つの観測値からです．

以上の設定は，**マルコフ決定過程 (Markov decision process, MDP)** と呼ばれるモデルにまとめられます．環境はマルコフ過程に従いますので，その状態変化は遷移確率で記述できます．そこで時刻 t で状態 $\mathrm{s}(t)=s$ にあった環境が，エージェントが選択した行動 $\mathrm{a}(t)=a$ によって次の状態 $\mathrm{s}(t+1)=s'$ へ推移する確率は

$$P\big(s'|s,a\big)=P\big(\mathrm{s}(t+1)=s'|\,\mathrm{s}(t)=s,\,\mathrm{a}(t)=a\big) \tag{11.3}$$

として与えられます．過去の有用な情報はすでにいまの状態 $\mathrm{s}(t)=s$ にすべて織り込み済みであると考えるので，「次の状態 $\mathrm{s}(t+1)=s'$ を決めるのは

現時点での情報のみで，それより昔の履歴は一切関係しない」というのがマルコフ性でした．また行動 a は方策を記述する確率分布 $\pi(\mathrm{a}(t)|\mathrm{s}(t))$ に従い生成されますので，状態の推移を記述する確率は，とりうる行動すべてについて確率を足し合わせることで

$$P^{\pi}\big(s'|s\big) = \sum_{a} P\big(s', a|s\big) = \sum_{a} \pi(a|s)\, P\big(s'|s, a\big) \tag{11.4}$$

と書くことができます．

また報酬 $\mathrm{r}(t+1) = r$ は，行動により状態が $\mathrm{s}(t+1) = s'$ に遷移したことと同時にエージェントに渡されるので，とある条件付き確率分布

$$P\big(r|s', s, a\big) = P\big(\mathrm{r}(t+1) = r|\, \mathrm{s}(t+1) = s',\, \mathrm{s}(t) = s,\, \mathrm{a}(t) = a\big) \tag{11.5}$$

から生成されるとします．乗法定理から得られる確率 $P\big(r, s'|s, a\big) = P\big(r|s', s, a\big)P\big(s'|s, a\big)$ は，時刻 t で状態 s に行動 a を加えることが，次の時刻に観測される報酬と状態にどのように影響するのかを表現しています．さらにこの確率を用いると，時刻 $t+1$ で得られる報酬の条件付き期待値は

$$\begin{aligned} R(s, a, s') &= \mathrm{E}_{P}\big[\mathrm{r}(t+1)|\, \mathrm{s}(t+1) = s',\, \mathrm{s}(t) = s,\, \mathrm{a}(t) = a\big] \\ &= \sum_{r} r\, P\big(r|\, s',\, s, a\big) \end{aligned} \tag{11.6}$$

となります．さらにとりうる行動 a や次の状態 s' についても期待値をとってしまうと，次の量が得られます．

$$R^{\pi}(s) = \sum_{a, s'} \pi(a|s) P\big(s'|s, a\big) R(s, a, s') \tag{11.7}$$

これが時刻 t で状態 s であったときに，方策 π をとることで得られる報酬の期待値です．先ほど仮定した通り，エージェントはこの確率 $P\big(s'|s, a\big)$ と期待報酬の構造 $R(s, a, s')$ に関する情報を一切知らない条件のもとで，利得を最大化するような行動選択を与える方策 π を学習していきます．

11.1.2 ベルマン方程式と最適方策

そこで次に強化学習のために，ある決まった方策 π を取り続けた場合に将来にわたって得られる利得の期待値も計算しましょう．特に，時刻 t で

状態 s を観測した後に得られる期待値として，**状態価値関数 (state-value function)** を次のように定義します．

$$V^{\pi}(s) = \mathrm{E}_{P,\pi}\big[\,\mathrm{R}(t)|\,\mathrm{s}(t) = s\,\big] \tag{11.8}$$

この期待値は，方策 π のもとで MPD が与えるマルコフ連鎖による期待値です．条件付き期待値の性質を使ってこれを少し変形すると

$$\begin{aligned} V^{\pi}(s) &= \sum_{a} \pi\big(a|s\big)\,\mathrm{E}_{P}\big[\mathrm{R}(t)|\,\mathrm{s}(t) = s,\, \mathrm{a}(t) = a\big] \\ &= \sum_{a,s'} \pi\big(a|s\big)\,P(s'|s,a)\,\mathrm{E}_{P}\big[\mathrm{R}(t)|\,\mathrm{s}(t+1) = s',\, \mathrm{s}(t) = s,\, \mathrm{a}(t) = a\big] \end{aligned} \tag{11.9}$$

ですが，利得の定義から漸化式

$$\mathrm{R}(t) = \mathrm{r}(t+1) + \gamma \sum_{k=0}^{\infty} \gamma^{k}\,\mathrm{r}(t+k+2) = \mathrm{r}(t+1) + \gamma\,\mathrm{R}(t+1) \tag{11.10}$$

が成り立ちますので

$$V^{\pi}(s) = \sum_{a,s'} \pi\big(a|s\big)\,P\big(s'|s,a\big)\Big(\mathrm{E}_{P}\big[\mathrm{r}(t)|\,s',\, s,\, a\big] + \gamma \mathrm{E}_{P}\big[\mathrm{R}(t+1)|\,s',\, s,\, a\big]\Big) \tag{11.11}$$

となります．第 1 項目の期待値は $R(s,a,s')$ そのものです．また第 2 項に関しては，利得 $\mathrm{R}(t+1)$ は $\mathrm{r}(t+2)$ や $\mathrm{r}(t+3)$ など，時刻 $t+2$ 以降の報酬のみに依存します．すると MDP はマルコフ性を満たしますので，それらを与える確率は，過去の時刻 t における情報の s や a にはまったく依存しません．つまり第 2 項に現れる期待値は

$$\mathrm{E}_{P}\big[\mathrm{R}(t+1)|\,s',\, s,\, a\big] = \mathrm{E}_{P}\big[\mathrm{R}(t+1)|\,s'\big] = V^{\pi}(s') \tag{11.12}$$

となり，時刻 $t+1$ での状態価値関数にほかならないことがわかりました．この結果をまとめると，次の**ベルマン方程式** (Bellman's equation) が得られます．

（状態価値関数に対するベルマン方程式）

$$V^\pi(s) = R^\pi(s) + \gamma \sum_{s'} P^\pi(s'|s) V^\pi(s') \tag{11.13}$$

これは動的計画法などの基礎になる重要な方程式です．強化学習のアルゴリズムにおいても，ベルマン方程式は1つの支柱になっています．

状態 s が観測された後の利得の期待値として状態価値関数 $V^\pi(s)$ を導入しました．この利得の期待値のもつ構造をさらに詳しく解析するために，時刻 t で状態 s を観測し，さらに行動 a を選択した後に得られる利得の期待値である**行動価値関数 (action-value function)** を次のように導入します．

$$Q^\pi(s,a) = \mathrm{E}_P\big[\mathrm{R}(t)|\,\mathrm{s}(t) = s,\ \mathrm{a}(t) = a\big] \tag{11.14}$$

この行動価値関数を，時刻 t において選択可能なすべての状態 a にわたって方策を重みとして足し上げると状態価値関数になります．

$$V^\pi(s) = \sum_a \mathrm{E}_P\big[\,\mathrm{R}(t), \mathrm{a}(t) = a\,|\,\mathrm{s}(t) = s\,\big] = \sum_a \pi(a|s) Q^\pi(s,a) \tag{11.15}$$

行動価値関数もベルマン方程式を満たします．というのも先ほどと同様に

$$\begin{aligned}
Q^\pi(s,a) &= \sum_{s'} P\big(s'|s,a\big)\,\mathrm{E}_P\big[\mathrm{R}(t)|\,s,\ a,\ s'\big] \\
&= \sum_{s'} P\big(s'|s,a\big)\,\mathrm{E}_P\big[\mathrm{r}(t+1)|\,s,\ a,\ s'\big] \\
&\quad + \gamma \sum_{s'} P\big(s'|s,a\big)\,\mathrm{E}_P\big[\mathrm{R}(t+1)|\,s,\ a,\ s'\big] \\
&= \sum_{s'} P\big(s'|s,a\big)\,R(s,a,s') + \gamma \sum_{s'} P\big(s'|s,a\big)\,\mathrm{E}_P\big[\mathrm{R}(t+1)|\,s'\big]
\end{aligned} \tag{11.16}$$

となるからです．最後の行を得るのには，状態価値関数の場合と同様にマルコフ性を用います．この第2項の期待値は，時刻 $t+1$ でとりうる行動 $\mathrm{a}(t+1) = a'$ を用いて

$$\mathrm{E}_P\left[\mathrm{R}(t+1)|\, s'\right] = \sum_{a'} \pi(a'|s')\,\mathrm{E}_P\left[\mathrm{R}(t+1)|\, s', a'\right] = \sum_{a'} \pi(a'|s')\, Q^{\pi}(s', a') \tag{11.17}$$

と書き換えられるので，行動価値関数に対するベルマン方程式が得られました．

（行動価値関数に対するベルマン方程式）

$$Q^{\pi}(s,a) = \sum_{s'} P\big(s'|s,a\big)\, R(s,a,s') + \gamma \sum_{s'} \sum_{a'} \pi(a'|s')\, P\big(s'|s,a\big)\, Q^{\pi}(s',a') \tag{11.18}$$

では価値関数とベルマン方程式は強化学習でどのように役立つのでしょうか．それを理解するためには，よい方策というものを価値関数を用いて定義する必要があります．いま，2 つの方策 π と π' があり，すべての可能な状態 s に対して

$$V^{\pi}(s) \geq V^{\pi'}(s) \tag{11.19}$$

が満たされているとします．このとき π を π' と同等か，より優れた方策である $(\pi \geq \pi')$ と定義します．等号の定義も明らかでしょう．するとこの半順序[*1]により，もっとも優れた方策として**最適方策 (optimum policy)** π^* の概念が導入できます．この最適方策は 1 つしかないとは限りません．というのも，$\max_{\pi} V^{\pi}(s)$ を実現する方策 π は複数ありうるからです．この最大値を[*2]

$$V^*(s) = V^{\pi^*}(s) = \max_{\pi} V^{\pi}(s) \tag{11.20}$$

と書きます．本当のことをいうと，順序付けには半順序しか使えませんので，極大 $\sup_{\pi} V^{\pi}(s)$ の存在しかいえませんが，ここでは最大が存在すると仮定しましょう．この最適方策 $\pi^* = \mathrm{argmax}_{\pi}\, V^{\pi}(s)$ に対する行動価値関数を考

---

*1　半順序とは，すべての元のペアに対しては必ずしも大小関係を定められないような順序関係のことをいいます．

*2　ここでの解説の範囲でいえる正確な言い方は「最大値ではなく極大値の 1 つ」です．

えると，これもすべての最適方策で同じ最大値を与えることがわかりますので，この性質 $Q^{\pi^*}(s,a) = Q^*(s,a) \equiv \max_\pi Q^\pi(s,a)$ を示しましょう．

ある最適方策 π^* に対してベルマン方程式 (11.18) を適用すると，式 (11.15) も考慮することで

$$Q^{\pi^*}(s,a) = \sum_{s'} P\big(s'|s,a\big)\, R(s,a,s') + \gamma \sum_{s'} P\big(s'|s,a\big)\, V^{\pi^*}(s') \quad (11.21)$$

を得ます．右辺で最適方策に依存する部分は $V^{\pi^*}(s')$ だけです．この値は最適方策 π^* であれば何を選んでも同じ値でしたので，この $Q^{\pi^*}(s,a)$ もまたすべての最適方策で共通の値をとることがわかりました．さらに右辺に現れる $P\big(s'|s,a\big)$ は当然正の数で，さらに $V^{\pi^*}(s')$ は価値関数 $V^\pi(s')$ のうち最大値となるものでした．したがって，$Q^{\pi^*}(s,a)$ もまた行動価値関数の最大値を与えます．つまりいかなる非最適方策 $\pi(<\pi^*)$ に対しても

$$Q^{\pi^*}(s,a) > Q^\pi(s,a) \quad (\forall s,\, \forall a \in \mathcal{A}(s)) \quad (11.22)$$

となっています．ここで $\mathcal{A}(s)$ は，環境が状態 s のときにエージェントがとりうる行動の集合です．このように

$$Q^{\pi^*}(s,a) = Q^*(s,a) \equiv \max_\pi Q^\pi(s,a) \quad (\forall s,\, \forall a \in \mathcal{A}(s)) \quad (11.23)$$

となっていることがわかりました．

また，状態 s で最適方策 π^* が選択する行動 $a_i(s)$ は必ず

$$a_i \in \operatorname*{argmax}_a Q^*(s,a) \quad (11.24)$$

というように，最適行動価値関数を最大化する a になっています．この性質は直感的には自己無撞着条件のようなものです．というのも，価値関数 (11.15) を最大化する方策 π^* は，各時刻それぞれでも行動価値関数を最大化する a だけを選び続けていると思われるからです．このような方策は**貪欲的 (greedy)** であるといわれます．というのも瞬間的な考え方だけに基づき決定を行い，長期にわたる戦略で報酬を改善できる可能性などは一切考慮しないからです．

ここではもう少しだけ精密に式 (11.24) を理解してみます．まず式 (11.23) とベルマン方程式を用いると，任意の (s,a) と $\pi^* = \operatorname{argmax}_\pi Q^\pi(s,a)$ に

対し

$$
\begin{aligned}
Q^{\pi^*}(s,a) &= \max_{\pi} Q^{\pi}(s,a) \\
&= \sum_{s'} P\big(s'|s,a\big)\, R(s,a,s') + \gamma \sum_{s'} P\big(s'|s,a\big) \sum_{a'} \pi^*(a'|s')\, Q^{\pi^*}(s',a') \\
&\le \sum_{s'} P\big(s'|s,a\big)\, R(s,a,s') + \gamma \sum_{s'} P\big(s'|s,a\big) \left(\sum_{a'} \pi^*(a'|s') \right) \left(\max_{a'} Q^{\pi^*}(s',a') \right) \\
&= \sum_{s'} P\big(s'|s,a\big)\, R(s,a,s') + \gamma \sum_{s'} P\big(s'|s,a\big) \max_{a'} Q^{\pi^*}(s',a') \qquad (11.25)
\end{aligned}
$$

となり，これが最大値（等号）を実現するのは $\pi^*(a'|s') \neq 0$ となる a' が必ず $\mathrm{argmax}_{a'} Q^{\pi^*}(s',a')$ になっているときです．このように各時刻で行動価値関数を最大化するような最適方策を選べば，どの時刻においても状態価値が最大化されることがわかりました．

以上で導かれたさまざまな最適価値関数の性質をまとめると，重要な帰結が導かれます．まず状態価値関数と行動価値関数の関係 (11.15) を最適方策に対して適用すると

$$
V^*(s) = \sum_{a} \pi^*(a|s)\, Q^*(s,a) = \left(\max_{a} Q^*(s,a) \right) \sum_{a} \pi^*(a|s) = \max_{a} Q^*(s,a) \qquad (11.26)
$$

です．なぜなら式 (11.24) のように最大値を実現する行動選択に対してのみ，確率 $\pi^*(a|s)$ は 0 とならないからです．これを式 (11.25) と組み合わせると，**ベルマン最適方程式 (Bellman's optimum equation)** が得られます．

（ベルマン最適方程式）

$$
Q^*(s,a) = \sum_{s'} P\big(s'|s,a\big) \left(R(s,a,s') + \gamma \max_{a' \in \mathcal{A}(s')} Q^*(s',a') \right) \qquad (11.27)
$$

$$
V^*(s) = \max_{a \in \mathcal{A}(s)} \sum_{s'} P\big(s'|s,a\big) \Big(R(s,a,s') + \gamma V^*(s') \Big) \qquad (11.28)
$$

11.1.3 TD 誤差学習

もし我々が環境についての情報を含む $R(s,a,s')$ や $P\big(s'|s,a\big)$ をすべて知っていたならば，ベルマン最適方程式を直接解くことで最適価値関数が求まり，それを使って最適方策が決定できます．これは動的計画法の一例となっています．ベルマン最適方程式は自己無撞着方程式ですので，これを解くには逐次代入法などが用いられます．

その一方で，我々がいま考えたいものは単なる最適化ではなく強化学習であり，事前にはエージェントの手元に環境に関する情報は一切ありません．このような場合も最適方程式を利用して最適方策を学習することができます．

そのために，方策を固定したときの状態価値関数 $V^{\pi}(s)$ を学習し，将来に得られる利得を予測することを考えましょう．学習を行うためには，時刻 t において状態 $\mathrm{s}(t)=s$ のもとで，とある方策に従って行動し，その結果得られた経験（報酬）をもとにして価値関数 $V^{\pi}(s)$ の値をアップデートします．

モンテカルロ法から説明を始めましょう．この方法では，はじめに状態 $\mathrm{s}(t)=s$ が観測されたのち，利得が確定するまで方策に従って状態の観測と行動を繰り返します．ただし利得を計算するためには，1 つのエピソードが終わるまで，ずっと待ち続けなくてはなりません．そうして利得 $R(t)$ が算定された後で，次のように価値関数の値を更新するのがモンテカルロ法です．

（モンテカルロ法）

$$V^{(i+1)}(s) \longleftarrow V^{(i)}(s)+\eta\big(R(t)-V^{(i)}(s)\big) \tag{11.29}$$

η は学習率です．このアップデートの式は

$$V^{(i+1)}(s) \longleftarrow (1-\eta)V^{(i)}(s)+\eta\, R(t) \tag{11.30}$$

と書くと，価値関数の推定値のうち η 割だけ，あるエピソードで観測された利得 $R(t)$ によって置き換えて更新していることがわかります．つまりこのアップデートは状態価値関数を，実際に観測された利得に近づけていく操作です．したがって，この操作を何回も反復していくと，これは状態価値関

数を観測された利得の標本平均に近づける操作ですので，方策に対応した状態価値関数に収束すると期待できます．

$$V^{(i)} \to V^{\pi} \quad (i \to \infty) \tag{11.31}$$

モンテカルロ法では $R(t)$ の値が必要なため，1 回の更新をするために 1 つのエピソードの終わりまで待たなくてはなりません．これはあまりにもコストのかかる学習法です．そこで動的計画法のアイデアを組み合わせてよりよい方法を作りましょう．まずベルマン方程式に注目します．モンテカルロ法は状態価値関数の定義

$$V^{\pi}(s) = \mathrm{E}_{P,\pi}\left[\,\mathrm{R}(t)\middle|\, s\,\right] \tag{11.32}$$

に従い，右辺に対応した利得（の標本平均）を使って学習しました．ところがベルマン方程式の導出で見たように，同じ関数を次のような再帰的な形にも書くことができます．

$$V^{\pi}(s) = \mathrm{E}_{P,\pi}\left[\,\mathrm{r}(t+1) + \gamma V^{\pi}\big(\mathrm{s}(t+1)\big)\middle|\, \mathrm{s}(t) = s\,\right] \tag{11.33}$$

したがって，この右辺の期待値の推定値（標本平均）を使うことでも学習することができます．ただし現時点では当然答えであるところの $V^{\pi}\big(\mathrm{s}(t+1)\big)$ はわかりませんので，これを現時点での見込み推定値 $V^{(i)}\big(\mathrm{s}(t+1)\big)$ で代用します*3．これは**ブートストラップ法** (**bootstrap method**) と呼ばれるものです．こう考えるとブートストラップ的に評価された (11.33) の両辺の差，**TD 誤差**を縮めるように価値関数を更新して行けばよいでしょう．

$$\Big(r(t+1) + \gamma V^{(i)}\big(s(t+1)\big)\Big) - V^{(i)}(s(t)) \tag{11.34}$$

こうして定式化されるのが **TD 法**です．

（TD 法）

$$V^{(i+1)}(s) \longleftarrow V^{(i)}(s) + \eta\big(r + \gamma V^{(i)}(s') - V^{(i)}(s)\big) \tag{11.35}$$

ただし時刻 $t+1$ での状態の観測値が $s(t+1) = s'$ で，実際に得られた報

*3 観測時刻 t で i 回目の更新がなされ $V^{(i)}$ が得られているものとします．

酬が $r(t+1)=r$ です．ここではサンプル 1 つだけを用いる学習を考えました．この式も再び次のように書くと意味が見てとりやすいかもしれません．

$$V^{(i+1)}(s) \longleftarrow (1-\eta)V^{(i)}(s) + \eta\big(r + \gamma V^{(i)}(s')\big) \tag{11.36}$$

このようにブートストラップ法を導入することにより，エピソードの終わりまで待つ必要がなく，次の時刻 $t+1$ の観測値だけからすぐさまアップデートすることができます．そのため，各時刻ごとに $V^\pi(s)$ の予測を進めていくことができます．

11.1.4 Q 学習

TD 法では $V^\pi(s)$ を学習することで方策 π に対する利得を予測し最適な方策 π を探りました．そこで次に行動価値関数 $Q^\pi(s,a)$ を学習することで，Q^π を通じて最適な方策を見つける手法を考えてみましょう．

時刻 t で状態と行動が $(\mathrm{s}(t),\mathrm{a}(t)) = (s,a)$ であり，次の時刻で，報酬 $\mathrm{r}(t+1) = r$ を得つつ $(\mathrm{s}(t+1),\mathrm{a}(t+1)) = (s',a')$ となった場合を考えます．**Sarsa 法**では，これらすべての情報を使って次のように更新します．

(Sarsa 法)

$$Q^{(i+1)}(s,a) \longleftarrow Q^{(i)}(s,a) + \eta\big(r + \gamma Q^{(i)}(s',a') - Q^{(i)}(s,a)\big) \tag{11.37}$$

これはベルマン方程式 (11.18) を参考にした更新法です．十分多くの更新を繰り返していくと，やがては行動価値関数に収束するでしょう．

$$Q^{(i)} \to Q^\pi \quad (i \to \infty) \tag{11.38}$$

この学習された行動価値関数を使うと，最適な方策を探れます．ちなみに Sarsa の名前はここで使用した情報 (s,a,r,s',a') を並べたものです．

その一方，一挙に最適行動価値関数 $Q^*(s,a)$ を学習してしまうことで，とても効率的な強化学習を実現することもできます．そのためには，最適価値関数に対するベルマン方程式 (11.27) を用いればよいのです．

（Q 学習）

$$Q^{(i+1)}(s,a) \longleftarrow Q^{(i)}(s,a) + \eta\big(r + \gamma \max_{a'} Q^{(i)}(s',a') - Q^{(i)}(s,a)\big) \tag{11.39}$$

するとこの場合は，ある仮定のもと $Q^{(i)}$ が最適行動価値関数に収束することが知られています．

$$Q^{(i)} \to Q^{*} \quad (i \to \infty) \tag{11.40}$$

この学習の際は，各時刻での行動の選び方は適当でよく，勝手にランダムな行動選択を繰り返すだけでも十分です．方策と関係なく学習できるため，式(11.39)に基づく **Q 学習** (Q-learning) は**方策オフ型** (off-policy) の TD 学習と呼ばれます．また Sarsa のように学習後に改めて方策に関して価値関数を最大化する必要はなく，一気に最適行動価値関数を学ぶことができます．

ミニバッチを用いて学習する場合も考えましょう．このケースではベルマン最適方程式においてマルコフ決定過程のもとでの期待値を，環境 $\mathcal{E}$*4 から実際にサンプリングされた状態と報酬の標本平均で置き換えた

$$Q^{*}(s,a) = \mathrm{E}_{(s',r)\sim\mathcal{E}(\mathrm{s}',\mathrm{r}|s,a)}\left[r + \gamma \max_{a'} Q^{*}(s',a') \middle| s,a \right] \tag{11.41}$$

に基づけばよいのです．すると，逐次近似法で反復的に答えを得るならば

$$Q^{(i+1)}(s,a) \longleftarrow \mathrm{E}_{(s',r)\sim\mathcal{E}}\left[r + \gamma \max_{a'} Q^{(i)}(s',a') \middle| s,a \right] \tag{11.42}$$

ですし，もっと一般的に Q 学習を考えるのであれば学習率 η を導入して

$$\begin{aligned} &Q^{(i+1)}(s,a) \\ &\longleftarrow Q^{(i)}(s,a) + \eta\left(\mathrm{E}_{(s',r)\sim\mathcal{E}}\left[r + \gamma \max_{a'} Q^{(i)}(s',a') \middle| s,a \right] - Q^{(i)}(s,a) \right) \end{aligned} \tag{11.43}$$

とすればよいのです．通常 Q 学習の初期値は，すべての (s,a) について

*4 この環境分布は，後から見るようにさまざまな試行を繰り返して集めたデータの経験分布だと考えてください．したがって，ここでの $\mathcal{E}$ に関する期待値は，ミニバッチに関する標本平均を意味します．

$Q^{(0)}(s,a) = 0$ とします．またオンライン学習では，更新式の右辺の期待値を 1 つのサンプル (s', a') で評価した値で代用します．

11.2 関数近似と深層 Q ネット

11.2.1 Q 学習と関数近似

図 11.2 には許されるさまざまな状態と行動の値のペア (s_σ, a_α) に対する，状態価値関数 $Q(s_\sigma, a_\alpha)$ の値が表としてまとめられているとします．Q 学習のスタート時点ではランダムな数，あるいは 0 で表を埋めてあるとしましょう．学習が始まると，現在のある状態のもとで適当な行動をとり，報酬を得て遷移後の状態を観測し，それらを用いて Q 学習の更新ルールに従い Q の値を更新します．つまり Q の値の表のうち，各学習ステップ i で実現された $(s_{\sigma(i)}, a_{\alpha(i)})$ の部分だけを次々更新するのです．表のサイズが小さいときは，このような学習は有用でしょう．というのも学習に用いる経験が多数あるので，この更新の矢印は何回も同じ (s_σ, a_α) を通過し，適切な Q の値に収束していくからです．ところが可能な状態数が多くなり表のサイズが大きくなってくると，この手法は有効ではありません．学習に用いられる訓練データ（経験）の数には限りがあるので，更新の操作はこの表のごく一部しか通過しないでしょう．つまり表にある値の大半はまったく学習されていないということになります．

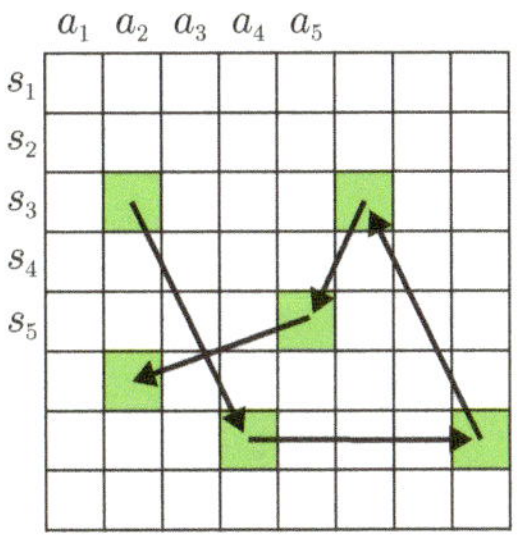

図 11.2 $Q(s_\sigma, a_\alpha)$ の表．学習中は更新 $i = 1 \to 2 \to 3 \to \cdots$ を表す矢印に従って，この表の上の特定の位置 $(s_{\sigma(i)}, a_{\alpha(i)})$ における Q の値が更新されていく．更新された部分はここでは黄緑色で示した．

しかし機械学習ではデータ数が少ないときでも，汎化に近づけることを目的としていました．したがって，表の一部だけが経験・学習されたときでも，経験されなかった表の位置 (s,a) に対しても学習操作が影響して，表の全体で真の答えへ近づいていく状況がほしいのです．ではどのようにすれば汎化が得られるでしょうか．実は既存の汎化法として，教師あり学習が応用できるのです．これから詳しく紹介するこのアイデアは，**関数近似 (function approximation)** と呼ばれています．関数近似では，表として価値関数を更新するのではなく，まずはじめに「価値関数をパラメータ $\boldsymbol{w}$ の特定の関数 $\hat{Q}(s,a;\boldsymbol{w})$ としてモデル化される」という仮定をおきます．つまり学習中は

$$Q^{(i)}(s,a) \simeq \hat{Q}(s,a;\boldsymbol{w}^{(i)}) \tag{11.44}$$

と近似し，$Q^{(i)}$ 値の表ではなくて $\hat{Q}$ のパラメータを更新すると考えます．

$$\boldsymbol{w}^{(i+1)} \longleftarrow \boldsymbol{w}^{(i)} + \Delta\boldsymbol{w}^{(i)} \tag{11.45}$$

このようにすることで特定の状態・行動ペア (s,a) に対するパラメータ更新が，関数近似を通じてすべての状態・行動ペアに対する $\hat{Q}$ に影響するので，表全体へ学習の効果が波及することが期待できます．そしてこのパラメータの収束値 $\boldsymbol{w}^*$ が，最適行動価値関数のよい近似値を実現することになります．

$$Q^*(s,a) \simeq \hat{Q}(s,a;\boldsymbol{w}^*) \tag{11.46}$$

TD 法で状態価値関数を学習したい場合は，同様に状態価値関数を関数近似します．

$$V^{(i)}(s) \simeq \hat{V}(s;\boldsymbol{w}^{(i)}) \tag{11.47}$$

ではどのような関数 $\hat{Q}(s,a;\boldsymbol{w}^{(i)})$ を選べばよいでしょうか．何の考えもなく選んだモデルを用いても，まともなパフォーマンスは期待できないでしょう．しかし我々は教師あり学習を通じて，ニューラルネットという高い表現力をもつモデルをすでに手にしています．そこでこれらを応用しましょう．

もっともシンプルな関数近似は線形アーキテクチャと呼ばれるものです．この方法ではまず，状態行動ペア (s,a) に対して，それのよい表現 $\boldsymbol{x}(s,a)$ を適当に用意します．関数近似は，この表現を係数にもつパラメータの線形関数であるとします．

$$\hat{Q}(s, a; \boldsymbol{w}) = \boldsymbol{x}^\top \boldsymbol{w} = \sum_k x_k w_k \tag{11.48}$$

このモデルは後で述べる勾配降下法の計算が簡単化するため，よく用いられる便利な手法です．

もっと複雑な問題に対しては，より強力な汎化法が必要になります．そのような場合にはニューラルネットの能力を利用します．ニューラルネットの使い方も何通りか考えることができるのですが，**図 11.3** のように状態を入れると可能なすべての行動に対する価値関数を出力するネットワークを用意し，これを関数近似 $\hat{Q}(s, a; \boldsymbol{w})$ に用います．関数近似のパラメータは，ここではニューラルネットの重みパラメータです．この手法は昔からあるものなのですが，最近 **Q ネットワーク (Q-network)** という新たな名前で呼ばれるようになりました．Q ネットワークに深層学習を用いたものが，**深層 Q 学習 (deep Q-learning)** や**深層 Q ネットワーク (deep Q-network, DQN)** と呼ばれる手法です．

教師あり学習は関数近似に具体的にどのように応用されるのでしょうか．Q 学習の場合も，平均二乗誤差などの誤差関数

$$E^{(i)}(\boldsymbol{w}^{(i)}) = \mathrm{E}_{(s,a)\sim\rho(\mathrm{s,a})}\left[\frac{1}{2}\left(\hat{Q}(s, a; \boldsymbol{w}^{(i)}) - y_i(s, a)\right)^2\right] \tag{11.49}$$

を最小化するようにパラメータを調整していくことは変わりません．ここで $\rho(\mathrm{s,a})$ は**行動分布 (behavior distribution)** と名付けられているもので，（ミニ）バッチの与える経験分布です．つまり，この誤差関数を計算する期待値は，（ミニバッチの中にある）エージェントによって実際に経験された状

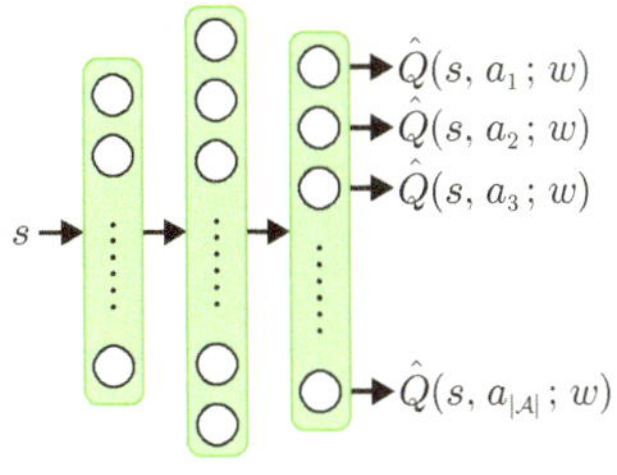

図 11.3 行動価値関数の関数近似を与えるニューラルネット．

態・行動ペアに関する標本平均です（通常の Q 学習では，サンプル 1 つだけによるオンライン学習を考えます）．これはほとんど通常の教師あり学習のセットアップと同じです．

しかし標的値 y_i として用いる教師データはどうすればよいのでしょうか．もちろん正しい $Q^*(s,a)$ の値を知っているのならば

$$y_i(s,a) = Q^*(s,a) \tag{11.50}$$

として，これを教師とできます．しかし強化学習では $Q^*(s,a)$ が求めたい答えそのものですので，この教師データは用意できません．そこで強化学習の関数近似法では，最適価値関数にブートストラップ近似を用いた更新法 (11.42) を参考に

$$y_i(s,a) = \mathrm{E}_{(s',r)\sim\mathcal{E}}\left[r + \gamma \max_{a'} \hat{Q}(s',a';\boldsymbol{w}^{(i)}) \middle| s,a\right] \tag{11.51}$$

を標的値として用いるのです．すると，誤差関数は次のように書くことができます．

$$\begin{aligned}E^{(i)}(\boldsymbol{w}^{(i)}) =& \mathrm{E}_{(s,a,r,s')}\left[\frac{1}{2}\left(r + \gamma \max_{a'} \hat{Q}(s',a';\boldsymbol{w}^{(i)}) - \hat{Q}(s,a;\boldsymbol{w}^{(i)})\right)^2\right] \\ &+ \mathrm{E}_{(s,a)}\left[\frac{1}{2}\mathrm{V}_{(r,s')}\left[\left(r + \gamma \max_{a'} \hat{Q}(s',a';\boldsymbol{w}^{(i)})\right)^2 \middle| s,a\right]\right]\end{aligned} \tag{11.52}$$

2 項目に現れた $V_{(r,s')}$ は，(r,s') を与える経験分布のもとでの分散です．強化学習の特徴的な点は，教師データ $r + \gamma \max_{a'} \hat{Q}(s',a';\boldsymbol{w}^{(i)})$ もまた重みパラメータに依存しているということです．ただしこれは学習の目標値であり，今回のパラメータ更新でアップデートされるパラメータとは区別して考えます．したがって学習目的でこの誤差関数の勾配を計算する際は，$y_i(s,a)$ 部分に現れる重みは微分が作用せず，$-\hat{Q}(s,a;\boldsymbol{w}^{(i)})$ の項に現れる $\boldsymbol{w}^{(i)}$ のみが微分で叩かれるとみなします．つまり

$$\begin{aligned}&\nabla_{\boldsymbol{w}^{(i)}} E^{(i)}(\boldsymbol{w}^{(i)}) \\ &\simeq -\mathrm{E}_{(s,a,r,s')}\left[\left(r + \gamma \max_{a'} \hat{Q}(s',a';\boldsymbol{w}^{(i)}) - \hat{Q}(s,a;\boldsymbol{w}^{(i)})\right) \nabla_{\boldsymbol{w}^{(i)}} \hat{Q}(s,a;\boldsymbol{w}^{(i)})\right]\end{aligned} \tag{11.53}$$

ということです．

このように考えると，勾配降下法による学習が定式化できます．式 (11.52) のうち誤差関数の勾配に寄与するのは第 1 項の期待値だけであり，したがって勾配降下法 $\boldsymbol{w}^{(i+1)} \leftarrow \boldsymbol{w}^{(i)} - \eta \nabla_{\boldsymbol{w}^{(i)}} E^{(i)}(\boldsymbol{w}^{(i)})$ を具体的に書くと

$$\boldsymbol{w}^{(i+1)} \leftarrow \boldsymbol{w}^{(i)} + \eta \,\mathrm{E}_{(s,a,r,s')}\Big[\big(r + \gamma \max_{a'} \hat{Q}(s',a';\boldsymbol{w}^{(i-1)}) - \hat{Q}(s,a;\boldsymbol{w}^{(i)})\big)\nabla_{\boldsymbol{w}^{(i)}} \hat{Q}(s,a;\boldsymbol{w}^{(i)})\Big] \tag{11.54}$$

です．ミニバッチ学習ではなく，オンライン学習を行うときは

$$\boldsymbol{w}^{(i+1)} \longleftarrow \boldsymbol{w}^{(i)} + \eta\Big(r + \gamma \max_{a'} \hat{Q}(s',a';\boldsymbol{w}^{(i-1)}) - \hat{Q}(s,a;\boldsymbol{w}^{(i)})\Big)\nabla_{\boldsymbol{w}^{(i)}} \hat{Q}(s,a;\boldsymbol{w}^{(i)}) \tag{11.55}$$

とすればよいでしょう．次に説明する深層 Q 学習ではオンライン学習ではなくミニバッチが用いられます．

11.2.2 深層 Q 学習

深層 Q 学習や深層 Q ネットワーク (DQN) と呼ばれるものは，行動価値関数の関数近似に多層ニューラルネットを用いる手法のことでした．実際には主に畳み込みニューラルネットを用いるのですが，具体的なアーキテクチャの構造はアタリゲームを解説する際に紹介します．ここではまず DQN の学習プロセスの特徴を解説しましょう．

DQN のミニバッチ学習では，**経験リプレイ (experience replay)** というアイデアが重要になります [67] [68] [70]．ゲームの攻略法を学ぼうとする DQN を想像しましょう．一番ナイーブな学習法は，リアルタイムでゲームを試行させながら同時に学習させる方法です．この場合はオンラインで次々とやってくるデータを時系列順にニューラルネットで処理していきますが，当然時系列でやってくる教師データは互いに強く相関しています．例えば現在のゲームのプレイ画面がどのような状態をとりうるかは，少し前のプレイ画面の状態に強く依存し，大きな相関があります．すると，相関の強いデータでニューラルネットを学習させてしまうことになり，これではうまくいか

ないと考えられます．「データの偏りは学習の妨げ」となるからです．そこで登場となるのが経験リプレイです．

経験リプレイでは，あらかじめいくつものエピソードを試行して学習データのバッチを作っておきます．つまり学習前に，ゲームを何回もプレイしておくのです．そして得られた実際のエピソードたちを，各時刻での経験 $(\mathrm{s}(t), \mathrm{a}(t), \mathrm{r}(t+1), \mathrm{s}(t+1))$ に切り分けて，バラバラにした状態で集めておきます．このように実際にいろいろなやり方でゲームをしてみて得られた，瞬時的な経験 $(\mathrm{s}(t), \mathrm{a}(t), \mathrm{r}(t+1), \mathrm{s}(t+1))$ の集合 $\mathcal{D}$ を**リプレイ記憶 (replay memory)** と呼びます．学習時には，このリプレイ記憶からランダムに経験 $(\mathrm{s}(t), \mathrm{a}(t), \mathrm{r}(t+1), \mathrm{s}(t+1))$ を選んできて，それを教師データに使います．これにより訓練データ系列の間の相関が消せますので，近似的に同一分布から独立にサンプルされたデータとみなせ，データの偏りによる学習への負荷が解消できました．

この方法は，とりあえずいろいろ試してみた経験を未整理状態のまま短期記憶しておき，後々ランダムに記憶をリプレイしながらじっくり学んでいく方法です．実はこの仕組みは，脳の中にある海馬が，記憶を定着させたり整理したりする際のメカニズムを参考にして作られています．有力な説によると，海馬は短期的に経験から得られた記憶をストックしておき，睡眠時などにその記憶をリプレイすることで，長期記憶として大脳皮質に定着させています．このようなメカニズムはマウスで実験的に確認されています．

経験リプレイを用いる利点は他にもあります．リプレイ記憶から経験をランダムに取り出して学習を続けることで，パラメータの更新中に同じ経験を何回も学習に使えます．したがって訓練データがとても有効に活用されています．またオンラインでQ学習をしますと，行動価値関数のちょっとした更新が，次の時刻における最適行動を大きく変えてしまいます*5．これでは最適行動（方策）が「右へ左へ」振れ続け，学習が振動して問題が生じます．経験リプレイは行動分布をさまざまな経験に関して平均化する効果があり，不要な振動が避けられるようになります．

DQN における 2 つ目の改良点は，勾配降下法 (11.54) におけるパラメー

*5 いくつも局所的極大値がある場合は，関数 $Q(s,a)$ のほんの少しの修正でも，$a^*(s) = \mathrm{argmax}_a\, Q(s,a)$ の値を大きく変化させえます．というのも関数 Q をプロットしてグラフを書いた場合，複数ある「山頂」の高さの順位は，山並みを決めるこの関数のちょっとした変動で急激に変わりうるからです．

タの扱いです．更新式 (11.54) の目標値 $r + \gamma \max_{a'} \hat{Q}(s', a'; \boldsymbol{w}^{(i-1)})$ には 1 回前にアップデートされた重みを用いています．すると勾配が更新されるごとに，パラメータ更新のため標的信号がふらふらとふらつき安定しません．これもまた学習の収束を妨げますので，$\boldsymbol{w}^{(i-1)}$ の代わりに一定に固定した値 $\boldsymbol{w}_-^{(i)}$ を用います．

$$\boldsymbol{w}^{(i+1)} \leftarrow \boldsymbol{w}^{(i)} - \eta \mathrm{E}_{(s,a,r,s')} \left[\left(r + \gamma \max_{a'} \hat{Q}(s', a'; \boldsymbol{w}_-^{(i)}) - \hat{Q}(s, a; \boldsymbol{w}^{(i)}) \right) \nabla_{\boldsymbol{w}^{(i)}} \hat{Q}(s, a; \boldsymbol{w}^{(i)}) \right] \tag{11.56}$$

このパラメータ $\boldsymbol{w}_-^{(i)}$ はほぼ固定されているのですが，定期的にその値を更新することにします．具体的にはパラメータの更新ステップ C 回に 1 回の割合で，周期的に最新のパラメータ値を Q ネットワークからコピーしてアップデートします．

$$\boldsymbol{w}_-^{(Cm)} \leftarrow \boldsymbol{w}^{(Cm-1)} \quad (m = 1, 2, \ldots) \tag{11.57}$$

$$\boldsymbol{w}_-^{(Cm)} = \boldsymbol{w}_-^{(Cm+1)} = \boldsymbol{w}_-^{(Cm+2)} = \cdots = \boldsymbol{w}_-^{(Cm+C-1)} \quad (m = 1, 2, \ldots) \tag{11.58}$$

ただし初期値 $\boldsymbol{w}_-^{(0)}$ だけは適当な値にとっておきます．アップデートしないステップの間は，教師データ側のパラメータ値は同じものを使い続けます．つまりしばらくは，少し過去の古いパラメータ値を教師データに使い続けるということです．このハイパーパラメータ C の値は，アタリ 2600 ゲームの攻略では 10000 にとられています．またこの教師データ $\hat{Q}(s', a'; \boldsymbol{w}_-^{(i)})$ を生成するためのニューラルネットは，学習の対象である DQN とは別に用意することになります．両者を区別するために教師用ネットワークを**標的ネットワーク (target network)** と呼びます．

参考 11.1 ハサビスが率いるディープマインド

ディープマインドの創立者 D. ハサビス (Demis Hassabis) は，若くしてすでに名うてのコンピューターゲーム開発者であったのですが，人工知能に興味を移してからは脳神経科学の研究者へ転身します．しかしそのために博士課程へ進学した際，彼が脳について知っていたことはなんと「頭蓋骨の中にあることだけ」だったそうです[69]．ところがハサビスは神経科学者としてもすぐさま顕著な活躍を見せ始めます．実は彼が成果を上げた研究テーマが海馬と記憶喪失であったのです．このように神経科学者として順風満帆な研究生活を送っていた彼ですが，ほどなくして再度，人工知能開発者へと転身します．それからの活躍は広く知られている通りです．彼は神経科学の業界を去りはしましたが，彼の立ち上げたディープマインドの技術のコアには，しっかりと神経科学の知見が生かされているのです．最近でもワーキングメモリにヒントを得て，彼らによって可微分ニューラル計算機が提唱されました．

11.3 アタリゲームとDQN

これまで見てきたようにDQNとはいっても，その大半は強化学習で昔からよく研究されてきた枠組みをそのまま用います．ですが，経験リプレイを用いるミニバッチ学習と標的ネットワークを用いた教師データの生成に関しては大きな修正点でした．またDQNでは，その名の通り関数近似として本格的な多層ニューラルネットを使用します．本節ではアタリゲームへの応用を具体例として，アーキテクチャの構造とDQNの実装についてもう少し詳しく紹介します．

アタリ2600(Atari2600)は，アメリカのアタリ社が1977年に発売した最初期のROMカセット式家庭用ビデオゲーム機です．日本ではファミコンの陰に隠れて印象が薄いですが，本国アメリカでは大ヒットを飛ばした歴史的なゲーム機です．「スペースインベーダー」や「パックマン」などの有名なゲームが移植されていました．初期のテレビゲームとはいえ実際にやってみると，いまでも初心者には難しいゲームが多いのではないでしょうか．これを機械に攻略させようとするならなおさらです．

2013年暮れの国際会議NIPS 2013と，2015年のNature誌上において，ディープマインドのグループはDQNによるアタリ2600ゲームの学習結果を発表します．Natureに発表された結果では，多岐にわたるゲーム49種のうち半数以上で（人間の）プロゲームプレーヤーの75%以上の成績を達成し，さらにいくつかのゲームではその成績は人間の数十倍にまで及びました．既知の手法を大幅に上回るこの成果は注目を集め，深層学習を強化学習へ活用することの可能性を強く印象付けました．本節では原論文 [70] に従って，この内容を解説しましょう．

すでに述べたように，アタリゲームを機械学習させるために用いられる手法が深層 Q 学習です．ゲームの状態を表すデータとしてはテレビ画面（環境）のうえに表示されている映像を用い，DQN にはこの映像を入力とする深層の CNN を用います．図 11.3 にあるように，このネットワークの出力はとりうる各行動に対する Q の値です．ではエージェントがとりうる行動はどのようなものがありうるでしょうか．

実はアタリ 2600 ゲームは，ジョイスティックと呼ばれる特殊なコントローラを操作することでプレイします．このジョイスティックにはその名の通り棒状の操縦ハンドルがついており，これを上下左右斜めの合わせて 8 方向に動かせます．方向移動しない（スティックを動かさない）という選択も含めると，1 回の操作で計 9 通りの移動パターンが選べます．それと同時に，ジョイスティックについたトリガボタンを押すか押さないかの 2 つの選択も可能です．このボタンはゲームによって，敵への攻撃を行う際に用いられたりします．いずれにせよ，アタリ 2600 では最大 $9 \times 2 = 18$ 通りの行動をとりえます（ゲームの種類によっては選択肢が減ります）．したがって，Q ネットワークの出力層もそれに対応して 18 個のユニットを用意します．Q ネットワークの入力から中間層の途中までは入力画像を処理するために CNN を用いましたが，出力層とその 1 個前の層では全結合型のネットワークを用います．それによりほしい Q 値を出力とする DQN を実現します．ネットワークの概要は**図 11.4** に示しています．

あとは経験リプレイを用いたミニバッチ勾配降下法で深層 Q 学習するだけです．その際の誤差逆伝播は，RMSprop（4.2.5 節）を用いて実行されました．ネットワークの構造も，選んだハイパーパラメータも，すべてのゲームで同じものを使って学習が実行されました．それにもかかわらず，最終的には多くのゲームで高いスコアを獲得する行動をとるようになります．例え

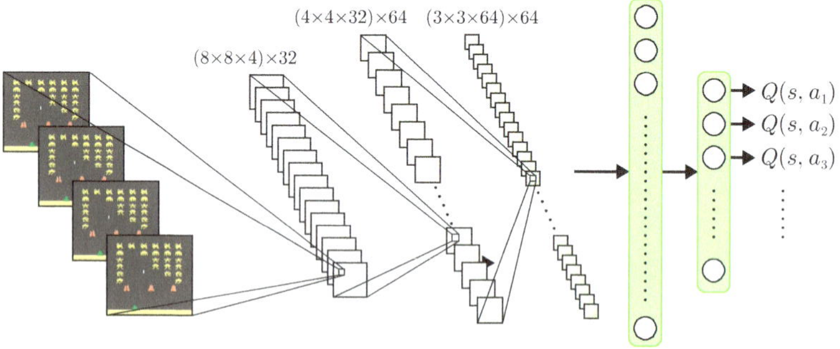

図 11.4 Atari ゲーム学習のためのネットワークの概略図. $(8 \times 8 \times 4) \times 32$ などの数はフィルタサイズとチャネル数. 実際の入力は操作 ϕ で画質などを落としたものを使います.

ばNatureのウェブページ*6 では, DQN が「Breakout」というブロック崩しゲームを学習していく動画を見ることができます. それを見ると 600 回分のエピソードを学習した後は, 最良方策である隠し技を自ずと身につけ, 素早くゲームを攻略できるようになっています. ゲームの種類によらず, DQN はかなり汎用なアルゴリズムであることを意味しているのでしょう. ただしまったく学習できない不得意なゲームが存在することも指摘されています. 例えばパックマンでは, プロゲーマーの 13%の成績しか収められていません. このようなゲームでは多くの敵がいろいろな場所を動き回るなど環境が複雑すぎて, 簡単には行動を決める方策の間に優劣をつけられません. また長期にわたり通用する戦略が立てにくく, 短期的な戦略をそのつど立て直さなければならないことが難しさを生んでいます. したがってもっと工夫した学習アルゴリズムや, さらに学習に計算コストをかけることが必要なのかもしれません.

さらに原論文では細部にいくつもの工夫があるので, それらのうち主なものについて解説します. まず 1 つ目は, DQN への入力データとその前処理です. もともとのゲーム画面は 210×160 ピクセルの 128 色画像です. 色はゲームの本筋とは関係ないので, 輝度情報だけのグレースケール画像に変換します. さらにゲーム画面の縁を削ったりスケールダウンさせることで 82×82 ピクセルへ落とします. このようにして作った画像たちを, 時間的に

*6 http://www.nature.com/nature/journal/v518/n7540/fig_tab/nature14236_SV2.html

連続する画面 4 フレームをひとまとめにし，それを 4 チャネル画像とみなします．この 4 チャネル画像を DQN へ入力します．この 4 チャネル画像が，いまの強化学習の設定における状態を表しているということです．一連の前処理操作が原論文では ϕ と書かれています．

次にネットワークの構造です．図 11.4 のように最初の 3 つの隠れ層は畳み込み層で，その後に全結合の隠れ層と出力層が続きます．いずれの中間層でも，活性化関数は ReLU 関数を用います．入力は $84 \times 84 \times 4$ 画像です．この入力が送られるはじめの隠れ層は，8×8 のフィルタ 32 枚を畳み込む層になっています．この層のストライドは 4 です．2 つ目の隠れ層は，ストライド 2 の 4×4 フィルタ 64 枚の畳み込み層です．3 つ目の隠れ層は，ストライド 1 の 3×3 フィルタ 64 枚の畳み込み層です．この隠れ層の出力は 512 ユニットからなる全結合隠れ層に送られます．最後の出力層は，各行動の数だけユニットがある全結合層で，活性化関数は線形関数です．

学習と訓練データについても説明しましょう．全学習にはすべてのゲームで 5000 万フレームが用いられ，約 1 ヶ月が費やされました．まず学習に用いる 1 回あたりの報酬は，± 1 か 0 のいずれかに規格化されています．それにより報酬の大小の情報を失うのと引き換えに，学習に用いる勾配が理不尽に大きくなることが防げます．実際に用いられたハイパーパラメータの大きさについては，まず RMSprop で用いられたミニバッチのサイズは 32 です．この節の最後で紹介する ϵ-グリーディー方策を用いて学習中の行動選択は行われました．ϵ の値は学習の最初の数百万フレーム中に 1 から 0.1 まで線形に下げていき，その後の学習では一定とされています．また，学習中にはフレームスキッピングというテクニックが用いられています．ゲーム画面は 1 秒間に数十という回数で，新しいフレームに切り替わっていますが，このすべてでエージェントが行動をとるのは明らかに無駄です．というのもゲームは人間のスピード感覚に合わせて作られているため，ゲームのドラスティックな状態変化はそんなに素早く起こらないからです．そこで学習に使う画面は間引くことにして，更新 4 回に 1 回だけ画面を取り出してエージェントは観測・行動を行うものとします．これにより計算コストも下げられます．

最後に，学習後の性能評価のフェーズについても簡単に紹介します．実際にプレーさせる場合は，最適方策からの行動選択は ϵ-グリーディー方策

$$\pi^{\epsilon}(a|s) = \begin{cases} 1-\epsilon+\dfrac{\epsilon}{|\mathcal{A}(s)|} & a = \underset{a}{\operatorname{argmax}}\, Q(s,a) \\ \frac{\epsilon}{|\mathcal{A}(s)|} & \text{otherwise} \end{cases} \tag{11.59}$$

を用います．実験では $\epsilon = 0.\ 05$ という値が使われています．またエージェントが新しい行動に切り替えるのは 6 フレームに 1 回です．その間は同じ行動を持続させます．

11.4 方策学習

11.4.1 勾配上昇法による方策学習

これまではアタリゲームへ応用することを念頭に，深層学習を強化学習に適用するためのアイデアを解説してきました．そこで用いられた強化学習の手法は，最適な行動価値関数 $Q^*(a,s)$ を学習することで最適な行動 $a^* = \operatorname{argmax}_a Q^*(a, {}^{\forall}s)$ を見つけ出すというものでした．この手法は，環境のとりうる状態 s の数が増えるにつれ非現実的となっていきます．なぜならば最適行動を決定するには，すべての状態にわたって最適行動価値関数を最大化しなくてはならないからです．

そのような場合に用いられる手法は，行動を生成する方策を直接学習するというものです．まず方策をパラメータ付けられた関数でモデル化しましょう．

$$\pi(a|s) \approx \pi(a|s,\boldsymbol{\theta}) \tag{11.60}$$

このもとで，まず時刻 0 での状態 s_0 から得られる長期間の報酬総和

$$\rho(\pi) = \mathrm{E}_{P,\pi}\left[\sum_{t=0}^{\infty}\gamma^t r(t+1)\ \middle|\ s_0\right] \tag{11.61}$$

を考えてみましょう．以下では，方策 π はすべてパラメータモデルで置き換えられているものとしましょう．まず以下で式をきれいに書くために，次の 2 つの量を導入します．

$$d^{\pi}(s) = \sum_{k=0}^{\infty}\gamma^k P^{\pi}(\mathrm{s}(k) = s|s_0,\boldsymbol{\theta}) \tag{11.62}$$

$$R(a,s)=\sum_{s'}P(s'|s,a)R(s,a,s') \tag{11.63}$$

$\gamma=1$ のときは，$d^{\pi}(s)$ はだいたいエピソード中何回状態 s を訪れたのかという回数になります．

方策のよさを測る尺度となる，この長期間の報酬 $\rho(\pi)$ の，方策のモデルパラメータに関する勾配を考えてみましょう．すると，次節で証明するように，次の定理が成り立ちます．

定理 11.1（方策勾配定理）

$$\frac{\partial\rho(\pi)}{\partial\theta}=\sum_{s}d^{\pi}(s)\sum_{a}\frac{\partial\pi(a|s)}{\partial\theta}Q^{\pi}(s,a) \tag{11.64}$$

d^{π} も方策 π に依存しているのにもかかわらず，この関数に対する微分係数は最終結果に現れません．したがって $\rho(\pi)$ を最大化する π を探すために勾配法を用いる際，この定理を適用することで計算が大幅にシンプルになります．この定理の証明は後に回すことにして，この勾配を用いた方策パラメータの勾配上昇法での更新を考えましょう．

$$\boldsymbol{\theta}^{(s+1)}=\boldsymbol{\theta}^{(s)}+\eta\,\nabla_{\boldsymbol{\theta}}\,\rho(\pi)|_{\boldsymbol{\theta}^{(s)}} \tag{11.65}$$

この更新法が最適値を導くのは，最適な方策は報酬 $\rho(\pi)$ を最大化すると期待できるからです．これに方策勾配定理を代入するのですが，$d^{\pi}(s)$ はこの方策のもとでどれだけ頻繁に各状態を訪れるのかを表しています．したがって，この係数をかける操作の代わりに，経験分布に関する期待値で近似することを考えましょう．

$$\nabla_{\boldsymbol{\theta}}\,\rho(\pi)\approx \mathrm{E}_{(s,a)\in\mathcal{D}}\left[\nabla_{\boldsymbol{\theta}}\pi(a|s)\,\frac{Q^{\pi}(s,a)}{\pi(a|s)}\right] \tag{11.66}$$

もちろん経験分布平均はデータ平均で計算されます．ただし，右辺が方策の値 $\pi(a|s)$ で割られている理由は，方策によりよく選ばれる行動と，ほとんど選ばれていない行動の間の偏りをならすためです．したがって，最終的に次のパラメータ更新則が得られました．

$$\boldsymbol{\theta}^{(t+1)} = \boldsymbol{\theta}^{(t)} + \eta \mathrm{E}_{(s,a)\in\mathcal{D}} \left[\nabla_{\boldsymbol{\theta}} \pi(a|s) \frac{Q^\pi(s,a)}{\pi(a|s)} \right]_{\theta^{(t)}} \tag{11.67}$$

このような勾配上昇法で見つけられた最適パラメータ $\boldsymbol{\theta}^*$ を代入することで，最適方策の関数モデル近似 $\pi(a|s, \boldsymbol{\theta}^*)$ が求まることになります．式 (11.67) を用いるためには $Q^\pi(s,a)$ の値が必要ですが，これを $r(t)$ で代用する手法を **REINFORCE** アルゴリズムといいます．

11.4.2 方策勾配定理の証明

式 (11.15) の両辺をパラメータで微分すると，

$$\begin{aligned}\frac{\partial V^\pi(s)}{\partial\theta} &= \frac{\partial}{\partial\theta}\sum_a \pi(a|s)\,Q^\pi(s,a) = \sum_a \left(\frac{\partial\pi}{\partial\theta}Q^\pi + \pi\,\frac{\partial Q^\pi}{\partial\theta} \right) \\ &= \sum_a \left(\frac{\partial\pi}{\partial\theta}Q^\pi + \pi\,\frac{\partial}{\partial\theta}\left(R(a,s) + \gamma\sum_{s'} P(s'|s,a)V^\pi(s') \right) \right)\end{aligned} \tag{11.68}$$

が得られます．最後の行を得るにはベルマン方程式 (11.18) と再び式 (11.15) を使います．すると，$R(a,s)$ の項は方策依存性がありませんので，

$$\begin{aligned}\frac{\partial V^\pi(s)}{\partial\theta} &= \sum_a \frac{\partial\pi(a|s)}{\partial\theta}Q^\pi(s,a) + \gamma\sum_{s',a} P(s'|s,a)\,\pi(a|s)\frac{\partial V^\pi(s')}{\partial\theta} \\ &= \sum_a \frac{\partial\pi(a|s)}{\partial\theta}Q^\pi(s,a) + \gamma\sum_{s',a'} P^\pi(s'|s)\frac{\partial\pi(a'|s')}{\partial\theta}Q^\pi(s',a') \\ &\quad + \gamma^2\sum_{s'} P^\pi(s'|s)\sum_{s''} P^\pi(s''|s')\frac{\partial V^\pi(s'')}{\partial\theta}\end{aligned} \tag{11.69}$$

となります．2 行目への変換では，同じ式を用いて $\partial V^\pi(s')/\partial\theta$ を書き換えました．この変形を無限回繰り返すことで，次式が得られます．

$$\frac{\partial V^\pi(\mathrm{s}(t)=s)}{\partial\theta} = \sum_{s',a'}\sum_{k=0}^{\infty}\gamma^k P^\pi(\mathrm{s}(t+k)=s'|\mathrm{s}(t)=s)\frac{\partial\pi(a'|s')}{\partial\theta}Q^\pi(s',a') \tag{11.70}$$

すると，$\rho(\pi) = V^\pi(\mathrm{s}(0)=s_0)$ ですので，式 (11.62) から式 (11.64) が得られます．

11.5 アルファ碁

深層学習に基づくコンピュータ囲碁プログラムが**アルファ碁**です [71]．アルファ碁はニューラルネットによる教師あり学習と強化学習，そしてモンテカルロ木探索をうまく組み合わせることで，驚くほど高い能力を実現しました．そのため実際のモデルは複数の技術の少し込み入った組み合わせになっています．したがって原論文 [71] に従って，1つ1つの部品に分けて簡単に紹介しましょう．

11.5.1 モンテカルロ木探索の考え方

モンテカルロ木探索 (**Monte Carlo Tree Search, MCTS**) では，自分のターンがくるたびに，ゲームをモンテカルロ法でランダムシミュレートすることでさまざまなゲーム展開を探索し，その中から最善の手を選びます．まず**探索木**（**ゲーム木**）というグラフを導入しましょう（**図 11.5**(a)）．囲碁の場合，この有向グラフのノードは各盤面です．するとノード間をつなぐエッジは，ある盤面から次の盤面へ導く可能な手，合法手ということになります．自分のターンではまず現在の盤面を根元のノード（ルートノード）とし，そこにすでに過去にシミュレート済みの盤面たちを子孫ノードとして付

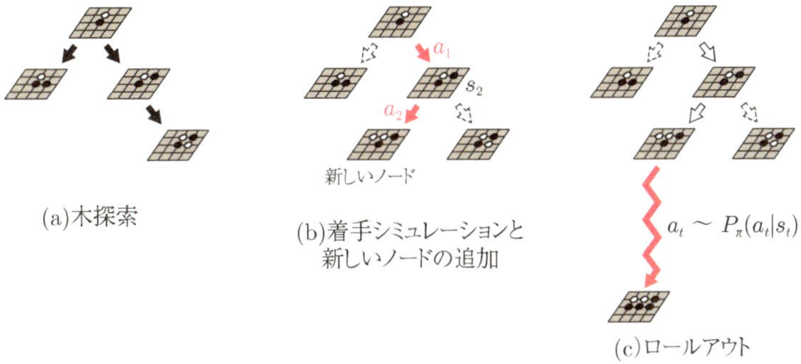

図 11.5 モンテカルロ探索木におけるシミュレーションとロールアウト．

け加えた探索木を作ります（図11.5(a)）．そして木の末端の葉ノードからさらにランダムにゲームをシミュレートさせ，ノードを加えながら木を成長させ各合法手の評価値を探索します（図11.5(b)）．

ただし探索空間の大きなゲームでは，ランダムにプレイするだけでは正しく有望手を評価できません．そこで，うまく有望な手に絞ってシミュレートし，その結果をもとに各ノードの評価値を随時更新します．十分シミュレートした後で，各ノードの選ばれた回数と評価値をもとに，一番有望な手を推定します．シミュレートを始めるノードの選び方などによっていくつもの実現法があるモンテカルロ木探索ですが，本節の最後ではアルファ碁を題材に詳細を解説します．

11.5.2 SL方策ネットワーク P_σ

碁の盤面 s から，次にどのような手 a をとればよいのかを教える方策 $P_\sigma(a|s)$ をニューラルネットで作ったものが**SL方策ネットワーク**です．これは深層CNNにより作成します．ここでモデルパラメータが σ だとしましょう．

入力は盤面を表す 19×19 画像でチャネル数が48もあります．白石と黒石と石のおかれてない空の盤面で3色のチャネルがありますが，それ以外も盤面のさまざまな情報を載せたチャネルを入力しています．例えば石の周囲にある空の位置である「呼吸点」や，過去の着手の情報，どの位置の相手の石がとられうるかなどの情報も載せています．ルールを学んだ後では，生の盤面以外にこのような情報をわざわざ入力する必要はなさそうですが，入力チャネルとして判断の参考になりそうな切り口を用意して学習や推論を助け，より計算量の少ないモデルで高い性能を実現しようとしているのではないでしょうか．特徴量の設計を工夫することで機械学習の性能は向上することを思い起こしましょう．

アーキテクチャ全体は13層のCNNで，出力層ではソフトマックス層を用いて各合法手 a を選ぶべき確率 $P_\sigma(a|s)$ を出すように学習させます．活性化関数にはReLUが採用されています．

学習データには人間の対戦記録を用い，教師あり学習をします．つまり盤面だけを見てどの手を選ぶべきかという人間の判断を学習させるのです．人間の経験的な知識をニューラルネットに転写させているといってもいいかもしれません．訓練データには，インターネット上の囲碁サイト KGS に蓄えられた 6〜9 段相当の棋譜から 16 万局面が用いられました．学習法は盤面 s のもとで人が実際に選んだ着手 a に関する尤度の最大化です．

$$\sigma \longleftarrow \sigma + \eta \frac{1}{N} \sum_{n=1}^{N} \frac{\partial \log P_\sigma(a_n|s_n)}{\partial \sigma} \tag{11.71}$$

この設定で，50 台の GPU を用いて 3 週間かけて学習させて得られたのが SL 方策ネットワーク P_σ です．学習後の SL 方策ネットワークは，プロの手を 57%の精度で予測することができます．ゲームの展開を何ら探索していないにもかかわらず，CNN によってかなりの強さが実現できてしまいました．

11.5.3 ロールアウト方策 P_π

後に手をランダムに選んで終局まで至らせるロールアウトというものを考えます．その際に手を選ぶために使う分布が必要なのですが，それが**ロールアウト方策** $P_\pi(a|s)$ です．

SL 方策ネットワークは高い精度を誇りますが，GPU を用いても予測時間が 3 ms もかかるため，学習フェーズのような逐次計算が必要な場面では都合がよくありません．そこで精度が劣る代わりに，予測速度の速い方策が必要です．そのために用いられるロールアウト方策は，通常のソフトマックス回帰です．ただし入力は 19×19 の盤面上の位置 (i, j) に対する 109747 個の局所的な特徴量 $x_{i,j,k=1,\ldots,109747}$ です．インターネット対局サービスである Tygem 碁（東洋囲碁）サーバーから取り出した 800 万盤面でソフトマックス回帰 $P_\pi(a|s)$ を訓練します．学習後のモデルの着手予測の精度は 24.2%と SL 方策ネットワークに比べてかなり劣りますが，CPU だけを使って 2 μs で予測することができます．

11.5.4 LR 方策ネットワーク P_ρ

ここまでは教師あり学習を考えてきました．いくらかの汎化が期待できるとはいえ，訓練データにも計算コストにも限界があります．それでは教師あり学習をしても，セミプロ棋士がこれまでに積み上げてきた経験知の範疇を抜け出すことは難しいでしょう．人間に打ち勝つにはもう一工夫が必要です．

そこで次に学習後のSL方策ネットワーク P_σ をもとにして，自己対戦による強化学習を行います．それによって方策ネットワークの強さが格段に引き上げられます．SL方策ネットワーク同士の対戦による強化学習のために報酬関数 $r(s_t)$ を用います．ただし報酬は終局以外の盤面では0とします．$t = T$ で終局を迎えたとき，勝ったのであれば $z_T = r(s_T)$，負けたのであれば $z_T = -r(s_T)$ を付与します．

したがってREINFORCEアルゴリズムに基づく方策勾配法を用いると，強化学習によるモデルパラメータ ρ の更新は

$$\rho \longleftarrow \rho + \eta \frac{1}{N} \sum_{n=1}^{N} \sum_{t} \frac{\partial \log P_\rho(a_{nt}|s_{nt})}{\partial \rho} z_{nt} \tag{11.72}$$

となります．学習は再び50基のGPUでおよそ1日かけて行われました．ただし過学習を防ぐため対戦相手の方策ネットワークには，過去の更新情報のプールからパラメータ値をランダムに選んで，いろいろな対戦相手を用います．このような自己対戦型の強化学習でできあがるのが**LR方策ネットワーク $P_\rho(a|s)$** です．この方策に従って手 a を選んでいくだけで，Pachiという最先端のオープンソース囲碁プログラムに対して85%の勝率を実現することができます．

11.5.5 価値ネットワーク v

次に，手を選ぶ方策ではなく，盤面 s の価値を評価する**価値ネットワーク** $v(s)$ を構築します．まず，最適方策はわかりませんので，LR方策ネットワークがほぼ最適な差し手を予測するのに使えると考えましょう．そこで現在の盤面 s からスタートして，このLR方策ネットワークに基づいて差し手を選び続けたときの対戦結果を，この盤面の評価値として予測するように $v(s)$ を強化学習させます．

$$v^{P_\rho}(s) = \mathrm{E}\left[z_t \middle| s_t = s, a_t, \ldots, a_T \sim P_\rho\right] \tag{11.73}$$

このような価値関数をモデル化するのにもニューラルネット $v_\theta(s)$ を用います．構造は方策ネットワークと類似のCNNですが，出力層はソフトマックスではなく，$v^{P_\rho}(s)$ の値を予測する出力ユニット1つだけをもちます．学習に用いる誤差関数は平均二乗誤差です．

$$\theta \longleftarrow \theta + \eta \frac{1}{N} \sum_{n=1}^{N} \frac{\partial v^{\theta}(s_n)}{\partial \theta} \big(z_n - v_\theta(s_n)\big) \tag{11.74}$$

学習データの盤面 s_n から目標評価値 z_n を作るには，まずある程度まで P_σ を用いてランダムに着手したのち，途中から P_ρ に切り替えて終局まで打ちます．その勝敗から z を付与します．50 基の GPU を用い，1 週間かけて訓練されたものが価値ネットワークです．

このようにして作ったさまざまな方策・盤面評価関数を単独で使っただけでは，そこまでの性能は実現できません．それらをうまく使い，モンテカルロ木探索の探索能力を飛躍的に引き上げようというのがアルファ碁です．

11.5.6 方策と価値ネットワークによるモンテカルロ木探索

モンテカルロ木探索の考え方は，現在の盤面から始めてむやみやたらにいろいろなゲーム進行を考えてみるのではなく，有力な手に集中してゲーム進行のシミュレーションと判断を行うということです．碁のような探索空間の大きなゲームではランダムにゲーム進行をシミュレートしても最適手にたどり着く望みはないので，モンテカルロ木探索は有効な手法だと期待できます．

まずは図 11.5(a) のように，現在の局面（ルートノード）からのさまざまなゲーム展開を考えた探索木があるとします．過去にすでにシミュレートした盤面で，いまのルートノードにつながるものがあれば初期値として木に加えておきます．木のエッジ（着手）a には行動価値 $Q(s,a)$ と，その手をこれまでに通った回数の総数 $N_{r,v}(s,a)$，そして方策事前確率 $P(s,a)$ が付与してあります．ここで N_r はこれから考える P_π を使ったロールアウトでの訪問回数で，一方 N_v は状態価値ネットワークでの盤面評価を何回したかという総数です．また，総数 $N_{r,v}(s,a)$ のうちで最終局面が勝ちであると評価された回数を $W_{r,v}(s,a)$ と書きましょう．木とともにこれらの数値を更新していきましょう．

この木においてゲームをシミュレートする際には，図 11.5(b) のように各時刻 t において局面 s_t からの手を

$$a_t = \operatorname*{argmax}_a \big(Q(s_t,a) + u(s_t,a)\big) \tag{11.75}$$

と選ぶこととします．ここで行動価値以外に選択に寄与するボーナス

$u(s_t, a)$ とは，好ましい手の事前確率 $P(s, a)$ などから決まります．

$$u(s_t, a) = c_{PUCT}\, P(s, a) \frac{\sqrt{\sum_{a'} N_r(s, a')}}{1 + N_r(s, a)} \tag{11.76}$$

最後の因子は，何回もシミュレートされた手については採用確率を低くし，広い探索を促進する役割があります．このように手を選び続け，探索木の末端 s_L まで到達します．木の末端まできたら，ロールアウト方策 P_π を使って一気に終局まで自己対戦を行い，その報酬を評価します（図 11.5(c)）．報酬はロールアウトでの勝ち負けに応じて $r = \pm 1$ です．その後，報酬 $z_t = r$ を使ってロールアウト回数と評価値の更新を行います．

$$N_r(s_t, a_t) \longleftarrow N_r(s_t, a_t) + 1, \quad W_r(s_t, a_t) \longleftarrow W_r(s_t, a_t) + z_t \tag{11.77}$$

さらに一度選択された手に対しては

$$N_r(s_t, a_t) \longleftarrow N_r(s_t, a_t) + n_{rl}, \quad W_r(s_t, a_t) \longleftarrow W_r(s_t, a_t) - n_{rl} \tag{11.78}$$

と，あたかも n_{rl} 回だけ余分に負けて評価が n_{rl} だけ下がってしまったかのようにして，この手の魅力を下げておきます．そうすることで，並列で走っている計算が同じノードをシミュレートする可能性を下げます．末端盤面 s_L に達して 1 回のシミュレートが終わった時点で両者の値をもとに戻します．

またその途中で選択回数 $N_r(s, a)$ がある閾値をこえたら，そこから行動選択で導かれる子ノード s' を木に加えて探索木を成長させるものとします．新しいノードの $W_{r,v}$ や $N_{r,v}$ の初期値は 0 とします．ただし事前確率は $P(s', a') \propto (P_\sigma(s', a'))^{0.67}$ という形を採用します．

末端 s_L では，W_v の更新に評価関数 $v_\theta(s_L)$ の値を使います．もし末端でこの値がまだ計算されていないのであれば，価値ネットワークを走らせて評価します．この評価関数によって，ルート・ノードから末端 s_L に至るまで次の更新を行います．

$$N_v(s_t, a_t) \longleftarrow N_v(s_t, a_t) + 1, \quad W_v(s_t, a_t) \longleftarrow W_v(s_t, a_t) - v_\theta(s_L) \tag{11.79}$$

各状態・行動の評価値は，価値ネットワークとロールアウトの結果を組み合わせた，**モンテカルロ平均**で与えることにします．

$$Q(s,a) = (1-\lambda)\frac{W_v(s,a)}{N_v(s,a)} + \lambda\frac{W_r(s,a)}{N_r(s,a)} \tag{11.80}$$

以上の操作が終われば，再びルートノードからのシミュレーションを繰り返します．与えられた時間内に可能な限りシミュレートし，探索を終了した後で，アルファ碁はルートノードからの訪問回数がもっとも多かった手を実際の着手として選択します．

以上がNatureに発表された時点でのアルファ碁アルゴリズムの全貌です．このように現代の並列計算機環境，深層強化学習，モンテカルロ木探索，そして神経科学など現代科学技術のさまざまな知見を組み合わせることで，アルファ碁という前人未到の達成が可能になったのです．

Appendix A

付録A 確率の基礎

A.1 確率変数と確率分布

実は確率について真剣に考え出すと，すぐさまとても難しい世界へと至ってしまいますので [72]，ここでは実用上十分な無差別の原理に基づく確率だけをイメージしながら議論しましょう *1.

無差別の原理とは，まさに高校数学で習った確率の考え方であり，n 個の事象の起こりやすさがどれも他と違う理由がないのなら，そのうちの m 個のいずれかが起こる確率は m/n である，というものです．例えばこの定義によると，サイコロを 1 回投げて偶数の目が出る確率は $3/6 = 1/2$ です．

確率的な現象をモデル化するには，**確率変数 (random variable)** を導入すると便利です．x を確率変数とします．この変数はさまざまな数値を実際に実現するものとします．例えば x をサイコロを投げて出た目とすると，これは 1 から 6 の整数値をとりえます．このように実際に実現された値を実現値と呼びましょう．実際に試行を行ったとき，実現値 x がどれだけ選ばれやすいのかを表す確率を $P(x)$ と書いて，**確率分布 (probability distribution)** や分布と呼びましょう．いまのサイコロの例ではもちろん $P(1) = \cdots = P(6) = 1/6$ です．また，確率変数は確率分布 P に従っているので，変数に対してもまとめて $P(\mathrm{x})$ と書きます．この確率変数が実現値 x を実際にとったことを $x \sim P(\mathrm{x})$ と書いて，「$P(\mathrm{x})$ から実現値 x をサンプリングした」とも表現します．一般に分布は多数の確率変数に依存します．そ

*1 数学的に正確で深い理解を望む読者は文献 [55]，[73] などを参照してください．

こで次の例で考えてみましょう．この例は以降で使い続けます．

例 A.1（カプセルの中のコイン）

いま箱の中に白のカプセルと黒のカプセルが合計 100 個入っているものとします．白と黒をそれぞれ確率変数 x の実現値 $\circ, \bullet$ で表します．さらにカプセルにはコインが 0 枚，もしくは 1 枚入っているものとします．この枚数も確率変数 y の実現値 $0, 1$ で表します．カプセルの各個数は表の通りです．

y＼x	○	●
0	60	5
1	20	15

このような箱の中から 1 つカプセルを無作為に選びます．そのときカプセルが白 $(x = \circ)$ でなおかつコインが入っている $(y = 1)$ 確率は，同時確率分布 $P(\mathrm{x}, \mathrm{y})$ によって

$$P(x = \circ, y = 1) = \frac{20}{60 + 5 + 20 + 15} = \frac{1}{5} \tag{A.1}$$

と与えられます．このように，多変数の確率変数が同時に各々の実現値をとる確率を表す分布が，一般に**同時確率分布 (joint probability distribution)** $P(\mathrm{x}_1, \ldots, \mathrm{x}_N)$ と呼ばれるものです．$P(x, y) = P(y, x)$ というように，変数の順序に意味はありません．

同時確率分布は，ある変数についてすべての実現値を足し上げてしまうと，残りの変数に対する確率を与えます．このような操作を**周辺化 (marginalization)** といいます．

定理 A.2（加法定理（全確率の法則））

$$P(\mathrm{x} = x) = \sum_{y} P(\mathrm{x} = x, \mathrm{y} = y) \tag{A.2}$$

多変数の周辺化も同様です．カプセルの例で考えましょう．カプセルの色に

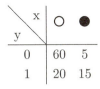

かかわらずカプセルに必ずコインが入っている確率は，コインが白，あるいは黒のカプセルに入っている 2 つの場合から確かに

$$P(\mathrm{y}=1)=\frac{20+15}{100}=\frac{20}{100}+\frac{15}{100}=P(x=\circ,y=1)+P(x=\bullet,y=1)$$

となっています．当然すべての事象に関して確率を足し上げると 1 ですので $P(\mathrm{y}=0)+P(\mathrm{y}=1)=1$ もチェックできます．

A.1.1　独立性

例えば x と y を，2 つの独立なサイコロを同時に転がしたときに出た目であるとします．すると互いの目の出方には相関はありませんので，それぞれのサイコロの目が x と y である確率はもちろん $P(x,y)=P(x)P(y)$ と積に分解されます．一般に確率変数が独立であるとは，それらの同時分布が積へ分解することにより定義します．

$$P(x,y)=P(x)P(y) \tag{A.3}$$

A.1.2　ベルヌーイ分布

サイコロの例は，どの目も同じ一定の確率 1/6 で実現しましたので，少し単純です．もう少し非自明な例を取り上げましょう．

サイコロの目が偶数か奇数かを当てるゲームを行うとします．ただし胴元（親）が不誠実な人物で，サイコロの密度に細工をして各目の出やすさを変えてしまっているとします．すると奇数の出る事象 $x=1$ と偶数の出る事象 $x=0$ の確率はもちろん変わってしまいます．奇数の目の出る確率を p としましょう [*2]．するともちろん偶数の確率は $1-p$ です．この事象を記述する確率分布がベルヌーイ分布です．

定義 A.3（ベルヌーイ分布）

$$P(\mathrm{x}=x)=p^x(1-p)^{1-x} \tag{A.4}$$

*2　ここから先は実は**頻度確率（frequency probability）**を使う設定へと話を切り替えています．頻度主義では，n 回サイコロをふったときに m 回奇数の目が出たとすると，その比 m/n を考え，それが実験回数を増やした極限 $n\to\infty$ で近づいていく行き先の値として確率 p を定義します．

もちろん $P(\mathrm{x}=1)=p$, $P(\mathrm{x}=0)=1-p$ となっています．

A.2 連続確率変数と確率質量関数

確率変数は離散値だけとは限りません．明日の気温を確率変数 t とすると，この実現値は実数に値をとります．このような変数を特に連続確率変数といいます．連続変数の場合，確率分布に対応するものは**確率密度** (**probability density**) と呼ばれます*3．確率密度が $P(x)$ であるとは，x の実現値 x が $x-\Delta x/2$ から $x+\Delta x/2$ の範囲に入っている確率が $P(x)\Delta x$ であることを意味します．ただしここで Δx は微小量だとします．するとすべての事象にわたる確率の和は 1 ですから，次のようになります．

$$\int P(x)dx = 1 \tag{A.5}$$

A.2.1 ガウス分布

ガウス分布 $P(x)=\mathcal{N}(x;\mu,\sigma^2)$ は代表的な確率密度です（**図 A.1**）．

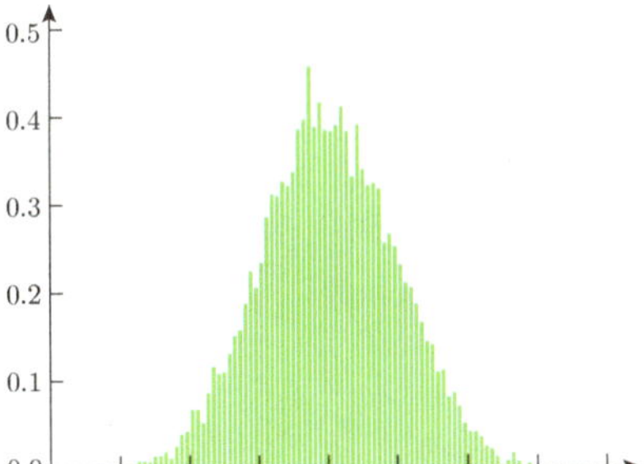

図 A.1 ガウス分布 $\mathcal{N}(x;0,1)$ から一万個の点をサンプリングしたヒストグラム．

*3 ただし本書では離散変数と連続変数の違いを意識せずに取り扱うので，この場合も分布と呼んでしまいます．離散変数に対する確率密度は確率質量関数と呼ばれます．

定義 A.4（ガウス分布）

$$\mathcal{N}(x;\mu,\sigma^2)=\sqrt{\frac{1}{2\pi\sigma^2}}e^{-\frac{1}{2\sigma^2}(x-\mu)^2} \tag{A.6}$$

ただし μ は実数，σ は正の実数に値をとる分布のパラメータです．これが式 (A.5) を満たすことを示すのは，ガウス積分の典型的な練習問題ですのでぜひ確かめてみてください．

A.2.2 条件付き確率

次に**条件付き確率**を説明します．先ほどの $P(x=\circ, y=1)$ の例は，白いカプセルを引き，なおかつそれがコイン入りである確率でした．そうではなく，今度は白いカプセルを引いたことは前提条件として仮定して，コインが入っている確率を考えましょう．そのような確率を条件付き確率といい，この場合は $P(y=1|x=\circ)$ と書きます．いま白いカプセルは，先ほどの表の $\circ$ に対する縦の列ですから全部で $60+20=80$ 個あり，そのうち 20 個がコイン入りですから

$$P(y=1|x=\circ)=\frac{20}{80}=\frac{1}{4} \tag{A.7}$$

となります．この確率を次のように書き換えてみましょう．

$$P(y=1|x=\circ)=\frac{\frac{20}{100}}{\frac{80}{100}}=\frac{P(x=\circ,y=1)}{P(x=\circ)} \tag{A.8}$$

つまり $P(x=\circ,y=1)=P(y=1|x=\circ)P(x=\circ)$ となっていることがわかりました．これは一般的に成立する性質です．したがって条件付き確率は一般に次式で与えることができます．

定義 A.5（条件付き確率（乗法定理））

$$P(x|y)=\frac{P(x,y)}{P(y)} \tag{A.9}$$

y, z をひとまとめにして条件付き確率の定義を使うと，

$$P(x|y,z) = \frac{P(x,y,z)}{P(y,z)} = \frac{P(x,y|z)P(z)}{P(y|z)P(z)} = \frac{P(x,y|z)}{P(y|z)} \tag{A.10}$$

ですから，一般に多変数にも次が成立します．

命題 A.6（多変数の条件付き確率）

$$P(x|y,z_1,z_2,\ldots) = \frac{P(x,y|z_1,z_2,\ldots)}{P(y|z_1,z_2,\ldots)} \tag{A.11}$$

A.2.3　ベイズの定理

全確率の法則 $P(y) = \sum_x P(x,y) = \sum_x P(y|x)P(x)$ を条件付き確率

$$P(x|y) = \frac{P(x,y)}{P(y)} = \frac{P(y|x)P(x)}{P(y)} \tag{A.12}$$

に用いてみましょう *4．すると，有名な**ベイズの定理**が得られます．

定理 A.7（ベイズの定理）

$$P(x|y) = \frac{P(y|x)P(x)}{\sum_x P(y|x)P(x)} \tag{A.13}$$

$P(\mathrm{x})$ を x に関する**事前確率** (**prior probability**),$P(\mathrm{x}|\mathrm{y})$ を**事後確率** (**posterior probability**) と呼びます．先ほどの例では，カプセルを開ける前，取り出したカプセルが白である事前確率は $P(x=\circ) = 80/100 = 0.8$ です．そこでカプセルの色を見る前に中身を確認した事後を考えてみましょう．もしカプセルが当たりだったならば，そのカプセルが白である確率は変わります．なぜならば白と黒でコインの入っている割合が違うので，コインの当たりやすさも違うからです．実際に計算してみると，コインが入っていたときに，カプセルが白である事後確率は $P(\circ|y=1) = 20/35 \approx 0.57$ まで下がりました．

*4　確率で実現値について和をとっている場合は，可能なすべての事象について和をとっているものと考えてください．

A.2.4 確率の連鎖律

条件付き確率の定義を2回使うと, 3変数の $P(x,y,z)=P(x|y,z)P(y,z)=P(x|y,z)P(y|z)P(z)$ というように, 1変数の条件付き確率の積に分解できます. これはただちに次のような**連鎖律**へ一般化できます.

$$P(x_1,\ldots,x_M)=P(x_1)\prod_{m=2}^{M}P(x_m|x_1,\ldots,x_{m-1}) \tag{A.14}$$

A.2.5 条件付き独立性

独立性 $P(x,y)=P(x)P(y)$ を条件付き確率の見方で理解しましょう. 式 (A.15) を使うとこの独立性は $P(x|y)=P(x)$ や $P(y|x)=P(y)$ と同じです. 条件付き確率が条件なしの場合と同じになるということは, 例えば x の値の選ばれる確率は, 実は y の実現値として何が出たかという情報とはまったく関係がないということです. これはまさに両者の独立性を表しています.

確率分布に x,y 以外の変数も現れる場合も, x と y の間に類似の独立性を定義できます. それが**条件付き独立性**です.

定義 A.8 (条件付き独立性)

確率変数 x と y が $\mathrm{z}_1,\mathrm{z}_2,\ldots$ を条件として条件付き独立であるとは, 次を満たすことをいう.

$$P(x,y|z_1,z_2,\ldots)=P(x|z_1,z_2,\ldots)P(y|z_1,z_2,\ldots) \tag{A.15}$$

したがって $\mathrm{z}_1,\mathrm{z}_2,\ldots$ の実現値を観測で決定した後では, もはや x と y は独立な2変数として振る舞うということです.

A.3 期待値と分散

A.3.1 期待値

確率変数の関数 $O(\mathrm{x})$ の**期待値** $\mathrm{E}_{x\sim P}[O(\mathrm{x})]$ とは, 確率分布 $P(\mathrm{x})$ からサンプルされた変数の実現値を代入した値の平均値です. したがって表記の仕方はいろいろありますが，期待値は次の右辺で定義されます．

$$\mathrm{E}_{x\sim P}[O(\mathrm{x})] = \mathrm{E}_P[O(\mathrm{x})] = \mathrm{E}[O(\mathrm{x})] = \sum_x O(x)P(x) \tag{A.16}$$

連続変数ならば，右辺の和を $\int O(x)P(x)dx$ と積分で置き換えます．ガウス分布に関して x の期待値をとると，次の計算から μ となることがわかります．

$$\begin{aligned}\mathrm{E}_{\mathcal{N}}[\mathrm{x}] &= \frac{1}{\sqrt{2\pi\sigma^2}}\int_{-\infty}^{\infty} x e^{-\frac{1}{2\sigma^2}(x-\mu)^2}\mathrm{d}x \\ &= \frac{1}{\sqrt{2\pi\sigma^2}}\int_{-\infty}^{\infty}\left(\sigma^2\frac{\partial}{\partial\mu}+\mu\right)e^{-\frac{1}{2\sigma^2}(x-\mu)^2}\mathrm{d}x = \frac{\sigma^2}{\sqrt{2\pi\sigma^2}}\frac{\partial\sqrt{2\pi\sigma^2}}{\partial\mu}+\mu\end{aligned}$$

もし条件付き確率を考えたのならば，期待値も条件付き期待値となります．

$$\mathrm{E}_{(x,y)\sim P(\mathrm{x}|y)}[O(\mathrm{x})|y] = \sum_x O(x)P(x|y) \tag{A.17}$$

A.3.2　分散

分散は，実現値が期待値の周りに実際どの程度ばらつくのかを測る量です．その定義は次で与えられます．

$$Var\big[O(\mathrm{x})\big] = \mathrm{E}_{x\sim P}\left[\Big(O(\mathrm{x}) - \mathrm{E}_{x\sim P}\big[O(\mathrm{x})\big]\Big)^2\right] \tag{A.18}$$

これはまさに平均値からどれだけずれているのかという量を期待値で見積もったものになっています．再びガウス分布で計算してみましょう．

$$\begin{aligned}Var_{\mathcal{N}}[\mathrm{x}] &= \frac{1}{\sqrt{2\pi\sigma^2}}\int_{-\infty}^{\infty}(x-\mu)^2 e^{-\frac{1}{2\sigma^2}(x-\mu)^2}\mathrm{d}x \\ &= \frac{1}{\sqrt{2\pi\sigma^2}}\int_{-\infty}^{\infty}2\sigma^4\frac{\partial}{\partial\sigma^2}e^{-\frac{1}{2\sigma^2}(x-\mu)^2}\mathrm{d}x = \frac{2\sigma^4}{\sqrt{2\pi\sigma^2}}\frac{\partial\sqrt{2\pi\sigma^2}}{\partial\sigma^2} = \sigma^2\end{aligned}$$

つまり σ は分布の分散を決めるパラメータだったというわけです．

さらに 2 つの別な確率変数で与えられる関数に対しては，**共分散**がよく用いられます．

$$\begin{aligned}&Cov\big[O(\mathrm{x}), Q(\mathrm{y})\big] \\ &= \mathrm{E}_{(x,y)\sim P(\mathrm{x},\mathrm{y})}\left[\Big(O(\mathrm{x}) - \mathrm{E}_{x\sim P(\mathrm{x})}\big[O(\mathrm{x})\big]\Big)\Big(Q(\mathrm{y}) - \mathrm{E}_{y\sim P(\mathrm{y})}\big[Q(\mathrm{y})\big]\Big)\right]\end{aligned}$$

ここで $P(\mathrm{x})$ などは周辺化した確率です．

範囲 $[a, b]$ の**一様分布**，つまり $a \le x \le b$ では一定確率密度 $P(x) = 1/(b-a)$，それ以外では $P(x) = 0$ となるような確率密度 $\mathcal{U}(x; a, b)$ を考えてみましょう．すると x の期待値と分散は次のようになります．

$$\mathrm{E}_{\mathcal{U}}[\mathrm{x}] = \int_a^b \frac{x}{b-a} \mathrm{d}x = \frac{a+b}{2},$$

$$Var_{\mathcal{U}}[\mathrm{x}] = \int_a^b \frac{(x-(a+b)/2)^2}{b-a} \mathrm{d}x = \frac{a^2 - 2ab + b^2}{12}$$

A.4 情報量とダイバージェンス

実験を行って確率変数の $\mathrm{x} = x$ という実現値を観測したとき，この観測事実がもっている**情報量** $I(x)$ を定義しましょう．意外性が大きい事象ほど多くの情報量を担うはずです．なぜならよく起こる事実が観測されても，それは大した情報をもたらさないからです．そこで確率の逆数 $1/P(x)$ が情報量の定義の候補となります．しかし独立な 2 現象 x, y をそれぞれ観測して得た情報量は $1/(P(x)P(y))$ ではなくて，それぞれのもつ情報量の和となったほうが自然な定義です．したがって，さらに対数をとって，次の量を**自己情報量**の定義とします．

定義 A.9（自己情報量）

$$I(x) = -\log P(x) \tag{A.19}$$

対数の底に 2 を用いたものがよく使われる**ビット (bit)** です．自然対数の底 e を用いた場合は natural unit of information の意味で**ナット (nit)**，あるいはネイピア数なので **nepit** ともいいます．これをすべての観測値で平均化して，分布自体がもっている**平均情報量**を定義します．

定義 A.10（平均情報量，シャノンエントロピー）

$$H(P) = \mathrm{E}_P[I(\mathrm{x})] = -\sum_{x} P(x) \log P(x) \tag{A.20}$$

また平均情報量と類似の概念に，2つの分布間で定義される**交差エントロピー (cross entropy)** があります．自己情報量を測るのに用いる分布と，平均をとるのに用いる分布が異なることに注意してください．

定義 A.11（交差エントロピー）

$$H(P, Q) = \mathrm{E}_P[-\log Q(\mathrm{x})] = -\sum_{x \sim P(\mathrm{x})} P(x) \log Q(x) \tag{A.21}$$

交差エントロピーと関係した量に，**カルバックライブラーダイバージェンス (Kullback-Leibler divergence)** やカルバックライブラー情報量，KL ダイバージェンスと呼ばれる量があります．

定義 A.12（カルバックライブラーダイバージェンス）

$$\begin{aligned} \mathrm{D}_{KL}(P \| Q) &= \mathrm{E}_P\left[\log \frac{P(\mathrm{x})}{Q(\mathrm{x})}\right] \\ &= \sum_{x \sim P(\mathrm{x})} P(x)\big(\log P(x) - \log Q(x)\big) \end{aligned} \tag{A.22}$$

この量は2つの分布の近さを測っています．例として，分散が1であるガウス分布 $P(x) = \mathcal{N}(x; \mu_1, 1)$ と，$Q(x) = \mathcal{N}(x; \mu_2, 1)$ のカルバックライブラーダイバージェンスを計算してみますと

$$\mathrm{D}_{KL}(P \| Q) = \int_{-\infty}^{\infty} \frac{-(x-\mu_1)^2 + (x-\mu_2)^2}{2} P(x) \mathrm{d}x = \frac{(\mu_1 - \mu_2)^2}{2}$$

となり，確かに2つの分布の近さとして平均値の差を測っています．

また一般に，カルバックライブラーダイバージェンスは Q に関する下に凸な（汎）関数で，$P = Q$ のときのみ最小値 $\mathrm{D}_{KL}(P \| P) = 0$ を与えます．したがって，確かに分布間の距離のようなものです．しかし P と Q の入れ替えに対しては非対称ですので，本当の数学的な距離とはなりえません．

Appendix **B**

付録B 変分法

機械学習で行われる作業の１つが目的関数の極値化でした．目的関数がパラメータに関する普通の関数である場合には微分法が用いられます．しかし目的関数が他の関数に依存している場合，その関数形に関して極値を求めるのには微分法では足りず変分法が必要となります．

B.1 汎関数

普通の関数 f は，x にある数値を代入すると別の数値 $f(x)$ を返します．したがって数値と数値の間に対応をつけるものです．一般の関数 f に対し定積分 $F[f]=\int_{-\infty}^{\infty} f(x)\mathrm{d}x$ を考えてみましょう．もちろん例えば $f(x)=e^{-x^2}$ のように関数形が具体的に与えられれば，$F[f]$ はただの定積分の値です．しかし F 自体は，さまざまな関数 f を数値に対応付けている写像とみなせます．このように関数を変数とし，関数を数値に写像するものを**汎関数**と呼びましょう．

例えば $f(0)=1, f(1)=1$ という関数 $y=f(x)$ のグラフを考えます．これは $(x,y)=(0,1)$ という点と $(1,1)$ という点を結ぶ曲線です．すると，この曲線の長さは，(x,f) と $(x+\mathrm{d}x, y+f'(x)\mathrm{d}x)$ の間の微小距離 $\sqrt{\mathrm{d}x^2+(f'(x)\mathrm{d}x)^2}$ を積分することで

$$L[f]=\int_0^1 \sqrt{1+\left(f'(x)\right)^2}\mathrm{d}x \tag{B.1}$$

と与えられ，まさに f の汎関数です．次にこのような汎関数を最小にする関数 f を見つける方法を考えましょう．

B.2 オイラー・ラグランジュ方程式

通常の関数の最小値を探すには微分係数を用いればよかったわけですが，汎関数 $F[f]$ を最小にする関数 f を見つけるにはどうすればよいでしょうか．汎関数においても，以下のように極値問題が導入できます．

次のような f と f' に依存する汎関数

$$L[f, f'] = \int l(f(x), f'(x))\mathrm{d}x \tag{B.2}$$

を考えてみましょう．その極値を探すためにまず，変数である関数を微小に変動させたとしましょう．

$$f(x) \to f(x) + \delta f(x) \tag{B.3}$$

このとき汎関数の変化量は，関数 l のテイラー展開の 1 次までで近似して

$$\begin{aligned} L[f+\delta f, f'+\delta f'] - L[f, f'] &\approx \int \left(\frac{\partial l}{\partial f(x)} \delta f(x) + \frac{\partial l}{\partial f'(x)} \frac{\mathrm{d}\delta f(x)}{\mathrm{d}x} \right) \mathrm{d}x \\ &= \int \left(\frac{\partial l}{\partial f} - \frac{\mathrm{d}}{\mathrm{d}x} \frac{\partial l}{\partial f'} \right) \delta f(x) \mathrm{d}x \end{aligned} \tag{B.4}$$

が得られました．最後の行は部分積分を使います．極値においては，どんな微小変化 $\delta f(x)$ に対してもこの積分値が 0 でなくてはならないので，つまりはカッコの中が 0 でなくてはなりません．このように，汎関数を極値化させる関数形を決定する**オイラー・ラグランジュ方程式**が得られます．

公式 B.1（オイラー・ラグランジュ方程式）

$$\frac{\partial l(f(x), f'(x))}{\partial f(x)} - \frac{\mathrm{d}}{\mathrm{d}x} \frac{\partial l(f(x), f'(x))}{\partial f'(x)} = 0 \tag{B.5}$$

このように汎関数を極値化させる考え方は一般に**変分法**と呼ばれます．長さを最小にする f を決めるため，式 (B.1) にこれを使ってみると，l は f' に

しか陽に依存しないので

$$\frac{\mathrm{d}}{\mathrm{d}x}\frac{f'(x)}{\sqrt{1+\bigl(f'(x)\bigr)^2}}=0 \tag{B.6}$$

となります．すなわち $f'(x)=$ 一定なので，これはただの直線です．「2 点間を結ぶ最短経路は直線である」という当然の結果を再現できました．

Bibliography

参考文献

[1] 岡谷貴之．深層学習．講談社，2015.

[2] I. Goodfellow, Y. Bengio, and A. Courville. *Deep Learning*. MIT Press, 2016.
`http://www.deeplearningbook.org`

[3] R.O. Duda, P.E. Hart, and D.G. Stork. *Pattern Classification* 2nd ed.. Wiley, 2000.

[4] C.M. ビショップ．パターン認識と機械学習（上）（下）．丸善出版，2012.

[5] T. M. Mitchell. *Machine Learning*. Mc Graw-Hill, 1997.

[6] 東京大学教養学部統計学教室（編）．自然科学の統計学．東京大学出版会，1992.

[7] 人工知能学会（監修），麻生英樹ら．深層学習．近代科学社，2015.

[8] A. Krizhevsky, I. Sutskever, and G.E. Hinton. ImageNet classification with deep convolutional neural networks. *Advances in Neural Information Processing Systems*, 2012.

[9] Q.V. Le. Building high-level features using large scale unsupervised learning. *Acoustics, Speech and Signal Processing* (*ICASSP*), 2013.

[10] `https://googleblog.blogspot.jp/2012/06/using-large-scale-brain-simulations-for.html`

[11] M.F. ベアー, B.W. コノーズ, M.A. パラディーソ．カラー版 神経科学．西村書店，2007.

[12] R.J. Williams and D. Zipser. A learning algorithm for continually running fully recurrent neural networks. *Neural Computation*, 1: 270–280, 1989.

[13] Y.A. LeCun *et al.*. Efficient backprop. *Neural networks: Tricks of the Trade*. Springer, 9–48, 2012.

[14] I.J. Goodfellow *et al.*. Maxout networks. *Proceedings of the 30th International Conference on Machine Learning*, 28(3): 1319–1327, 2013.

[15] G. Montúfar *et al.*. On the number of linear regions of deep neural networks. *Advances in Neural Information Processing Systems*, 2014.

[16] A. Choromanska *et al.*. The loss surfaces of multilayer networks. *Artificial Intelligence and Statistics*, 2015.

[17] Y. Nesterov. A method of solving a convex programming problem with convergence rate O (1/sqr(k)). *Soviet Mathematics Doklady*, 27: 372–376, 1983.

[18] J. Duchi, E. Hazan, and Y. Singer. Adaptive subgradient methods for online learning and stochastic optimization. *Journal of Machine Learning Research*, 12: 2121–2159, 2011.

[19] T. Tieleman and G. Hinton. Lecture 6.5-RMSProp, *COURSERA: Neural networks for machine learning*. University of Toronto, Tech. Rep, 2012.

[20] M.D. Zeiler. ADADELTA: An adaptive learning rate method. arXiv:1212.5701, 2012.

[21] D.P. Kingma and J. Ba. Adam: A method for stochastic optimization. arXiv:1412.6980, 2014.

[22] A.L. Maas, A.Y. Hannun, and A.Y. Ng. Rectifier nonlinearities improve neural network acoustic models. *Proceeding of ICML*, 30(1), 2013.

[23] K. He *et al.*. Delving deep into rectifiers: Surpassing human-level performance on ImageNet classification. *Proceedings of the IEEE International Conference on Computer Vision*, 2015.

[24] 甘利俊一. 情報幾何学の新展開. サイエンス社, 2014.

[25] S. Amari. Natural gradient works efficiently in learning. *Neural computation*, 10: 251–276, 1998.

[26] X. Glorot and Y. Bengio. Understanding the difficulty of training deep feedforward neural networks. *Artificial Intelligence and Statistics*, 9: 249–256, 2010.

[27] K. He *et al.*. Delving deep into rectifiers: Surpassing human-level performance on ImageNet classification. *Proceedings of the IEEE International Conference on Computer Vision*, 2015.

[28] L. Prechelt. Early stopping: But when?. *Neural Networks: Tricks of the Trade*. Springer, 53–67, 2012.

[29] C. Szegedy *et al.*. Intriguing properties of neural networks. arXiv:1312.6199, 2013.

[30] I.J. Goodfellow, J. Shlens, and C. Szegedy. Explaining and harnessing adversarial examples. arXiv:1412.6572, 2014.

[31] D.G. ルーエンバーガー. 金融工学入門 第 2 版. 日本経済新聞出版社, 2015.

[32] C. Szegedy *et al.*. Going deeper with convolutions. *Proceedings of the IEEE Conference on Computer Vision and Pattern Recognition*, 2015.

[33] N. Srivastava *et al.*. Dropout: A simple way to prevent neural networks from overfitting. *Journal of Machine Learning Research*, 15: 1929–1958, 2014.

[34] D. Warde-Farley *et al.*. An empirical analysis of dropout in piecewise linear networks. arXiv:1312.6197, 2013.

[35] S. Ioffe and C. Szegedy. Batch normalization: Accelerating deep network training by reducing internal covariate shift. arXiv:1502.03167, 2015.

[36] C. Zhang *et al.*. Understanding deep learning requires rethinking generalization. arXiv:1611.03530, 2016.

[37] S. Amari. A theory of adaptive pattern classifiers. *IEEE Transactions on Electronic Computers*, 3: 299–307, 1967.

[38] D.E. Rumelhart, G.E. Hinton, and R.J. Williams. Learning representations by back-propagating errors. *Nature*, 323: 533–538, 1986.

[39] M. Nielsen. Neural networks and deep learning. `http://neuralnetworksanddeeplearning.com/`

[40] G.W. Cottrell and P. Munro. Principal components analysis of images via back propagation. *Visual Communications and Image Procession '88*, 1988.

[41] K. Fukushima. Neocognitron: A self-organizing neural network model for a mechanism of pattern recognition unaffected by shift in position. *Biological Cybernetics*, 36: 193–202, 1980.

[42] Y. LeCun *et al.*. Backpropagation applied to handwritten zip code recognition. *Neural computation* 1: 541–551, 1989.

[43] K. Jarrett *et al.*. What is the best multi-stage architecture for object recognition?. *Proceedings of the IEEE 12th International Conference on Computer Vision*, 2009.

[44] K. Simonyan and A. Zisserman. Very deep convolutional networks for large-scale image recognition. arXiv:1409.1556, 2014.

[45] 中山英樹．深層畳み込みニューラルネットワークによる画像特徴抽出と転移学習．電子情報通信学会音声研究会，2015.

[46] `https://blog.keras.io/how-convolutional-neural-networks-see-the-world.html`

[47] C. Szegedy *et al.*. Going deeper with convolutions. *Proceedings of the IEEE Conference on Computer Vision and Pattern Recognition*, 2015.

[48] A. Dosovitskiy, J.T. Springenberg, and T. Brox. Learning to generate chairs with convolutional neural networks. *Proceedings of the IEEE Conference on Computer Vision and Pattern Recognition*, 2015.

[49] A. Nguyen, J. Yosinski, and J. Clune. Deep neural networks are easily fooled: High confidence predictions for unrecognizable im-

ages. *Proceedings of the IEEE Conference on Computer Vision and Pattern Recognition*, 2015.

[50] M. Sundermeyer *et al.*. Translation Modeling with Bidirectional Recurrent Neural Networks. *EMNLP*, 2014.

[51] R. Pascanu, T. Mikolov, and Y. Bengio. On the difficulty of training recurrent neural networks. *Proceedings of the 30th International Conference on Machine Learning*, 28(3): 1310–1318, 2013.

[52] I. Sutskever, O. Vinyals, and Q.V. Le. Sequence to sequence learning with neural networks. *Advances in Neural Information Processing Systems*, 2014.

[53] O. Vinyals and Q. Le. A neural conversational model. arXiv:1506.05869, 2015.

[54] 渡辺有祐. グラフィカルモデル. 講談社, 2016.

[55] 伊藤清. 確率論. 岩波書店, 1991.

[56] Y. Bengio. Learning deep architectures for AI. *Foundations and trends in Machine Learning*, 2: 1–127, 2009.

[57] N. Le Roux and Y. Bengio. Representational power of restricted Boltzmann machines and deep belief networks. *Neural computation*, 20: 1631–1649, 2008.

[58] G.E. Hinton. A practical guide to training restricted Boltzmann machines. *Neural networks: Tricks of the Trade*. Springer, 599–619, 2012.

[59] G.E. Hinton. Training products of experts by minimizing contrastive divergence. *Neural computation*, 14: 1771–1800, 2002.

[60] Y. Bengio and O. Delalleau. Justifying and generalizing contrastive divergence. *Neural computation*, 21: 1601–1621, 2009.

[61] M.A. Carreira-Perpinan and G.E. Hinton. On contrastive divergence learning. *Artificial Intelligence and Statistics*, 2005.

[62] T. Tieleman. Training restricted Boltzmann machines using ap-

proximations to the likelihood gradient. *Proceedings of the 25th International Conference on Machine Learning*, 1064–1071, 2008.

[63] T. Tieleman, and G. Hinton. Using fast weights to improve persistent contrastive divergence. *Proceedings of the 26th Annual International Conference on Machine Learning*, 1033–1040, 2009.

[64] G.E. Hinton, S. Osindero, and Y.-W. Teh. A fast learning algorithm for deep belief nets. *Neural computation*, 18: 1527–1554, 2006.

[65] R. サットン, A. バルト．強化学習．森北出版，2000.

[66] 牧野貴樹ら．これからの強化学習．森北出版，2016.

[67] L.J. Lin. Reinforcement learning for robots using neural networks. *Carnegie-Mellon Univ. Pittsburgh PA School of Computer Science*, 1993.

[68] V. Mnih *et al.*. Playing atari with deep reinforcement learning. arXiv:1312.5602, 2013.

[69] `https://www.technologyreview.com/s/532876/googles-intelligence-designer/`

[70] M. Volodymyr *et al.*. Human-level control through deep reinforcement learning. *Nature*, 518: 529–533, 2015.

[71] V. Mnih *et al.*. Mastering the game of Go with deep neural networks and tree search. *Nature*, 529: 484–489, 2016.

[72] G. イツァーク．不確実性下の意思決定理論．勁草書房，2014.

[73] A.N. コルモゴロフ．確率論の基礎概念．筑摩書房，2010.

[74] K. Simonyan, A. Vedaldi, and A. Zisserman. Deep inside convolutional networks: Visualising image classification models and saliency maps. arXiv:1312.6034, 2013.

索引

欧字

AdaDelta —— 81
AdaGrad —— 77
Adam —— 81
BPTT 法 —— 185
CD-T 法 —— 254
CIFAR-10 —— 9
GAN —— 113
Glorot の初期化 —— 85
GoogLeNet —— 176
He の初期化 —— 85
i.i.d —— 12
ImageNet —— 9
LASSO 回帰 —— 29, 98
LeCun の初期化 —— 84
LeNet —— 155
LMS 則 —— 116
L^P プーリング —— 167
LR 方策ネットワーク —— 314
MNIST データベース —— 9
one-hot 表現 —— 30
Q 学習 —— 296
Q ネットワーク —— 299
ReLU —— 61, 130
ResNet —— 113
Ridge 回帰 —— 29
RMS —— 79
RMSprop —— 78
Sarsa 法 —— 295
Seq2Seq —— 198
SL 方策ネットワーク —— 312
TD 法 —— 294
VGG —— 169

あ行

アーキテクチャ —— 19
アダマール積 —— 106
アタリ 2600 —— 304
アノテーション —— 9
アルファ碁 —— 283, 311
アンサンブル法 —— 103
アンダーフィッティング —— 27
鞍点 —— 74
アンプーリング —— 175
異常検知 —— 8
イジング逆問題 —— 213
一致推定量 —— 14
一致性 —— 14
一般化されたティホノフ正則化 —— 103
一般化線形モデル —— 33
因子化した畳み込み —— 163
インセプション —— 176
ウィドロウ-ホフ則 —— 116
エージェント —— 284
エネルギー関数 —— 212
エピソード —— 285
エポック —— 71
重み共有 —— 101
重み減衰 —— 28, 97
重みスケーリング推論則 —— 108
音声認識 —— 8
オンライン学習 —— 71

か行

回帰 —— 8
ガウス分布 —— 14
過学習 —— 28
学習 —— 7
学習機械 —— 19
学習曲線 —— 95
学習率 —— 68
確率過程 —— 228
確率的勾配降下法 —— 71
確率的プーリング —— 168
確率伝播法 —— 204
隠れ層 —— 51
隠れ変数 —— 213
可視変数 —— 213
価値ネットワーク —— 314
活性 —— 51
活性化関数 —— 46, 51
過適合 —— 28
カテゴリカル分布 —— 34
カルバックライブラーダイバージェンス —— 143
環境 —— 285
関数近似 —— 20, 25, 298
関数モデル —— 25
完全グラフ —— 207
完全条件付き分布 —— 235
観測 —— 19
機械学習 —— 6
機械翻訳 —— 8
ギブスサンプリング —— 234
ギブス・ボルツマン分布 —— 212
ギブス連鎖 —— 234
球状化 —— 89
強化学習 —— 284
教師あり学習 —— 20
共変量シフト —— 112
局所応答正規化層 —— 168
局所コントラスト正規化 —— 91
局所コントラスト正規化層 —— 168
局所的極小値 —— 68
局所マルコフ性 —— 207, 234
均一マルコフ連鎖 —— 228
グーグル行列 —— 231
組み合わせ爆発 —— 221
クラス —— 7
クラス分類 —— 7
グラフィカルモデル —— 201
クリーク —— 207
クロネッカーのデルタ記号 —— 30
訓練誤差 —— 23, 94
訓練サンプル —— 19
訓練集合 —— 19
訓練データ —— 19
経験分布 —— 94
経験リプレイ —— 301
形式ニューロン —— 45
欠落ノイズ —— 149
ゲート —— 187, 189
ゲート付き再帰的ユニット —— 195
ゲーム木 —— 311
減算正規化 —— 91
交差エントロピー —— 33
高速持続的コントラスティブダイバージェンス法 —— 264

行動 285
行動価値関数 289
行動分布 299
勾配クリップ 74
勾配降下法 67
勾配消失問題 128
勾配爆発問題 128
自己符号化器 138
誤差関数 20, 22
誤差逆伝播法 117
コスト関数 20
混合時間 239
コンテキスト 197
コントラスティブダイバージェンス法 252

さ行

再帰型ニューラルネット 180
再構成誤差 140
最小二乗法 22
最大プーリング 166
最適方策 290
細胞体 41
最尤推定法 17
サンプル 11
閾値 43
識別モデル 25
軸索 42
軸索終末 42
シグモイド関数 32, 60
シグモイドユニット 58
自己無撞着方程式 244
事前学習 129, 149
自然勾配法 83
持続的コントラスティブダイバージェンス法 264
実時間リカレント学習法 181
質的変数 20
自動微分 123
シナプス 42
シューア積 106
収縮自己符号化器 150
樹状突起 42
主成分分析 133
出力層 51
受容野 154
順伝播型ニューラルネット 51
条件付き独立性 203
詳細つり合いの条件 233
状態 285
状態確率分布 231
状態価値関数 288
除算正規化 91
人工ニューロン 45
深層 Q 学習 299
深層 Q ネットワーク 299
深層学習 4
深層自己符号化器 146
深層表現 37
推移確率 228
推定値 13
推定量 13
推論 12
ストライド 164
砂時計型ニューラルネット 137
スパース自己符号化器 142
スパース性 111
スパース正則化 98
スパースな表現 111
正規化線形関数 60
正規方程式 23
制限付きボルツマンマシン 246
生成分布 201
生成モデル 25
正則化 28, 96
積層自己符号化器 148
説明変数 20
ゼロ位相白色化 89
ゼロパディング 165
遷移確率 228
遷移確率行列 232
漸近不偏推定量 13
線形回帰 21
線形ユニット 56
全結合型 156
潜在変数 213
早期終了 99
双曲線正接関数 60
層ごとの貪欲学習法 267
層ごとの貪欲法 148
ソフトプラス関数 61
ソフトマックス回帰 35
ソフトマックス関数 35
ソルト&ペッパーノイズ 149
損失関数 20

た行

大域的極小値 68
大域的マルコフ性 206
対数オッズ 32
対数尤度関数 17
多クラス分類 8
多重連鎖 240
畳み込み層 158
畳み込みニューラルネットワーク 155
脱畳み込み 174
多様体 136
単一連鎖 240
探索木 311
単純型細胞 154
チャネル 158
中間層 51
抽出 11
長・短期記憶 188
通時的誤差逆伝播法 184
ディープビリーフネットワーク 265
ディープボルツマンマシン 274
デザイン行列 23
テスト誤差 94
データ 10
データ拡張 102
データ次元削減 8
データ集合 10
データ生成分布 11
データ点 11
データの正規化 87
デノイジング自己符号化器 149
デルタ則 116
転移学習 173
展開 183
伝承サンプリング 273
統計的推定 12
特徴量 36
特徴量工学 37
ドロップアウト 105

な行

内部共変量シフト 112
2 値変数 30
入力層 51
ニュートン・ラフソン法 65

ニューラル会話モデル ——199
ニューラルネットワーク —— 4
ニューロン ——41
抜き取り ——11
ネオコグニトロン ——155
ネガティブフェーズ ——217
ネステロフの加速勾配法 ——77
ノイズ付加 ——102
のぞき穴 ——189
ノーフリーランチ定理 —— 6

は行

バイアス —— 13, 51
ハイパーパラメータ ——27
バギング ——103
白色化 ——89
パーセプトロン ——48
パーセプトロンの学習則 ——115
バッチ学習 ——70
バッチ正規化 ——112
パディング ——165
ハード双曲線正接関数 ——60
ハマスリー・クリフォードの定理 ——209
パラメータ ——12
パラメトリック ReLU ——62
バーンイン ——239
バーンイン時間 ——239
汎化 ——22
汎化誤差 —— 22, 93
非共有畳み込み ——160
微調整 ——271
表現 ——36
表現学習 ——37
表現工学 ——37
標準化 ——87
標的 ——20
標的ネットワーク ——303
標本 ——11
フィルタ ——158
復号化 ——138
復号化器 —— 138, 197
複雑型細胞 ——154
符号 ——138
符号化 ——138
符号化器 —— 138, 197
物体カテゴリ認識 —— 9
物体検出 —— 9
ブートストラップ法 ——294
不偏推定量 ——13
不変分布 ——232
プーリング ——166
プーリング層 ——166
ブロック化ギブスサンプリング 251
分散 ——14
分散表現 ——143
分配関数 ——212
文脈 ——197
分類 —— 7
ペアワイズマルコフ性 ——207
ペアワイズマルコフネットワーク ——210
平均二乗誤差 ——22
平均場 ——243
平均場近似 ——240
平均場方程式 ——244
平均プーリング ——167
平衡分布 ——232
ベイジアンネットワーク ——201
ページランク ——229
ヘルダーの不等式 ——220
ベルヌーイ分布 ——16
ベルマン最適方程式 ——292
ベルマン方程式 ——288
弁明効果 ——268
方策 ——285
方策勾配定理 ——309
報酬 ——285
ポジティブフェーズ ——217
母集団 ——11
母数 ——12
ボルツマンマシン ——211
ボルツマンマシンの学習方程式 ——218

ま行

マックスアウト ——62
マルコフ確率場 ——206
マルコフ決定過程 ——286
マルコフ性 ——228
マルコフ・ネットワーク ——206
マルコフ連鎖 ——228
マルコフ連鎖モンテカルロ法 228
マルチヌーイ分布 ——34
未学習 ——27
ミニバッチ ——70
ミニバッチ学習 ——70
無向グラフィカルモデル ——206
無作為抽出 ——12
メモリー・セル ——188
目的関数 —— 18, 20
目標変数 ——20
モーメンタム ——75
モンテカルロ木探索 ——311
モンテカルロ法 ——227

や行

有向グラフィカルモデル ——201
有向分離 ——204
尤度関数 ——17
ユニット ——50

ら行

ラベル —— 7
リーキィ ReLU ——62
利得 ——286
リプレイ記憶 ——302
リーマン多様体 ——83
量的変数 ——21
ロジスティック回帰 ——33
ロジスティックシグモイド関数 ——32
ロールアウト方策 ——313

わ行

割引率 ——286
1-of-K 符号化 ——30

著者紹介

瀧 雅人　博士（理学）
2009 年　東京大学大学院理学系研究科物理学専攻博士後期課程修了
現　在　理化学研究所 数理創造プログラム 客員研究員（学術機関）
立教大学大学院人工知能科学研究科 准教授

NDC007　351p　21cm

機械学習スタートアップシリーズ
これならわかる深層学習入門

2017 年 10 月 20 日　第 1 刷発行
2023 年 9 月 4 日　第 10 刷発行

著　者　瀧　雅人
発行者　髙橋明男
発行所　株式会社　講談社
〒 112-8001　東京都文京区音羽 2-12-21
販売　(03)5395-4415
業務　(03)5395-3615

KODANSHA

編　集　株式会社　講談社サイエンティフィク
代表　堀越俊一
〒 162-0825　東京都新宿区神楽坂 2-14　ノービィビル
編集　(03)3235-3701
本文データ制作　藤原印刷株式会社
印刷・製本　株式会社ＫＰＳプロダクツ

落丁本・乱丁本は，購入書店名を明記のうえ，講談社業務宛にお送りください．送料小社負担にてお取替えします．なお，この本の内容についてのお問い合わせは，講談社サイエンティフィク宛にお願いいたします．定価はカバーに表示してあります．

©Masato Taki, 2017

本書のコピー，スキャン，デジタル化等の無断複製は著作権法上での例外を除き禁じられています．本書を代行業者等の第三者に依頼してスキャンやデジタル化することはたとえ個人や家庭内の利用でも著作権法違反です．

JCOPY　〈(社) 出版者著作権管理機構 委託出版物〉

複写される場合は，その都度事前に（社）出版者著作権管理機構（電話 03-5244-5088，FAX 03-5244-5089，e-mail: info@jcopy.or.jp）の許諾を得てください．

Printed in Japan

ISBN 978-4-06-153828-3